U0174905

■宁波植物丛书■

丛书主编　李根有　陈征海　李修鹏

植物研究

李根有　陈征海　李修鹏 等　编著

科学出版社

北　京

内 容 简 介

　　本书由作者历经 7 年编著而成，是宁波植物资源调查研究的成果总汇和亮点体现，是全面反映宁波植物资源现状与研究工作的核心专著。全书共分为八章，主要包括宁波植物调查研究简史，本次调查取得的成果，宁波植物区系分析，食用、药用、观赏及珍贵用材树种等野生资源植物，有害植物及防治和植物资源保护与利用。书后附有宁波维管植物名录、宁波植物研究论著题录及采自宁波的植物模式标本名录等内容。调查中发现的植物新分类群、新记录及重要的野生资源植物均附有彩色照片。

　　本书可供从事生物多样性保护、植物资源开发利用、林业、园林、生态、环保等工作的专业人员及相关专业的师生和植物爱好者参考。

审图号：浙甬 S(2020)47 号

图书在版编目(CIP)数据

宁波植物研究 / 李根有等编著. —北京：科学出版社，2021.3
（宁波植物丛书）
ISBN 978-7-03-067496-8

Ⅰ. ①宁… Ⅱ. ①李… Ⅲ. ①植物–研究–宁波 Ⅳ. ①Q948.525.53

中国版本图书馆CIP数据核字(2020)第266233号

责任编辑：张会格　尚　册 / 责任校对：严　娜
责任印制：肖　兴 / 封面设计：刘新新

科 学 出 版 社 出版
北京东黄城根北街16号
邮政编码：100717
http://www.sciencep.com

北京汇瑞嘉合文化发展有限公司 印刷
科学出版社发行　各地新华书店经销

*

2021年3月第　一　版　　开本：889×1194　1/16
2021年3月第一次印刷　　印张：23 1/2
字数：761 000

定价：368.00元
（如有印装质量问题，我社负责调换）

"宁波植物丛书"编委会

主要外业调查人员

综合组（全市）：李根有（组长）　李修鹏　章建红　林海伦　陈煜初　傅晓强

浙江省森林资源监测中心组（滨海及四明山区域为主）：陈征海（组长）　陈　锋　张芬耀　谢文远　朱振贤　宋　盛

第一组（象山、余姚）：马丹丹（组长）　吴家森　张幼法　杨紫峰　何立平　陈开超　沈立铭

第二组（宁海、北仑）：金水虎（组长）　冯家浩　何贤平　汪梅蓉　李宏辉

第三组（奉化、慈溪）：闫道良（组长）　夏国华　徐绍清　周和锋　陈云奇　应富华

第四组（鄞州、镇海、江北）：叶喜阳（组长）　钟泰林　袁冬明　严春风　赵　绮　徐　伟　何　容

其他参加调查人员

宁波市林业局等单位人员（以拼音为序）

蔡建明	柴春燕	陈芳平	陈荣锋	陈亚丹	崔广元	董建国	范国明	范林洁	房聪玲
冯灼华	葛民轩	顾国琪	顾贤可	何一波	洪丹丹	洪增米	胡聚群	华建荣	皇甫伟国
黄　杨	黄士文	黄伟军	江建华	江建平	江龙表	赖明慧	李东宾	李金朝	李璐芳
林　宁	林建勋	林乐静	林于健	娄厚岳	陆志敏	毛国尧	苗国丽	钱志潮	邱宝财
裘贤龙	沈　颖	沈生初	汤社平	汪科继	王立如	王利平	王良衍	王卫兵	吴绍荣
向继云	肖玲亚	谢国权	熊小平	徐　敏	徐德云	徐明星	杨荣曦	杨媛媛	姚崇巍
姚凤鸣	伊靖少	尹　盼	余敏芬	余正安	俞雷民	曾余力	张　宁	张富杰	张冠生
张雷凡	郑云晓	周纪明	周新余	朱杰旦					

浙江农林大学学生（以拼音为序）

柴晓娟	陈　岱	陈　斯	陈佳泽	陈建波	陈云奇	程　莹	代英超	戴金达	付张帅
龚科铭	郭玮龙	胡国伟	胡越锦	黄　仁	黄晓灯	江永斌	姜　楠	金梦园	库伟鹏
赖文敏	李朝会	李家辉	李智炫	郦　元	林亚茹	刘彬彬	刘建强	刘名香	陆云峰
马　凯	潘君祥	裴天宏	邱迷迷	任燕燕	邵于豪	盛千凌	史中正	苏　燕	童　亮
王　辉	王　杰	王俊荣	王丽敏	王肖婷	吴欢欢	吴建峰	吴林军	吴舒昂	徐菊芳
徐路遥	许济南	许平源	严彩霞	严恒辰	杨程瀚	俞狄虎	臧　毅	臧月梅	张　帆
张　青	张　通	张　伟	张　云	郑才富	朱　弘	朱　健	朱　康	竺恩栋	

《宁波植物研究》编著组

主要编著者

李根有　陈征海　李修鹏　陈　锋　刘　军　马丹丹

其他编著者（按姓氏笔画排序）

丁烨毅　王志清　刘　彬　江晓东　吴家森　张幼法
张芬耀　陆云峰　林海伦　夏国华　徐沁怡　徐绍清
谢文远

摄　　影（按图片采用数量排序）

李根有　林海伦　张芬耀　徐绍清　陈征海　李修鹏
马丹丹　叶喜阳　陈煜初　谢文远

制　　图

刘　彬　沈　波　江晓东　赵赛帅　丁烨毅　王　飞

主要编著单位

浙江农林大学暨阳学院　宁波市林业技术服务中心
浙江省森林资源监测中心

参编单位

宁波市林业局　浙江农林大学　浙江大学　宁波市药品检验所
宁波市测绘和遥感技术研究院　慈溪市林业局　象山县林业局
宁海县林业局　宁波市鄞州区林业局　宁波市林场
宁波市奉化区林业局　宁波市北仑区林业局　余姚市林业局

李根有

教授，硕士生导师，浙江省教学名师

李根有，男，1955 年 12 月出生，浙江金华婺城人。1982 年 1 月毕业于浙江林学院林学专业。现任浙江农林大学植物资源研究所所长、浙江省植物学会监事、"宁波植物丛书"主编、《浙江植物志（新编）》（共 10 卷）主编。长期从事相关专业的教学和研究，先后主持或参加各类科研项目 43 项，是浙江省植物分类、自然保护区、园林花卉、湿地植被、植物园建设等方面的专家。发表学术论文 110 余篇，其中 SCI 收录 9 篇，主编、参编专著或统编教材 20 余部。获浙江省科学技术进步奖二等奖、三等奖各 2 项，厅局级奖 10 项，浙江省政府教学成果一等奖、二等奖各 1 项，以及浙江省高校"三育人"先进个人、校级"我心目中的好老师"、绍兴市师德楷模、校级优秀共产党员等荣誉称号。

陈征海

正高级工程师，浙江省劳动模范

陈征海，男，1963 年 9 月出生，浙江金华婺城人。1983 年 7 月毕业于浙江林学院林学专业。现任浙江省森林资源监测中心副主任。兼任国家林业和草原局第二次全国重点保护野生植物资源调查专家技术委员会委员，浙江省第二次野生植物资源调查专家委员会顾问，浙江省植物学会副理事长，浙江省林学会植物园专业委员会副主任。先后主持或主要参加并完成浙江省野生植物、野生动物、湿地、古树名木、红树林，以及海岛、海岸带植被等多项重大林业自然资源调查与监测研究项目。发表学术论文 120 余篇，其中 SCI 收录 8 篇，著作 21 部（卷），其中主编 15 部（卷）。研究发表植物新分类群 64 个，其中新种 31 个、新亚种 6 个、新变种 17 个。获林业部科技进步奖三等奖 1 项，浙江省科学技术进步奖二等奖、三等奖各 2 项，梁希林业科学技术奖二等奖、三等奖各 1 项，全国优秀工程咨询成果奖三等奖 2 项，全国林业优秀工程咨询成果奖二等奖 2 项、三等奖 5 项。

李修鹏
正高级工程师

　　李修鹏，男，1970年7月出生，浙江宁海人。1992年7月毕业于浙江林学院森林保护专业。现任职于宁波市林业技术服务中心。兼任浙江省林学会森林生态专业委员会常委，宁波市林业园艺学会副理事长兼秘书长。长期从事林木引种驯化、林业种苗和营林技术研究与推广工作，先后主持或主要参加并完成省、市重大科技专项、重大（重点）科技攻关项目20余项。发表学术论文50余篇，参编著作5部，制订行业及省、市地方标准9项，获授权发明专利7项。获市级以上科技成果奖励20余项次，其中林业部科技进步奖三等奖1项，浙江省科技进步奖三等奖3项，梁希林业科学技术奖二等奖、三等奖各2项，以及全国绿化奖章、浙江省农业科技成果转化推广奖、浙江省林业技术推广突出贡献个人、宁波市领军和拔尖人才培养工程第一层次培养人选、宁波市第九届青年科技奖、宁波市最美林业人等荣誉。

植物是大自然中最无私的"生产者",它不但为人类提供粮油果蔬食品、竹木用材、茶饮药材、森林景观等有形的生产和生活资料,还通过光合作用、枝叶截留、叶面吸附、根系固持等方式,发挥固碳释氧、涵养水源、保持水土、调节气候、滞尘降噪、康养保健等多种生态功能,为人类提供了不可或缺的无形生态产品,保障人类的生存安全。可以说,植物是自然生态系统中最核心的绿色基石,是生物多样性和生态系统多样性的基础,是国家重要的基础战略资源,也是农林业生产力发展的基础性和战略性资源,直接制约与人类生存息息相关的资源质量、环境质量、生态建设质量及生物经济时代的社会发展质量。

宁波地处我国海岸线中段,是河姆渡文化的发源地、我国副省级市、计划单列市、长三角南翼经济中心、东亚文化之都和世界级港口城市,拥有"国家历史文化名城""中国文明城市""中国最具幸福感城市""中国综合改革试点城市""中国院士之乡""国家园林城市""国家森林城市"等众多国家级名片。境内气候优越,地形复杂,地貌多样,为众多植物的孕育和生长提供了良好的自然条件。据资料记载,自19世纪以来,先后有 R. Fortune、W. M. Cooper、F. B. Forbes、W. Hancock、E. Faber、H. Migo 等31位外国人,以及钟观光、张之铭、秦仁昌、耿以礼等众多国内著名植物专家来宁波采集过植物标本,宁波有幸成为大量植物物种的模式标本产地。但在新中国成立后,很多人都认为宁波人口密度高、森林开发早、干扰强度大、生境较单一、自然植被差,从主观上推断宁波的植物资源也必然贫乏,在调查工作中就极少关注宁波的植物资源,导致在本次调查之前从未对宁波植物资源进行过一次全面、系统、深入的调查研究。《浙江植物志》中记载宁波有分布的原生植物还不到1000种,宁波境内究竟有多少种植物一直是个未知数。家底不清,资源不明,不但与宁波发达的经济地位极不相称,而且严重制约了全市植物资源的保护与利用工作。

自2012年开始,在宁波市政府、宁波市财政局和各县(市、区)的大力支持下,宁波市林业局联合浙江农林大学、浙江省森林资源监测中心等单位,历经6年多的艰苦努力,首次对全市的植物资源开展了全面深入的调查与研究,查明全市共有野生、归化及露地常见栽培的维管植物214科1172属3256种(含542个种下等级:包括258变种、40亚种、44变型、200品种)。其中蕨类植物39科79属191种,裸子植物9科32属89种,被子植物166科1061属2976种;野生植物191科846属2183种,栽培及归化植物23科326属1073种(以上数据均含种下等级)。调查中还发现了不少植物新分类群和省级以上地理分布新记录物种,调查成果向世人全面、清晰地展示了宁波境内植物种质资源的丰富度和特殊性。在此基础上,项目组精心编著了"宁波植物丛书",对全市维管植物资源的种类组成、区域分布、区系特征、资源保护与开发利用等方面进行了系统阐述，同时还以专题形式介绍了宁波的珍稀植物和滨海植物。丛书内容丰富、图文并茂，是一套系统、详尽展示我市维管植物资源全貌和调查研究进展的学术丛书，既具严谨的科学性，又有较强的科普性。丛书的出版，必将为我市植物资源的保护与利用提供重要的决策依据，并产生深远的影响。

值此"宁波植物丛书"出版之际，谨作此序以示祝贺，并借此对全体编著者、外业调查者及所有为该项目提供技术指导、帮助人员的辛勤付出表示衷心感谢！

宁波市林业局局长

2018 年 5 月 25 日

前言

　　宁波市地处浙江省东部沿海，是河姆渡文化的发源地，对外通商历史悠久，经济发达，人口密集，生境多样，拥有山地、平原和众多的岛屿及密集的水系，十分有利于各类植物的繁衍生息。然而境内的植物资源除早期一些国外人员到此采集过植物标本外，之后很少得到植物分类学者的关注，至今未有一套全面的植物种质资源资料，这与宁波市发达的经济地位极不相称。近年来，该问题得到了宁波市政府、宁波市林业局和宁波市财政局相关领导的高度重视。2012年5月，浙江农林大学李根有教授、浙江省森林资源监测中心正高级工程师陈征海、宁波市林特科技推广中心正高级工程师李修鹏（现就职于宁波市林业技术服务中心）等组成协作团队，承担了"宁波市植物资源调查与数据库建设"项目（项目编号：NBZFCG2012049G-D），将宁波市分成慈溪（含杭州湾新区）、余姚、镇海、江北、北仑（含大榭开发区、梅山保税港区）、鄞州（含东钱湖旅游度假区）、奉化、宁海、象山、市区（含海曙区、江东区、宁波国家高新技术产业开发区）10个调查区域，历时数年，对宁波市全域的植物资源（包括野生植物、归化或入侵植物、引种栽培植物）进行了全面深入的调查研究，足迹遍及全市各地，投入了大量的人力、物力和财力，基本查清了宁波市的植物种类，并发现了众多的植物新类群和地理分布新记录，取得了丰硕的调查研究成果。

　　根据项目合同内容，在完成调查工作之后，将分别编制全市及各调查区域的植物名录，并编撰出版《宁波植物图鉴》（5卷）及《宁波滨海植物》《宁波珍稀植物》2部专题著作。但在调查工作开始后，项目组考虑到上述内容还缺少一部能全面反映宁波植物资源现状与研究工作的专著，故自加压力，决定增编本书。

　　《宁波植物研究》由全体作者历经7年编著而成，是宁波植物资源调查研究的成果总汇和亮点体现，是全面反映宁波植物资源现状与研究工作的核心专著，也是当地政府保护与开发利用植物资源的重要参考资料。

　　本书正文共分八章，各章主要内容如下。

　　第一章：全面记述了宁波市的自然与社会概况。

　　第二章：介绍了本次植物资源调查研究的背景、意义与方法。

　　第三章：宁波植物调查研究简史。对历史上来宁波采集或研究过植物的专家、学者进行了全面深入、严谨细致的考证，纠正了一些权威文献中记载的谬误之处，还补充了不少遗漏信息（附录2中"采自宁波的植物模式标本名录"与此密切相关）。

　　第四章：主要调查成果。分别展示了全市及各调查区域的植物种质资源情况，并分析了其相互之间的关系。记述了本次调查中在宁波发现的大量新分类群和地理分布新记录，包括新种8个、新变种1个、新变型5个；省级及以上分布新记录种（含种下等级，下同）共 58 个，包括中国分布新记录 13 个、中国大陆分布新记录 7 个、华东分布新记录 15 个、浙江分布新记录 23 个；新记录中包含了浙江分布新记录科 2 个、中国分布新记录属 1 个、中国大陆分布新记录属 1 个、华东分布新记录属 1 个、浙江分布新记录属 6 个；此外，文献未记载宁波有分布的科 20 个、属 204 个，野生植物达 989 种，占宁波全部野生种的 45% 以上。调查发现的新分类群和省级以上新记录均附有彩色图片。

第五章：植物区系分析。经对宁波植物区系组成及科、属分布等方面的分析，发现宁波植物区系特征有：生活型以多年生草本居优势；区系起源古老，孑遗植物较多；区系类型多样，地理成分来源复杂；特有现象明显，珍稀植物较多；滨海植物繁盛；岩生植物众多；湿地植物丰富；与周邻区系关系密切；南北交汇现象明显等特征。

第六章：野生植物资源。主要论述了宁波的野菜资源、可食野果资源、野生药用植物资源、野生观赏植物资源和野生珍贵用材树种资源 5 大类资源植物，对每类资源的种类数量、分类、分布等进行了分析，并列举了重要种类，提出了开发利用建议。每类资源植物均附有重要种类的彩色图片。

第七章：有害植物及防治。在实地调查研究的基础上，列出了宁波境内有分布或入侵的 100 种有害植物名录，并就这些植物的来源、分布、生活型、危害方式、危害程度分级、危害特点、防治要点等进行了阐述，对极度危害种、严重危害种、潜在危害种进行了列举，最后提出了宁波有害植物的防治对策与措施。为便于有关部门对有害植物的识别与防治，书中附有重要有害植物的彩色图片。

第八章：植物资源保护与利用。分析了宁波植物资源保护与利用的现状及存在的主要问题，提出了对应的保护与利用建议。

本书附录部分主要有宁波维管植物名录、采自宁波的植物模式标本名录、产自宁波的若干植物新分类群、已发表论文及出版专著题录、"宁波植物丛书"历次编委会议情况一览、宁波植物野外调查工作概况等。

在本书内容调查与编撰过程中，始终得到了杭州植物园正高级工程师裘宝林先生、杭州师范大学教授金孝锋先生、浙江自然博物院研究员张方钢先生的关注和指导，得到了宁波市各相关职能部门和乡镇、街道、林场、风景区工作人员的大力协助，尤其得益于宁波市林业局领导的高度重视和全力支持。在此一并致谢。

由于编著者水平有限，加上工作任务繁重，书中难免有不足之处，敬请读者不吝批评指正。

编著者

2019 年 7 月 31 日

目录

第一章 自然与社会概况

一、地 理 位 置

宁波地处我国大陆海岸线中段，长江三角洲南翼，浙江省东北部，东临东海，与舟山群岛隔海相望；南连天台山、三门湾，与台州市的天台县、三门县交界；西接绍兴市的上虞区、嵊州市和新昌县；北靠杭州湾。地理坐标为北纬 28°51′～30°33′，东经 120°55′～122°16′。境内陆域总面积 9816km²，其中市区面积为 3730km²；海域总面积 8355.8km²（据宁波市人民政府官网 2018 年年底数据）。

二、自 然 环 境

（一）地质地貌

1. 地质

宁波市的地质构造单元属华南皱褶系的浙东南隆起区，横跨丽水—宁波隆起带和温州—临海凹陷带两个Ⅲ级构造单元。市境内地层包括前第四纪地层（岩石地层）和第四纪地层。前第四纪地层按浙江省岩石地层区划，属华南地层大区—东南地层区—沿海地层分区。出露的地层主要为上侏罗统火山岩系，其次为白垩系火山–沉积岩系。第四纪地层根据沉积环境和沉积特点，划分为山区第四纪地层和平原第四纪地层，为一套冲积、洪积和海陆交互相碎屑沉积，广泛分布于全市。出露的岩石以火成岩（包括火山岩、侵入岩）为主，其次为沉积岩，还有少量变质岩。长期的构造运动构建的地质构造主要表现为盖层中的断裂构造（包括温州—镇海深断裂宁海至镇海段、丽水—余姚深断裂余姚段、丽水—奉化大断裂奉化至北仑段、昌化—普陀大断裂余姚至镇海段、孝丰—三门湾大断裂宁海段、余姚—宁波断裂等 6 条主要断裂）、火山构造（圈定有晚侏罗世茶山和涂茨 2 个破火山，灵峰山 1 个火山穹窿，早白垩世宁波、宁海及丁家畈等火山构造洼地）和盆地构造（有中生代早白垩世宁波盆地、姚江谷地、宁海盆地、丁家畈盆地，新生代古近纪长河凹陷）。

2. 地貌

1）地貌分区及特征

在宁波陆域中，山地面积占 24.9%，丘陵占 25.2%，台地占 1.5%，谷（盆）地占 8.1%，平原占 40.3%，具有"五山一水四分田"的地貌结构。多样化的地貌结构为各类植物的生长提供了多样化的生境。根据《工程建设岩土工程勘察规范》（DB/T 33/1065—2009），宁波市地貌可分为陆域地貌和海岸带地貌两大类。市境背陆面海，地势西南高、东北低，根据《浙江省水文地质志》（浙江省水文地质工程地质大队和浙江省工程勘测院，1995 年），宁波市地貌可分为三个地貌区，即四明山—天台山构造侵蚀低山丘陵区（Ⅰ）、北仑—象山沿海丘陵平原及岛屿区（Ⅱ）、宁波—慈北平原区（Ⅲ）。

四明山—天台山构造侵蚀低山丘陵区（Ⅰ）：由四明山脉和天台山余脉构成（两者以剡溪和沙溪为界），分布于市域西部、西南部，包括宁海西部、奉化西部、鄞州西部（现海曙西部）和余姚南部，是浙东低山丘陵区的组成部分。该区山体隆升较高，河流下切作用较强，表现为山高谷深、沟谷密布的地貌景观：500m 以上低山连绵，少数山峰 800m 以上，主要高峰有青虎湾岗（余姚、嵊州交界，海拔 979m，为宁波境内最高峰）、黄泥浆岗（奉化、余姚交界，海拔 976m，为宁波第二高峰）、秀尖山（奉化、嵊州交界，海拔 975m）、蟹背尖（又名虾脬尖，宁海、天台、新昌交界，海拔 956.5m，为宁海最高峰）、第一尖（古称镇亭山，奉化、宁海交界，海拔 943.2m）等，山坡坡度多大于 25°；500m 以下丘陵普遍，山坡坡度多 15°～25°。沟谷切割深度一般 500m 以上。构成低山丘陵的岩石以上侏罗统火山岩为主，其次为下白垩统沉积岩和燕山晚期花岗岩，少量为上新世玄武岩和第四纪砂砾、黏土。

北仑—象山沿海丘陵平原及岛屿区（Ⅱ）：位于市域东部，包括北仑南部、鄞州、奉化东部、宁海东部和象山。区内丘陵为天台山余脉，沿象山港两侧北东向延伸，300m 以下低丘广泛分布，300～500m 高丘小面积分布，500m 以上的茶山（宁海力洋境内，海拔 872.6m）、东搬山（宁海与象山界山，为象山境内第一高峰，海拔 810.8m）、荷花芯山（又名荷花身山，位于象山茅洋，海拔 588m）、望海峰（位于东钱湖，海拔 556m）、东拌山（位于北仑春晓，海拔 541m）、太白山（鄞州与北仑交界，海拔 656.9m）、金峨山（鄞州与奉化界山，海拔 633m）等均为孤峰。丘陵山体浑圆，坡度 10°～25°，沟谷切割浅，溪水独流入海，沟口部位发育成了堆积平原。构成丘陵的岩石以火山岩为主，其次为花岗岩，少量为陆相沉积岩。区内平原按其成因有冲洪积平原和海积平原，前者由河流相产物构成，后者由河流冲积物和海洋堆积物构成。区内海域宽广，岛屿众多。基岩海岸发育成了海蚀地貌，港湾海岸发育成了海积地貌。

宁波—慈北平原区（Ⅲ）：位于市域中北部，包括慈溪、镇海、江北、海曙、江东（现鄞州北部），余姚和奉化的北部，鄞州中部及北仑西部，由宁波平原、姚江平原和三北平原组成，属浙北平原区的组成部分。本区地势低平，海拔一般 2～7.5m，河网密布，湖塘众多，有少数残丘。其中，三北平原北侧潮滩宽广、平缓，属淤涨岸滩，平原不断向海洋延伸。

2）山脉

四明山脉：为仙霞岭北支山脉，系曹娥江、奉化江分水岭。山脉由境西南即奉化西部、余姚南部入境，向北北东蜿蜒。山体含市境内西部构造侵蚀低山丘陵区的余姚南部、奉化西部与鄞州西部（现海曙西部）的低山、丘陵，以及中、北部堆积平原区内的丘陵，主要由侏罗系火山岩类及白垩系沉积碎屑岩类构成。山上部分地形较平坦，山体四周边缘较险峻。最高峰青虎湾岗，位于余姚、嵊州交界，海拔 979m；次为奉化、余姚交界的黄泥浆岗，海拔 976m。

四明山余脉北渡姚江后形成翠屏山丘陵，主要由凝灰岩组成，东西走向，横贯慈溪南部、余姚东北部、江北北部和镇海北部，绵延 40 余千米。东端低丘，海拔 100m 左右；中部高而宽，海拔 300～400m；至慈溪横河镇石堰，地层下陷为东横河；逾河西端高 100～200m。南部山丘众多，山脊平缓，相对高差 50～100m；北坡相对陡峭，沟谷较深，有许多由古潟湖演变而来的淡水湖泊。最高峰蹋脑岗位于慈溪匡堰镇，海拔 446m。

天台山余脉：为仙霞岭中支山脉，系曹娥江、甬江、灵江分水岭，自境西南即宁海南西入境，北东绵延斜贯境东南，向东潜入海中，出为沿海诸岛和舟山群岛。山体含市境内西部构造侵蚀低山丘陵区的奉化西南部与宁海西部的低山、丘陵，以及东南部低山丘陵港湾区内的所有山地，其主要由侏罗系火山岩类构成，局部有花岗岩出露。山脉整体呈北东走向，入境后分中段、北东段两支。中段山脉位于奉化白杜至宁海桑洲、剡江间，呈北北东走向；北东段山脉被象山港隔为南北两支，呈北东走向。境内最高峰蟹背尖，位于宁海、天台、新昌交界，海拔 956.5m；次为奉化、宁海交界的第一尖（古称镇亭山），海拔 943.2m。

3. 水系

甬江水系：由奉化江、姚江及它们在宁波市三江口汇合而成的甬江组成，其流域面积占陆域的59%。其中奉化江发源于奉化斑竹，由鄞江、东江、县江、剡江汇合而成，干流全长93.1km，比降8.1‰，流域面积2223km²。姚江古称舜江，又名余姚江，发源于余姚大岚夏家岭，干流全长102.4km，比降6.2‰，流域面积1934.1km²。甬江全长25.6km，流向东北，至镇海招宝山入东海。

内河水网：可分为鄞东南河网区（流域面积586km²）、鄞西（现海曙西）河网区（流域面积294km²）、江北河网区（流域面积364km²）和姚慈河网区（总长1911km），鄞东南、鄞西（现海曙西）、江北三个水网区毗邻宁波城区，构成城区向四周辐射的网络。

独流入海小河流：主要分布在象山港沿岸（95条）和三门湾北岸（16条），流域面积在100km²以上，自北向南依次为岩泰河水系、大嵩江、凫溪、白溪、清溪和大塘港，以白溪流域面积最大。集水面积在10km²左右的主要有莼湖溪、汶溪、力洋溪等22条。

湖泊：市境内天然湖泊均为海迹湖，集中分布在甬江流域和姚江北部山麓地带。据地方志书记载，市境内曾有湖泊近百处。北宋末年以后，因为淤塞、被垦为农田等，古湖泊大多不存，仅剩15处散布于余姚、慈溪、海曙、江北和东钱湖旅游度假区，主要湖泊有东钱湖、牟山湖、上林湖等，其中东钱湖面积约20km²，正常蓄水量442.9亿m³，是浙江省最大的近海淡水湖。

水库：全市共有水库407座，其中库容1亿m³以上的大型水库6座，为奉化亭下水库、横山水库、鄞州皎口水库、周公宅水库（现均属海曙境内），余姚四明湖水库，宁海白溪水库；库容1000万m³至1亿m³的中型水库24座。

稠密的水网和丰富的水环境为众多的水（湿）生植物提供了良好的栖息环境。

4. 岛屿港湾

宁波三面环海，拥有"两湾"（杭州湾、三门湾）"一港"（象山港）和漫长的海岸线，海上岛屿星罗棋布。根据2018年海岸线动态监视监测数据，全市岸线总长为1678km，约占全省海岸线的1/4。全市共有大小岛屿611个，面积277km²，其中10km²以上的岛屿有大榭、梅山、檀头山、高塘、南田岛等5个，最大岛为象山县南田岛，面积达84.38km²。象山县为境内岛礁分布最多的县。

宁波市地形地貌图见图1-1（行政区划按2016年调整前）。

（二）气候

宁波属北亚热带湿润型季风气候，夏冬长，春秋短，四季分明，季节交替明显，雨量充沛，温暖湿润。冬季主要受西风带冷空气控制，夏季则受副热带高压、台风和西南气流影响，多异常天气。

气温：根据2007～2019年气象数据统计（除极端气温外，其余同），全市年平均气温17.6℃，呈东高西低、北高南低分布，主要暖区在海曙、江北、鄞州、镇海、北仑等市辖区的核心城区和慈溪西部、余姚东北部及象山城区；从余姚西部向南延伸到宁海西部的南北向带状分布山区、宁海东部的茶山和慈溪南部丘陵山地为3个低温区（图1-2）。最热月为7月，平均气温29.2℃。最冷月为1月，平均气温5.6℃。≥10℃的全市平均活动积温约5900℃。全市极端最高气温43.5℃，2013年8月7日和2013年8月9日出现于奉化；极端最低气温-11.1℃，1977年1月31日出现于奉化。

降水：全市年平均降水量约为1672mm，分布为南部多于北部，沿海向内陆递增。多雨区集中在西部山区，宁海望海岗、余姚大岚和宁海茶山为主要多雨中心，年降水量1750mm以上；北部部分滨海地区少雨，年降水量不足1300mm（图1-3）。全年有2个雨期，3～7月为第一个雨期，春雨连梅雨，其中3～5月为

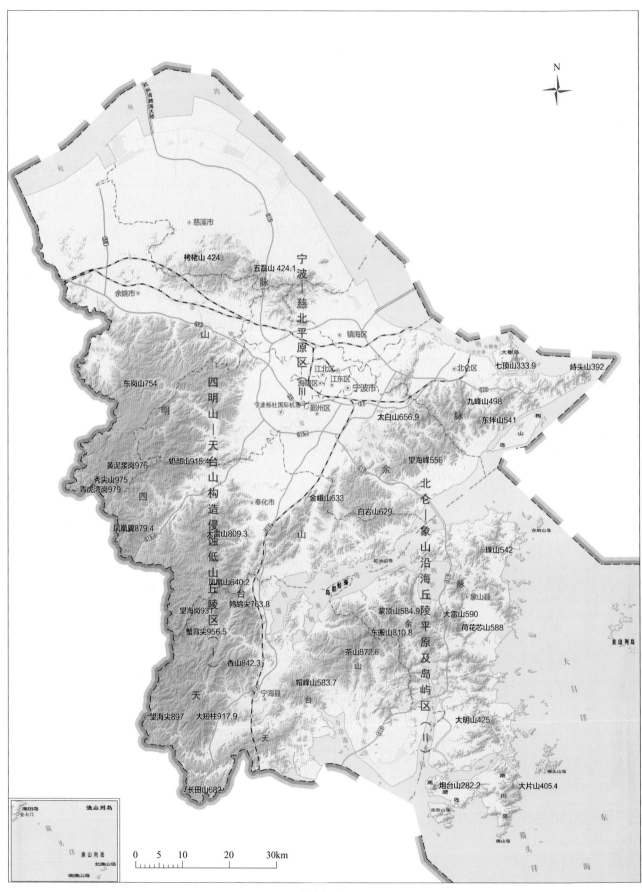

图 1-1　宁波市地形地貌图

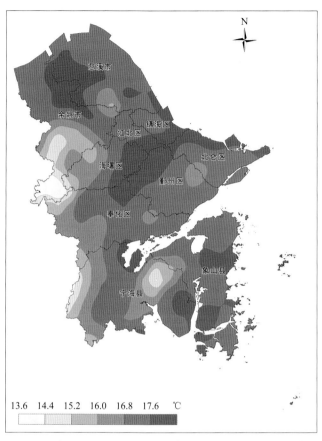

13.6　14.4　15.2　16.0　16.8　17.6　℃

图 1-2　宁波市年均气温分布图（2007 ～ 2019 年平均值）

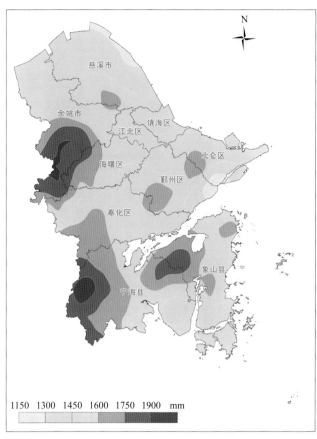

1150　1300　1450　1600　1750　1900　mm

图 1-3　宁波市年均降水量分布图（2007 ～ 2019 年平均值）

春雨期，雨日多，强度弱，年均降水量 353mm，占年均总降水量的 21%；6 ～ 7 月为梅雨期，年均降水量 414mm，占年均总降水量的 25%。8 ～ 9 月为第二个雨期，多台风雨，年均降水量 443mm，占年均总降水量的 27%。降水量最多月为 6 月，平均 248mm；最少为 1 月，平均 72mm。年均总降水日数为 187d。

日照：年平均日照时数为 1700h，呈现"南北多，中部少"的分布态势，慈溪、镇海、宁海大部分地区及象山石浦地区普遍在 1500h 以上，其他地区普遍在 1500h 以下。

风：市境内季风特征典型，冬夏季风交替明显，冬季盛行偏北风，夏季盛行偏东南风。春秋两季为冬夏季风交替过渡期，风向变化频繁，春季多偏南风，秋季多偏北风。

湿度：全市年平均相对湿度约 76%，属全国最湿润地区之一。

蒸发量：全市年平均蒸发量在 1200 ～ 1500mm，北部多于南部，高蒸发量时段为 4 ～ 10 月，高峰期 7 月和 8 月的蒸发量为 200mm 左右。

无霜期：全市平均无霜期为 230 ～ 240d。

灾害性天气：宁波属于台风影响较重地区，影响期 5 ～ 12 月，其中 8 ～ 9 月为集中影响期。其他灾害性天气还有高温、干旱、霜冻、寒潮、春秋季低温、连绵阴雨和冰雹等。

（三）土壤

1. 土壤分区

宁波市土壤在中国土壤地理分区上属"江南红壤、黄壤水稻土大区"，依地貌形态可分为滨海平原区、水网平原区、河谷区和丘陵山地 4 个土区。

滨海平原区：是由海边涂地发育而成的土壤区域，主要分布在北部的杭州湾南岸、东南部的象山港两侧和三门湾北岸。母质为新近海相沉积物，发育年龄较短。土壤分布从海边到内侧分别为滨海潮滩盐土→典型滨海盐土→灰潮土→（淹育水稻土）→渗育水稻土→（潴育水稻土）。

水网平原区：是主要河流下游的广阔冲积平原的土壤区域，以水稻土为主，兼有少量潮土，分布在中部的余姚、鄞州、海曙、镇海、江北和奉化。母质以浅海沉积物和河流冲积物为主，部分为湖积体。耕垦历史较长，多受人类生产活动影响，土层深厚，土壤肥沃，是市域主要的粮食基地。

河谷区：是主要河流的河滩地带，有新积土、潮土和水稻土，分布在姚江上游的梁弄，奉化江上游的樟溪、剡江、县江和象山港、三门湾的凫溪、白溪诸谷地及古河谷宁海城北盆地。母质以不同时期河流冲积物为主，部分洪积。土壤分布从冲积物上游到下游呈清水砂→培泥砂土（田）→泥质田→泥筋田（烂泥田）→红壤（基岸）。

丘陵山地：是峡谷、缓坡及山垄的土壤区域，有红壤、黄壤、粗骨土、紫色土和水稻土，主要分布在东部和西南部的丘陵山区，山谷多为壤土，东部海拔550m以上、西南部海拔650m以上的低山缓坡和台地多为黄壤，陡坡地段多为粗骨土。母质以岩石风化的残积体和坡积体为主。岩石种类较多，大多为流纹岩、凝灰岩等喷出岩的风化物，其次为紫色砂岩等沉积岩和花岗岩的风化物。

2. 土壤分类和分布

宁波市土壤分布受地形、气候、母质、水文等自然条件和人类生产活动的影响，根据中国国家标准《中国土壤分类与代码》（GB/T 17296—2009），可分为9个土类、18个亚类、49个土属和87个土种，其中水稻土土类、红壤土类、粗骨土土类和滨海盐土土类分布面积较大。

红壤土类：分典型红壤和黄红壤2个亚类，含6个土属8个土种。广泛分布在海拔650m以下的低山丘陵。在高温、高湿亚热带季风气候及生物条件共同作用下，由凝灰岩、流纹岩、花岗岩、玄武岩等风化物经脱硅富铝化过程和生物富集作用发育而成。土体发生型为表土层—淀积层—母质层。土体颜色以浅黄橙色至红棕色为主。剖面盐基饱和度19.8%～26.8%。

黄壤土类：分典型黄壤和黄壤性土2个亚类，含4个土属5个土种。分布于海拔650m以上的低山上部。在山地垂直气候带的影响下，由凝灰岩、流纹岩及部分玄武岩的风化体经脱硅富铝化过程和强淋溶作用发育而成。土体发生型为表土层—淀积层—母质层。分布区植被茂盛，腐殖质积累量大于分解量，土体深厚，土色深，土质疏松，有机质含量丰富。

紫色土土类：有酸性紫色土1个亚类，含3个土属3个土种。呈条带状分布于海拔550m以下的丘陵山地。在湿热条件下，由第三纪、白垩纪紫红色砂岩、砂页岩和砂砾岩风化体发育而成。土体发生型为表土层—母质层，或表土层—母质过渡层—母质层。成土年龄短，处于初育阶段，含大量原生矿物，砂砾含量高，结持性差，土层浅薄，全剖面无明显发生层次，土色呈紫红。

粗骨土土类：分酸性粗骨土和中性粗骨土2个亚类，含4个土属7个土种。分布于丘陵山地中上部及山脊岗背坡度较陡的部位，常交错于红壤、黄壤之间。由凝灰岩、流纹岩及粗粒花岗岩等风化体发育而成。成土处于初育阶段，土体发生型为表土层—母质层，保留母质明显。砂砾含量高，结持性差，土层浅薄，为20～30cm，粗骨性突出。

山地草甸土土类：有山地灌丛草甸土1个亚类，含1个土属1个土种。零星分布于余姚东岗山顶部海拔750m左右的平缓地或凹陷地。土体发生型为腐殖质层—母质层。土体全年湿润，伴短期积水过程，剖面上部积聚大量粗有机质，腐殖质层厚30～40cm。

石质土土类：有酸性石质土1个亚类，含1个土属1个土种。多分布于陡坡及岗背部位。母质多为抗风化的熔结凝灰岩或流纹岩等风化体。土体发生型为单一母质层。分布区山势陡峭，土壤冲刷严重，岩石裸露地表 80% 以上。

水稻土土类：分潴育水稻土、淹育水稻土、渗育水稻土、潜育水稻土、脱潜水稻土 5 个亚类，含 23 个土属 48 个土种。广泛分布于平原、丘陵坡地、山垄谷地、山体夷平面、台地，为市境内主要土壤类型之一。母质为河流相沉积物、古湖相或海相沉积体。潴育水稻土亚类的主要土体发生型为表土层—犁底层—渗育层—潴育层—母质层；淹育水稻土亚类的土体发生型为表土层—犁底层—母质层；渗育水稻土亚类的土体发生型为表土层—犁底层—渗育层—母质层；潜育水稻土亚类的主要土体发生型为表土层—犁底层—潜育层；脱潜水稻土亚类的土体发生型为表土层—犁底层—脱潜层—潜育层—母质层。系人为耕作土壤，砂黏适中，酸碱适度，土层深厚，熟化程度高，无特殊障碍层。

潮土土类：分灰潮土和盐化潮土 2 个亚类，含 4 个土属 9 个土种。系半水成土壤，分布于滨海、河谷、山谷地段，亦零星散布于水网平原高墩处。母质为溪流、河流冲积物及浅海沉积物。土体发生型为表土层—心土层—母质层，或表土层—心土层—含盐分母质层。土层深，厚 1m 左右，酸碱度差异大，质地疏松，通气透水性好，土体潮湿，耕性良好。

滨海盐土土类：分典型滨海盐土、滨海潮滩盐土 2 个亚类，含 4 个土属 5 个土种。系氯化钠型盐土，分布于海堤外连片潮滩、滨海潮滩盐土亚类内侧，但由于长期的人工围涂造地，海堤不断往海推进，因此，滨海潮滩盐土分布于堤坝外侧，而典型滨海盐土则往往分布于堤坝内侧。由近代海相、河海相沉积物发育而成。土体发生型为含盐分表土层—含盐分母质层，或含盐分表土层—含盐分淀积层—含盐分母质层。成土年龄短，层次分化不明显，质地随地域分布变化较大，从砂壤土至中黏土不等，黏粒矿物多为伊利石，含盐量高，养分较低。

宁波市土壤分布图见图 1-4（宁波市农业农村局提供，2011 年原宁波市农业局编制）。

（四）森林资源与植被

1. 森林资源概况

1）林地面积

根据 2017 年全市森林资源规划设计调查成果统计，宁波市林地面积 46.06 万 hm^2，森林覆盖率为 47.58%（按上期统计口径计算为 47.26%），林木绿化率为 49.25%。林地中，森林面积 43.94 万 hm^2，占 95.40%；疏林地面积 0.02 万 hm^2，占 0.04%；一般灌木林地 0.44 万 hm^2，占 0.96%；未成林造林地 0.12 万 hm^2，占 0.26%；苗圃地 0.87 万 hm^2，占 1.89%；迹地 0.02 万 hm^2，占 0.04%；宜林地 0.65 万 hm^2，占 1.41%。森林中，乔木林面积为 30.79 万 hm^2，占 70.07%；竹林面积 8.49 万 hm^2（其中毛竹林面积 7.94 万 hm^2，杂竹林面积 0.55 万 hm^2），占 19.32%；特别灌木林地（均为经济林）4.66 万 hm^2，占 10.61%。乔木林中，纯林为 11.52 万 hm^2，占 37.41%；混交林面积 19.27 万 hm^2，占 62.59%。

宁波市森林资源分布图见图 1-5（据 2007 年调查成果数据）。

2）林木蓄积

全市活立木总蓄积量为 1954.41 万 m^3，其中乔木林蓄积量 1882.89 万 m^3，占 96.34%。

3）林分起源

全市人工乔木林面积为 6.47 万 hm^2，蓄积 360.88 万 m^3，分别占乔木林总面积和总蓄积量的 21.01% 和 19.17%；天然乔木林面积为 24.32 万 hm^2，蓄积 1522.01 万 m^3，分别占乔木林总面积和总蓄积量的 78.99% 和 80.83%，主要分布于宁海、奉化、象山、海曙和鄞州；人工灌木林面积 4.74 万 hm^2，占灌木林总面积（上述一般灌木林地与特别灌木林地之和）的 92.94%；天然灌木林面积 0.36 万 hm^2，占灌木林总面积的 7.06%。

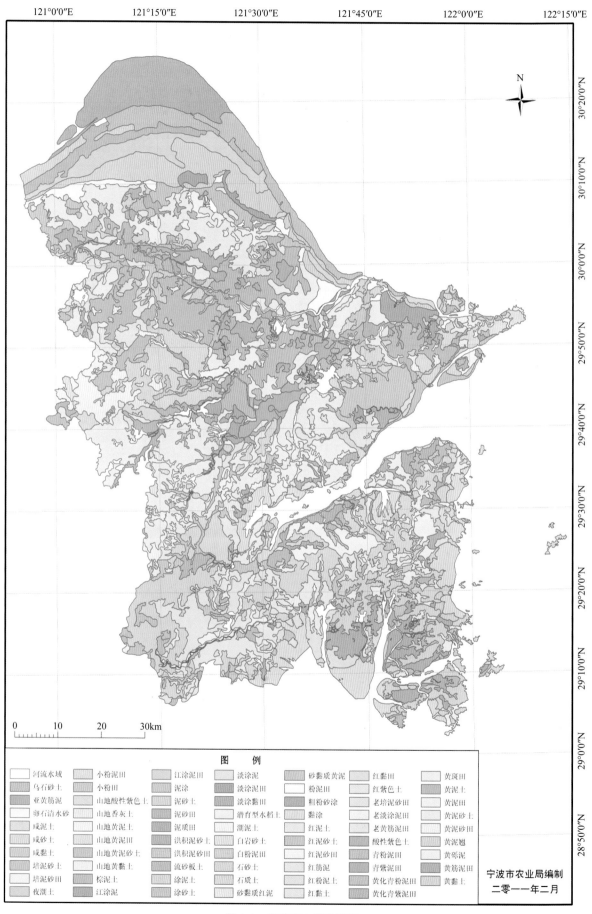

图 1-4　宁波市土壤分布图

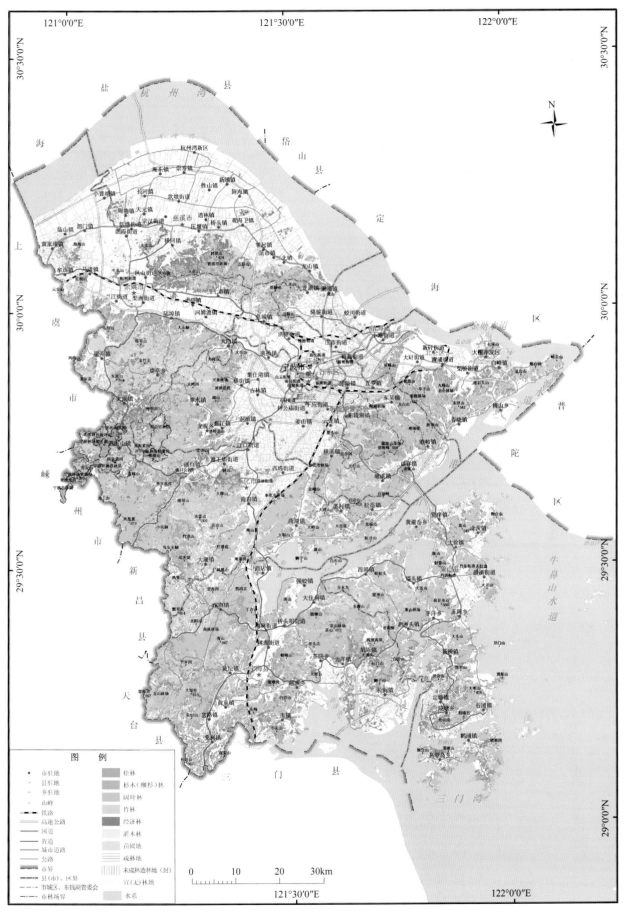

图 1-5　宁波市森林资源分布图

4）林种结构

全市共有防护林面积 19.40 万 hm²，占乔木林总面积的 63.01%；特用林面积 1.72 万 hm²，占 5.58%；用材林面积 9.04 万 hm²，占 29.36%；经济林面积 0.63 万 hm²，占 2.05%。

5）林龄结构

在乔木林中，幼龄林面积为 20.65 万 hm²，占 67.07%；中龄林面积 7.31 万 hm²，占 23.74%；近熟林面积 1.42 万 hm²，占 4.61%；成熟林面积 1.17 万 hm²，占 3.80%；过熟林面积 0.24 万 hm²，占 0.78%。

6）区域分布

从市域看，全市的森林资源分布很不均衡，余姚南部、奉化西南部、鄞州东部、海曙西部、宁海、象山等地较多，东北部平原区森林资源占有量极少。从区县市角度来看（按现行政区划计算），象山林地面积为 7.33 万 hm²，占全市林地总面积的 15.91%；宁海林地面积 10.97 万 hm²，占 23.82%；奉化林地面积 8.68 万 hm²，占 18.84%；余姚林地面积 6.72 万 hm²，占 14.59%；慈溪林地面积 2.10 万 hm²，占 4.56%；鄞州林地面积 3.56 万 hm²，占 7.73%；海曙林地面积 3.10 万 hm²，占 6.73%；北仑林地面积 2.49 万 hm²，占 5.41%；镇海林地面积 0.56 万 hm²，占 1.22%；江北林地面积 0.55 万 hm²，占 1.19%。

2. 植被

宁波市植被在《中国植被》（1995 年）区划中属于亚热带常绿阔叶林区域—东部（湿润）常绿阔叶林亚区域—中亚热带常绿阔叶林地带北部亚地带浙闽山丘甜槠、木荷林区，地带性植被为常绿阔叶林。但由于开发历史悠久、人类活动频繁，目前除交通不便的山区尚残留有小面积的天然常绿阔叶林外，绝大部分原生森林植被已被次生植被和人工植被取代。根据《宁波林业志》记载，汉元狩四年（公元前 119 年）冬，约有 14.5 万中原人迁入会稽郡（包括春秋时期长江以南的吴、越故地），由于人口增加，加上金属冶炼和陶器生产需要大量薪炭燃料，导致宁绍平原的原始森林逐渐被耕地蚕食和取代（《汉书·武帝纪》）。民国期间，日军入侵宁波，对宁波的森林也造成了很大的破坏，如 1945 年，日军在奉化江口一带掠伐木材，运走 80 多船。

根据《宁波森林植被》统计，全市森林植被可分为常绿阔叶林（包括栲树 + 木荷群落等 9 个群落类型）、常绿落叶阔叶混交林（包括南酸枣 – 披针叶茴香群落等 4 个群落类型）、落叶阔叶林（包括枫香 + 化香群落等 3 个群落类型）、针阔混交林（包括马尾松 + 木荷群落等 6 个群落类型）、针叶林（包括马尾松 – 檵木群落等 13 个群落类型）、次生灌丛（包括白栎 + 檵木群落等 8 个群落类型）、竹林（包括毛竹 + 枫香群落等 4 个群落类型）、人工经济林植被（包括板栗林等 14 个类型）等 8 大类植被类型 61 个群落类型。鄞州天童森林公园、北仑瑞岩寺森林公园、宁海南溪温泉森林公园、宁海五山林场柏油塘林区、宁波市林场仰天湖林区的黑龙潭等区域尚残留有小面积接近原生状态的天然常绿阔叶林，是全市植物多样性最丰富的区域。

（五）古树名木

据最近普查数据统计，全市共有古树名木 6335 株，其中一级古树（树龄 500 年以上）587 株，二级古树（树龄 300 ~ 499 年）993 株，三级古树（树龄 100 ~ 299 年）4747 株，名木 8 株。海曙章水镇茅镬村（因潜在地质灾害的影响，村庄已整体搬迁，该处已被建为古树主题公园）、余姚四明山镇宓家山村、海曙鄞江镇鄞江村、宁海胡陈乡胡陈村等不少地方形成了风韵独特的古树群。

（六）野生动物

宁波市独特的地理环境孕育了种类繁多的野生动物。余姚河姆渡文化遗址发掘出土距今 6000 ~ 7000

年的动物遗骸 61 种。明《（嘉靖）宁波府志》记载动物 133 种，民国《鄞县通志》收录 160 种。在近代，镇海、余姚、奉化、宁海、慈溪等地虎、熊、豺等兽类时有出没，至 20 世纪 50 年代末绝迹。

据 2000 年宁波市林业局委托浙江省森林资源监测中心调查的结果统计，宁波市共有陆生野生动物 471 种（包括亚种，下同），其中两栖类 23 种，隶属 2 目 8 科 12 属；爬行类 50 种，隶属 3 目 9 科 31 属；鸟类 349 种，隶属 19 目 60 科；兽类 49 种，隶属 8 目 17 科。属国家 I 级重点保护野生动物的有黑鹳、朱鹮、白肩雕、白颈长尾雉、白鹤、云豹、豹、黑鹿 8 种，属国家 II 级重点保护野生动物的有镇海棘螈（浙江特有种）、虎纹蛙、穿山甲等 57 种，属浙江省重点保护野生动物的有大树蛙、舟山眼镜蛇、黑嘴鸥、毛冠鹿等 49 种。

三、社会经济

（一）历史沿革

宁波简称"甬"，是长三角五大区域中心之一，长三角南翼经济中心，长江流域经济区的主要核心城市之一，浙江省经济中心，现代化国际港口城市，中国著名的院士之乡。早在 7000 年前，宁波先民们就在这里创造了灿烂的河姆渡文化。公元前 2000 多年的夏代，宁波的名称为"鄞"，春秋时为越国境地，秦时属会稽郡的鄞（县治为今奉化区西坞街道白杜村）、鄮（县治为今鄞州区五乡镇同岙村）、句章（县治为今江北区慈城镇王家坝村）三县。唐时宁波称明州。公元 821 年，明州州治迁到三江口，并筑内城，标志着宁波建城之始。明洪武十四年（1381 年），为避国号讳，取"海定则波宁"之义，改称宁波，一直沿用至今。1949 年 5 月宁波解放，成为浙江省辖市及宁波专署驻地。1984 年 4 月宁波被列为 14 个沿海开放城市之一，1986 年被列为全国历史文化名城，1987 年成为计划单列市，1988 年 3 月被批准为有制定地方性法规权限的较大的市，1994 年被确定为副省级市。近年来，宁波先后获得了"全国文明城市""国家园林城市""国家森林城市""国家卫生城市""全国优秀旅游城市""最佳人居环境城市""国家环境保护模范城市"等荣誉称号。

（二）行政区划

2016 年宁波市行政区划调整后，全市辖有海曙、鄞州、江北、镇海、北仑和奉化等 6 个区，余姚、慈溪 2 个县级市，宁海、象山 2 个县（图 1-6）。2019 年末，全市户籍人口 608.5 万人，其中市区人口 300.9 万人；年末全市常住人口为 854.2 万人，城镇人口占总人口的比重（即城镇化率）为 73.6%；人口出生率为 8.17‰，自然增长率为 2.14‰。

（三）国民经济

据 2019 年统计数据，宁波全市实现地区生产总值 11 985 亿元，跻身万亿元 GDP 城市行列，其中，第一产业实现增加值 322 亿元，第二产业实现增加值 5783 亿元，第三产业实现增加值 5880 亿元，三次产业之比为 2.7 ：48.2 ：49.1。按常住人口计算，全市人均地区生产总值为 143 157 元（按年平均汇率折合 20 752 美元）。全年全市完成财政总收入 2784.9 亿元；完成一般公共预算收入 1468.5 亿元，一般公共预算支出 1767.9 亿元。全市规模以上工业增加值 3991.5 亿元，实现利税总额 2065.4 亿元，其中利润总额 1298.5 亿元。全市居民人均可支配收入 56 982 元，其中城镇居民人均可支配收入 64 886 元，农村居民人均可支配收入 36 632 元；城乡居民人均收入倍差为 1.77。全市居民人均生活消费支出 33 944 元，其中城镇居民人均生活消费支出 38 274 元，农村居民人均生活消费支出 22 797 元。

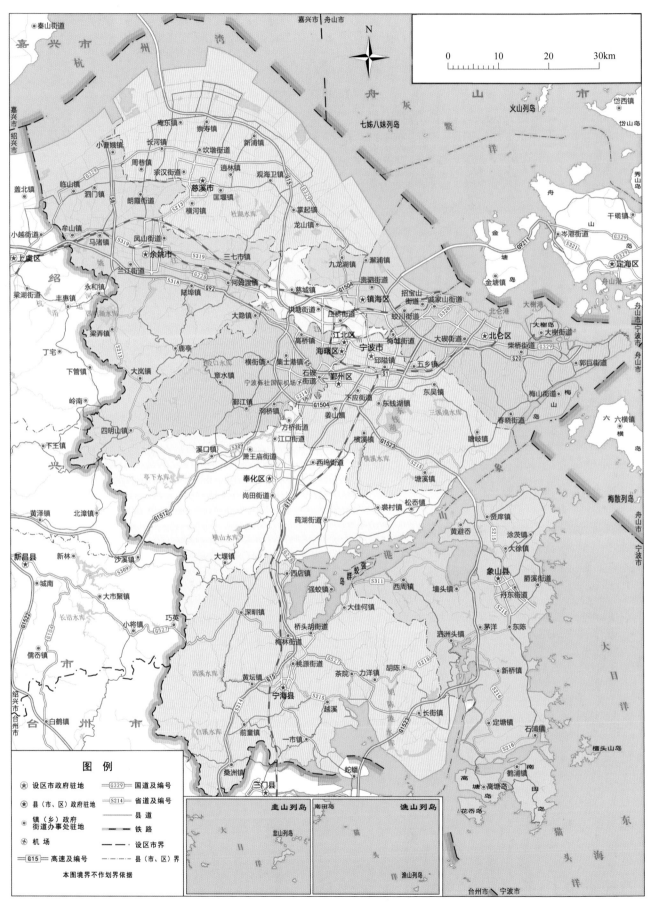

图1-6 宁波市域图

（四）交通

宁波是浙江东部的交通枢纽，区域交通发达，已形成海陆空多层次的交通网络。

陆路交通以铁路、公路为主，铁路有萧甬复线、甬台温铁路、杭甬客运专线，已启动建设甬金铁路。境内公路密布，其中高速公路有宁波绕城高速公路（G1501）、杭甬高速公路（杭州湾环线高速公路，G92）、甬台温高速公路（沈海高速公路，G15）、甬金高速公路（G1512）、甬舟高速公路（G9211）、甬台温复线高速（G15W3）、穿山疏港高速（S20）、余慈高速（S8）等，杭甬复线等正在加速推进；国道有 329 线；省道有甬临线等 9 条；乡镇所在地和行政村均已通公路。2019 年末全市公路总里程达到 11 374.7km。

水路交通主要有"三江六塘河"["三江"指奉化江、姚江和甬江，"六塘河"指西塘河、南塘河、后塘河、中塘河（东乡）、中塘河（西乡）、前塘河，"三江六塘河"构成了宁波水系网络的骨架]和宁波舟山港。2019 年，宁波舟山港完成货物吞吐量 11.2 亿 t，连续 11 年位居世界第一，其中宁波港域完成吞吐量 5.8 亿 t；全年宁波舟山港集装箱吞吐量 2753.5 万标箱，居世界第三，其中宁波港域完成集装箱吞吐量 2617.0 万标箱；年末宁波舟山港集装箱航线总数达 244 条，其中远洋干线 110 条；全年完成海铁联运 80.9 万标箱。

航空民用机场有栎社国际机场 1 处，2019 年旅客吞吐量 1241.4 万人次。

（五）市树市花

1984 年 9 月 14 日，宁波市第八届人民代表大会常务委员会第八次会议决定樟树为市树，茶花为市花。樟树具有刚强遒劲的品格，端庄秀美的气质；而茶花则具有艳而不妖、经冬不凋、四季常青的精神。它们的品格和精神气质，正好契合宁波的城市精神。

（六）城市形象主题口号

2009 年 8 月 20 日，宁波市确定城市形象的主题口号是：书藏古今，港通天下——中国宁波。其中，前一句狭义上是指天一阁，它是中国现存最早的私家藏书楼，也是亚洲现有最古老的图书馆和世界最早的三大家族图书馆之一；广义上则寓意着宁波历史悠久、文化厚重，是一座拥有 7000 年文明史的书香之城、文化之城；同时，一个"今"字又体现了宁波在传承历史文化的基础上，不断建设当代文化，努力形成历史文化和现代文明交相辉映的格局。后一句狭义上是指世界著名的东方大港——宁波港，实则体现了宁波的交通便利，又是港城宁波经过改革开放取得的发展成就的写照，突出了宁波作为现代化国际港口城市的特色，代表宁波现代经济的发展水平，同时还寓意宁波人开放、开拓、创新的精神。

第二章 植物资源调查研究的背景、意义与方法

第一节 国内外调查研究概况

一、国外调查研究概况

国外对植物资源的调查和植物志的编写工作始于 17 世纪的欧洲，在西方的植物学家大量采集标本和精心描述植物的基础上，出现了编写区域或国家植物志和撰写植物书刊的热潮。G. Bauhin 的《植物界纵览》（*Pinax Theatri Botanici*，1623 年）首先创建了双名法概念；J. Ray 的《植物新方法》（*Methodus Plantarum Nova*，1682 年）在 1703 年第二版中记载了 18 000 种植物，并依据花器官和营养体等有关特征对这些植物进行了分类，之后又出版了《不列颠植物研究法总览》（*Synopsis Methodica Stirpium Britanicarum*，1690 年）。在 18 世纪，仅瑞典植物学家卡尔·林奈（Carolus Linnaeus）一人就相继编撰出版了《拉普兰植物志》（*Flora Lapponica*，1737 年）、《植物属志》（*Genera Plantarum*，1737 年）、《瑞典植物志》（*Flora Suecica*，1745 年）、《植物种志》（*Species Plantarum*，1753 年），这标志着近代植物分类学已达到成熟阶段。进入 19 世纪后期，正值欧洲帝国向外扩张之时，植物学家的工作重点开始转向世界各地，为殖民地和属地编写植物志，用了 150 ~ 200 年的时间，最为著名的要数由瑞士植物学家 A. P. et A. de Candolle 父子主编并由 35 位植物学家共同参编出版的巨著《植物界自然系统长编》（*Prodromus Systematis Naturalis Regni Vegetabilis*，1823 ~ 1873 年），包括了全世界 161 科、58 000 余种植物（其中单子叶植物尚有部分未完成）；在此时段，英国植物学家则全力倾注于编写英国殖民地（或租界）植物志，著名的有 W. J. Hooker 编著的《北美植物志》（*Flora Boreali-Americana*，1829 ~ 1840 年），G. Bentham 编著的《香港植物志》（*Flora Hongkongensis*，1861 年）和《澳大利亚植物志》（*Flora Australiensis*，1863 ~ 1878 年），Grisebach 编著的《英属西印度群岛植物志》（*Flora of the British West Indian Islands*，1850 ~ 1864 年），J. D. Hooker 主编的《英属印度植物志》（*Flora of British India*，1875 ~ 1897 年）等；与此同时，欧洲其他国家（如比利时、法国、德国、荷兰等）的植物学家，也在从事着类似的工作。

二、国内调查研究概况

我国植物资源调查和植物志编撰工作始于 19 世纪末至 20 世纪初。在中国植物分类学创始之初，钟观光、胡先骕、钱崇澍、秦仁昌、陈焕镛、郑万钧、吴征镒、王启无、林镕、蔡希陶、俞德浚、陈诗等老一辈植物学家在十分艰苦的条件下，历尽艰险，开展了大量的野外调查，采集了众多的植物标本，为我国建立首批植物标本室做出了不可磨灭的贡献。从 20 世纪初至 1949 年的 40 多年中，据不完全统计，全国采集了高等植物标本约 80 万号（其中苔藓植物约 2 万号，蕨类植物约 8 万号），种类达 2 万余种，是我国珍贵的科学研究材料；在 15 个省市的植物学研究机构及大学建立了 27 个标本室；标本采集几乎遍及全国各地，为我国开展植物分类学、植物地理学及其他分支学科的研究创造了基本条件，也为植物学教学提供了较为丰富的材料。

新中国成立之后，在国家的重视下，我国的植物资源调查研究及植物志的编写工作得以快速发展，其

中地方性植物志的编写始于刘慎谔主持的《东北木本植物图志》（1955 年）、《东北草本植物志》（1958 ～ 2004 年），以及陈焕镛主持的《海南植物志》（1964 ～ 1977 年）等植物志的编写与出版；而全国性植物志的大规模编写与出版则是由中国科学院植物研究所众多专家历时 20 多年编写的《中国高等植物图鉴》（5 册）及《中国高等植物图鉴补编》（2 册），共收录植物 8000 多种，于 1972 ～ 1982 年陆续出版；由著名树木学家郑万钧主编、上百位专家参编的《中国树木志》（1 ～ 4 卷），于 1983 ～ 2004 年陆续出版，记载木本植物约 8000 种，这 2 套书至今仍为我国植物分类的重要工具书，特别是随着历时 45 年、由数百位植物分类学专家精心编撰完成的 80 卷 126 册《中国植物志》巨著的出版，标志着我国植物资源调查研究工作完成了第一阶段，实现了众多老一辈植物学家的夙愿和梦想，该志自 1959 年开始出版，至 2004 全部完成，共记载了 3 万多种植物，是世界上最大型的植物专著，荣获了 2009 年度国家自然科学奖一等奖，是目前植物学工作中最权威和最常用的工具书；其后，由中、美等国植物学者合作编撰的 *Flora of China* 历经 15 年问世（1998 ～ 2013 年），该书文字共 25 卷，图版共 24 卷，是目前植物工作者比较重要的参考资料，由于撰写该志的中外作者在观点、经验、水平、认知及严谨程度等方面存在较大差异，书中亮点较多，但存在的问题也不少；在此期间，我国各地的地方植物志编写工作也得以全面展开，并在 20 世纪 90 年代至 21 世纪达到高峰。截至目前，全国已有 29 个省（区、市）出版了自己的植物志［部分省（区、市）未全部出齐］；目前还没有出版的省份只有陕西省，其由《秦岭植物志》（1971 ～ 1985 年）覆盖了大部分；吉林省于 2018 年 12 月出版《吉林省植物志》1 卷，目前仍未出齐，但其为《东北木本植物图志》（1955 年）和《东北草本植物志》（1958 ～ 2004 年）所覆盖；重庆市因从四川省分出的时间较晚，已为《四川植物志》所覆盖。从总体上看，我国的植物种类已在地方植物志方面至少完成了一次普查与记载。

自 20 世纪 90 年代开始，各省、市、自然保护区在原有植物名录的基础上掀起了新一轮省域、市域、国家级自然保护区植物资源调查的热潮，相继出版了区域植物志，如《横断山植物志》《太原植物志》《东莞植物志》《广州植物志》《深圳植物志》《澳门植物志》《大连地区植物志》《嵩山植物志》《重庆缙云山植物志》《河北茅荆坝自然保护区植物志》等，极大地丰富了我国的植物区系研究资料。

三、浙江省植物调查研究概况

新中国成立之前，许多国内植物学者为浙江的植物研究做了大量工作和贡献，其中胡先骕的《浙江植物名录》（1921 年）和《增订浙江植物名录》（1924 年），郑万钧、钱崇澍和裴鉴的《浙江维管植物之记载》（*An Enumeration of Vascular Plants from Chekiang*，1933 ～ 1936 年），林刚的《浙江木本植物名录》（1936 年），以及陈嵘、耿以礼、秦仁昌、郑勉等的相关论著，都为之后的浙江植物研究奠定了基础。

新中国成立之后，随着植物资源普查工作的开展，吴长春、章绍尧、贺贤育等多次带领广大中青年植物工作者和学生深入浙西、浙南等偏僻山区进行植物考察与教学实习，积累了大量标本和资料，发现了许多植物分布新记录与新类群，大大丰富了浙江植物区系及资源的种类和内容。特别是 1958 年，浙江省科学技术委员会组织各有关厅、局与科研、教学和生产单位及中国科学院上海有机化学研究所成立了"浙江省野生资源植物普查队"，邀请南京中山植物园参与指导，在各地、县的配合下进行了一次大规模的调查采集工作，共采集植物标本 7820 号、6 万份，经鉴定有 1940 种，其中有一定利用价值的植物有 1430 余种，撰写成温州、宁波、金华、台州和杭州等地区的有用野生植物参考资料，最后汇集成《浙江经济植物志》（初稿）；1957 ～ 1980 年，浙江省卫生局、浙江省药材公司组织省内各教学、科研单位，并邀请上海第一医学院药学系参加，前后共开展了 3 次全省性的药源普查工作，收集了大量标本资料，编写出版了《浙江中药资源名录》（1960 年）、《浙江中药手册》（1960 年）、《浙江天目山药用植物志》（上册，1965 年）、《浙江民间常用草药》（第一、二、三集，1969 ～ 1972 年）、《浙江中草药单方验方选编》（第一、二辑，1970 ～ 1971 年）、《浙江药用植物志》（上、下册，1980 年）。这些工作成果为浙江植物区系的深入研究和《浙江植物志》的编撰打下了坚实的基础。

1982 年，浙江省科学技术委员会发文下达编著《浙江植物志》的重大科研任务，并由浙江省科学技术协会委托浙江省植物学会组织成立浙江植物志编辑委员会。参加编志工作的有杭州大学、杭州植物园、浙江自然博物馆、浙江省林业科学研究所、浙江省药品检验所、杭州师范学院、浙江医学科学院、浙江林学院、浙江医科大学、杭州市药物研究所、浙江农业大学、杭州市园林文物管理局和浙江林业学校等 19 个单位共 50 余位科研、教学工作者，历时十载，完成了全省植物区系和植物资源历次调查资料等的收集、整理、研究、分析和鉴定等工作，编撰成 550 余万字的《浙江植物志》，全书共 8 卷，于 1989～1993 年陆续正式出版发行。该志是几代植物学工作者辛勤耕耘的硕果，也是当时对浙江现有植物资源进行科学记录的一部最完整的史书和科教工具书，荣获了 1994 年度浙江省科学技术进步奖一等奖、1995 年第七届全国优秀科技图书一等奖和 1995 年第二届国家图书奖。

1981 年，由杭州植物园章绍尧等承担国务院环境保护领导小组下达的"浙江省珍稀濒危植物引种栽培试验研究"课题，对浙江的第一批国家级珍稀濒危植物在调查、繁育等方面做了大量工作，取得了丰硕成果，并于 1986 年通过专家鉴定。

1988 年，浙江省教育委员会下达了"浙江植物红皮书及植物资源保护"课题，由浙江林学院张若蕙先生主持，天目山国家级自然保护区、凤阳山 – 百山祖国家级自然保护区、遂昌九龙山自然保护区、金华森工站、湖州市林业局、湖州市林业科学研究所、庆元县林业局、龙泉市林业局、泰顺县林业局、松阳县林业局、舟山市林业科学研究所、兰溪化工总厂等单位的人员参加，历时 5 年的调查研究，编写出版了《浙江珍稀濒危植物》（1994 年）一书，由张若蕙任主编，楼炉焕、李根有任副主编，全书共收录浙江珍稀濒危植物 162 种（含 16 个附种），其中国家级珍稀濒危植物 52 种、浙江省珍稀濒危植物 110 种。该书分概述和各论两大部分，分别就浙江珍稀濒危植物的现状、区系特征、地理分布、经济价值和学术价值、致濒原因、保护与拯救对策及形态特征、生态学和生物学特征、栽培要点等进行了较为详细的阐述。

1989～1993 年，由浙江省林业勘察设计院陈征海等承担完成的全省海岛植物资源、植被状况调查研究项目，共采集植物标本 11 760 号，计 2 万余份，经鉴定共有 1914 种、12 亚种、175 变种、26 变型和 46 品种，隶属 195 科 909 属。该项目取得了许多珍贵的新资料，其中 11 种、1 变种、2 变型属于中国分布新记录；4 种、2 亚种为中国大陆分布新记录；1 科、24 属、55 种、11 变种、1 变型及 2 杂种为浙江分布新记录。该项目首次全面系统地查清了浙江海岛植物资源状况及海岛古树名木资源；编写了《浙江省海岛资源综合调查专业报告（植被）》（1994 年），其中就浙江海岛植物区系特点进行了分析、论证，并提出了植物资源保护、利用与开发的具体对象和方向性意见。

进入 21 世纪后，浙江省的植物资源调查和专著出版逐渐进入了兴盛时期，在 2000～2018 年的短短不到 20 年时间出版的植物志和专著就超过了前 50 年的总和，主要有《浙江种子植物检索鉴定手册》（郑朝宗，2005 年）、《浙江温岭植物资源》（李根有、颜福彬，2007 年）、《浙江林学院植物园植物名录》（李根有、陈敬佑，2007 年）、《浙江树木图鉴》（陈根荣，2009 年）、《清凉峰植物》（金孝锋、翁东明，2009 年）、《天目山植物志》（共 4 卷，丁炳扬、李根有、傅承新、杨淑贞，2010 年）、《台州乡土树种识别与应用》（王冬米、陈征海，2010 年）、《浙江大盘山药材志》（上、下，陈远志、陈锡林、张方钢，2011 年）、《浙江野菜 100 种精选图谱》（李根有、陈征海、杨淑贞，2011 年）、《普陀山植物》（李根有、赵慈良、金水虎，2012 年）、《浙江野花 300 种精选图谱》（李根有、陈征海、项茂林，2012 年）、《浙江野果 200 种精选图谱》（李根有、陈征海、桂祖云，2013 年）、《松阳树木彩色图鉴》（汤兆成，2013 年）、*Taxonomy of Carex sect. Rhomboidales（Cyperaceae）*（金孝锋、郑朝宗，2013 年）、《清凉峰木本植物志》（共 2 卷，金孝锋、翁东明、金水虎、张宏伟，2014 年）、《百山祖的野生植物——木本植物 I》（丁炳扬、夏家天、张方钢、陈德良，2014 年）、《浙江省常见树种彩色图鉴》（陈征海、孙孟军，2014 年）、《慈溪乡土树种彩色图谱》（徐绍清、陈征海，2014 年）、《玉环木本植物图谱》（池方河、陈征海，2015 年）、《白塔湖植物》（吴建人、金孝锋，2016 年）、《温州植物志》（共 5 卷，丁炳扬、金川、胡仁勇等，2017 年)、《宁波珍稀植物》(李根有、李修鹏、张芬耀，2017 年)、《宁波滨海植物》(陈征海、谢文远、李修鹏，2017 年)、《杭州植物志》(共 3 卷，《杭州植物志》编纂委员会，2017 ～ 2018 年)、《临安珍稀野生植物图鉴》(夏国华、梅爱君，2018 年) 等。

目前，浙江省正由李根有、丁炳扬教授领衔实施"浙江省野生植物资源调查、归档、编纂 [《浙江植物志》(新编) 编著]"项目，拟重新编纂出版《浙江植物志》(新编)(共 10 卷)。

第二节　调查研究意义

1. 开展植物资源调查是完善宁波自然资源大数据的必然要求

土地、海洋、森林、水、矿产、生物等各类资源都是人类赖以生存的物质基础，是支撑一个地方经济和社会发展的重要源泉。植物资源也是自然生态系统中不可或缺的有机组成部分。新中国成立之前，虽然到宁波采集植物标本的国外人员较多，但在新中国成立后，很多人都认为宁波地处浙东丘陵，人为开发较早、干扰强度大、人口密度高、生境较单一、自然植被差、植物资源较贫乏，故专门到宁波境内深入开展植物资源调查的案例少之又少，且均属零星采集或局部调查活动，宁波市从未进行过一次全面、系统、深入的植物资源调查研究，《浙江植物志》中记载宁波有分布的原生植物还不到 1000 种。因此，从植物资源角度来看，在本项目开展之前，宁波境内所蕴藏的植物种类、数量、分布与生境、区系等情况均无权威数据，有关工作在涉及应用该方面的数据时，往往只能引用天童国家森林公园的调查数据。植物资源不明、家底不清，与宁波发达的经济地位与社会发展需求极不相称。开展全市性植物资源调查，有利于摸清全市植物资源现状，建立资源数据库，完善自然资源大数据，切实改变家底不清的现状。

2. 开展植物资源调查是保护宁波生物多样性的根本任务

生物多样性是生物及其环境形成的生态复合体及与此相关的各种生态过程的总和，包括数以百万计的动物、植物、微生物和它们所拥有的基因及它们与其生存环境形成的复杂的生态系统。它是生命系统的基本特征。生命系统是一个等级系统，包括多个层次或水平：基因、细胞、组织、器官、物种、种群、群落、生态系统及景观，每一个层次都具有丰富的变化，即都存在着多样性。目前多样性研究较多的主要有遗传多样性、物种多样性、生态系统多样性和景观多样性。生物多样性是大自然历史演变长河中适应自然选择的结果，是人类赖以生存的物质基础。随着时间的推移，生物多样性的最大价值在于为人类提供适应当地和全球变化的机会。生物多样性的未知潜力更为人类的生存与发展描绘了不可估量的美好前景。生物学科对生物发展史的研究结果表明，任何物种一旦灭绝，便永远不可能再现，人类将永远丧失这种对后代可能是最宝贵的生物资源，而且一个物种的消失常导致 10 ～ 30 种生物的生存危机，因此，开展包括森林植物在内的生物多样性的保护工作意义重大、影响深远。而开展植物资源调查，摸清植物资源多样性的家底，正是开展区域生物多样性保护工作的必要手段和重要内容。

3. 开展植物资源调查是保障国家生物战略资源安全的重要前提

植物资源作为遗传继代的基础，是生物多样性和生态系统多样性的基础，是国家重要的基础战略资源，也是农林业生产力发展的基础性和战略性资源，直接制约着与人类生存息息相关的资源质量、环境质量、生态建设质量及生物经济时代的社会发展。有专家指出，一个物种就能影响一个国家的经济，一个基因关系到一个国家的盛衰。一棵野生水稻改变了整个中华民族的粮食供应格局，解决了全民的温饱问题。但由于人类干扰、自然灾害等种种因素的影响，很多植物资源的生境遭到了破坏，生存受到了威胁，很多物种已处于濒临灭绝状态，还有很多物种在人类还未发现它们时就已消亡，物种多样性和自然生态系统多样性正在不断地丧失，给国家生态安全、生物安全及人类自身的生存安全带来巨大挑战。掌握植被类型、植物群落、重要物种的资源现状及分布状况，可以为科学制订资源保护策略提供直接依据，做到有的放矢、科学发展。

4. 开展植物资源调查是合理利用植物资源的必要基础

植物资源与人类生存和经济、社会发展同样密不可分。从生态角度看，植物及其所构成的植物群落通过光合作用、根系固持、枝叶截留、叶面吸附等各种方式，发挥着固碳释氧、涵养水源、保持水土、净化空气、降低噪声、应对气候变化等多种生态功能，为维护自然系统的生态平衡及为人类创造和谐的居住和生存环境起着不可替代的作用。从经济角度看，粮食、蔬菜、果树、花木、茶叶、药材、木材、竹材、竹笋等各个产业的发展无不和植物息息相关，植物资源既是支撑人类生存和发展不可或缺的生物资源，也是改善人类生活质量、增加经济收入的重要物质基础。从文化角度看，植物所具有的独特景观、休闲功能和科学文化内涵也为丰富人类社会的旅游休闲、文化娱乐、科研科普等各种文化活动提供了多彩的自然元素。因此，人类的生存和经济、社会发展与科学利用植物资源密不可分。国外特别是欧美发达国家对乡土植物资源的开发利用非常重视，在乡土植物育种、群落构建与景观营造等方面进行了大量有益的探索和实践，取得了举世瞩目的成就。宁波地处中亚热带北缘，背山面海，地理位置独特，气候条件优越，境内保存着我国东部典型的地带性植被，孕育了丰富的乡土植物资源，但多数优良种类仍然"养在深闺人未识"，处于自然的野生状态，没有得到合理的开发利用。开展植物资源调查，可以在保护的基础上，制订更加科学合理的植物资源利用策略，实现植物资源的可持续利用。同时，通过开展资源调查，可能会发现、发掘一批优异的植物种质资源，丰富林木育种材料，增加林业产业生产的花色品种，优化农林产业结构，为乡村振兴和农业增效、农民增收做出应有贡献。

5. 开展植物调查是历史赋予我们的神圣使命

国际生物科学联合会等机构联合发起了一个全球性的生物多样性合作研究项目，即 DIVERSITAS，其研究内容包括 5 个核心领域：生物多样性的生态系统功能；生物多样性的起源、维持和丧失；生物多样性的编目与分类；生物多样性的监测；生物多样性的保护、恢复和持续利用。纵观该领域的研究现状可以看出，以下 7 个方面已成为当前生物多样性研究的热点：生物多样性的调查、编目及信息系统的建立；人类活动对生物多样性的影响；生物多样性与生态系统的功能；生物多样性的长期动态监测；物种濒危机制及保护对策的研究；栽培植物与家养动物及其野生近缘种的遗传多样性研究；生物多样性保护技术与对策。很显然，植物资源调查是开展植物多样性保护的首要工作，是开展其他后续研究工作的基础，也是我们专业人员责无旁贷的历史责任和神圣使命。

6. 开展植物资源调查是建设"森林宁波""生态宁波""美丽宁波"的有益支撑

宁波在经济社会快速发展的同时，也面临一系列的生态问题。平原区人口十分密集，人地矛盾突出，但绿量不足，水、大气、土壤污染比较严重；山地森林林相较单一，林分质量不高，低质低效林多，生态服务效能差；城市的热岛效应明显，小城镇和村庄的绿化、环境整治滞后于经济发展。在推进城市化发展过程中，迫切需要建设高质量的城市森林，以改善城市环境、美化城市景观、缓解热岛效应；在工业化进程中，迫切需要选择抗污、吸污、固碳与滞尘等能力强的植物，建设高效合理的生态隔离带、生态缓冲带，以减轻和缓冲工业区与居民生活区的水气污染；在乡村振兴和生态旅游发展中，迫切需要建设良好的森林生态景观，以供人们游憩休闲、康养及其他功能利用；在发展现代农业过程中，既需要有源源不断的优质生物资源为安全、优质、高效的农业生产提供种源支撑、促进产业转型升级，也需要建立布局合理的农田林网生态系统，为农产品的安全生产提供生态保护屏障。根据浙江省委、省政府"大花园"建设行动的战略决策和《浙江生态省建设规划纲要》的精神，宁波市委、市政府提出了"营造绿色环境，发展绿色经济，打造绿色宁波，实现经济社会可持续发展"的号召，动员全社会力量，开展"森林宁波""生态宁波""美丽宁波"建设工作。建设"森林宁波""美丽宁波"，就是在本区域构建结构稳定、抗干扰能力强、生物多样性和景观多样性丰富、生产力高的森林生态系统，建设综合效益显著的森林生态屏障，实现低碳、和谐、美丽的目标，促进区域经济社会可持续发展,实现人与自然和谐共生。"森林宁波"建设也是"生态宁波"建设的重要内容,"生态宁波"建设需要植物和森林提供强大的绿色根基与生态容量。"森林宁波""生态宁波""美丽宁波"建设离不开森林植物,开展植物资源调查,摸清植物资源家底,可以为"森林宁波""生态宁波""美丽宁波"建设科学地选用绿化造林树种、构建健康高效的森林生态系统提供科学依据,对改善宁波城市生态系统结构、提升生态服务功能具有重要的作用,对繁荣森林文化、建设生态文明和"美丽宁波"也具有重要的促进作用。

第三节　调查研究方法

一、调查对象

本次调查对象以宁波市域范围内所有的野生植物、逸生与归化植物及入侵的维管植物为主,同时兼顾常见的露地引种栽培植物(包括园林植物、造林树种、农作物、药用植物等)。对一些品种众多但鉴定困难的类群则仅确定到种级,如月季、菊花、杜鹃、茶花等。部分重要园艺品种视具体情况作适当调查。对部分引进历史不长、栽培不普遍、露地越冬有困难的外来物种和栽培品种(个别栽培较普遍或有特殊意义的除外)则不作为本次调查统计的对象。

二、调查范围与调查区域

本次调查范围覆盖宁波市域的所有陆域及岛屿。根据当时行政区划实际,综合考虑地形、地貌、植被等因素,本次调查将宁波市划分成了 10 个调查区域,分别是:①慈溪市(含杭州湾新区);②余姚市(含宁波市林场四明山林区、仰天湖林区、黄海田林区、灵溪林区);③镇海区(含宁波国家高新技术产业开发区甬江北岸区域);④江北区;⑤北仑区(含大榭开发区、梅山保税港区);⑥鄞州区(2016 年行政区划调整前的地理区域范围,含东钱湖旅游度假区、宁波市林场周公宅林区);⑦奉化区(含宁波市林场商量岗林区);⑧宁海县;⑨象山县;⑩市区(含 2016 年行政区域调整前的海曙区、江东区及宁波国家高新技术产业开发区甬江南岸区域)。

三、调查方法与成果整理

(一)调查原则

宁波市植物资源调查遵循如下原则。

1)点、线为主,点、线、面相结合原则

项目在外业调查期间,以选择典型区域、典型线路进行详查为主,全面踏查为辅,做到最大限度地减少工作量、最大程度地摸清资源家底,努力提高工作成效。

2)先进性与适用性相结合原则

植物资源调查是一项基础性、全局性、长远性工作,在外业调查与内业整理时,需要在采用线路调查、标本采集等传统经典方法和手段的基础上,有机融合卫星定位、高清影像摄录等现代信息技术;调查方案既要体现科学性,又要遵循可操作性。调查成果既要做到准确、可靠,又要方便科技工作者、植物爱好者特别是基层技术人员的使用,使其成为具有区域权威性、适用性的工具书和数据库。

3)院校支撑,多级联动原则

项目充分利用浙江农林大学、浙江省森林资源监测中心等单位的学科优势和技术、人才优势及各县(市、区)和乡(镇、街道)熟悉本地情况的优势,建立由市级(宁波市林业局)牵头、院校支撑、县乡参与的多级联动工作机制,在项目实施过程中,既保证了项目质量和进度,又培养打造了一支宁波自己的技术队伍;项目成果既有全市性的总成果,也有分县(市、区)的区域性成果,真正做到了省市县的互利共赢。

（二）调查程序

1. 前期准备

（1）组织准备：一是建立了项目实施领导小组、顾问小组、技术小组、后勤保障小组、联络小组等组织，各司其职，开展工作。二是组建了 6 个外业调查小组，分区域开展外业调查。

（2）技术准备：一是收集、查询相关资料和信息。广泛收集《浙江植物志》、各森林公园植物名录、湿地植物等有关专题调查成果等文献资料；查询植物标本信息；通过网络交流、行家访问等方式，最大限度地获取宁波各地植物种类的富集区域及珍稀植物的主要分布点等信息，为项目调查实施提供借鉴。二是制订调查方案和实施细则，明确调查方法、重点调查区域、调查路线、调查内容和进度安排等事项。三是调查人员在开展外业调查前先集中进行调查方法、植物分类、植物摄影、植物标本采集与制作、野外避险及应急处置等相关业务培训。

（3）资金准备：由项目牵头单位宁波市林业局负责落实外业调查及丛书编纂、出版等各项费用。各县（市、区）林业部门力所能及地提供部分配套资金，其主要用于外业调查小组在当地的交通费用等支出。

（4）物资准备：落实好数码相机、便携式计算机、GPS 定位仪、标本夹、高枝剪、修枝剪、钢卷尺、皮尺、测高仪、放大镜、望远镜、小铁铲等设备，以及标签、标本采集袋、笔、野外调查登记表、地形图等材料和劳保用品等相关物资。

2. 外业调查

根据宁波市自然地理特点和植物分区特点，确定森林、湿地、滨海等典型生境及国家森林公园等为重点调查区域，同时要顾及各种生境类型，包括山地、丘陵、平原、水体、岩山、海岛、滩涂、沙滩、农地、荒地、公园、庭院、街道等。根据年度计划及每次调查前制订的具体调查方案，分组赶赴各地，在当地林业技术人员的陪同下开展野外实地调查。2012 ～ 2014 年，每年分季节组织 3 次或 4 次大型的外业调查工作，每次 7 ～ 10 天，而小型科考调查活动不受季节、人数的限制，可根据需要随时开展；2015 年及以后则根据需要选择特定区域和特定生境类型开展不定期的补充调查。为便于查找、正确识别、鉴定植物种类，拍摄到比较完整的植物特征照片，调查尽量安排在植物的花期、果期或色叶期等鉴别特征最显著的时期进行。

3. 内业整理与研究

一是对采集的标本进行及时压制、登记和保存，必要时对物种作进一步鉴定。二是对拍摄到的照片、记录的植物名称等作进一步鉴定和分类汇总。三是对各类外业调查记录进行重新梳理、分析研究与汇总。四是通过查阅国内外植物分类资料或请教行业分类权威人士，对疑难物种进行鉴定、定名。

（三）调查内容与方法

1. 一般植物

一般植物主要采用样线调查法。选择典型线路，沿线开展植物调查。调查时记录植物的名称、分布、生境等基本信息，拍摄生境和形态特征图片，必要时采集凭证标本。

2. 珍贵稀有植物

对于一些在经济、科研、地理分布、物种多样性保护等方面具有重要价值的物种（种群），则在采集一般植物信息的基础上，再用 GPS 标记定位，记录群落组成、资源状况（资源消长及更新动态、健康状况、植物和生境受威胁因素及程度、植物和生境受保护状况）等基本要素，必要时采集和制作凭证标本。若个体数量较少，则采用实测法调查、测定每株植株的高度、胸径（地径）、冠幅等生长量，描述生长及开花结实等基本情况。若个体数量较多，则在清点、统计种群数量的基础上（个体数量大于 500 株的不清点），采用典型抽样法（样线法或样方法）进行调查、测定生长量，乔木树种样方为 20m×20m，灌木树种样方为 5m×5m，草本植物样方为 1m×1m，样方数量视情况而定。具体方法参照《第二次全国重点保护野生植物资源调查浙江省实施细则》。

3. 疑难物种

对于疑难物种，则在采集一般植物信息的基础上，用 GPS 标记定位，同时记录形态特征、数量，采集凭证标本。

（四）成果整理

在外业调查与业内整理工作的基础上，组织召开编务会议，制订丛书编写大纲及编写细则，明确编写分工及进度等相关要求。整理的主要成果包括以下几个方面。

（1）编写植物名录。根据外业调查结果，结合收集的相关资料，分调查区域整理植物名录及汇总全市植物名录，标明各物种的区域分布、来源、记录情况、保护等级、是否为模式标本产地等信息。编写名录时同步对植物学名进行考证。

（2）专题总结与汇总。对野生的珍稀植物、珍贵用材树种、重要药用植物、优良观赏植物、重要食用植物(野菜、可食野果)、滨海植物和主要有害植物资源等进行专题汇总，为进一步开展保护、利用和有害植物防治提供参考依据。

（3）撰写并发表相关学术论文。对调查发现的新分类群与分布新记录植物，分别撰写相关学术论文并在国内外专业刊物或专著上公开发表（详见附录 3、附录 4）。

（4）编纂出版"宁波植物丛书"。其内容包括《宁波植物研究》《宁波珍稀植物》《宁波滨海植物》及《宁波植物图鉴》（分 5 卷）。其中，《宁波植物研究》主要介绍宁波植物调查研究简史、植物区系特征和资源及有害植物概况、本次调查的新发现、植物资源保护与利用的现状及发展对策等内容;《宁波珍稀植物》与《宁波滨海植物》则专题介绍宁波珍稀植物、滨海植物的区系特征、资源概况、保护与利用建议等内容;《宁波植物图鉴》则按照图鉴编纂要求介绍入编植物的中文名、学名、主要形态特征、分布与生境、主要用途等内容，其中物种的排列顺序为:蕨类植物按照秦仁昌分类系统（1978 年）、裸子植物按照郑万钧分类系统（1978 年）、被子植物按照恩格勒（A. Engler）分类系统（1964 年）。

（5）采集和制作植物标本。为减少工作量、节约工作成本，本次调查对一些常规、多见的植物均采取现场鉴定、记录、摄影的方式进行调查，不采集和制作凭证标本。对一些在经济、科研、地理分布、物种多样性保护等方面具有重要价值的物种（种群）及疑难物种等则采集和制作凭证标本，在宁波市林业局建立小型植物标本展示室。为满足宁波学生的教学实践需要，项目组与宁波城市职业技术学院合作，在宁波城市职业技术学院建立了一个小型植物标本室，制作并保存了产于宁波的常见或重要物种标本 1000 种共 2000 份（每个物种 2 份标本）。采集的涉及新分类群、地理分布新记录等的物种标本全部交浙江农林大学植物标本馆进行统一馆藏保存。

（6）建立植物图片库。收集、汇总项目组拍摄的照片，在做进一步鉴定的基础上进行分类汇总，建立宁波植物图片库。

（五）技术路线

本项目本着"摸清家底、明确主次、有效利用"的目的组织实施，具体项目技术路线如下（图 2-1）。

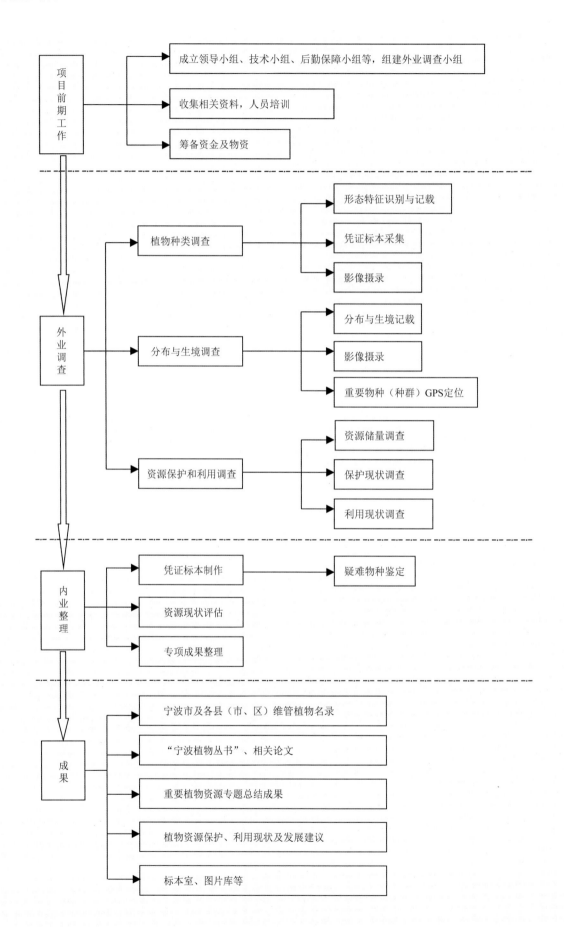

图 2-1　项目技术路线图

第三章 宁波植物调查研究简史

第一节 1949 年之前

一、国外人员调查研究概况

最早到宁波采集植物的是苏格兰人 Robert Fortune。第一次鸦片战争结束后，随着《南京条约》的签订，宁波作为通商口岸开放，Robert Fortune 被伦敦皇家园艺学会雇佣，派往中国寻求观赏花卉和经济植物及考察中国的园艺，经香港、厦门、舟山，于 1843 年秋到达宁波。

《中国植物志》（第一卷）（2004 年）记述：L. Macartney 英国大使，1700 年曾在宁波地区采集过植物标本；F.J.F. Meyen 德国博物学家，1831 ~ 1832 年曾到宁波采集了一些植物标本。《浙江植物志（总论）》（1993 年）记述：J. Cunningham 曾于 1700 年前后两次来浙，在舟山群岛、宁波和杭州等地调查植物，采集标本；早期在宁波地区采集标本的还有英国马卡萨（Lord Macarthey，1700 年）和斯汤顿（G.L. Staunton，1793 年）、德国迈恩（J.F. Meyen，1831 年、1832 年）等。经考证，以上关于宁波的部分均属于误记。

经统计，在 1949 年之前，主要有来自英国、法国、美国、德国、日本等国的外国人到宁波采集植物，共 31 人，其中英国人最多，有 19 人，其他为法国 5 人、德国 4 人、美国 2 人、日本 1 人；来华身份为植物学家或植物采集者的有 17 人，外交官 7 人，传教士 4 人，海关职员 1 人，其他人员 2 人。

以下按序号、采集人外文名、中文名、身份、采集时间、采集情况和重要种类列举。

（1）Robert Fortune（1812—1880），福琼，英国园艺学家。先后受伦敦皇家园艺学会（RHS）和东印度公司雇佣，于 1843 ~ 1861 年 4 次来华，其中 1843 ~ 1845 年、1848 ~ 1850 年、1853 ~ 1855 年在宁波大量采集标本，《中国植物名录》（*Index Florae Sinensis*）收录有他采自宁波的标本 14 号。采得榧树 *Torreya grandis*、三尖杉 *Cephalotaxus fortunei*、毛叶铁线莲 *Clematis lanuginosa*、云锦杜鹃 *Rhododendron fortunei* 等 17 种植物的模式标本。在宁波还调查了茶园及蚕丝业，并收集种子。R. Fortune 采的标本主要由 J. Lindley、W.J. Hooker 等研究，J. Lindley 1846 年为纪念他而命名了新属 *Fortunaea* Lindl.（= 化香树属 *Platycarya* Sieb. et Zucc.）。采于宁波的 17 种模式标本植物中有 6 种的种加词以其姓氏命名。

（2）Joseph Maxime Marie Callery（1810—1862），加略利，意大利裔法国传教士、汉学家。1844 年法国以拉萼尼 T. de Lagrené 为首的外交使团访华，加略利作为翻译官随使团活动的同时，到宁波采集过植物。

（3）Sir James Everard Home（1798—1853），英国海军船长，1844 年在宁波采集过植物标本，送 W.J. Hooker 研究。《中国植物名录》收录有他采自宁波的标本 5 号。

（4）William Marsh Cooper（1833—1896），固威林，英国外交官，1877 年任英国驻宁波领事，于 1877 ~ 1884 年在宁波采过植物标本，标本均送英国皇家植物园邱园（Kew）保存。《中国植物名录》收录有他采自宁波的标本 39 号。采得宽瓣绣球绣线菊 *Spiraea blumei* var. *latipetala*、*Indigofera cooperi*（= 宁波木蓝 *I. decora* var. *cooperi*）、*Euchresta tenuifolia*（= 光叶马鞍树 *Maackia tenuifolia*）模式标本。

（5）William Tarrant（？—1872），达均特，英国人，1857 年在宁波为 H.F. Hance 采集过一些植物标本。

采得 *Fritillaria collicola*（= 浙贝母 *F. thunbergii*）模式标本。

（6）Alexander Carroll Maingay（1836—1869），英国医生、植物学家，1860 年到上海，《中国植物名录》收录有他采宁波的标本 1 号。

（7）Francis Blackwell Forbes（1840—1908），福勃士或福士，美国商人、植物学家，于 1861 ～ 1863 年到宁波采集植物标本，1886 ～ 1905 年他与 W.B. Hemsley 合作，较系统地研究了历年来采自中国的大量植物标本，在 *Journal of the Linnean Society，Botany* 第 23、26 和 36 卷发表《中国植物名录》（*Index Florae Sinensis*），收录了 8271 种（含部分朝鲜、琉球群岛的）植物，其中记载分布于宁波（Ningpo）的有 339 种，包括新种 18 种。《中国植物名录》收录有他在宁波采集的标本 14 号。

（8）Paul Amedée Ludovic Savatier（1830—1891），法国植物学家、探险家、海军医生，1861 年到宁波采集植物标本，标本存于巴黎 Drake del Castillo 标本室，《中国植物名录》收录有他在宁波采集的标本 10 号。采得小叶珍珠菜 *Lysimachia parvifolia*、*Senecio savatieri*（= 蒲儿根 *Sinosenecio oldhamianus*）模式标本。

（9）Richard Oldham（1837—1864），奥德海姆，英国皇家植物园邱园（Kew）采集员，1864 年到宁波采集标本，《中国植物名录》收录有他在宁波采集的标本 25 号。采得 *Senecio oldhamianus*（= 蒲儿根 *Sinosenecio oldhamianus*）和 *Ficus hanceana*（= 薜荔 *F. pumila*）模式标本。

（10）Gabriel Eugène Simon（1829—1896），西蒙，法国人，1860 年受法国农商部派遣，在中国和日本考察农业，引种经济作物。1864 年任法国驻宁波领事，为法国巴黎自然博物馆采集标本。

（11）Edward Charles Mackintosh Bowra（1841—1874），包腊，英国人，1863 年进入中国海关，1868 ～ 1872 年在宁波等地为 H.F. Hance 采集了一些活体植物。采得 *Aristolochia recurvilabra*（= 马兜铃 *A. debilis*）模式标本。

（12）Charles Walter Everard（1846—1890s），卫察理，英国外交官，1870 年前后在宁波采集过植物标本，《中国植物名录》收录有他在宁波采集的标本 51 号。采得华东唐松草 *Thalictrum fortunei*、浙荆芥 *Nepeta everardi*、*Gymnadenia pinguicula*（= 大花无柱兰 *Amitostigma pinguicula*）、陀螺紫菀 *Aster turbinatus*、*Aleurites fordii*（= 油桐 *Vernicia fordii*）、霍州油菜 *Thermopsis chinensis* 模式标本。

（13）Robert Swinhoe（1836—1877），郇和，英国外交官、博物学家，1871 年任英国驻宁波领事，1871 ～ 1873 年在宁波采集过植物标本，所采标本均寄到邱园或由 H.F. Hance 研究。《中国植物名录》收录有他在宁波采集的标本 12 号。采得 *Acer trifidum* var. *ningpoense*（= 宁波三角枫 *A. buergerianum* var. *ningpoense*）、过路黄 *Lysimachia christinae* 模式标本。

（14）Père Armand David（1826—1900），谭卫道，法国天主教传教士，1872 年 3 月底至 5 月初在宁波、奉化一带采集过植物标本，标本均寄巴黎由 A. Franchet 研究。

（15）J.F. Quekett（生卒年不详），魁克特，英国绅士，鱼类学家，1873 年 3 月在宁波雪窦山采集过植物标本。采得二叶郁金香 *Tulipa erythronioides*（= 宽叶老鸦瓣 *Amana erythronioides*）模式标本。

（16）Chaloner Grenville Alabaster（1838—1898），阿查理，英国外交官，1873 年任英国驻宁波领事，1873 ～ 1874 年在宁波给 H.F. Hance 采集过一些植物标本。

（17）George Evans Moule（1828—1912），慕稼谷，英国圣公会传教士，H.F. Hance 在 1875 年发表的论文 *On some mountain plants from northern China* 中提到 1874 年 Moule 在宁波西部山区发现了一些金钱松（Kin-sung or King-ts-ien-sung）。

（18）Sir Walter Henry Medhurst（1822—1885），麦华佗，汉学家麦都思之子，英国外交官，曾任英国驻上海领事，1874 年在宁波附近（Ningkongjao，鄞江桥）采过风兰，并在当年 9 月 5 日给邱园的 Sir J.D. Hooker 写了一封信（邱园档案 KDCAS4422），认为可能是兰科新种。

（19）William Hancock（1847—1914），韩威礼，英国植物学家，1874 年加入中国海关，曾任宁波海关帮办和京师同文馆英文教习。1877 年 4 ～ 10 月在宁波、镇海等地采集植物标本 100 余种，《中国植物名录》收录有他采自宁波的标本 55 号。采得毛萼铁线莲 *Clematis hancockiana*、菱叶葡萄 *Vitis hancockii*、纤叶钗

子股 *Luisia hancockii*、*Heptacodium jasminoides*（= 七子花 *H. miconioides*）、中华绣线菊 *Spiraea chinensis*、*Aleurites fordii*（= 油桐 *Vernicia fordii*）等模式标本。

（20）Charles Maries（1851—1902），英国园艺学家、植物采集家，1877 年到宁波雪窦山采集植物标本，《中国植物名录》收录有他在宁波采集的标本 1 号，并见到了 R. Fortune 之前发现的大部分植物种类。

（21）Albert Auguste Fauvel（1851—1909），福威勒，法国博物学家，曾在中国海关工作，于 1881 年到宁波采集植物标本，《中国植物名录》收录有他采自宁波的栽培植物标本 3 号。

（22）William Richard Carles（1848—1929），贾礼士，英国外交官，1883 年曾到宁波采集植物，《中国植物名录》收录有他在宁波采集的标本 8 号。

（23）Ernst Faber（1839—1899），花之安（又名福柏），德国传教士、汉学家、植物学家，去世后葬于青岛，国内资料多记载其为英国药商，应系误写。1886 ～ 1888 年在宁波采集植物，《中国植物名录》收录有他在宁波采集的标本 151 号。采得的模式标本有浙玄参 *Scrophularia ningpoensis*、大叶唐松草 *Thalictrum faberi*、宁波溲疏 *Deutzia ningpoensis*、*Acer laxiflorum* var. *ningpoense*（= 青榨槭 *A. davidii*）、毛梗糙叶五加 *Acanthopanax henryi* var. *faberi* 等 39 种。他是在宁波采集模式标本植物种数最多的外国人。Faber 采集的标本主要由 W.B. Hemsley、C.B. Clarke 等研究。39 种模式标本植物中有 4 种的学名的种加词以其姓氏命名。

（24）Otto Warburg（1859—1938），瓦尔堡，犹太人，德国植物学家、农学家，1887 年曾到宁波采集植物标本，采得钩突挖耳草 *Utricularia warburgii*、浙江岩荠 *Cochlearia warburgii*（= 浙江泡果荠 *Hilliella warburgii*）、*Styrax philadelphoides*（= 赛山梅 *S. confusus*）模式标本。

（25）George Macdonald Home Playfair（生卒年不详），佩福来，爱尔兰人，外交官，1895 年任英国驻宁波领事，1895 年在宁波采集植物标本，采得宁波木犀 *Osmanthus cooperi* 模式标本（前任领事 W.M. Cooper 从附近的山上移植而来，种在领事馆花园，并告知 Playfair 这可能是个新种，种加词即纪念 Cooper），1895 年向邱园寄过钓樟（tiao chang，即红楠 *Machilus thunbergii*）的标本。

（26）Charles Geekie Matthew（1862—1936），苏格兰人，海军医生、蕨类植物学家、林奈学会会员，1903 年在宁波采得中华狭顶鳞毛蕨 *Dryopteris lacera* var. *chinensis* 模式标本。

（27）Frank Nicholas Meyer（1875—1918），荷兰裔美国人，探险家，受美国农业部派遣于 1905 ～ 1918 年来华调查农业和资源植物，1907 年从宁波引种了不少竹子到美国，如 Wu tsoh（乌竹）、Loong su tsoh（龙须竹）、Tsin tsoh（精竹）、Huang ko tsoh（黄柯竹）、Man tsoh（缦竹）、Tan tsoh（淡竹）、Tsze tsoh（紫竹）、Mei lu tsoh（梅绿竹）等。

（28）Donald Macgregor（1877—1933），英国园艺和植物专家，曾任上海英工部局公园主任（园地监督）。1908 年在宁波采集标本，大部分由 Charles Sprague Sargent 研究，发表在 *Plantae Wilsonianae* 中，该书收录有 D. Macgregor 在宁波采集的标本 83 号，有 1 新种浙闽樱 *Prunus schneideriana*（=*Cerasus schneideriana*）。另外采得 *Acanthopanax hondae* var. *armatus*（= 细柱五加 *Eleutherococcus nodiflorus*）和 *Premna microphylla* var. *glabra*（= 豆腐柴 *P. microphylla*）模式标本。

（29）Anton Karl Schindler（1879—1964），德国植物学家、牙医，1905 年到中国，先在北京大学教书，后到上海，1909 年在宁波天童采集植物，采得 *Corydalis incisa* var. *tschekiangensis*（= 刻叶紫堇 *C. incisa*）和 *Sanicula orthacantha* var. *longispina*（= 薄片变豆菜 *S. lamelligera*）模式标本。

（30）Hans Wolfgang Limpricht（1877—?），德国植物学家、教师、旅行家，1910 年到上海，1911 ～ 1912 年在宁波采集植物标本，采得心叶碎米荠 *Cardamine limprichtiana*、*Cymbidium pseudovirens*（= 春兰 *C. goeringii*）、*Corydalis incisa* var. *tschekiangensis*（= 刻叶紫堇 *C. incisa*）、*Cephalanthera raymondiae*（= 金兰 *C. falcata*）等植物的模式标本。

（31）Hisao Migo（1900—1985），御江久夫（みごひさお），日本植物学家，1933 ～ 1945 年在上海自然科学研究所任职，1936 年 6 月在宁波天童采集标本。与 K. Kimura 一起发表的铁皮石斛 *Dendrobium officinale*，其模式标本从上海的药店购得，而实际上采自奉化。

二、国内人员调查研究概况

1949 年之前，到宁波调查过植物资源或采集过植物标本的中国人主要有下列人员（单位），他们多为我国现代植物分类学的创始人或重要采集家。其中，最早在宁波采集植物标本的应该是张之铭或钟观光。

（1）张之铭（1872—1947?），字赍顺，号伯岸，宁波鄞县人，商人、藏书家，浙江省博物馆初创时期之鉴定员。张之铭在宁波采集了一批标本，经黄以仁介绍寄送松田定久（S. Matsuda）鉴定，松田定久于1909 年发表了《张之铭氏寄赠之植物标品》，记载宁波植物 158 种；1913～1914 年松田定久又根据张之铭第二次寄的标本发表了《浙江宁波植物名录》(*A List of Plants from Ningpo, Cheh-kiang*)，记载宁波植物 270 种，其中有 2 新种、1 新变种。1917 年松田定久根据张之铭采自宁波的标本发表了 *Acanthopanax hondae*（= 细柱五加 *Eleutherococcus nodiflorus*）。

（2）钟观光（K.K. Tsoong，1869—1940），字宪鬯，宁波镇海人（现属北仑）。中国植物采集先行者，近代植物学的开拓者。曾任湖南高等师范学校、北京大学和浙江大学副教授，北平研究院副研究员。钟观光于 1906 年任宁波府师范学堂教务长兼理科教员时，即有率学生赴天童太白山采集植物标本之文字记录。1930～1934 年曾在奉化、鄞县、镇海等地采集植物标本。1929 年秦仁昌由钟观光陪同，至镇海柴桥钟家，查看钟观光收藏的植物标本，并对蕨类植物标本约 230 余种详加研究，著有《镇海钟氏观光植物标本室蕨类植物名录》。1933～1936 年郑万钧、钱崇澍及裴鉴所发表的《浙江维管束植物之记载》(*An Enumeration of Vascular Plants from Chekiang I-IV*) 收录有他采自宁波的标本 9 号。

（3）耿以礼（Y.L. Keng，1897—1975），字仲彬，江苏江宁人，禾本科专家。1927 年受中国科学社生物研究所派遣，曾到鄞县采集植物标本。在鄞州天童太白山采到皱柄冬青 *Ilex kengii* 模式标本。《浙江维管束植物之记载》收录有他采自宁波的标本 6 号。

（4）钟补勤（Pu Chin Tsoong，1896—?），镇海人（现属北仑），钟观光长子，1918 年开始即作为钟观光助手采集植物，1924 年任北京大学助教，后转任浙江大学教员。1935 年国民政府实业部组织浙赣闽林垦调查团，钟补勤任林垦调查专员，负责采集各省的重要树木标本，在宁波四明山采得 *Salix tsoongii*（= 钟氏柳 *S. mesnyi* var. *tsoongii*）、毛果绣球绣线菊 *Spiraea blumei* var. *pubicarpa* 模式标本。《浙江维管束植物之记载》收录有他采自宁波的标本 4 号。钟补勤姓名缩写（P.C. Tsoong）与其弟钟补求（Pu Chiu Tsoong，钟观光幼子）的一样，常引起误会。

（5）钟稼勤（C.C. Tsoong，1898—?），镇海人（现属北仑），钟观光次子，1934 年在镇海采集植物标本。《浙江维管束植物之记载》收录有他采自宁波的标本 4 号。

（6）陈诗（S. Chen），字光勋，诸暨人，曾任国立浙江大学农学院植物组采集员，中国科学社生物研究所采集员。1929～1934 年曾多次到奉化、鄞县、镇海采集植物标本。1935 年中国科学社生物研究所派陈诗参加国民政府实业部浙赣闽林垦调查团，赴三省调查采集植物。在镇海瑞岩寺采到条叶榕 *Ficus pandurata* var. *angustifolia* 模式标本。《浙江维管束植物之记载》收录有他采自宁波的标本 32 号。

（7）贺贤育（Y.Y. Ho），镇海人（现属北仑），曾先后在西湖博物馆、中国科学社生物研究所、总理陵园纪念植物园任采集员。1929～1934 年曾多次到宁波各地采集植物标本。采得疏花山梅花 *Philadelphus pekinensis* var. *laxiflorus*（= 浙江山梅花 *Ph. zhejiangensis*）、城湾薹草 *Carex longerostrata* var. *hoi* 模式标本。《浙江维管束植物之记载》收录有他采自宁波的标本 178 号。

（8）C.F. Liu，中文名及身份不详，1935 年 1 月 20 日采得栽培于宁波的雪里蕻 *Brassica juncea* var. *multiceps* 模式标本，由著名园艺学家曾勉（Mill Tsen）和李曙轩（Shu Hsien Lee）联名于 1942 年发表。

（9）浙江省博物馆，20 世纪 30 年代初，受鄞县通志馆委托，曾组织人员到鄞县（含现在的鄞州区和宁波市区）调查动植物的分布情况，并采集标本，先后 3 次，共约 3 个月，但具体资料未见。

第二节　1950 年之后

一、全省性植物资源普查

（1）1958 年由浙江省科学技术委员会组织，成立了"浙江省野生资源植物普查队"，进行了较大规模的调查采集工作，共采集标本 7820 号、6 万余份，鉴定出 1940 种（含种下等级），发现有利用价值的植物 1430 种，编撰了温州、宁波、金华、台州和杭州等地区的有用野生植物参考资料，并汇编成《浙江经济植物志》（初稿）。

（2）1982～1993 年开展的《浙江植物志》编写项目，编撰集成巨著 8 卷，记载了维管植物 231 科 1367 属 3878 种。其中记载宁波有分布或栽培的植物约 1500 种（含种下等级），包括记述为全省广泛分布，分布于全省山区、半山区，产于浙江东部，全省广泛栽培，各地常见栽培等种类。

二、专题性植物资源调查

（1）1957～1980 年开展的 3 次全省性的中草药资源普查工作，编写出版了《浙江中药资源名录》（1960年）、《浙江中药手册》（1960 年）、《浙江天目山药用植物志》（上册，1965 年）、《浙江民间常用草药》（第一、二、三集，1969～1972 年）、《浙江中草药单方验方选编》（第一、二辑，1970～1971 年）、《浙江药用植物志》（上、下册，1980 年）。部分编写内容涉及宁波。

（2）1966～1969 年开展的全省性"薯蓣皂素资源调查"。内容与宁波相关。

（3）1981～1984 年，杭州植物园裘宝林、於玲珑等承担的"全省野生花卉种质资源调查"项目。内容与宁波有关。

（4）1981～1989 年开展的"全省猕猴桃种质资源调查"项目。范围与内容涉及宁波。

（5）1984～1986 年，杭州大学（现浙江大学）生物系蔡壬侯等完成的"浙江省海岸带植被资源调查"项目。范围与内容与宁波紧密相关。

（6）1986 年，浙江省卫生局、省医药总公司等组织开展的第 4 次中药资源普查工作。采集标本 2.7 万余份、1700 余种，汇编了《浙江药用资源名录》，共收录药物资源 2369 种，包括蕨类植物 110 种、种子植物 1630 种。调查范围包括宁波。

（7）1988 年，浙江林学院（现浙江农林大学）张若蕙等承担了"浙江植物红皮书编写及植物资源保护"项目，项目组成员历经 5 年，多次赴全省各地进行实地调查，于 1994 年正式出版了《浙江珍稀濒危植物》一书，共收录浙江珍稀濒危植物 162 种。其中一些种类涉及宁波。

（8）1989～1992 年，浙江省农业科学研究院区划研究所洪林与宁波市林业科学研究所、象山县林特局协作开展的"宁波市海岛植被资源调查"项目，历时 2 年，先后实地考察了南田、高塘、韭山、渔山等大小岛屿 31 个，共采集植物标本 1000 余份，在取得大量实地材料后，汇编形成了《宁波市海岛植被调查报告》《宁波市海岛植物名录》《宁波市海岛植被图》等成果资料。在植物区系调查研究方面，通过实地调查和有关资料统计，宁波市海岛共有维管植物 173 科 612 属 1073 种（包括变种、亚种、变型），其中木本植物 406 种、引种栽培植物 261 种。相关数据资料由浙江省林业勘察设计院[现浙江省森林资源监测中心（浙江省林业调查规划设计院）]陈征海负责于 1993 年汇编入《浙江省海岛维管束植物名录》和《浙江海岛植被资源专题调查研究报告》中。

（9）1994～2000 年，由浙江省森林资源监测中心承担的全省湿地资源调查工作，取得了丰硕的成果，出版了《浙江林业自然资源·湿地卷》。调查区域涉及宁波。

（10）1997～2000 年，由浙江省森林资源监测中心主持开展的"浙江省野生植物资源调查与监测技术研究"项目，对全省 77 种国家重点保护和省级珍稀植物的资源现状等进行了深入的调查，并于 2002 年出版了《浙江林业自然资源·野生植物卷》。其中涉及宁波范围的有 15 种。

（11）2002 年，由浙江省森林资源监测中心负责具体实施的全省古树名木资源调查工作，范围和内容涉及宁波。

（12）2005～2011 年，浙江省森林资源监测中心受托承担了与国家海洋局第二海洋研究所共同完成的"浙江省海岛、海岸带植被资源调查"任务，编写了《浙江省海岛植被调查植被专题调查研究报告》和《浙江省海岸带调查植被专题调查研究报告》，报告全面更新了浙江省海岛植物与植被资料，首次整理了比较全面的浙江省海岸带维管植物名录，取得了丰硕的成果，许多内容涉及宁波。

三、局域性调查采集活动

（1）1957 年前后，杭州植物园专业人员曾到四明山调查采集植物。

（2）1958 年之后，杭州大学师生曾到天童调查采集植物。

（3）20 世纪 70 年代，原浙江林业学校（现丽水学院）曾组织师生到天童开展教学实习，并调查采集植物。

（4）20 世纪 80 年代初，王定耀对舟山群岛（含宁波象山部分岛屿）的植物区系进行了调查研究，在象山渔山列岛发现了浙江属、种分布新记录——小石积属 Osteomeles 的圆叶小石积 O. subrotunda。

（5）1982 年，为编制《浙江省鄞县天童林场森林公园总体规划说明书》，浙江省林业勘察设计院张政新等于 4～5 月对天童林场的森林植被进行了实地踏查，整理汇集形成了《浙江省天童风景林区森林植物名录》，共计收录维管植物 126 科 612 种，其中木本植物 327 种、草本植物 251 种，发现了香果树、花榈木等国家重点保护野生植物。

（6）1983～2009 年，华东师范大学师生在宁波天童设立生态实验站，对该地的植被与植物种类进行了长期的定位观测，并编制了植物名录。

（7）2003 年，为编制《宁波市四明山国家森林公园总体规划》，浙江省林业调查规划设计院陈征海等于 4 月对宁波四明山的植物资源进行了实地踏查，汇总整理形成了《宁波市四明山国家森林公园维管植物名录》，共计维管植物 974 种（包括种下等级），隶属 150 科 547 属，其中蕨类植物 24 科 41 属 65 种、裸子植物 7 科 19 属 24 种、被子植物 119 科 487 属 885 种，发现有南方红豆杉、金钱松、榧树、长序榆、榉树、樟树、野大豆、七子花等国家重点保护野生植物。

（8）2003 年，为编制《宁波中坡山省级森林公园总体规划》，浙江省林业调查规划设计院陈征海等于 6 月对宁波市鄞州区中坡山（现属海曙区）的植物资源进行了实地踏查，汇总整理形成了《宁波中坡山森林公园维管植物名录》，共计维管植物 132 科 413 属 659 种，其中蕨类植物 20 科 35 属 47 种、裸子植物 7 科 14 属 15 种、被子植物 105 科 364 属 597 种，发现有金钱松、樟树、七子花和野大豆等国家重点保护野生植物。

（9）2004 年，为申报宁海桃花溪（茶山）省级森林公园，浙江省林业调查规划设计院陈锋等于 11 月对宁海县茶山的植物资源进行了实地踏查，汇总整理形成了《宁海桃花溪森林公园维管植物名录》，共计维管植物 152 科 734 种（含种下等级），发现有榉树、香樟、七子花、野大豆、金荞麦等国家重点保护野生植物。

（10）2004 年，为编制《浙江奉化黄贤森林公园总体规划》，浙江省林业调查规划设计院陈征海等于 6～7 月对奉化市黄贤的植物资源进行了实地踏查，汇总整理形成了《浙江黄贤森林公园维管植物名录》，共计维管植物 143 科 698 种（含种下等级），发现有榉树、凹叶厚朴、香樟等国家重点保护植物。

（11）2007～2008 年，为申报建设"奉化大堰森林公园"，浙江省林业调查规划设计院谢文远等对奉化大堰的植物资源进行了实地调查，汇总整理形成了《奉化大堰镇森林公园维管植物名录》，共计维管植物 162 科 611 属 1112 种（含种下等级），发现有榉树、金荞麦、樟树、野大豆、七子花等国家重点保护野生植物。

（12）2009～2010 年，受余姚市绿化委员会办公室的委托，浙江省森林资源监测中心陈锋、张芬耀、谢文远等对余姚整个市域范围开展了野生兰科植物资源的专项调查，历时 2 年，首次查清了余姚市野生兰科植物的种类（17 属 25 种）、分布规律及兰属植物的种群数量，分析研究了导致野生兰花濒危的主要原因，提出了野生种质资源保护和开发利用的措施与建议。本项目获 2011 年度浙江省第十一届科技兴林奖二等奖。

（13）2009～2011 年，宁波市园林管理局组织相关专家，在对沪、浙两地园林植物调查研究的基础上，编写出版了《宁波园林植物》一书。该书以图文并茂的形式，介绍了近千种在宁波已应用或可资应用的园林植物。

（14）2010 年，浙江农林大学袁建国等对余姚市的植物资源进行了调查，并编制了《余姚市维管束植物名录》。

（15）2010 年 4～7 月，浙江农林大学植物学科金水虎、李根有等在承担北仑植物园规划项目的过程中，先后 4 次赴北仑对规划区内的植物进行全面调查，编制了《宁波北仑植物园植物名录》。

（16）2010 年 11 月，李根有、陈征海、李修鹏、陆志敏等对北仑瑞岩寺景区、宁海五山林场双峰林区的植物资源进行了考察。

（17）2011 年 8 月，李根有、陈征海、李修鹏、陆志敏、熊小萍、苗国丽、陈开超等考察了宁波市林场四明山林区、黄海田林区、仰天湖林区的植物资源。

（18）2014 年，慈溪市徐绍清等在实施"慈溪市红果类乡土树种调查研究""慈溪市乡土树种资源调查与开发利用研究"等项目的基础上，与陈征海共同主编并出版了《慈溪乡土树种彩色图谱》，记录了慈溪乡土树种计 77 科 362 种。项目获得慈溪市科学技术奖一等奖和浙江省科技兴林奖二等奖。

四、零星采集研究工作

（1）贺贤育：工作于杭州植物园。1957 年 7 月，在宁波天童及镇海采到天童锐角槭 *Acer acutum* var. *tientungense* 和细果毛脉槭 *A. pubinerve* var. *apiferum* 模式标本，前者由方文培和方明渊于 1966 年发表，后者由方文培和裘宝林联名于 1979 年共同发表。

（2）四明山调查队：1958 年 7 月在余姚四明山采到匍匐五加 *Acanthopanax scandens* 模式标本，由何景于 1965 年发表。现被转隶为 *Eleutherococcus scandens*。

（3）陈根荣：1958 年在鄞州采到剑苞鹅耳枥 *Carpinus londoniana* var. *xiphobracteata* 模式标本，由李沛琼于 1979 年发表。

（4）温太辉：根据其采于奉化的标本于 1982 年发表了黄壳竹 *Phyllostachys viridis* form. *laqueata*，现已被归并为毛环竹 *Ph. meyeri*。

（5）余颂德：在四明山采集到 2 种刚竹属标本，由温太辉分别于 1982 发表了蝶竹 *Phyllostachys nidularia* form. *vexillaris*，1983 年发表了栉竹 *Ph. aureosulcata* form. *alata*（后被归并为京竹 *Ph. aureosulcata* form. *pekinensis*）。

（6）张朝芳：1978 年 5 月在四明山采到长总梗木蓝 *Indigofera longipedunculata*，由方云亿与郑朝宗于 1983 年发表；1981 年 8 月在宁波采到天童假脉蕨 *Crepidomanes tiendongense*、后生黑足鳞毛蕨 *Dryopteris metafuscipes*、光柄鳞毛蕨 *Dryopteris zhangii*，由秦仁昌和张朝芳于 1983 年发表，3 个种现均已被归并。

（7）邢公侠：1979 年 11 月，与张朝芳、林尤兴一起在宁波鄞州采到天童复叶耳蕨 *Arachniodes tiendongensis*、远羽鳞毛蕨 *Dryopteris remotipinnula*，由秦仁昌和张朝芳于 1983 年发表，现均已被归并；3 人在宁海采到多羽鳞毛蕨 *Dryopteris multijugata*，由秦仁昌与邢公侠于 1983 年发表，现已被归并。

（8）於玲珑：1960 年 5 月，在宁波天童采到长柄对萼猕猴桃 *Actinidia valvata* var. *longipedicellata* 模式标本，并于 1988 年发表，现已被归并。

（9）张文燕等：在奉化楼岩乡倪家村采到奉化水竹 *Phyllostachys heteroclada* var. *funhuaensis* 模式标本，由王显家、陆志敏于 1997 年发表，原作为水竹之变种，后由马乃训等将其提升为种 *Ph. funhuaensis*。

（10）郑朝宗、丁炳扬：于 1980 年前后到宁波采集过植物标本。

上述大量工作所积累的宝贵资料，都为本项目的顺利进行和圆满完成奠定了坚实的基础。

第四章　主要调查成果

第一节　植物资源概况

一、全市概况

宁波境内蕴藏着丰富的植物种质资源。据编著者团队历经 6 年的实地调查结果，全市有野生、栽培及归化维管植物 214 科 1172 属 3256 种（含种下等级：258 变种、40 亚种、44 变型、200 品种），其中蕨类植物 39 科 79 属 191 种，裸子植物 9 科 32 属 89 种，被子植物 166 科 1061 属 2976 种（表 4-1）。

二、分区概况

为掌握各县（市、区）植物资源概况，根据宁波市 2012 ～ 2016 年的行政区划情况，我们在调查工作中将全市分为下列 10 个调查区域，分别进行调查。统计结果见表 4-2。

表 4-1　宁波市维管植物科、属、种组成一览表

分类群			科数	比例 /%	属数	比例 /%	种数	比例 /%
蕨类植物			39	18.22	79	6.74	191	5.87
	裸子植物		9	4.21	32	2.73	89	2.73
种子植物	被子植物	双子叶植物	139	64.95	811	69.20	2306	70.82
		单子叶植物	27	12.62	250	21.33	670	20.58
		小计	166	77.57	1061	90.53	2976	91.40
	合计		175	81.78	1093	93.26	3065	94.13
总计			214	100.00	1172	100.00	3256	100.00

表 4-2　分区维管植物种数一览表

调查区域	野生种数	排序	栽培种数	排序	归化种数	排序	合计	排序
宁海	1596	1	612	6	63	2	2271	2
象山	1562	2	634	4	68	1	2264	3
余姚	1551	3	596	7	52	5	2199	5
鄞州	1550	4	731	1	57	3	2338	1
奉化	1531	5	614	5	56	4	2201	4
北仑	1467	6	575	8	44	7	2086	6
慈溪	923	7	681	2	49	6	1653	7
镇海	704	8	550	10	41	8	1295	8
江北	556	9	570	9	39	10	1165	9
市区	200	10	666	3	41	9	907	10

　　从表4-2可看出，野生植物分别以宁海最为丰富，其余依次为象山、余姚、鄞州、奉化、北仑、慈溪、镇海、江北和市区，排序结果与我们的预想基本吻合。宁海、象山较靠南，自南方延伸过来的植物相对较为丰富，宁海山地连绵，象山岛屿众多，生境均较复杂多样，种类自然较为丰富；鄞州、余姚、奉化三地处于四明山区，虽然海拔高，生境也较优越，但高海拔区域相对较平坦，几乎全被开垦以种植花木，加上广泛分布的毛竹林，自然植被破坏较严重或质量较差，物种多样性必然降低，故植物种类较前两县要稍少，但差异不大。

　　鄞州的引种栽培植物相对较多，故在植物总种数上排名第一；归化种以象山最多，可能与其岛屿众多，有些外来物种的传播和海流、航运及台风等因素有关。

第二节　各调查区域野生植物分布与关系

一、野生植物分布等级划分

　　为探明宁波各种野生植物在各调查区域的分布情况，将其划分为微域种（仅分布于1个调查区域）、局域种（见于2个调查区域）、区域种（在3～5个调查区域有分布）及广域种（在6个及以上调查区域有分布）4个等级进行统计，结果见表4-3。

　　由表4-3可见，宁波境内约一半的野生植物种类属于广域类型，而仅分布于1和2个调查区域的比例较高，占了1/4，这既与宁波的生境较为复杂多样有关，也是人类长期生产开发导致生境严重片段化的结果。

二、微域种分布情况

　　微域种的多少可以反映一个地区生境的多样性、异质性及片段化的程度。从表4-4可以看出，微域种以象山最多，余姚占第二位，鄞州居第三位，其余依次为宁海、奉化、北仑、慈溪和镇海，江北和市区无微域种。

表4-3　宁波市野生植物各等级分布情况统计表

	微域种（1个）	局域种（2个）	区域种（3～5个）	广域种（≥6个）	合计
种数	329	219	542	1093	2183
占比/%	15	10	25	50	100

注：括号中是调查区域数

表4-4　各调查区域微域种分布情况

调查区域	微域种数	排序	微域种代表
象山	77	1	心脏叶瓶尔小草、阔片乌蕨、锐齿贯众、乌冈栎、矮小天仙果、海岛桑、小酸模、尖头叶藜、无翅猪毛菜、刺沙蓬、白花石竹、圆头叶桂、普陀樟、铺散诸葛菜、台湾景天、圆叶小石积、委陵菜、毛柱郁李、龙须藤、海刀豆、短叶胡枝子、蒺藜、日本花椒、飞龙掌血、岩大戟、台闽算盘子、粗糠柴、琉球虎皮楠、全缘冬青、桑叶葡萄、日本厚皮香、珊瑚菜、直立茴芹、多枝紫金牛、庐山白蜡树、日本女贞、南方紫珠、藿香、厚叶双花耳草、玉叶金花、中华沙参、沙苦荬、卤地菊、蟛蜞菊、铺地黍、沙滩甜根子草、砂钻薹草、矮生薹草、绢毛飘拂草、普陀南星、田葱、朝鲜韭、阔叶沿阶草、水仙、见血清
余姚	65	2	过山蕨、华千金榆、短柄枹、长序榆、支柱蓼、拟蠔猪刺、红果山鸡椒、日本景天、大叶金腰、绿花茶藨子、粉花绣线菊、水榆花楸、短梗稠李、翅荚香槐、马鞍树、大叶臭椒、毛果槭、小勾儿茶、黑蕊猕猴桃、黄花变豆菜、鄂西香茶菜、走茎龙头草、浙江琴柱草、翅茎香青、天目山蟹甲草、桥竹、日本短颖草、猬草、银兰、中华盆距兰
鄞州	57	3	羽裂叶双盖蕨、杯盖阴石蕨、宽叶鹅耳枥、曲毛赤车、播娘蒿、日本金腰、扯根菜、鸡麻、肥皂荚、光叶马鞍树、皱柄冬青、白背清风藤、华东山芹、金银莲花、小荇菜、龙潭荇菜、白花水八角、日本粗叶木、寒竹、乳白石蒜、翅柱杜鹃兰、象鼻兰
宁海	54	4	深绿卷柏、瓶尔小草、傅氏凤尾蕨、肾蕨、枹栎、鲜黄马兜铃、尾花细辛、肾叶细辛、莲、乳源木莲、华南樟、短梗海金子、头序歪头菜、山乌柏、尖叶黄杨、矮冬青、尼泊尔鼠李、猴欢喜、轮叶蒲桃、华东山柳、南岭山矾、江浙獐牙菜、浙赣车前紫草、毛药花、大花腋花黄芩、虹眼、卵叶山萝花、小果荠、天目地黄、黄山蟹甲草、卵叶帚菊、黑三棱、露水草、浙贝母、绿苞襄荷、齿瓣石豆兰、叉唇角盘兰

续表

调查区域	微域种数	排序	微域种代表
奉化	38	5	柳叶剑蕨、水青冈、黑弹树、浙江商陆、黑壳楠、灰毛泡、黄山紫荆、东南南蛇藤、腺枝葡萄、野葵、赶山鞭、明党参、朝鲜茴芹、美丽獐牙菜、密花孩儿草、南方六道木、野蓟、窄头橐吾、利川慈姑、牛鞭草、密花薹草、海南薹草、长梗山麦冬、狭穗阔蕊兰
北仑	27	6	单盖铁线蕨、条叶榕、细叶蓼、日本水马齿、细果毛脉槭、中华野葵、南紫薇、细叶砂引草、裂苞香科科、红蓝石蒜
慈溪	9	7	盐角草、八角莲、香港远志、断节莎
镇海	2	8	顶羽鳞毛蕨、玄界萌黄薹草
江北	0	/	无
市区	0	/	无

三、局域种分布情况

1. 局域种在各调查区域的分布数量

调查、统计结果表明，宁波境内局域种共有219种，它们在各调查区域的分布数量见表4-5。

局域种的多少也是反映一个地区生境多样性、异质性及片段化程度的重要标志之一。从表4-5可以看出，局域种的区域分布是极不平衡的，物种数量以象山占首位，宁海居第二位，余姚排第三位，其他依次为奉化、鄞州、北仑、慈溪和镇海，江北及市区无局域种分布。

2. 局域种在不同调查区域间的分布情况

将局域种在两个不同调查区域之间的共有情况进行统计，结果见表4-6。

无共有种的相应调查区域：江北与各地；市区与各地；镇海与余姚、鄞州、宁海、象山。

3. 局域种在各调查区域间的相似系数

为探求各调查区域间局域种分布的关系，采用Nei-Li相似系数公式计算了各调查区域之间局域种的相似系数，结果见表4-7。表4-7中右上部分为各调查区域间局域种的共有种数，左下部分为两地的相似系数。

表4-5 各调查区域局域种分布数量

慈溪	余姚	镇海	江北	北仑	鄞州	奉化	宁海	象山	市区	合计
13	77	5	0	57	59	61	82	84	0	219

表4-6 不同调查区域间局域种的分布情况

调查区域	局域种数	排序	局域种列举
宁海—象山	35	1	布朗卷柏、松叶蕨、长叶铁角蕨、骨碎补、多脉鹅耳枥、爱玉子、洞头水苎麻、匙叶茅膏菜、锈毛莓、浅裂锈毛莓、细长柄山蚂蝗、金豆、黄杨、滨枥、九管血、莺叶紫金牛、网脉酸藤子、蓝花琉璃繁缕、日本百金花、链珠藤、水团花、剑叶耳草、纤花耳草、红足蒿、芙蓉菊、风毛菊、虎尾草、粟草、卡开芦、沟叶结缕草、独穗飘拂草、东南飘拂草、牛轭草、金线兰、细叶石仙桃
北仑—象山	19	2	矛叶紫萁、普通凤丫蕨、短尖毛蕨、狭叶台湾榕、粗壮女娄菜、滨海黄堇、麦家公、异叶败酱、茅莓、线叶蓟、毡毛马兰、光高粱、中华薹草、斑点薹草、柄果薹草、细梗薹草、羽毛鳞莎芊、少穗飘拂草、绿苞灯台莲
余姚—奉化	17	3	华中瘤足蕨、鹅耳枥一种（灌木型）、楼梯草、肾萼金腰、缺萼枫香、银缕梅、郁李、绢毛稠李、光滑高粱泡、羽叶长柄山蚂蝗、紫花山芹、假糜尾草、海桐叶白英、香青、刺芒野古草、大花臭草、宁波石豆兰
奉化—宁海	16	4	钩栲、小升麻、凹叶厚朴、长江溲疏、沼生矮樱、天目槭、秃糯米椴、中国旌节花、纤细通泉草、苦苣苔、水马桑、白花大蓟、小一点红、心叶风毛菊、浙江金线兰、独花兰
余姚—鄞州	15	5	紫云山复叶耳蕨、卵鳞耳蕨、庐山小檗、黄山溲疏、蜡瓣花、匍匐五加、重齿当归、北柴胡、三脉猪殃殃、高茎紫菀、曲轴黑三棱、披针薹草、湖北黄精、暗色菝葜、寒兰

续表

调查区域	局域种数	排序	局域种列举
余姚—宁海	15	5	光叶榉、细野麻、赣皖乌头、鹅掌草、绿叶胡枝子、茵芋、湖北大戟、光叶铁仔、琉璃白檀、笔龙胆、湖北薹草、沼原草、金刚大、十字兰、香港绶草
北仑—鄞州	15	5	长柄假脉蕨、长尾耳羽短肠蕨、角蕨、华中介蕨、峨眉茯蕨、宽叶金粟兰、宽瓣绣球绣线菊、毛山鼍豆、宁波三角枫、线叶水芹、水虎尾、水蜡烛、黄细心状假耳草、硬果薹草、短蕊石蒜
余姚—象山	14	6	小叶茯蕨、习见蓼、粘液蓼、托叶龙芽草、长叶地榆、福建假卫矛、麻叶风轮菜、浙江黄芩、蒙古蒿、大麻叶泽兰、线叶旋覆花、翼果薹草、短柄粉条儿菜
余姚—北仑	12	7	钝羽假蹄盖蕨、日本蹄盖蕨、禾秆蹄盖蕨、绿叶介蕨、黑鳞耳蕨、大果山胡椒、浙江碎米荠、毛叶老鸦糊、华箬竹、截鳞薹草、匍匐茎飘拂草、鹅毛玉凤花
鄞州—奉化	12	7	腺毛肿足蕨、萍蓬草、延胡索、脱毛大叶勾儿茶、薄片变豆菜、狭叶珍珠菜、羊舌树、黑山山矾、红花温州长蒴苣苔、纤细茨藻、细叶韭、毛药卷瓣兰
鄞州—宁海	12	7	常春藤鳞果星蕨、四川朴、桂北木姜子、木莓、钩刺雀梅藤、红马蹄草、天目变豆菜、球果假沙晶兰、少花狸藻、大卵叶虎刺、木鳖子、稻草石蒜
奉化—象山	8	8	光茎钝叶楼梯草、短梗母草、箭子竹、台湾剪股颖、龙爪茅、狭叶束尾草、荸草、黄花百合
北仑—奉化	5	9	毛萼铁线莲、四芒景天、大叶勾儿茶、浙江大青、狗哇花
慈溪—余姚	4	10	秀丽槭、红叶葡萄、黄皮花毛竹、镜子薹草
慈溪—象山	4	10	大叶胡颓子、滨海前胡、建德荠苧、细毛鸭嘴草
鄞州—象山	4	10	团叶鳞始蕨、台湾黄堇、台湾蚊母树、绿花斑叶兰
北仑—宁海	3	11	翼梗五味子、湖瓜草、茸球藨草
镇海—北仑	2	12	钝齿铁线莲、窄叶南蛇藤
镇海—奉化	2	12	毛蕊铁线莲、短尾越桔
慈溪—镇海	1	13	百金花
慈溪—北仑	1	13	地桃花
慈溪—鄞州	1	13	江南短肠蕨
慈溪—奉化	1	13	淡红乌饭树
慈溪—宁海	1	13	广序臭草

表 4-7　各调查区域间局域种共有种数与相似系数

调查区域	慈溪	余姚	镇海	江北	北仑	鄞州	奉化	宁海	象山	市区
慈溪	/	4	1	0	1	1	1	1	4	0
余姚	0.09	/	0	0	12	15	17	15	14	0
镇海	0	0	/	0	2	0	2	0	0	0
江北	0	0	0	/	0	0	0	0	0	0
北仑	0.03	0.18	0.06	0	/	15	5	3	19	0
鄞州	0.03	0.22	0	0	0.26	/	12	12	4	0
奉化	0.03	0.25	0.06	0	0.08	0.20	/	16	8	0
宁海	0.02	0.19	0	0	0.04	0.17	0.22	/	35	0
象山	0.08	0.17	0	0	0.27	0.06	0.11	0.40	/	0
市区	0	0	0	0	0	0	0	0	0	/

注：Nei-Li 相似系数公式为 $S_n=2\times N_{ab}/(N_a+N_b)$，其中 S_n 表示相似系数，N_{ab} 表示两地共有种数，N_a 表示 a 地总种数，N_b 表示 b 地总种数

由表 4-6、表 4-7 可以看出，宁海与象山共有局域种最多，达 35 种，相似系数也最高，为 0.40；其次为北仑与象山，共有种 19 种，相似系数为 0.27；第三为北仑与鄞州，共有种 15 种，相似系数为 0.26；第四为余姚与奉化，共有种 17 种，相似系数为 0.25；并列第五的相似系数为 0.22，分别是奉化与宁海（共有种 16 种）、余姚与鄞州（共有种 15 种）；其余的共有种均在 15 种以下，相似系数在 0.20 及以下。

对局域种的分布点分析发现，共有种通常分布于相邻的两地，且以生于两地交界处为主。

四、野生植物在各调查区域间分布的相似性分析

根据 Nei-Li 相似系数公式计算了各调查区域间全部野生植物分布的相似系数，结果见表 4-8。表 4-8 中右上部分为各调查区域间野生植物的共有种数，左下部分为两地间的相似系数。

表 4-8　各调查区域间野生植物共有种数与相似系数

调查区域	慈溪	余姚	镇海	江北	北仑	鄞州	奉化	宁海	象山	市区
慈溪	/	849	648	543	853	839	853	842	870	199
余姚	0.69	/	667	553	1252	1299	1289	1303	1241	199
镇海	0.80	0.59	/	547	685	677	672	678	687	194
江北	0.73	0.52	0.87	/	555	555	555	554	555	194
北仑	0.71	0.83	0.63	0.55	/	1268	1231	1261	1253	198
鄞州	0.68	0.84	0.60	0.53	0.84	/	1321	1325	1254	199
奉化	0.70	0.84	0.61	0.53	0.82	0.86	/	1342	1259	200
宁海	0.67	0.83	0.60	0.51	0.82	0.84	0.86	/	1332	199
象山	0.70	0.80	0.61	0.52	0.83	0.81	0.81	0.84	/	198
市区	0.35	0.23	0.43	0.51	0.24	0.23	0.23	0.22	0.22	/

从表 4-8 可看出，宁波野生植物相似系数较高的主要集中于镇海—江北（0.87）、鄞州—奉化（0.86）、奉化—宁海（0.86）、余姚—鄞州（0.84）、余姚—奉化（0.84）、鄞州—北仑（0.84）、鄞州—宁海（0.84）和宁海—象山（0.84）等调查区域之间，相似系数均在 0.84 及以上，而市区与余姚、北仑、鄞州、奉化、宁海、象山之间的相似系数则较低，均在 0.24 及以下。分析发现，相似系数高低与地理位置远近、生境相似度及物种丰富度等密切相关。

第三节　调查新发现

一、新分类群

本次调查研究在宁波共发现植物新分类群 14 个，包括新种 8 个（已发表 5 个，其中 3 个模式产地为宁波；在本书中发表 3 个，模式产地均为宁波）、新变种 1 个（在本书发表，模式产地为宁波）、新变型 5 个（已发表 1 个，模式产地为宁波；在本书中发表 4 个，其中 3 个模式产地为宁波）。

（一）已发表的新分类群

本次调查研究已发表的新分类群见表 4-9 及图 4-1～图 4-6。

（二）在本书中发表的新分类群

本书附录 3 报道了 8 个产自宁波的植物新分类群，其中宁波诸葛菜 *Orychophragmus ningboensis* G.Y. Li, H.L. Lin et X.P. Li、短梗海金子 *Pittosporum brachypodum* G.Y. Li, Z.H. Chen et X.P. Li、绿苞蘘荷 *Zingiber viridescens* Z.H. Chen, G.Y. Li et W.J. Chen 为新种；红花野柿 *Diospyros kaki* Thunb. var. *erythrantha* G.Y. Li, Z.H. Chen et X.P. Li 为新变种；红果山鸡椒 *Litsea cubeba*（Lour.）Pers. form. *rubra* G.Y. Li, Z.H. Chen et H.D. Li、白花香薷 *Elsholtzia argyi* Lévl. form. *alba* G.Y. Li et Z.H. Chen、红花温州长蒴苣苔 *Didymocarpus cortusifolius*（Hance）Lévl. form. *rubrus* W.Y. Xie, G.Y. Li et Z.H. Chen 和白花金腺荚蒾 *Viburnum chunii* Hsu form. *album* G.Y. Li et H.L. Lin 为新变型，见图 4-7～图 4-14。

表 4-9　已发表植物新分类群一览表

序号	物种中文名	类别	学名	宁波产地	发表情况	模式产地
1	宁波三花莓	新变型	*Rubus trianthus* Focke form. *pleiopetalus* Z.H. Chen, G.Y. Li et D.D. Ma	余姚	①	余姚四明山
2	紫花山芹	新种	*Ostericum atropurpureum* G.Y. Li, G.H. Xia et W.Y. Xie	余姚、奉化	②	余姚四明山
3	浙江南蛇藤	新种	*Celastrus zhejiangensis* P.L. Chiu, G.Y. Li et Z.H. Chen	余姚、奉化、宁海、象山	③	
4	宁波石豆兰	新种	*Bulbophyllum ningboense* G.Y. Li ex H.L. Lin et X.P. Li	奉化	④	奉化溪口
5	黄花变豆菜	新种	*Sanicula flavovirens* Z.H. Chen, D.D. Ma et W.Y. Xie	余姚	⑤	
6	浙江垂头蓟	新种	*Cirsium zhejiangense* Z.H. Chen et X.F. Jin	鄞州、奉化、宁海	⑥	

注：①浙江林业科技，2012，32（4）：84-86；② *Nordic Journal of Botany*，2013，31：414-418（SCI 收录）；③浙江林业科技，2013，33（5）：100-103；④浙江农林大学学报，2014，31（6）：847-849；⑤杭州师范大学学报（自然科学版），2019，18（1）：9-12；⑥植物资源与环境学报，2021，30（1）：1-8

图 4-1　宁波三花莓

图 4-2　紫花山芹

图 4-3　浙江南蛇藤

图 4-4　宁波石豆兰

图 4-5　黄花变豆菜

图 4-6　浙江垂头蓟

图 4-7　宁波诸葛菜

图 4-8　短梗海金子

图 4-9 绿苞蘘荷

图 4-10　红花野柿

图 4-11　红果山鸡椒

图 4-12 白花香薷   图 4-13 红花温州长蒴苣苔

图 4-14 白花金腺荚蒾

二、分布新记录

经整理鉴定，发现宁波有浙江省级以上分布新记录植物 58 种（含种下等级），包括中国分布新记录圆头叶桂、日本花椒、东瀛四照花等 13 种，中国大陆分布新记录琉球虎皮楠、日本厚皮香、龙潭荇菜等 7 种，华东分布新记录杯盖阴石蕨、有腺泽番椒、水蕴草、密花鸢尾兰等 15 种，浙江分布新记录心脏叶瓶尔小草、白花水八角、田葱等 23 种。另有中国分布新记录属 1 个（柳蓝花属）、中国大陆分布新记录属 1 个（南泽兰属）、华东分布新记录属 1 个（水蕴草属）、浙江分布新记录属 6 个（过山蕨属、芝麻菜属、柽柳属、水八角属、凯氏草属、田葱属）。此外，还有浙江分布新记录科 2 个（柽柳科、田葱科），见表 4-10，图 4-15 ～图 4-56。

调查结果表明，除上述分布新记录外，未见文献记载但宁波有分布的野生或归化植物（不含栽培）有 958 种（其中野生的有 934 种），新记录属 204 个，新记录科 20 个。加上省级以上分布新记录及新分类群，总计未见宁波有记载的达 1030 种之多，约占宁波全部植物的 32%，其中野生种未见记载的计 989 种，占宁波全部野生种的 45% 以上。

表 4-10　省级及以上分布新记录一览表

序号	物种中文名	科名	拉丁名	发现地	书刊名	图号
1-1	锐齿贯众	鳞毛蕨科	*Cyrtomium falcatum* (Linn. f.) Presl form. *acutidens* (H. Christ) C. Chr.	象山	⑨	4-15
1-2	海岛桑	桑科	*Morus bombycis* Koidz.	象山	⑨	4-16
1-3	紫叶凹头苋	苋科	*Amaranthus lividus* Linn. form. *rubens* (Honda) Sugimoto	余姚	⑩	4-17
1-4	圆头叶桂	樟科	*Cinnamomum daphnoides* Sieb. et Zucc.	象山	①	4-18
1-5	日本花椒	芸香科	*Zanthoxylum piperitum* (Linn.) DC.	象山	②	4-19
1-6	东瀛四照花	山茱萸科	*Dendrobenthamia japonica* (Sieb. et Zucc.) W.P. Fang	北仑、奉化、宁海	②	4-20
1-7	日本琉璃草	紫草科	*Cynoglossum asperrimum* Nakai	象山	⑨	4-21
1-8	南方紫珠	马鞭草科	*Callicarpa australis* Koidz.	象山	⑧	4-22
1-9	日本豆腐柴	马鞭草科	*Premna japonica* Miq.	象山	待发表	4-23
1-10	日本荠苧	唇形科	*Mosla japonica* (Benth. ex Oliv.) Maxim.	象山	⑨	4-24
1-11	加拿大柳蓝花	玄参科	*Nuttallanthus canadensis* (Linn.) D.A. Sutton	鄞州、奉化	②	4-25
1-12	羽裂续断菊	菊科	*Sonchus oleraceo-asper* Makino	宁海（归化）	待发表	4-26
1-13	沙滩甜根子草	禾本科	*Saccharum spontaneum* Linn. var. *arenicola* (Ohwi) Ohwi	象山	⑨	4-27
2-1	矮小天仙果	桑科	*Ficus erecta* Thunb.	象山	⑨	4-28
2-2	基隆蝇子草	石竹科	*Silene fortunei* Vis. var. *kiruninsularis* (Masam.) S.S. Ying	鄞州、奉化、宁海、象山	⑨	4-29
2-3	琉球虎皮楠	虎皮楠科	*Daphniphyllum luzonense* Elmer	象山	⑧	4-30
2-4	日本厚皮香	山茶科	*Ternstroemia japonica* (Thunb.) Thunb.	象山	③	4-31
2-5	龙潭荇菜	龙胆科	*Nymphoides lungtanensis* S.P. Li	鄞州	④	4-32
2-6	密毛爵床	爵床科	*Rostellularia procumbens* (Linn.) Nees var. *hirsuta* Yamamoto	象山	⑨	4-33
2-7	南泽兰	菊科	*Austroeupatorium inulifolium* (Kunth) R.M. King et H. Rob.	市区	④	4-34
3-1	杯盖阴石蕨	骨碎补科	*Humata griffithiana* (Hook.) C. Chr.	鄞州	②	
3-2	石竹	石竹科	*Dianthus chinensis* Linn.	多地	②	4-35
3-3	白花石竹	石竹科	*Dianthus chinensis* Linn. form. *albiflora* Y.N. Lee	象山	⑨	

续表

序号	物种中文名	科名	拉丁名	发现地	书刊名	图号
3-4	大顶叶碎米荠	十字花科	*Cardamine scutata* Thunb. var. *longiloba* P.Y. Fu	余姚、鄞州、北仑	②	
3-5	头序歪头菜	豆科	*Vicia ohwiana* Hosokawa	宁海	④	4-36
3-6	鄂西香茶菜	唇形科	*Isodon henryi* (Hemsl.) Kudô	余姚	⑤	4-37
3-7	小酸浆	茄科	*Physalis minima* Linn.	宁海	④	
3-8	蒜芥茄	茄科	*Solanum sisymbriifolium* Lam.	市区	④	
3-9	有腺泽番椒	玄参科	*Deinostema adenocaula* (Maxim.) Yamazaki	多地	②	
3-10	三脉猪殃殃	茜草科	*Galium kamtschaticum* Steller ex Schultes et J.H. Schultes	余姚、鄞州	④	4-38
3-11	岩生千里光	菊科	*Senecio wightii* (DC. ex Wight) Benth. ex Clarke	鄞州	④	4-39
3-12	水蕴草	水鳖科	*Egeria densa* Planch.	奉化	⑤	4-40
3-13	日本苇	禾本科	*Phragmites japonicus* Steud.	鄞州、奉化、宁海	②	4-41
3-14	朝鲜韭	百合科	*Allium sacculiferum* Maxim.	象山	②	4-42
3-15	密花鸢尾兰	兰科	*Oberonia seidenfadenii* (H.J. Su) Ormerod	多地	②	4-43
4-1	心脏叶瓶尔小草	瓶尔小草科	*Ophioglossum reticulatum* Linn.	象山	⑥	4-44
4-2	过山蕨	铁角蕨科	*Camptosorus sibiricus* Rupr.	余姚	②	4-45
4-3	银花苋	苋科	*Gomphrena celosioides* Mart.	象山	⑥	4-46
4-4	中华萍蓬草	睡莲科	*Nuphar pumila* (Timm) DC. subsp. *sinensis* (Hand.-Mazz.) D. Padgett	鄞州、奉化、宁海	⑥	4-47
4-5	芝麻菜	十字花科	*Eruca vesicaria* (Linn.) Cav. subsp. *sativa* (Mill.) Thell.	宁海	④	4-48
4-6	匍匐大戟	大戟科	*Euphorbia prostrata* Ait.	多地	②	
4-7	柽柳	柽柳科	*Tamarix chinensis* Lour.	各地	⑨	
4-8	单刺仙人掌	仙人掌科	*Opuntia monacantha* Haw.	多地	④	
4-9	缩刺仙人掌	仙人掌科	*Opuntia stricta* (Haw.) Haw.	象山	④	
4-10	祁门过路黄	藤黄科	*Lysimachia qimenensis* X.H. Guo	余姚	④	
4-11	白花水八角	玄参科	*Gratiola japonica* Miq.	鄞州	⑥	4-49
4-12	戟叶凯氏草	玄参科	*Kickxia elatine* (Linn.) Dumort.	慈溪	⑦	4-50
4-13	三叶绞股蓝	葫芦科	*Gynostemma laxum* (Wall.) Cogn.	余姚、鄞州、宁海	⑥	
4-14	毛果喙果藤	葫芦科	*Gynostemma yixingense* (Z.P. Wang et Q.Z. Xie) C.Y. Wu et S.K. Chen var. *trichocarpum* J.N. Ding	余姚、鄞州、奉化	④	4-51
4-15	中华栝楼	葫芦科	*Trichosanthes rosthornii* Harms	奉化	④	
4-16	白花金钮扣	菊科	*Acmella radicans* (Jacq.) R.K. Jansen var. *debilis* (Kunth) R.K. Jansen	象山	④	4-52
4-17	粗糙飞蓬	菊科	*Erigeron strigosus* Muhl. ex Willd.	余姚	②	
4-18	欧洲千里光	菊科	*Senecio vulgaris* Linn.	鄞州	②	4-53
4-19	西洋蒲公英	菊科	*Taraxacum officinale* F.H. Wigg.	象山	④	4-54
4-20	海南藨草	莎草科	*Scirpus hainanensis* S.M. Huang	奉化	⑤	
4-21	田葱	田葱科	*Philydrum lanuginosum* Banks et Sol. ex Gaertn.	象山	②	4-55
4-22	乳白石蒜	石蒜科	*Lycoris albiflora* Koidz.	鄞州	⑥	4-56
4-23	红蓝石蒜	石蒜科	*Lycoris haywardii* Traub	北仑	④	

注:序号列前一个数字表示等级,其中"1"表示"中国","2"表示"中国大陆","3"表示"华东","4"表示"浙江";后一个数字表示顺序号。
书刊名列代号为:①热带亚热带植物学报;②浙江农林大学学报;③亚热带植物科学;④浙江林业科技;⑤杭州师范大学学报(自然科学版);⑥浙江大学学报(农业与生命科学版);⑦防护林科技;⑧宁波珍稀植物;⑨宁波滨海植物;⑩宁波植物图鉴(第1卷)。

图 4-15 锐齿贯众　　　　　　　　　　　　　　　　图 4-17 紫叶凹头苋

图 4-16 海岛桑　　　　　　　　　　　　　　　　图 4-18 圆头叶桂

图 4-19　日本花椒

图 4-20　东瀛四照花

图 4-21　日本琉璃草

图 4-22　南方紫珠

图 4-23　日本豆腐柴

图 4-24　日本荠苧

图 4-25　加拿大柳蓝花

图 4-26　羽裂续断菊

图 4-27　沙滩甜根子草

图 4-28　矮小天仙果

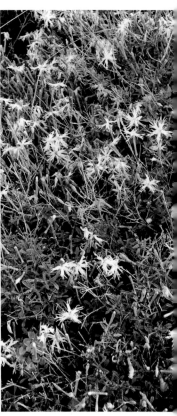

图 4-29　基隆蝇子草

图 4-30　琉球虎皮楠

图 4-31　日本厚皮香

图 4-32　龙潭荇菜

图 4-33　密毛爵床

图 4-34　南泽兰

图 4-35　石竹　　　　　　　　　　　　　　　　图 4-36　头序歪头菜

图 4-37 鄂西香茶菜

图 4-38 三脉猪殃殃

图 4-39　岩生千里光

图 4-40　水蕴草

图 4-41　日本苇

图 4-42　朝鲜韭

图 4-43　密花鸢尾兰

图 4-44　心脏叶瓶尔小草　　　　　　　　　　　　图 4-45　过山蕨

图 4-46　银花苋

图 4-47　中华萍蓬草　　　　　　　　　　　　　图 4-48　芝麻菜

图 4-49　白花水八角

图 4-50　戟叶凯氏草

图 4-51　毛果嫁果藤

图 4-52　白花金钮扣

图 4-53　欧洲千里光

图 4-54　西洋蒲公英

图 4-55　田葱

图 4-56　乳白石蒜

第四节　各类植物资源

一、珍　稀　植　物

经调查筛选，宁波市境内共有野生珍稀植物 219 种（含 15 个变种、3 个亚种和 2 个变型），隶属 83 科 176 属（约占宁波野生植物科的 43.46%、属的 20.80%、种的 10.03%，其中包括国家重点保护野生植物 23 种（Ⅰ级重点保护 3 种、Ⅱ级重点保护 20 种）、浙江省重点保护野生植物 38 种、其他珍稀植物 158 种。上述野生珍稀植物中，含蕨类植物 13 种、裸子植物 4 种、被子植物 202 种（双子叶植物 147 种、单子叶植物 55 种）。详见《宁波珍稀植物》。

二、滨　海　植　物

调查发现，宁波市境内共有滨海植物 163 种（含种下等级，后同），隶属 66 科 126 属。其中原生植物 147 种，隶属 57 科 115 属；归化植物 16 种，隶属 12 科 14 属。详见《宁波滨海植物》。

三、野生资源植物

调查结果表明，宁波境内共有野菜 935 种、可食野果 198 种、野生观赏植物 1144 种、野生药用植物 1493 种、野生珍贵用材树种 61 种。详见本书第六章。

第五章 植物区系分析

第一节 区 系 组 成

调查结果表明，宁波共有维管植物 214 科 1172 属 3256 种（含种下等级及栽培种），科数、属数、种数分别约占全省的 91.06%、80.00% 和 66.15%（表 5-1），可见宁波植物资源之丰富。

剔除栽培与归化种类后，宁波市境内共有野生维管植物 191 科 846 属 2183 种（含种下等级：189 变种、29 亚种、32 变型）；其中蕨类植物 39 科 77 属 189 种，裸子植物 5 科 9 属 11 种，被子植物 147 科 760 属 1983 种（包括双子叶植物 124 科 576 属 1506 种，单子叶植物 23 科 184 属 477 种）（表 5-2）。

根据各科所包含的种数多少将宁波野生维管植物 191 科分成 6 个等级进行分析（表 5-3），结果表明，单种科有 40 科，约占总科数的 20.94%，所含属、种数的比例分别为 4.73% 和 1.83%；含 2 ~ 9 种的少种科有 94 科，约占总科数的 49.22%，其科数虽占近一半，但所含属、种数却较少，属数仅占约 23.64%，种

表 5-1 宁波产维管植物与全省比较

分类群		浙江省			宁波市					
		科数	属数	种数	科数	占全省的比例 /%	属数	占全省的比例 /%	种数	占全省的比例 /%
	蕨类植物	50	120	548	39	78.00	79	65.83	191	34.85
	裸子植物	9	34	102	9	100.00	32	94.12	89	87.25
	被子植物	176	1311	4272	166	94.32	1061	80.93	2976	69.66
其中：	双子叶植物	149	994	3255	139	93.29	811	81.59	2306	70.84
	单子叶植物	27	317	1017	27	100.00	250	78.86	670	65.88
	总计	235	1465	4922	214	91.06	1172	80.00	3256	66.15

注：浙江省种子植物数据参照郑朝宗先生主编的《浙江种子植物检索鉴定手册》，蕨类植物资料依据张朝芳、章绍尧先生主编的《浙江植物志》第一卷，并加上裸子植物、蕨类植物中未见记载的种类（含品种），三者相加分别为 235 科 1465 属 4922 种（含种下等级）

表 5-2 宁波野生维管植物区系组成

分类群			科数	比例 /%	属数	比例 /%	种数	比例 /%
	蕨类植物		39	20.42	77	9.10	189	8.66
		裸子植物	5	2.62	9	1.06	11	0.50
		双子叶植物	124	64.92	576	68.09	1506	68.99
种子植物	被子植物	单子叶植物	23	12.04	184	21.75	477	21.85
		小计	147	76.96	760	89.84	1983	90.84
	合计		152	79.58	769	90.90	1994	91.34
	总计		191	100.00	846	100.00	2183	100.00

表 5-3 宁波野生维管植物科级统计

级别	科		属		种	
	科数	占总科数的比例 /%	属数	占总属数的比例 /%	种数	占总种数的比例 /%
特大科（≥ 100 种）	3	1.57	146	17.26	404	18.51
大型科（50 ～ 99 种）	5	2.62	136	16.08	345	15.80
中型科（20 ～ 49 种）	23	12.04	204	24.11	652	29.87
小型科（10 ～ 19 种）	26	13.61	120	14.18	348	15.94
少种科（2 ～ 9 种）	94	49.22	200	23.64	394	18.05
单种科（1 种）	40	20.94	40	4.73	40	1.83
总计	191	100.00	846	100.00	2183	100.00

数仅占约 18.05%；上述 2 种类型集中了宁波绝大部分热带类型的科、属和古老子遗种类；含 10 ～ 19 种的小型科有 26 科，占总科数的 13.61%，所含属、种数的比例分别为 14.18% 和 15.94%；含 20 ～ 49 种的中型科共有 23 科，其虽仅占总科数的 12.04%，但所含属、种数的比例却最高，分别为 24.11% 和 29.87%，是宁波植物区系的主体成分，按种数多少依次为：茜草科 Rubiaceae（21 属 44 种）、鳞毛蕨科 Dryopteridaceae（5 属 42 种）、蓼科 Polygonaceae（6 属 40 种）、伞形科 Umbelliferae（20 属 36 种）、玄参科 Scrophulariaceae（17 属 35 种）、大戟科 Euphorbiaceae（10 属 32 种）、樟科 Lauraceae（7 属 31 种）、荨麻科 Urticaceae（9 属 30 种）、毛茛科 Ranunculaceae（9 属 30 种）、虎耳草科 Saxifragaceae（13 属 28 种）、十字花科 Cruciferae（12 属 26 种）、壳斗科 Fagaceae（6 属 26 种）、马鞭草科 Verbenaceae（6 属 26 种）、忍冬科 Caprifoliaceae（6 属 26 种）、葡萄科 Vitaceae（6 属 25 种）、报春花科 Primulaceae（5 属 25 种）、水龙骨科 Polypodiaceae（10 属 23 种）、石竹科 Caryophyllaceae（10 属 23 种）、蹄盖蕨科 Athyriaceae（8 属 22 种）、木犀科 Oleaceae（7 属 21 种）、卫矛科 Celastraceae（4 属 21 种）、桑科 Moraceae（6 属 20 种）、冬青科 Aquifoliaceae（1 属 20 种）；含 50 ～ 99 种的大型科共有 5 科，占总科数的 2.62%，所含属、种数分别占 16.08% 和 15.80%，按种数多少依次为：蔷薇科 Rosaceae（26 属 95 种）、豆科 Leguminosae（36 属 75 种）、唇形科 Labiatae（25 属 72 种）、百合科 Liliaceae（22 属 53 种）和兰科 Orchidaceae（27 属 50 种）；超过 100 种的特大科仅 3 科，占总科数的 1.57%，所含属、种数分别占 17.26% 和 18.51%，依次为禾本科 Gramineae（77 属 175 种）、菊科 Compositae（52 属 127 种）和莎草科 Cyperaceae（17 属 102 种）。

将宁波野生维管植物 846 个属分成 5 个等级进行分析（表 5-4），结果表明，含 20 种及以上的特大属共 7 属，属、种数分别占 0.83% 和 8.89%，按种数多少依次为：薹草属 Carex（43 种）、刚竹属 Phyllostachys（34 种）、蓼属 Polygonum（30 种）、悬钩子属 Rubus（24 种）、鳞毛蕨属 Dryopteris（22 种）、珍珠菜属 Lysimachia（21 种）、冬青属 Ilex（20 种）；含 10 ～ 19 种的大型属共 20 属，属、种数分别占 2.36% 和 11.50%，按所含种类多少

表 5-4 宁波野生维管植物属级统计

级别	属		种	
	属数	占总属数的比例 /%	种数	占总种数的比例 /%
特大属（≥ 20 种）	7	0.83	194	8.89
大型属（10 ～ 19 种）	20	2.36	251	11.50
中等属（6 ～ 9 种）	57	6.74	407	18.64
小型属（2 ～ 5 种）	324	38.30	893	40.91
单种属（1 种）	438	51.77	438	20.06
总计	846	100.00	2183	100.00

依次为：槭属 *Acer*（18 种）、堇菜属 *Viola*（17 种）、飘拂草属 *Fimbristylis*（17 种）、蒿属 *Artemisia*（14 种）、卫矛属 *Euonymus*（13 种）、景天属 *Sedum*（13 种）、山矾属 *Symplocos*（13 种）、紫珠属 *Callicarpa*（13 种）、莎草属 *Cyperus*（13 种）、铁线莲属 *Clematis*（12 种）、大戟属 *Euphorbia*（12 种）、紫堇属 *Corydalis*（11 种）、碎米荠属 *Cardamine*（11 种）、胡枝子属 *Lespedeza*（11 种）、葡萄属 *Vitis*（11 种）、忍冬属 *Lonicera*（11 种）、菝葜属 *Smilax*（11 种）、铁角蕨属 *Asplenium*（10 种）、榕属 *Ficus*（10 种）、荚蒾属 *Viburnum*（10 种）；含 6 ～ 9 种的中等属有 57 属，属、种数分别占 6.74% 和 18.64%；含 2 ～ 5 种的小型属有 324 属，属、种数分别占 38.30% 和 40.91%；仅含 1 种的单种属有 438 属，属、种数分别占 51.77% 和 20.06%。可见含 1 ～ 9 种的单种属、小型属和中等属是组成宁波植物区系的主体，3 者共计 818 属、1729 种，分别约占总属数的 96.69% 和总种数的 79.20%，其中所含种数则以含 2 ～ 5 种的小型属居明显优势，约占 40.91%。

第二节　区 系 特 征

一、生活型以多年生草本居优势

根据对生活型的统计发现，宁波野生维管植物以草本为主，占 63.35%，木本占 36.65%。在 1383 种草本植物中，又以多年生草本居绝对优势，占全部草本植物的 68.26%；在 800 种木本植物中，以灌木种类稍占多数，占全部木本植物的 41.00%，乔木种类次之，占 37.13%。木本植物以落叶种类稍占优势，为 59.63%（表 5-5）。

表 5-5　宁波野生维管植物生活型组成

生活型		种数	比例 /%
木本植物	常绿乔木	126	5.77
	落叶乔木	171	7.83
	常绿灌木	118	5.41
	落叶灌木	210	9.62
	常绿藤本	79	3.62
	落叶藤本	96	4.40
	小计	800	36.65
草本植物	一年生	328	15.03
	二年生	38	1.74
	多年生	944	43.24
	草质藤本	73	3.34
	小计	1383	63.35
总计		2183	100.00

二、区系起源古老，孑遗植物较多

宁波野生维管植物中，有许多为起源古老和孑遗的种类，如蕨类植物中属于古生代孑遗植物的有松叶蕨属 *Psilotum* 等，出现于中生代前的有紫萁属 *Osmunda*、瘤足蕨属 *Plagiogyria*、里白属 *Diplopterygium* 等，起源于第二纪的有狗脊属 *Woodwardia*、槲蕨属 *Drynaria*、海金沙属 *Lygodium* 等。裸子植物中起源于晚石炭纪或第三纪的有金钱松 *Pseudolarix amabilis*、马尾松 *Pinus massoniana*、黄山松 *P. taiwanensis*、柳杉

Cryptomeria japonica var. *sinensis*、杉木 *Cunninghamia lanceolata*、刺柏 *Juniperus formosana*、圆柏 *Sabina chinensis*、三尖杉 *Cephalotaxus fortunei*、粗榧 *C. sinensis*、南方红豆杉 *Taxus wallichiana* var. *mairei*、榧树 *Torreya grandis* 等；被子植物中起源于第三纪，被公认是现存被子植物中最古老的类群有木兰科的天目木兰 *Magnolia amoena*、凹叶厚朴 *Magnolia officinalis* subsp. *biloba*、乳源木莲 *Manglietia yuyuanensis*，樟科的香樟 *Cinnamomum camphora*、浙江樟 *C. chekiangense*、普陀樟 *C. japonicum* var. *chenii*、圆头叶桂 *C. daphnoiodes*、浙江楠 *Phoebe chekiangensis*、舟山新木姜子 *Neolitsea sericea* 等，其他相近类群还有睡莲科的莲 *Nelumbo nucifera*、萍蓬草 *Nuphar pumila*、芡实 *Euryale ferox*，金粟兰科的草珊瑚 *Sarcandra glabra*、丝穗金粟兰 *Chloranthus fortunei* 等，三白草科的三白草 *Saururus cernuus*、鱼腥草 *Houttuynia cordata*，毛茛科的毛叶铁线莲 *Clematis lanuginosa*、獐耳细辛 *Hepatica nobilis* var. *asiatica*，小檗科的拟蠔猪刺 *Berberis soulieana*，木通科的鹰爪枫 *Holboellia coriacea*、大血藤 *Sargentodoxa cuneata* 等。另外，被假花学派认为的最原始的类群在宁波植物中也有不少代表种，如杨柳科的响叶杨 *Populus adenopoda*、银叶柳 *Salix chienii* 等，杨梅科的杨梅 *Myrica rubra*，胡桃科的青钱柳 *Cyclocarya paliurus*、华东野核桃 *Juglans cathayensis* var. *formosana*，桦木科的川榛 *Corylus kweichowensis*、鹅耳枥 *Carpinus* spp.、光皮桦 *Betula luminifera*，壳斗科的赤皮青冈 *Cyclobalanopsis gilva*、大叶青冈 *C. jenseniana*、枹栎 *Quercus serrata*、水青冈 *Fagus longipetiolata*，榆科的长序榆 *Ulmus elongata*、榉树 *Zelkova schneideriana*、刺榆 *Hemiptelea davidii*、糙叶树 *Aphananthe aspera*，桑科的台湾榕 *Ficus formosana*、爱玉子 *F. pumila* var. *awkeotsang*，金缕梅科的枫香 *Liquidambar formosana*、牛鼻栓 *Fortunearia sinensis*、台湾蚊母树 *Distylium gracile* 和银缕梅 *Parrotia subaequalis* 等。而在单子叶植物中，泽泻目 Alismatales 被认为是最原始的类群，水鳖目 Hydrocharitales 及茨藻目 Najadales 与之很接近，它们之中的多数科在宁波均有分布，因此无论根据哪一学派的观点分析，宁波均分布有较多古老、原始的类群，保存有较为丰富的残遗或孑遗物种，充分说明了宁波植物区系起源的古老性。

三、区系类型多样，地理成分来源复杂

（一）蕨类植物

1. 区系组成

根据《浙江植物志》(第一卷)记载,浙江共有自然分布的蕨类植物49科116属542种(含种下等级,下同)。自该志书出版至今,又相继发现了1科（睫毛蕨科 Pleurosoriopsidaceae）、4属（白桫椤属 *Sphaeropteris*、荚囊蕨属 *Struthiopteris*、过山蕨属 *Camptosorus*、睫毛蕨属 *Pleurosoriopsis*）、6种（桫椤 *Alsophila spinulosa*、笔筒树 *Sphaeropteris lepifera*、荚囊蕨 *Struthiopteris eburnea*、过山蕨 *Camptosorus sibiricus*、睫毛蕨 *Pleurosoriopsis makinoi*、心脏叶瓶尔小草 *Ophioglossum reticulatum*），这样浙江共有蕨类植物50科120属548种。据调查,宁波共有自然分布的蕨类植物39科77属189种（含种下等级），科、属、种数分别约占浙江的78%、64%和34%；分别约占中国蕨类植物的62%、33%和7%。总体可见宁波的蕨类植物相对较为丰富,且不乏一些古老珍稀的种类,如蛇足石杉 *Huperzia serrata*、中华水韭 *Isoëtes sinensis*、松叶蕨 *Psilotum nudum*、阴地蕨 *Botrychium ternatum*、瓶尔小草 *Ophioglossum vulgatum*、水蕨 *Ceratopteris thalictroides*、过山蕨等。

宁波的蕨类植物区系归属于东亚植物区。从大的方面看,5大亚门（松叶蕨亚门 Psilophytina、石松亚门 Lycophytina、水韭亚门 Isoephytina、楔叶蕨亚门 Sphenophytina 和真蕨亚门 Filicophytina）在宁波均有其代表种分布。

2. 区系成分分析

参照《中国植物志》,将宁波和浙江及全国产的蕨类植物属的分布区类型作比较分析,结果如表5-6所示。

表 5-6　宁波蕨类植物属的分布区类型及与浙江、全国比较

序号	分布区类型	宁波属数	占比/%	浙江属数	占比/%	中国属数	占比/%
1	世界分布	21	27.2	27	22.5	31	13.4
2	泛热带分布	23	29.9	32	26.6	47	20.4
3	热带亚洲和热带美洲间断分布	1	1.3	3	2.5	4	1.7
4	旧世界热带分布	7	9.1	8	6.7	16	6.9
5	热带亚洲至热带大洋洲分布	3	3.9	3	2.5	7	3.0
6	热带亚洲至热带非洲分布	7	9.1	7	5.8	14	6.1
7	热带亚洲分布	2	2.6	9	7.5	51	22.1
8	北温带分布	4	5.2	7	5.8	11	4.8
9	东亚和北美洲间断分布	1	1.3	2	1.7	4	1.7
10	旧世界温带分布	0	/	0	/	2	0.9
11	温带亚洲分布	0	/	2	1.7	4	1.7
12	东亚分布	8	10.4	20	16.7	34	14.7
13	中国特有分布	0	/	0	/	6	2.6
	总计	77	100.0	120	100.0	231	100.0

从分布区类型上看，宁波与浙江全省的情况相似，均缺乏中国特有成分，且以世界分布型和泛热带分布型为主，约占全部属的一半以上，这两类是组成宁波蕨类植物区系的主体成分；而全国的则是以泛热带分布型和热带亚洲分布型为主。

组成宁波蕨类植物区系的次要成分是东亚分布型、旧世界热带分布型和热带亚洲至热带非洲分布型，三者占了约 28.6%；其余的均属零星成分。

宁波蕨类植物区系中，世界分布型计 21 属，代表属有石杉属 Huperzia、石松属 Lycopodium、卷柏属 Selaginella、水韭属 Isoëtes、木贼属 Equisetum、膜蕨属 Hymenophyllum、蕨属 Pteridium、铁线蕨属 Adiantum、蹄盖蕨属 Athyrium、铁角蕨属、狗脊属 Woodwardia、鳞毛蕨属、耳蕨属 Polystichum、石韦属 Pyrrosia、蘋属 Marsilea、槐叶蘋属 Salvinia、满江红属 Azolla 等，其中种类较多或较常见的有卷柏属、蕨属、蹄盖蕨属、狗脊属、鳞毛蕨属、耳蕨属和石韦属，它们常常是组成常绿阔叶林地被层的主要成分或山沟阴湿处的常见种类。

泛热带分布型计 23 属，代表属有瘤足蕨属 Plagiogyria、里白属 Diplopterygium、海金沙属 Lygodium、凤尾蕨属 Pteris、凤丫蕨属 Coniogramme、短肠蕨属 Allantodia、毛蕨属 Cyclosorus、金星蕨属 Parathelypteris、复叶耳蕨属 Arachniodes 等，这些属的成员多为林下地被层的组成成分。

热带亚洲和热带美洲间断分布型仅有双盖蕨属 Diplazium 1 属，其中单叶双盖蕨 D. subsinuatum 极为常见，而羽裂叶双盖蕨 D. tomitaroana 则十分稀有。

旧世界热带分布型计 7 属，代表属有鳞盖蕨属 Microlepia、介蕨属 Dryoathyrium、阴石蕨属 Humata、线蕨属 Colysis 等，其中一些成员在宁波相当常见，如边缘鳞盖蕨 Microlepia marginata、圆盖阴石蕨 Humata tyermanni、线蕨 Colysis elliptica 等。

热带亚洲至热带大洋洲分布型仅 3 属，分别是菜蕨属 Callipteris、针毛蕨属 Macrothelypteris 和槲蕨属 Drynaria。除槲蕨 Drynaria roosii 在宁波普遍分布外，其余均不太常见。

热带亚洲至热带非洲分布型计 7 属，分别是角蕨属 Cornopteris、肿足蕨属 Hypodematium、茯蕨属 Leptogramma、贯众属 Cyrtomium、瓦韦属 Lepisorus、星蕨属 Microsorum 和盾蕨属 Neolepisorus，其中以贯众属、瓦韦属、星蕨属较为常见。

热带亚洲分布型仅安蕨属 *Anisocampium* 和圣蕨属 *Dictyocline* 2 属，在宁波均极少见。

北温带分布型计 4 属，分别是阴地蕨属 *Botrychium*、紫萁属 *Osmunda*、卵果蕨属 *Phegopteris* 和荚果蕨属 *Pentarhizidium*。其中紫萁 *Osmunda japonica* 和延羽卵果蕨 *Phegopteris decursive-pinnata* 极为常见，其余则十分少见。

东亚和北美洲间断分布型也仅 1 属，即过山蕨属，极为少见，浙江省也仅见于四明山一岩洞中。

东亚分布型计 8 属，分别是假蹄盖蕨属 *Athyriopsis*、凸轴蕨属 *Metathelypteris*、鞭叶蕨属 *Cyrtomidictyum*、骨牌蕨属 *Lepidogrammitis*、鳞果星蕨属 *Lepidomicrosorium*、水龙骨属 *Polypodiodes*、石蕨属 *Saxiglossum* 和假瘤蕨属 *Selliguea*，除鳞果星蕨属外，其余多属常见类型。

在我国蕨类植物属的 13 个分布区类型中，宁波仅有 10 个，缺了旧世界温带分布型、温带亚洲分布型和中国特有分布型。其中整个浙江也缺中国特有分布型，这与种子植物的表现明显不同，可能是与气候、地理条件及人类生产活动频繁有关。

虽然宁波蕨类植物没有本地特有的科、属、种，但拥有中国特有种 25 种，如翠云草 *Selaginella uncinata*、顶羽鳞毛蕨 *Dryopteris enneaphylla*、矩圆线蕨 *Colysis henryi*、常春藤鳞果星蕨 *Lepidomicrosorium hederaceum*、庐山石韦 *Pyrrosia shearrei* 等。

3. 生态类型分析

调查发现，宁波蕨类植物的生态类型齐全，生态成分多样。

按水分因子有：旱生蕨类，如卷柏 *Selaginella tamariscina*、松叶蕨 *Psilotum nudum*、蜈蚣草 *Pteris vittata*、银粉背蕨 *Aleuritopteris argentea*、扇叶铁线蕨 *Adiantum flabellulatum*、瓦韦 *Lepisorus thunbergianus* 等；中生蕨类，如石松 *Lycopodium japonicum*、蕨 *Pteridium aquilinum* var. *latiusculum*、姬蕨 *Hypolepis punctata* 等；湿生蕨类，如福建紫萁 *Osmunda cinnamomea* var. *fokiense*、菜蕨、延羽卵果蕨 等；水生蕨类，如中华水韭、水蕨 *Ceratopteris thalictroides*、蘋 *Marsilea quadrifolia*、槐叶蘋 *Salvinia natans*、满江红 *Azolla imbricata* 等。

按光照因子有：喜光蕨类，如石松、蕨、金星蕨 *Parathelypteris glanduligera*、节节草 *Equisetum ramosissimum*、芒萁 *Dicranopteris pedata* 等；耐阴蕨类，如翠云草、单叶双盖蕨、长生铁角蕨 *Asplenium prolongatum*、线蕨、过山蕨等。

按土壤因子有：酸性土蕨类，如芒萁、里白 *Diplopterygium glaucum* 等；耐盐蕨类，如全缘贯众 *Cyrtomium falcatum* 等；喜钙蕨类，如蜈蚣草、腺毛肿足蕨 *Hypodematium glandulosum-pilosum* 等；岩生蕨类，如松叶蕨、长生铁角蕨、过山蕨、肾蕨 *Nephrolepis auriculata*、圆盖阴石蕨、石蕨 *Saxiglossum angustissimum*、石韦 *Pyrrosia lingua* 等。

综上分析，宁波蕨类植物区系的特点为：生态类型多样，区系成分较复杂，不乏古老珍稀种类，但缺乏特有科、属、种。

（二）种子植物

根据吴征镒先生《中国种子植物属的分布区类型》一文的划分方法，对宁波野生种子植物 769 属进行了统计分析（表 5-7）。在属的 15 种分布区类型中，宁波全部拥有，说明组成宁波植物区系的地理成分来源具有高度的多样性和复杂性。对除世界分布型外的 14 种分布区类型的分析表明，热带成分的属（2～7）有 295 个，约占 42.63%，温带成分的属（8～14）有 378 个，约占 54.62%，表明宁波的植物区系以温带性质稍占优势。与浙江植物区系分析结果比较，总体上相对一致，但也有一定差异，如宁波温带成分属的比例较高，这可能与宁波所处的地理位置有关；另外泛热带分布型、北温带分布型及东亚分布型的比例均明显高于全省，而热带亚洲和热带美洲间断分布型、热带亚洲分布型及地中海、西亚至中亚分布型则明显低于全省。

表 5-7　宁波野生种子植物属的分布区类型分析及与全省比较

序号	分布区类型	宁波属数	占比 /%	浙江属数	占比 /%
1	世界分布	77	/	83	/
2	泛热带分布	139	20.09	198	17.0
3	热带亚洲和热带美洲间断分布	10	1.45	59	5.1
4	旧世界热带分布	45	6.50	86	7.4
5	热带亚洲至热带大洋洲分布	34	4.91	61	5.2
6	热带亚洲至热带非洲分布	23	3.32	48	4.1
7	热带亚洲分布	44	6.36	107	9.2
	热带成分（2～7）小计	295	42.63	559	47.9
8	北温带分布	135	19.51	190	16.3
9	东亚和北美洲间断分布	59	8.53	97	8.3
10	旧世界温带分布	50	7.23	73	6.3
11	温带亚洲分布	11	1.59	16	1.4
12	中亚分布	1	0.14	2	0.2
13	地中海、西亚至中亚分布	2	0.29	26	2.2
14	东亚分布	120	17.34	157	13.4
	温带成分（8～14）小计	378	54.62	561	48.0
15	中国特有分布	19	2.75	48	4.1
	总计	769	100.00	1251	100.00

注：第 2～15 项的百分比以扣除世界分布型属后的总数计算

1. 热带成分分析

在各类热带分布区类型中，以泛热带分布型占绝对优势，总计 139 属，占热带成分的 47.12%，代表属有胡椒属 *Piper*、金粟兰属 *Chloranthus*、朴属 *Celtis*、榕属、冷水花属 *Pilea*、细辛属 *Asarum*、番杏属 *Tetragonia*、茅膏菜属 *Drosera*、小石积属、桂樱属 *Laurocerasus*、羊蹄甲属 *Bauhinia*、红豆树属 *Ormosia*、崖豆藤属 *Callerya*、黄檀属 *Dalbergia*、蒺藜属 *Tribulus*、花椒属 *Zanthoxylum*、大戟属、冬青属、卫矛属、南蛇藤属 *Celastrus*、杜英属 *Elaeocarpus*、厚皮香属 *Ternstroemia*、沟繁缕属 *Elatine*、树参属 *Dendropanax*、紫金牛属 *Ardisia*、柿属 *Diospyros*、山矾属、安息香属 *Styrax*、紫珠属、大青属 *Clerodendrum*、母草属 *Lindernia*、耳草属 *Hedyotis*、粗叶木属 *Lasianthus*、钩藤属 *Uncaria*、泽兰属 *Eupatorium*、蟛蜞菊属 *Sphagneticola*、水车前属 *Ottelia*、苦草属 *Vallisneria*、克拉莎属 *Cladium*、飘拂草属、菝葜属、仙茅属 *Curculigo*、薯蓣属 *Dioscorea*、虾脊兰属 *Calanthe* 和石豆兰属 *Bulbophyllum* 等。

其次是旧世界热带分布型，共 45 属，占热带分布型总属数的 15.25%，代表属有楼梯草属 *Elatostema*、槲寄生属 *Viscum*、千金藤属 *Stephania*、海桐花属 *Pittosporum*、合欢属 *Albizia*、吴茱萸属 *Euodia*、五月茶属 *Antidesma*、野桐属 *Mallotus*、八角枫属 *Alangium*、蒲桃属 *Syzygium*、酸藤子属 *Embelia*、香茶菜属 *Isodon*、虻眼属 *Dopatrium*、石龙尾属 *Limnophila*、长蒴苣苔属 *Didymocarpus*、玉叶金花属 *Mussaenda*、苦瓜属 *Momordica*、艾纳香属 *Blumea*、一点红属 *Emilia*、水筛属 *Blyxa*、水鳖属 *Hydrocharis*、杜若属 *Pollia*、天门冬属 *Asparagus*、山姜属 *Alpinia* 及鸢尾兰属 *Oberonia* 等。

再次为热带亚洲分布型，计 44 属，占了热带成分的 14.92%，代表属有草珊瑚属 *Sarcandra*、青冈属

Cyclobalanopsis、构属 *Broussonetia*、赤车属 *Pellionia*、秤钩风属 *Diploclisia*、南五味子属 *Kadsura*、木莲属 *Manglietia*、山胡椒属、润楠属 *Machilus*、新木姜子属 *Neolitsea*、蚊母树属 *Distylium*、金橘属 *Fortunella*、虎皮楠属 *Daphniphyllum*、清风藤属 *Sabia*、山茶属 *Camellia*、木荷属 *Schima*、假沙晶兰属 *Monotropastrum*、赤杨叶属 *Alniphyllum*、鳝藤属 *Anodendron*、野菰属 *Aeginetia*、鸡屎藤属 *Paederia*、槽裂木属 *Pertusadina*、绞股蓝属 *Gynostemma*、箬竹属 *Indocalamus*、石斛属 *Dendrobium*、斑叶兰属 *Goodyera*、钻柱兰属 *Pelatantheria* 和钗子股属 *Luisia* 等。

其他热带分布型还有：热带亚洲至热带大洋洲分布型，计 34 属，占热带成分的 11.53%，主要有柘属 *Maclura*、山龙眼属 *Helicia*、樟属 *Cinnamomum*、臭椿属 *Ailanthus*、香椿属 *Toona*、崖爬藤属 *Tetrastigma*、荛花属 *Wikstroemia*、紫薇属 *Lagerstroemia*、链珠藤属 *Alyxia*、水蜡烛属 *Dysophylla*、通泉草属 *Mazus*、小果草属 *Microcarpaea*、旋蒴苣苔属 *Boea*、田葱属 *Philydrum*、百部属 *Stemona*、山菅属 *Dianella*、姜属 *Zingiber*、开唇兰属 *Anoectochilus*、兰属 *Cymbidium* 和阔蕊兰属 *Peristylus* 等；热带亚洲至热带非洲分布型 23 属，占热带分布型总属数的 7.80%，主要有大豆属 *Glycine*、飞龙掌血属 *Toddalia*、常春藤属 *Hedera*、铁仔属 *Myrsine*、黑鳗藤属 *Jasminanthes*、孩儿草属 *Rungia*、水团花属 *Adina*、赤瓟属 *Thladiantha*、芒属 *Miscanthus*、束尾草属 *Phacelurus*、魔芋属 *Amorphophallus* 和蓝耳草属 *Cyanotis*；热带亚洲和热带美洲间断分布型 10 属，占热带分布型总属数的 3.39%，有木姜子属 *Litsea*、楠木属 *Phoebe*、苦木属 *Picrasma*、假卫矛属 *Microtropis*、无患子属 *Sapindus*、泡花树属 *Meliosma*、雀梅藤属 *Sageretia*、猴欢喜属 *Sloanea*、柃木属 *Eurya* 和山柳属 *Clethra*。

上述区系成分中，多数是从我国南部及东南亚向北延伸过来的衍生类型。

在这些热带成分中，青冈属、樟属、润楠属、楠木属、木姜子属、木莲属、冬青属、山茶属、柃木属等树种是构成宁波地带性植被——常绿阔叶林的主要成员。

2. 温带成分分析

在温带分布区类型中，以北温带分布型和东亚分布型占据主导地位，二者共 255 属，占温带分布型总属数的 67.46%，东亚和北美洲间断分布型与旧世界温带分布型也占有一定比例，二者共 109 属，占温带分布型总属数的 28.84%；其余 4 种类型计 14 属，仅占 3.70%。

北温带分布型计 135 属，占温带成分的 35.71%，代表属有松属 *Pinus*、圆柏属 *Sabina*、红豆杉属 *Taxus*、杨属 *Populus*、柳属 *Salix*、杨梅属 *Myrica*、胡桃属 *Juglans*、桦木属 *Betula*、鹅耳枥属 *Carpinus*、榛属 *Corylus*、栗属 *Castanea*、水青冈属 *Fagus*、栎属 *Quercus*、榆属 *Ulmus*、桑属 *Morus*、盐角草属 *Salicornia*、萍蓬草属 *Nuphar*、乌头属 *Aconitum*、唐松草属 *Thalictrum*、小檗属 *Berberis*、紫堇属、山萮菜属 *Eutrema*、景天属、金腰属 *Chrysosplenium*、樱属 *Cerasus*、山楂属 *Crataegus*、稠李属 *Padus*、委陵菜属 *Potentilla*、蔷薇属 *Rosa*、绣线菊属 *Spiraea*、紫荆属 *Cercis*、野豌豆属 *Vicia*、槭属、葡萄属、椴树属 *Tilia*、胡颓子属 *Elaeagnus*、梾木属 *Swida*、杜鹃花属 *Rhododendron*、乌饭树属 *Vaccinium*、忍冬属、荚蒾属、蒿属、紫菀属 *Aster*、蓟属 *Cirsium*、天南星属 *Arisaema*、葱属 *Allium*、百合属 *Lilium*、黄精属 *Polygonatum*、藜芦属 *Veratrum*、玉凤花属 *Habenaria* 等，均为典型的北温带区系成分。

东亚分布型有 120 属，占温带成分的 31.75%，代表属有三尖杉属 *Cephalotaxus*、枫杨属 *Pterocarya*、刺榆属 *Hemiptelea*、芡属 *Euryale*、木通属 *Akebia*、野木瓜属 *Stauntonia*、八角莲属 *Dysosma*、溲疏属 *Deutzia*、钻地风属 *Schizophragma*、蜡瓣花属 *Corylopsis*、鸡麻属 *Rhodotypos*、合欢属 *Albizia*、马鞍树属 *Maackia*、茵芋属 *Skimmia*、小勾儿茶属 *Berchemiella*、猕猴桃属 *Actinidia*、五加属 *Eleutherococcus*、四照花属 *Dendrobenthamia*、荠苧属 *Mosla*、地黄属 *Rehmannia*、虎刺属 *Damnacanthus*、败酱属 *Patrinia*、刚竹属、寒竹属 *Chimonobambusa*、苦竹属 *Pleioblastus*、山麦冬属 *Liriope*、沿阶草属 *Ophiopogon*、石蒜属 *Lycoris*、无柱兰属 *Amitostigma*、风兰属 *Neofinetia* 等。

东亚和北美洲间断分布型有 59 属，占温带成分的 15.61%，代表属有榧树属 *Torreya*、栲属 *Castanopsis*、石栎属 *Lithocarpus*、八角属 *Illicium*、五味子属 *Schisandra*、木兰属 *Magnolia*、檫木属 *Sassafras*、枫香属 *Liquidambar*、石楠属 *Photinia*、香槐属 *Cladrastis*、胡枝子属、漆树属 *Toxicodendron*、勾儿茶属 *Berchemia*、蛇葡萄属 *Ampelopsis*、爬山虎属 *Parthenocissus*、紫茎属 *Stewartia*、蓝果树属 *Nyssa*、楤木属 *Aralia*、珊瑚菜属 *Glehnia*、木犀属 *Osmanthus*、络石属 *Trachelospermum*、龙头草属 *Meehania*、芙蓉菊属 *Crossostephium* 和金刚大属 *Croomia* 等。

旧世界温带分布型有 50 属，占温带成分的 13.23%，代表属有榉属 *Zelkova*、荞麦属 *Fagopyrum*、石竹属 *Dianthus*、剪秋罗属 *Lychnis*、獐耳细辛属 *Hepatica*、淫羊藿属 *Epimedium*、银缕梅属 *Parrotia*、梨属 *Pyrus*、马甲子属 *Paliurus*、瑞香属 *Daphne*、菱属 *Trapa*、山芹属 *Ostericum*、前胡属 *Peucedanum*、女贞属 *Ligustrum*、沙参属 *Adenophora*、菊属 *Chrysanthemum*、橐吾属 *Ligularia*、重楼属 *Paris*、水仙属 *Narcissus* 等。

其他温带分布型还有：温带亚洲分布型计 11 属，代表属有孩儿参属 *Pseudostellaria*、瓦松属 *Orostachys*、白鹃梅属 *Exochorda*、杭子梢属 *Campylotropis*、东风菜属 *Doellingeria* 和马兰属 *Kalimeris* 等，占温带成分的 2.91%；地中海、西亚至中亚分布型仅诸葛菜属 *Orychophragmus* 和沙苦荬属 *Chorisis* 2 属，占温带成分的 0.53%；中亚分布型仅 1 属，即黄连木属 *Pistacia*，占温带成分的 0.26%。

在温带成分的属中，鹅耳枥属、榆属、榉属、栲属、石栎属、栎属、木兰属、檫木属、枫香属、溲疏属、蜡瓣花属、石楠属、樱属、稠李属、合欢属、漆树属、槭属、蓝果树属、杜鹃花属、越桔属、荚蒾属等，是组成宁波市山地常绿落叶阔叶混交林和落叶阔叶林的建群种及森林下木或次生林的主要成分。

3. 中国特有成分分析

宁波的中国特有分布型共有 19 属，约占全部属数的 2.75%。主要有金钱松属 *Pseudolarix*、青钱柳属 *Cyclocarya*、大血藤属 *Sargentodoxa*、泡果荠属 *Hilliella*、牛鼻栓属 *Fortunearia*、山拐枣属 *Poliothyrsis*、明党参属 *Changium*、皿果草属 *Omphalotrigonotis*、车前紫草属 *Sinojohnstonia*、毛药花属 *Bostrychanthera*、香果树属 *Emmenopterys*、七子花属 *Heptacodium*、独花兰属 *Changnienia* 和象鼻兰属 *Nothodoritis* 等。其中金钱松、香果树、七子花 3 种为国家 II 级重点保护野生植物，且在该区内分布十分广泛，因此宁波也是金钱松和七子花的分布中心之一。

4. 世界分布成分分析

在宁波野生种子植物区系中，世界分布型共有 77 属，占全部属数的 10%。其中以草本属占绝对多数，共有 73 属，占 95%，木本属仅有 4 属，占 5%。

草本属主要有蓼属、酸模属 *Rumex*、藜属 *Chenopodium*、银莲花属 *Anemone*、毛茛属 *Ranunculus*、荠属 *Capsella*、碎米荠属、蔊菜属 *Rorippa*、酢浆草属 *Oxalis*、老鹳草属 *Geranium*、堇菜属、茴芹属 *Pimpinella*、变豆菜属 *Sanicula*、珍珠菜属、龙胆属 *Gentiana*、鼠尾草属 *Salvia*、黄芩属 *Scutellaria*、茄属 *Solanum*、车前属 *Plantago*、拉拉藤属 *Galium*、鬼针草属 *Bidens*、鼠麴草属 *Gnaphalium*、苍耳属 *Xanthium*、马唐属 *Digitaria*、雀稗属 *Paspalum*、薹草属、莎草属、荸荠属 *Eleocharis*、藨草属 *Scirpus*、浮萍属 *Lemna*、灯心草属 *Juncus* 等。在草本类型中，有些属主产于盐化的海滨生境中，如猪毛菜属 *Salsola*、碱蓬属 *Suaeda*、柽柳属 *Tamarix*、补血草属 *Limonium*、川蔓藻属 *Ruppia* 等；还有一些属喜生于水体或沼泽化生境中，如金鱼藻属 *Ceratophyllum*、水马齿属 *Callitriche*、沟繁缕属 *Elatine*、狐尾藻属 *Myriophyllum*、荇菜属 *Nymphoides*、狸藻属 *Utricularia*、香蒲属 *Typha*、眼子菜属 *Potamogeton*、茨藻属 *Najas*、芦苇属 *Phragmites* 等。由于这些广布属的种类均适应性极强，不少为常见的田间杂草或是组成阴湿林下地被的主要成分。

木本属有铁线莲属、悬钩子属、槐属 *Sophora* 和鼠李属 *Rhamnus*，这些属的种类在该区内均极常见。

四、特有现象明显，珍稀植物较多

1. 特有植物

中国特有种：在宁波产的 2183 种野生维管植物中，属于中国特有的有 638 种，约占全部种类的 29%，可见其特有比例之高。代表植物如中华水韭、金钱松、榧树、青钱柳、榉树、石竹 *Dianthus chinensis*、华南樟 *Cinnamomum austro-sinense*、台湾蚊母树、银缕梅、黄山紫荆 *Cercis chingii*、花榈木 *Ormosia henryi*、毛红椿 *Toona ciliata* var. *pubescens*、小勾儿茶 *Berchemiella wilsonii*、明党参 *Changium smyrnioides*、董叶紫金牛 *Ardisia violacea*、毛药花 *Bostrychanthera deflexa*、大花旋蒴苣苔 *Boea clarkeana*、香果树 *Emmenopterys henryi*、七子花 *Heptacodium miconioides*、换锦花 *Lycoris sprengeri*、浙江金线兰 *Anoectochilus zhejiangensis*、纤叶钗子股 *Luisia hancockii* 等。其中包含以下种类。

（1）华东特有种：有长序榆、肾叶细辛 *Asarum renicordatum*、天目木兰、普陀樟、浙江楠、铺散诸葛菜 *Orychophragmus diffusus*、银缕梅、淡红乌饭树 *Vaccinium bracteatum* var. *rubellum*、浙江铃子香 *Chelonopsis chekiangensis*、安徽黄芩 *Scutellaria anhweiensis*、天目地黄 *Rehmannia chingii*、喙果绞股蓝 *Gynostemma yixingense*、天目山蟹甲草 *Parasenecio matsudae*、宽叶老鸦瓣 *Amana erythronioides*、短蕊石蒜 *Lycoris caldwellii*、江苏石蒜 *L. houdyshelii*、玫瑰石蒜 *L. rosea* 等共 70 种，约占宁波产中国特有种数的 11%。

（2）浙江特有种：有毛叶铁线莲、沼生矮樱 *Cerasus jingningensis*、浙江南蛇藤、尖萼紫茎 *Stewartia acutisepala*、紫花山芹、黄花变豆菜、华顶杜鹃 *Rhododendron huadingense*、大花腋花黄芩 *Scutellaria axilliflora* var. *medullifera*、红花温州长蒴苣苔、黄花百合 *Lilium brownii* var. *giganteum* 等共 41 种，约占宁波产中国特有种数的 6.43%。其中毛叶铁线莲、紫花山芹主产于宁波，前者分布至天台，后者延伸至新昌；另外浙江南蛇藤、紫花山芹、黄花变豆菜、红花温州长蒴苣苔、白花金腺荚蒾、浙江垂头蓟、绿苞蘘荷为本次调查发现的新类群。

（3）宁波特有种：有剑苞鹅耳枥 *Carpinus londoniana* var. *xiphobracteata*、宽叶鹅耳枥 *C. londoniana* var. *latifolia*、红果山鸡椒、宁波诸葛菜、短梗海金子、宁波三花莓、天童锐角槭 *Acer acutum* var. *tientungense*、细果毛脉槭 *Acer pubinerve* var. *apiferum*、红花野柿、白花香薷、奉化水竹 *Phyllostachys funhuaensis*、蝶竹 *Ph. nidularia* form. *yexillaris*、宁波石豆兰等 13 种，约占宁波产中国特有种数的 2%。其中红果山鸡椒、宁波诸葛菜、短梗海金子、宁波三花莓、红花野柿、白花香薷、宁波石豆兰为本次调查发现的新类群。

2. 浙江仅见于宁波的植物

在 2183 种野生植物中，除浙江及宁波特有种外，在浙江境内目前仅见于或记载仅分布于宁波的种类也较丰富，有心脏叶瓶尔小草、光叶鳞盖蕨 *Microlepia marginata* var. *calvescens*、过山蕨、锐齿贯众、杯盖阴石蕨 *Humata griffithiana*、单盖铁线蕨 *Adiantum monochlamys*、光脚短肠蕨 *Allantodia doederleinii*、钟氏柳 *Salix mesnyi* var. *tsoongii*、紫叶凹头苋、长冠女娄菜 *Silene aprica* var. *oldhamiana*、中华萍蓬草、圆头叶桂、桂北木姜子 *Litsea subcoriacea*、东部悬钩子 *Rubus yoshinoi*、毛山黧豆 *Lathyrus palustris* var. *pilosus*、长总梗木蓝 *Indigofera longipedunculata*、皱柄冬青 *Ilex kengii*、铁仔 *Myrsine africana*、日本百金花 *Centaurium japonicum*、龙潭荇菜、鄂西香茶菜、日本琉璃草、水虎尾 *Dysophylla stellata*、白花水八角、木鳖子 *Momordica cochinchinensis*、细柄黍 *Panicum sumatrense*、海南藨草 *Scirpus hainanensis*、田葱、朝鲜韭、乳白石蒜、短蕊石蒜、江苏石蒜、玫瑰石蒜、稻草石蒜 *Lycoris straminea*、红蓝石蒜等 35 种，占全部野生植物种数的 1.60%。

3. 珍稀植物

珍稀植物包括国家重点保护野生植物、浙江省重点保护野生植物和其他珍稀野生植物 3 类，共计 219 种

（含种下等级，不含引种栽培种类）。参见《宁波珍稀植物》。

1）国家重点保护野生植物

依据国家林业局和农业部 1999 年颁布的《国家重点保护野生植物名录（第一批）》，经调查确认，宁波境内共有国家重点保护野生植物 23 种，其中Ⅰ级重点保护的有南方红豆杉、银缕梅和中华水韭 3 种，Ⅱ级重点保护的有水蕨、金钱松、榧树、金荞麦 Fagopyrum dibotrys、普陀樟、舟山新木姜子、浙江楠、榉树、莲、花榈木、毛红椿、珊瑚菜 Glehnia littoralis、香果树、七子花等 20 种。

2）浙江省重点保护野生植物

依据浙江省人民政府 2012 年颁布的《浙江省重点保护野生植物名录》（第一批），经调查发现，宁波境内共有浙江省重点保护野生植物 38 种，如蛇足石杉、松叶蕨、圆柏、毛叶铁线莲、天目木兰、延胡索 Corydalis yanhusuo、圆叶小石积、鸡麻 Rhodotypos scandens、龙须藤 Bauhinia championii、海滨山黧豆（海滨香豌豆）Lathyrus japonicus、全缘冬青 Ilex integra、天目槭 Acer sinopurpurascens、小勾儿茶、海滨木槿 Hibiscus hamabo、红山茶 Camellia japonica、华顶杜鹃、堇叶紫金牛、日本女贞 Ligustrum japonicum、水车前 Ottelia alismoides、金刚大 Croomia japonica、阔叶沿阶草 Ophiopogon jaburan、华重楼 Paris polyphylla var. chinensis 等。

3）其他珍稀野生植物

根据：①宁波特产、主产或在浙江仅见于宁波的稀有野生植物；②浙江省内稀有的野生植物；③宁波境内稀有并以宁波为分布南、北缘的野生植物；④本次调查发现的部分植物新类群；⑤本次调查发现的部分中国、中国大陆、华东或浙江分布新记录野生植物这 5 条原则进行筛选确定，宁波境内分布有心脏叶瓶尔小草、过山蕨、肾蕨、骨碎补、华千斤榆、水青冈、台湾榕、盐角草、刺沙蓬、中华萍蓬草、獐耳细辛、华南樟、圆头叶桂、红果山鸡椒、大叶桂樱、黄山紫荆、闽槐 Sophora franchetiana、日本花椒、琉球虎皮楠、毛果槭、马甲子 Paliurus ramosissimus、日本厚皮香、紫花山芹、南方紫珠、浙江铃子香、水虎尾、浙江琴柱草、小果草 Microcarpaea minima、木鳖子、蟛蜞菊 Sphagneticola calendulacea、有尾水筛、日本苇、普陀南星 Arisaema ringens、露水草、田葱、朝鲜韭、茖葱、黄花百合、玫瑰石蒜、大花无柱兰、金线兰 Anoectochilus roxburghii、宁波石豆兰、独花兰、铁皮石斛、风兰、密花鸢尾兰等 158 种。

五、滨海植物繁盛

由于宁波濒临东海，不仅大陆海岸线蜿蜒漫长，而且岛屿星罗棋布，拥有沙滩、石滩、岩礁、滩涂等各种含盐的微域生境，故分布有丰富的滨海植物，其中包括较多的盐生或沙生植物。经统计，宁波共有野生滨海植物 147 种（含种下等级），隶属 57 科 115 属，约占全部种数的 6.73%。种类主要集中于菊科、莎草科、禾本科、石蒜科、藜科、蔷薇科等中。典型的种类如全缘贯众 Cyrtomium falcatum、矮小天仙果、海岛桑、洞头水苎麻 Boehmeria macrophylla var. dongtouensis、无翅猪毛菜 Salsola komarovii、刺沙蓬 S. tragus、尖头叶藜、灰绿藜 Chenopodium glaucum、盐角草、碱蓬 Suaeda subsp.、番杏 Tetragonia tetragonioides、石竹、拟漆姑 Spergularia marina、普陀樟、圆头叶桂、舟山新木姜子、滨海黄堇 Corydalis heterocarpa var. japonica、蓝花子 Raphanus sativus var. raphanistroides、海桐 Pittosporum tobira、台湾蚊母树、圆叶小石积、厚叶石斑木 Rhaphiolepis umbellata、光叶蔷薇 Rosa luciae、海滨山黧豆、海刀豆 Canavalia lineata、日本花椒、琉球虎皮楠、全缘冬青、海岸卫矛 Euonymus tanakae、海滨木槿、马甲子、红山茶、柃木 Eurya japonica、滨柃 E. emarginata、日本厚皮香、柽柳、大叶胡颓子 Elaeagnus macrophylla、珊瑚菜、短毛独活、滨海前胡 Peucedanum japonicum、多枝紫金牛 Ardisia sieboldii、蓝花琉璃繁缕 Anagallis arvensis form. coerulea、滨海珍珠菜 Lysimachia mauritiana、中华补血草 Limonium sinense、日本女贞、肾叶打碗花 Calystegia soldanella、南方紫珠、单叶蔓荆 Vitex rotundifolia、厚叶双花耳草 Hedyotis strigulosa、滨蒿 Artemisia fukudo、沙苦荬 Chorisis repens、假还阳参 Crepidiastrum lanceolatum、

大吴风草 *Farfugium japonicum*、芙蓉菊 *Crossostephium chinense*、卤地菊 *Melanthera prostrata*、蟛蜞菊、束尾草 *Phacelurus latifolius*、龙爪茅 *Dactyloctenium aegyptium*、盐地鼠尾粟 *Sporobolus virginicus*、华克拉莎、砂钻薹草、矮生薹草 *C. pumila*、滨海薹草 *C. wahuensis* subsp. *robusta*、糙叶薹草 *C. scabrifolia*、绢毛飘拂草、普陀南星、朝鲜韭、阔叶沿阶草、换锦花、水仙、风兰等。参见《宁波滨海植物》。

这些植物是组成滨海山地、岩坡、沙地、滩涂植被的主要成分。

六、岩生植物众多

宁波境内岩山、石坡较多，尤其是海岸和岛屿地带，并有少量的丹霞地貌发育，为岩生植物的分布与生长创造了良好的条件。这类植物资源在宁波相当丰富，据统计共有 221 种（含种下等级），隶属 64 科 143 属，约占全部种类的 10.12%。岩生植物主要集中在膜蕨科、铁角蕨科、水龙骨科、桑科、景天科、虎耳草科、卫矛科、夹竹桃科、苦苣苔科、兰科等中。代表种类如卷柏 *Selaginella tamariscina*、松叶蕨、团扇蕨 *Gonocormus minutus*、华东瓶蕨 *Vandenboschia orientalis*、银粉背蕨 *Aleuritopteris argentea*、腺毛肿足蕨、长生铁角蕨、过山蕨、肾蕨、骨碎补、杯盖阴石蕨、水龙骨 *Polypodiodes niponica*、石蕨、槲蕨、圆柏、葡匐南芥 *Arabis flagellosa*、紫花八宝 *Hylotelephium mingjinianum*、晚红瓦松 *Orostachys japonica*、藓状景天 *Sedum polytrichoides*、圆叶小石积、黄山紫荆、爬山虎 *Parthenocissus tricuspidata*、秋海棠 *Begonia grandis*、菱叶常春藤、络石 *Trachelospermum jasminoides*、兰香草 *Caryopteris incana*、大花旋蒴苣苔、红花温州长蒴苣苔、苦苣苔 *Conandron ramondioides*、吊石苣苔 *Lysionotus pauciflorus*、厚叶双花耳草、芙蓉菊、假还阳参 *Crepidiastrum lanceolatum*、山类芦 *Neyraudia montana*、玉山针蔺 *Trichophorum subcapitatum*、石菖蒲 *Acorus tatarinowii*、滴水珠 *Pinellia cordata*、换锦花、大花无柱兰、密花鸢尾兰、宁波石豆兰、毛药卷瓣兰 *Bulbophyllum omerandrum*、多花兰 *Cymbidium floribundum*、铁皮石斛、细茎石斛 *Dendrobium moniliforme*、浙江金线兰、纤叶钗子股 *Luisia hancockii*、风兰 *Neofinetia falcata*、小沼兰 *Oberonioides microtatantha* 等。丰富的岩生植物既为坚硬冰冷的岩面平添了特殊景观和勃勃生机，也可为园林绿化、边坡美化提供大量特殊的特色素材。

七、湿地植物丰富

宁波地处宁绍平原，水网密布，加上山区溪流众多，水资源异常丰富，适宜各类水生、湿生植物生长繁衍。统计结果表明，全市共有水生或湿生植物 168 种（含种下等级），隶属 46 科 93 属，约占全部种类的 7.70%。种类主要集中于禾本科、莎草科、眼子菜科、水鳖科、唇形科、谷精草科、灯心草科、杨柳科、千屈菜科、玄参科、狸藻科、泽泻科、睡莲科、柳叶菜科、菱科中，这 15 科计 114 种，占水生、湿生植物总种数的 67.86%。代表性种类如中华水韭、水蕨、蘋、满江红 *Azolla imbricata*、三白草 *Saururus chinensis*、粤柳 *Salix mesnyi*、莲、芡实、萍蓬草、中华萍蓬草、金鱼藻 *Ceratophyllum demersum*、石龙芮 *Ranunculus sceleratus*、水田碎米荠 *Cardamine lyrata*、沼生水马齿 *Callitriche palustris*、三蕊沟繁缕 *Elatine triandra*、耳基水苋菜 *Ammannia auriculata*、圆叶节节菜 *Rotala rotundifolia*、野菱 *Trapa incisa*、卵叶丁香蓼 *Ludwigia ovalis*、轮叶狐尾藻 *Myriophyllum verticillatum*、水芹 *Oenanthe javanica*、小荇菜 *Nymphoides coreana*、金银莲花 *N. indica*、水虎尾、水蜡烛 *Dysophylla yatabeana*、水苏 *Stachys japonica*、虻眼 *Dopatrium junceum*、白花水八角、小果草 *Microcarpaea minima*、有腺泽番椒、石龙尾 *Limnophila sessiliflora*、茶菱 *Trapella sinensis*、黄花狸藻 *Utricularia aurea*、水烛 *Typha angustifolia*、曲轴黑三棱 *Sparganium fallax*、黑三棱 *S. stoloniferum*、菹草 *Potamogeton crispus*、川蔓藻 *Ruppia maritima*、小茨藻 *Najas minor*、角果藻 *Zannichellia palustris*、利川慈姑 *Sagittaria lichuanensis*、野慈姑 *Sagittaria trifolia*、无尾水筛 *Blyxa aubertii*、水筛 *B. japonica*、水车前、黑藻 *Hydrilla verticillata*、苦草 *Vallisneria natans*、水禾 *Hygroryza aristata*、假稻 *Leersia japonica*、双穗雀稗 *Paspalum distichum*、菩提子 *Coix lacryma-jobi*、日本苇、卡开芦 *Phragmites karka*、龙师草 *Eleocharis tetraquetra*、萤蔺 *Schoenoplectus juncoides*、菖蒲 *Acorus calamus*、紫萍 *Spirodela polyrhiza*、谷精草 *Eriocaulon buergerianum*、水竹叶 *Murdannia triquetra*、鸭舌草 *Monochoria vaginalis*、田葱、灯心草 *Juncus effusus*、萱草 *Hemerocallis fulva* 等。

上述植物构成了宁波境内丰富而优美的水体景观，其中不少种类可应用于城市园林。

八、与周邻区系关系密切

（一）宁波与临安、泰顺的区系关系

1. 宁波与临安的区系关系

两地共有野生植物计 1602 种，约占宁波野生植物总种数的 73%。代表种类如翠云草、阴地蕨、瓶尔小草 *Ophioglossum vulgatum*、中华水韭、银粉背蕨 *Aleuritopteris argentea*、三叉耳蕨 *Polystichum tripteron*、金钱松、圆柏、粤柳、华千金榆、水青冈、枹栎、黑弹树 *Celtis bungeana*、长序榆 *Ulmus elongata*、肾叶细辛、支柱蓼 *Polygonum suffultum*、细穗藜 *Chenopodium gracilispicum*、浙江商陆 *Phytolacca zhejiangensis*、鹅掌草 *Anemone flaccida*、小升麻 *Cimicifuga japonica*、獐耳细辛、大花威灵仙 *Clematis courtoisii*、天目木兰、浙江楠、大果山胡椒 *Lindera praecox*、异堇叶碎米荠 *Cardamine circaeoides*、云南山嵛菜 *Eutrema yunnanense*、黄山溲疏 *Deutzia glauca*、牛鼻栓 *Fortunearia sinensis*、银缕梅、鸡麻、山皂荚 *Gleditsia japonica*、毛果槭 *Acer nikoense*、天目槭、小勾儿茶、南京椴 *Tilia miqueliana*、山拐枣 *Poliothyrsis sinensis*、百两金 *Ardisia crispa*、浙江铃子香 *Chelonopsis chekiangensis*、安徽黄芩、浙江黄芩 *S. chekiangensis*、碎米桠 *Isodon rubescens*、天目地黄 *Rehmannia chingii*、大花旋蒴苣苔、香果树、七子花、天目山蟹甲草、金刚大、茖葱 *Allium victorialis*、铁皮石斛、独花兰 *Changnienia amoena* 等。

宁波属仙霞岭山脉，临安属天目山山脉，虽属不同山脉，但因两地间并无大的传播上的隔离，故存在着密切的关系。经分析发现，两地共有种中多为常见种类，另外一个特点是共有的北温带成分具有较高的比例，且多为产于高海拔的一些种类。因宁波在地理位置上稍偏南，且濒临海洋，故两者的差异主要在于宁波拥有较多的热带成分及特殊的滨海成分。

2. 宁波与泰顺的区系关系

两地共有野生植物计 1540 种，约占宁波野生植物总种数的 71%。代表种类有深绿卷柏 *Selaginella doederleinii*、松叶蕨、泰顺凤尾蕨 *Pteris natiensis*、长生铁角蕨 *Asplenium prolongatum*、肾蕨、金钱松、大叶青冈、水青冈、拟蠔猪刺 *Berberis soulieana*、鸡麻、龙须藤、黄山紫荆、金豆 *Fortunella venosa*、飞龙掌血 *Toddalia asiatica*、山乌桕 *Sapium discolor*、天目槭、白背清风藤 *Sabia discolor*、尼泊尔鼠李 *Rhamnus napalensis*、猴欢喜 *Sloanea sinensis*、尖萼紫茎、秀丽野海棠 *Bredia amoena*、九节龙 *Ardisia pusilla*、枇杷叶紫珠 *Callicarpa kochiana*、走茎龙头草、浙江黄芩、天目地黄、香果树、七子花、金腺荚蒾 *Viburnum chunii*、金刚大、大花无柱兰等。

宁波与泰顺也属于不同山脉，泰顺属洞宫山脉，因两地间也不存在明显的传播隔离，故两地区系间同样存在着较为密切的关系，但两地关系的密切程度则相对稍低于宁波与临安，相似性更多地表现在拥有稍多的热带成分。但因宁波在地理位置上较偏北，且紧靠海洋，又岛屿众多，故两者差异主要表现为宁波的热带区系成分较弱，而滨海植物区系成分则远较泰顺发达。

3. 三地之间的区系关系

（1）三地共有种：经统计，发现宁波与临安、泰顺三地共有种多达 1304 种，约占宁波野生植物的 60%。但通常都为一些广布种类，如江南卷柏 *Selaginella moellendorffii*、马尾松 *Pinus massoniana*、青冈 *Cyclobalanopsis glauca*、掌叶覆盆子 *Rubus chingii*、胡枝子 *Lespedeza bicolor*、蓝果树 *Nyssa sinensis*、忍冬 *Lonicera japonica*、五节芒 *Miscanthus floridulus*、菝葜 *Smilax china*、春兰 *Cymbidium goeringii* 等。

（2）宁波与临安共有而泰顺不产的植物：计 293 种，约占宁波野生植物全部种类的 13.4%。代表种类如中华水韭、圆柏、长序榆、细穗藜、天目木兰、异萼叶碎米荠、黄山溲疏、银缕梅、毛果槭、小勾儿茶、浙江铃子香、走茎龙头草 *Meehania fargesii* var. *radicans*、安徽黄芩、碎米桠、大花旋蒴苣苔、天目山蟹甲草、独花兰等。

（3）宁波与泰顺共有而临安不产的植物：计 231 种，约占宁波野生植物全部种类的 10.6%。代表种类如松叶蕨、长生铁角蕨、赤皮青冈、大叶青冈、锈毛莓 *Rubus reflexus*、大叶臭椒 *Zanthoxylum myriacanthum*、金豆、粗糠柴 *Mallotus philippensis*、山乌桕、矮冬青 *Ilex lohfauensis*、尼泊尔鼠李、猴欢喜、毛花猕猴桃 *Actinidia eriantha*、尖萼紫茎、九节龙、密花树 *Rapanea neriifolia*、链珠藤 *Alyxia sinensis*、鳝藤 *Anodendron affine*、枇杷叶紫珠、金腺荚蒾、台湾艾纳香 *Blumea formosana*、小一点红 *Emilia prenanthoidea*、薯莨 *Dioscorea cirrhosa*、金线兰、狭穗阔蕊兰 *Peristylus densus* 等。

（二）宁波与台湾及日本的区系关系

1. 宁波与台湾的区系关系

两地共有野生植物计 1095 种，约占宁波野生植物总种数的 50%。代表种有蛇足石杉、水蕨、肾蕨、杯盖阴石蕨、青钱柳、赤皮青冈、台湾榕、爱玉子、浙江樟、舟山新木姜子、台湾蚊母树、龙须藤、海刀豆、茵芋 *Skimmia reevesiana*、海岸卫矛、马甲子、猴欢喜、日本厚皮香、三蕊沟繁缕、多枝紫金牛、董叶紫金牛、中华补血草、小荇菜、金银莲花、毛药花、小果草、木鳖子、芙蓉菊、卤地菊、蟛蜞菊、水车前、普陀南星、田葱、密花鸢尾兰、多花兰等。

两地间的植物区系关系除拥有众多共有种之外，还有不少地理替代种，如中华水韭与台湾水韭 *Isoetes taiwanensis*、腺毛肿足蕨与台湾肿足蕨 *Hypodematium taiwanense*、萍蓬草与台湾萍蓬草 *Nuphar shimadai*、檫木 *Sassafras tzumu* 与台湾檫木 *S. randaiense*、花榈木与台湾红豆 *Ormosia formosana*、三叶青与台湾崖爬藤 *Tetrastigma formosanum*、海滨木槿与黄槿 *Hibiscus tiliaceus*、秋海棠与台湾秋海棠 *Begonia taiwaniana*、菱叶常春藤与台湾菱叶常春藤 *Hedera rhombea* var. *formosana*、金线兰与台湾银线兰 *Anoectochilus formosanus*、纤叶钗子股与台湾钗子股 *Luisia megasepala* 等。

地史资料表明，台湾与大陆于第四纪初脱离，至第四纪冰期海水撤退、海平面下降，又曾与大陆相连，在相连期间植物之间相互渗透交流，在分离时又各自演化，故两地植物区系既有密切关联，又存在一定差异。

2. 宁波与日本的区系关系

两地共有野生植物计 1271 种，约占宁波野生植物总种数的 58%。代表种主要有水蕨、腺毛肿足蕨、过山蕨、骨碎补、枹栎、盐角草、孩儿参 *Pseudostellaria heterophylla*、鹅掌草、小升麻、圆头叶桂、滨海黄堇、大叶桂樱 *Laurocerasus zippeliana*、圆叶小石积、鸡麻、海滨香豌豆、闽槐、日本花椒、全缘冬青、毛果槭、海滨木槿、红山茶、珊瑚菜、短毛独活、百两金、日本女贞、南方紫珠、蛇眼、白花水八角、日本苇、普陀南星、金刚大、阔叶沿阶草、朝鲜韭、乳白石蒜、金线兰、风兰等。其中未见于台湾的有腺毛肿足蕨、过山蕨、枹栎、孩儿参、鹅掌草、小升麻、圆头叶桂、滨海黄堇、大叶桂樱、圆叶小石积、鸡麻、闽槐、日本花椒、毛果槭、海滨木槿、珊瑚菜、短毛独活、百两金、日本女贞、南方紫珠、虻眼、白花水八角、日本苇、金刚大、阔叶沿阶草、朝鲜韭、乳白石蒜、金线兰、风兰等。

宁波与日本除上述共有种外，同样也存在一些地理替代种，如柳杉 *Cryptomeria japonica* var. *sinensis* 与日本柳杉 *C. japonica*、榧树与日本榧树 *Torreya nucifera*、石竹与日本石竹 *Dianthus japonicus*、普陀樟与天竺桂 *Cinnamomum japonicum*、天目木兰与星花木兰 *Magnolia tomentosa*、云南山萮菜与日本山萮菜 *Eutrema tenue*、龙须藤与日本羊蹄甲 *Bauhinia japonica*、小勾儿茶与日本小勾儿茶 *Berchemiella berchemiaefolia*、过路黄 *Lysimachia christiniae* 与田中过路黄 *L. christiniae* subsp. *tanakae* 等。

日本与中国大陆脱离始于第三纪中新世，第四纪冰期来临后海平面下降，与中国大陆又数度相连，这为两地植物区系的相互渗透和传播创造了有利条件，故现在仍保存有较多的两地近海间断分布种类，由于宁波的一些海岛与日本南部海岛十分靠近，故这类植物中有不少在中国大陆仅产于浙江甚至仅见于宁波，有的则向南北海岸延伸，少数还分布到中国台湾、福建及朝鲜半岛等地，如舟山新木姜子（浙江、上海、台湾，日本、朝鲜半岛）、圆头叶桂（浙江宁波，日本）、滨海黄堇（浙江，日本）、圆叶小石积（浙江，日本、菲律宾）、日本花椒（浙江，日本、朝鲜半岛）、全缘冬青（浙江、福建，日本）、海滨木槿（浙江、福建北部，日本、朝鲜半岛）、红山茶（浙江、山东，日本、朝鲜半岛）、柃木（浙江、台湾，日本、朝鲜半岛）、菱叶常春藤（浙江，日本、朝鲜半岛）、日本女贞（浙江，日本、朝鲜半岛）、南方紫珠（浙江，日本）、普陀南星（江苏、浙江、台湾，日本、朝鲜半岛）、阔叶沿阶草（浙江，日本、朝鲜半岛）等，充分说明了两地间植物区系的密切程度。

3. 三地之间的区系关系

宁波东濒大海，东北隔海是日本，东南隔海为台湾省。中国大陆和台湾省、日本同属于中国 - 日本森林植物亚区。如前所述，三地之间在地史上曾经数度相连，为植物直接传播创造了条件，即使在分离期间，三地间的植物传播也并未停止，仍可借助如台风、洋流及飞鸟进行种子（孢子）的传播，另外航船也有可能进行不经意的携带传播，故三地之间的植物区系存在十分密切的关系。统计表明，在中国宁波 2183 种野生植物中，与中国台湾省及日本的三地共有种多达 863 种，约占宁波全部种类的 40%。代表种类有蛇足石杉、卷柏、阴地蕨、心脏叶瓶尔小草、松叶蕨、肾蕨、草珊瑚、赤皮青冈、薜荔、槲寄生、舟山新木姜子、匙叶茅膏菜、琉球虎皮楠、大叶桂樱、海刀豆、全缘冬青、小果冬青、海岸卫矛、红山茶、日本厚皮香、马甲子、大叶胡颓子、珊瑚菜、青荚叶、球果假沙晶兰 *Monotropastrum humile*、多枝紫金牛、百两金、中华补血草、小荇菜、杜虹花、水虎尾、有腺泽番椒、虻眼、小果草、厚叶双花耳草、莁荑、芙蓉菊、蟛蜞菊、水车前、无尾水筛、华克拉莎、普陀南星、田葱、建兰 *Cymbidium ensifolium*、绿花斑叶兰 *Goodyera viridiflora*、细茎石斛、鹅毛玉凤花 *Habenaria dentata* 等。

宁波与台湾共有而日本不产的有 231 种，约占宁波野生植物总种数的 11%，代表种如杯盖阴石蕨、庐山石韦 *Pyrrosia sheareri*、黄山松 *Pinus taiwanensis*、粗榧 *Cephalotaxus sinensis*、南方红豆杉、丝穗金粟兰（水晶花）*Chloranthus fortunei*、青钱柳、台湾榕、爱玉子、单叶铁线莲 *Clematis henryi*、六角莲、台湾蚊母树、龙须藤、茵芋、飞龙掌血、山乌桕、猴欢喜、堇叶紫金牛、龙潭荇菜、毛药花、白接骨 *Asystasiella neesiana*、小果草、木鳖子、华重楼、毛药卷瓣兰、密花鸢尾兰、多花兰、长须阔蕊兰 *Peristylus calcaratus*、带唇兰 *Tainia dunnii* 等。

宁波与日本共有而台湾不产的有 409 种，约占宁波野生植物总种数的 19%，代表种如中华水韭、过山蕨、三叉耳蕨 *Polystichum tripteron*、圆柏、乌冈栎 *Quercus phillyreoides*、刺沙蓬 *Salsola tragus*、木通 *Akebia quinata*、圆头叶桂、大果山胡椒 *Lindera praecox*、东亚唐棣 *Amelanchier asiatica*、圆叶小石积、鸡麻、山

皂荚 *Gleditsia japonica*、闽槐、头序歪头菜、臭常山 *Orixa japonica*、日本花椒、毛果槭、海滨木槿、朝鲜茴芹 *Pimpinella koreana*、东瀛四照花、日本女贞、南方紫珠、白花水八角、三脉猪殃殃、卵叶帚菊 *Pertya scandens*、牛鞭草 *Hemarthria sibirica*、日本苇、金刚大、朝鲜韭、荠葱、浙贝母 *Fritillaria thunbergii*、阔叶沿阶草、乳白石蒜、金线兰、风兰等。

经分析发现，三地共有种在各类群中的分布比例是极不均衡的。从大类上看，以蕨类植物所占的比例较高，有 114 种，约占宁波野生蕨类植物的 60%；裸子植物缺乏三地共有种；被子植物有 749 种，约占宁波野生被子植物的 38%，其中双子叶植物 533 种，约占 35%，单子叶植物 216 种，约占 45%。

经对含 5 种以上的科级共有种的比例高低进行分析，发现三地共有种比例占 80% 以上的科有膜蕨科 100%、铁角蕨科 82%、凤尾蕨科 80%、眼子菜科 100%、水鳖科 88%、狸藻科 80%，共计 6 科；无三地共有种的科有桦木科、金缕梅科、杨柳科、小檗科、木兰科、椴树科、安息香科，共计 7 科。

从上述科中三地共有种的比例可以看出，凡以草本种类占优势的科的比例均较高，其中尤以水生草本和蕨类植物比例较高，而以木本种类占优势的科的比例通常较低或无三地共有种。这与草本植物，特别是水生草本的传播方式和效能有关，至于蕨类植物可能与其起源古老，在中国台湾省、日本与东亚大陆分开前即已存在有关。宁波与台湾省及日本之间均有大海相隔，植物间进行长距离自然传播的方式主要是风力、飞鸟及海流，根据前述对金缕梅科等 7 个无三地共有种的科分析，发现除杨柳科外，均未进化出依靠风力远距离传播的冠毛、种毛或果翅等附属物，至于杨柳科缺乏三地间共有种的现象从表面上看确实令人费解，但深入分析其原因应该是与台风季节有关，三地间的台风通常集中于 7 ～ 10 月，而杨柳科植物种子的成熟期则集中于 5 月前后，由于台风时间与果期错开，利用台风传播的可能性几乎不存在；虽然杨柳科的种子微小，并有种毛，也可借助微风传播，但其种子寿命极短，故传播成功的概率也极小；再从果实类型分析，这 7 科中除小檗科有部分浆果外，其余均为干燥的果实，并非鸟类取食的对象；而小檗科浆果类植物中，六角莲台湾有分布，但日本不产，南天竹日本有分布，但台湾不产;这些科的种类均非耐盐植物，植株、果实或种子并无适应海水长期浸泡的机理和结构，依靠海流传播的可能性极小，因此三地共有的可能性就变得微乎其微了。诚然，这些科中也有一些被认为是古老的物种，倘若从古地史学角度就难以解释了。

九、南北交汇现象明显

由于宁波位于中亚热带北部，处于东海之滨，境内山峦起伏，独特的地理位置及多样的地形地貌形成了各种植物赖以生存的优越气候条件，不少南方和北方植物在我国以此为界。据统计，宁波的野生植物中，有超过 13% 的南、北方种类在此汇聚，形成了较为明显的南北植物区系交汇现象。

1. 分布北界

宁波野生植物与南方植物区系存在紧密的联系，有较多南方种类在我国分布至宁波为止（个别种类可延伸到稍北的舟山、绍兴、杭州等地），共计 210 种，约占宁波全部野生植物的 9.6%，如深绿卷柏 *Selaginella doederleinii*、松叶蕨、狭叶海金沙 *Lygodium microphyllum*、傅氏凤尾蕨 *Pteris fauriei*、羽裂叶双盖蕨 *Diplazium tomitaroana*、肾蕨、风藤、草珊瑚、赤皮青冈、大叶青冈、台湾榕、曲毛赤车 *Pellionia retrohispida*、尾花细辛 *Asarum caudigerum*、拟蠔猪刺 *Berberis soulieana*、华南樟、轮叶八宝 *Hylotelephium verticillatum*、锈毛莓、大叶桂樱、龙须藤、海刀豆、闽槐、金豆、飞龙掌血、大叶臭椒、台闽算盘子 *Glochidion rubrum*、粗糠柴、山乌桕、皱柄冬青、矮冬青、稀花槭 *Acer pauciflorum*、白背清风藤、尼泊尔鼠李、钩刺雀梅藤 *Sageretia hamosa*、猴欢喜、地桃花 *Urena lobata*、细枝柃 *Eurya loquaiana*、尖萼紫茎、秀丽野海棠、淡红乌饭树、网脉酸藤子 *Embelia vestita*、罗浮柿 *Diospyros morrisiana*、南岭山矾 *Symplocos confusa*、链珠藤、

黑鳗藤 *Jasminanthes mucronata*、枇杷叶紫珠、水虎尾、小果草、玉叶金花 *Mussaenda pubescens*、金腺荚蒾、台湾艾纳香、无尾水筛、龙爪茅、露水草 *Cyanotis arachnoidea*、田葱、薯茛、金线兰、浙江金线兰、建兰、多花兰、密花鸢尾兰、绿花斑叶兰、狭穗阔蕊兰、细叶石仙桃 *Pholidota cantonensis* 等。这些种类多分布在低海拔的沟谷及沿海岛屿。

2. 分布南界

宁波野生植物与北方植物区系同样存在密切联系，不少北方的种类在我国分布至宁波为止（个别种类可延伸到稍南的天台山等地），共计 77 种，约占宁波全部野生植物的 3.5%，如中华水韭、过山蕨、杜衡 *Asarum forbesii*、无翅猪毛菜、刺沙蓬、石竹、大果山胡椒、铺散诸葛菜、中华金腰 *Chrysosplenium sinicum*、鸡麻、小勾儿茶、北柴胡 *Bupleurum chinense*、朝鲜茴芹 *Pimpinella koreana*、狭叶珍珠菜 *Lysimachia pentapetala*、鹅绒藤 *Cynanchum chinense*、细叶砂引草 *Tournefortia sibirica* var. *angustior*、三脉猪殃殃 *Galium kamtschaticum*、喙果绞股蓝、芙蓉菊、卤地菊、束尾草 *Phacelurus latifolius*、对叶韭 *Allium victorialis* var. *listera*、朝鲜韭、江苏石蒜、玫瑰石蒜、稻草石蒜等。这些种类主要分布于较高海拔的山地及沿海岛屿。

第六章　野生资源植物

第一节　野菜资源

一、资源概况

野菜是指经烹调或加工后作菜食用的野生植物，或不以蔬食为目的的栽培植物及归化植物。经调查统计，宁波市境内共有野菜植物935种（含种下等级，也包括部分不以蔬食为目的的栽培植物和归化植物。具体名录可参考李根有、陈征海、杨淑贞主编，科学出版社2011年出版的《浙江野菜100种精选图谱》之附录二"浙江野菜名录"），隶属112科369属，科、属、种数分别占浙江省的94%、88%和78%，由此可见宁波野菜资源的丰富程度。

宁波野菜按食用部位可分为5类：叶菜类、茎菜类、花菜类、果菜类和根菜类。经统计表明，在935种野菜中，以叶菜类（指以食用幼叶、幼苗、嫩茎叶为主）占绝大多数，有661种，约占全部野菜的70.70%；茎菜类（以食用嫩茎为主，包括竹笋类）和花菜类（以食用花或花序为主）各约占10.05%、10.37%；根菜类（以食用根或地下茎为主）占6.42%；果菜类（指以食用植物的果实或种子为主）最少，仅约占2.46%。与全省野菜情况相比，各种类型的比例大体相近（表6-1）。

表6-1　宁波野菜资源及与全省比较

序号	类别	宁波种数	占总种数比例/%	浙江种数	占总种数比例/%	宁波种数占浙江种数比例/%
1	叶菜类	661	70.70	842	70.17	78.50
2	茎菜类	94	10.05	117	9.75	80.34
3	花菜类	97	10.37	122	10.17	79.51
4	果菜类	23	2.46	57	4.75	40.35
5	根菜类	60	6.42	62	5.16	96.77
	合计	935	100.00	1200	100.00	77.92

注：为避免重复统计，对具有2种以上可食用器官的种类均仅归入1个主要类型

二、重要野菜列举

蕨　别名　蕨菜、大狼衣、龙头菜

学名　*Pteridium aquilinum* (Linn.) Kuhn var. **latiusculum** (Desv.) Underw. ex Heller　**科名**　蕨科 Pteridiaceae

识别特征　多年生草本，高可达 1.2m。根状茎长而横走，黑色，密被长毛。叶远生；叶柄长，深禾秆色，基部常呈黑褐色；叶片近革质，卵状三角形，长 50～80cm，宽 30～45cm，先端渐尖，基部圆楔形，3～4 回羽状深裂；上面无毛，叶脉下凹，下面沿主脉、羽轴有细长毛。孢子囊沿羽片边缘着生，囊群盖条形。

分布与生境　产于全市各地。常成片生于灌草丛、荒山、荒地中。

采收与加工　3～5 月采集羽片拳卷尚未展开时的幼嫩叶芽。采后用草木灰水浸泡或开水焯 5min 左右，再置于清水中漂洗半天以除去苦涩味后备用；也可水焯后腌食或干制。

食用方法　炒食、炖食、凉拌等。

风味　清香滑润，鲜嫩可口，素有"山菜之王"之美称。

成分　蕨菜富含蛋白质、脂肪、粗纤维、胡萝卜素、维生素 C 及磷、钙、铁、钾、镁、锰、铜、锌等矿质元素；含有 16 种氨基酸，其中谷氨酸含量最高；含有黄酮类活性成分如槲皮素、山萘酚、芸香苷等；大多数维生素含量比番茄、胡萝卜、大白菜、菜豆要高。

功效　味甘，性寒。具清热解毒、利尿消肿之功效。用于泻痢腹痛、发热、疳积、尿路感染等症，也可用于高血压、风湿性关节炎的食疗。

注意事项　脾胃虚寒者慎用。

鱼腥草 别名 蕺菜、臭胆味、臭荞麦

学名 **Houttuynia cordata** Thunb.

科名 三白草科 Saururaceae

识别特征 多年生草本，全株有腥臭味，高 15 ～ 60cm。地下茎多节，节上生须根，白色，质脆。叶互生；叶片薄纸质，心形或宽卵形，长 3 ～ 8cm，宽 4 ～ 6cm，全缘，上面绿色，密生细腺点，下面紫红色，细腺点尤多，脉上有柔毛；托叶膜质，下部与叶柄合生成鞘状。穗状花序生于茎顶或与叶对生，基部有 4 枚白色花瓣状总苞片。蒴果顶端开裂。花期 5 ～ 8 月，果期 7 ～ 10 月。

分布与生境 产于全市各地。生于背阴的林缘路边、湿地、沟边草坡、草丛、田塍上。

采收与加工 春夏采收嫩茎叶，根状茎几乎全年可采挖，去除细根，洗净切段备用。

食用方法 凉拌、炒食、炖食等。

风味 气味浓郁，口感特异，初食者常不适应，若慢慢品味，则有清喉爽口之感。

成分 100g 鲜菜中含蛋白质 2.2g、脂肪 0.4g、碳水化合物 6g、胡萝卜素 2.6mg、维生素 B_1 0.01mg、维生素 B_2 0.17mg、维生素 C 33.7mg、维生素 E 1mg、钙 123mg、磷 38mg、钾 718mg、钠 2.6mg、镁 71mg、铁 7.8mg、锌 0.99mg、铜 0.55mg、锰 1.71mg。全草含鱼腥草素、挥发油、蕺菜碱、槲皮苷等。

功效 味辛，性微寒。具有清热解毒、消肿排脓、利尿通淋等功效。其有效成分集中于挥发油中，有抗病毒、抗菌、抗肿瘤、增强免疫力等作用。常用于上呼吸道感染、急慢性支气管炎、肺炎、肾炎、肝炎、腮腺炎、痢疾、疟疾、水肿、皮肤感染性炎症等。

注意事项 虚寒证及阴证疮疡者忌食。

03 条叶榕 别名 竹叶榕

学名 **Ficus pandurata** Hance var. **angustifolia** Cheng　　　科名 桑科 Moraceae

识别特征　落叶灌木，高 1 ～ 3m。植物体具白色乳汁。小枝散生灰白色硬毛。单叶互生；叶纸质，条状披针形，长 5 ～ 13cm，宽 0.6 ～ 1.6cm，先端长渐尖，基部楔形至近圆形，全缘，上面无毛，散生白色小瘤突，下面脉上疏生小硬毛，侧脉 10 ～ 15 对，纤细；托叶早落；叶柄长 2 ～ 7mm，有毛。隐花果单生叶腋，球形，直径 5 ～ 10mm，成熟时深红色，顶端有明显的脐状突起，总梗长 2 ～ 4mm。花果期 6 ～ 10 月。

分布与生境　仅见于北仑。多生于山地疏林下、灌丛中或沟谷地带。

采收与加工　根、茎全年可采挖，以秋冬时节为好，洗净切段晒干备用。

食用方法　炖食。

风味　用其炖煮肉类，汤色乳白，香气浓郁，油而不腻，风味独特。

成分　根与茎中具黄酮类、三萜类、生物碱、有机酸、氨基酸、维生素、糖类等成分，并含有人体必需的锌、铁、铜、锰等矿质元素。

功效　味甘、淡，性温。具行气活血、祛风除湿、健胃消食、解毒消肿等功效，多用于慢性肝炎、风湿性关节炎、疟疾、百日咳、乳汁不通、乳腺炎等症的治疗。民间认为其具有降脂解腻作用。

附注　本种在宁波资源较少，但易于繁殖，可栽培利用。

桑 别名 桑树、桑叶

学名 **Morus alba** Linn.　　　　　科名 桑科 Moraceae

识别特征 落叶乔木，高达 15m。叶互生；叶片卵形或宽卵形，长 5 ～ 20cm，宽 4 ～ 8cm，先端急尖或钝，基部近心形，边缘有粗锯齿，有时具缺裂，上面光亮无毛，下面脉上、脉腋有毛；叶柄长 1 ～ 2.5cm。雌雄异株；雄花序长 1 ～ 3.5cm；雌花序长 0.5 ～ 1cm，无花柱，柱头 2 裂。聚花果短圆柱形，长 1 ～ 2.5cm，成熟时紫红色或紫黑色。花期 4 ～ 5 月，果期 5 ～ 6 月。

分布与生境 产于全市各地，但多为栽培。

采收与加工 采摘嫩芽、花序或带 1 ～ 3 片叶的嫩梢（全年可采摘 3 次以上），洗净后备用；或入沸水焯后投凉沥干备用。

食用方法 炒食、凉拌等。

风味 色泽翠绿，绵软爽口，暗香悠长，风味极佳，百食不厌。

成分 桑叶富含维生素 B_1、维生素 B_2、维生素 C、膳食纤维、18 种氨基酸及钙、钾、镁、铁、锌、铜、锰、钠等矿物质成分；此外，还含桑叶独有的生物碱 1- 脱氧野尻霉素（DNJ）、芸香苷、桑苷、槲皮素、香豆素、挥发油、有机酸、超氧化物歧化酶（SOD）、异槲皮素、脱皮固酮等功效成分。

功效 味甘、微苦，性寒。具解热化痰、疏风清热、清肝明目、利尿等功效。用于风热感冒、头疼咳嗽、目赤肿痛、慢性气管炎、结膜炎、风湿痹痛、神经衰弱等。现代研究表明，桑叶还具有抗溃疡、抑制伤寒杆菌和葡萄球菌、降血糖、降血压、降血脂、抗动脉硬化、缓解更年期症状、美容、抗衰老、抗癌和提高人体免疫力等作用。

05 透茎冷水花 别名 美豆、直苎麻、肥肉草、冰糖草

学名 *Pilea pumila* (Linn.) A. Gray　　　　　　　**科名** 荨麻科 Urticaceae

识别特征 一年生草本。茎肉质，鲜时半透明，常分枝，高 20 ～ 50cm。叶对生；叶片菱状卵形或宽卵形，长 1 ～ 8.5cm，先端渐尖或微钝，基部宽楔形，边缘具粗锯齿，两面均散生狭条形的钟乳体，基出脉 3 条；叶柄长 0.5 ～ 5cm；托叶小，长 2 ～ 3mm，早落。花单性同株或异株，蝎尾状聚伞花序短而紧密。瘦果扁卵形，具锈色斑点，稍短于宿存的花被或近等长。花期 7 ～ 9 月，果期 8 ～ 11 月。

分布与生境 产于全市山区。生于山坡、溪边或林下阴湿处。

采收与加工 一般 4 ～ 5 月采摘嫩茎叶，去叶及茎皮，洗净，入沸水中焯 5min 左右捞出，待用。夏秋季也可采集。也可腌食或制成干菜。

食用方法 炒食、凉拌等。

风味 脆爽清口，鲜香多汁，味似茼蒿。

成分 成分不详。

功效 味淡，性凉。具清热利尿、消肿解毒等功效。可用于尿路感染、急性肾炎、子宫内膜炎、子宫脱垂、赤白带下、跌打损伤、痈肿初起等症。

注意事项 此菜性寒，体质虚弱者不可多食。

06 金荞麦 别名 野荞麦、金锁银开、荞麦三七、花麦肾、天花麦

学名 *Fagopyrum dibotrys* (D. Don) Hara **科名** 蓼科 Polygonaceae

识别特征 多年生草本，地下有粗大结节状坚硬块根。全体无毛，茎直立，高 60～150cm，中空，具浅沟纹，质柔软。叶片宽三角形或卵状三角形，长 5～8cm，宽 4～10cm，先端渐尖或尾尖，基部心状戟形；托叶鞘膜质，筒状，顶端截形。花小，白色，花簇排列成开展的伞房状花序；花梗近中部具关节；花被 5 深裂；雄蕊 8 枚；花柱 3。瘦果卵状三棱形，褐色。花期 5～10 月，果期 9～11 月。

分布与生境 产于全市各地，山区尤多。常生于低海拔的山坡荒地、旷野路旁及沟谷水边。

采收与加工 4～5 月采摘嫩茎叶，洗净，切段待用；或用开水稍烫后晒干备用。

食用方法 炒食、做汤、凉拌等。

风味 口感润滑鲜嫩，颇似木耳菜，略带酸味。

成分 鲜菜富含蛋白质、胡萝卜素、维生素 B_2、维生素 C、18 种氨基酸及多种矿质元素。

功效 味微酸，性凉。有清热解毒、软坚散结、调经止痛、健脾利湿等功效。用于跌打损伤、腰肌劳损、咽喉肿痛、胃痛、流火及痢疾等症。现代医学研究表明，金荞麦具有较强的抗癌功效，其提取物对肺、肝、结肠和骨骼的癌细胞具有杀伤、抑制及防止转移的作用；对冠心病等心脑血管疾病也具有良好的食疗作用。

注意事项 鲜食时不宜用水烫，因其受热后极易变成绿褐色，菜色不佳。孕妇不宜食用。

07 虎杖 别名 活血龙、酸杖、土大黄、空心竹、火烫竹

学名 **Reynoutria japonica** Houtt.　　　　　　科名 蓼科 Polygonaceae

识别特征　多年生亚灌木状草本，高可达2m；地下具木质根茎。茎丛生，粗壮，中空，表面常散生紫红色斑点。叶互生；叶片宽卵形或近圆形，长4～12cm，宽3～8cm，先端短突尖，基部圆形、截形或宽楔形，全缘，下面有褐色腺点；叶柄长1～2cm，托叶鞘圆筒形，膜质，易破裂脱落。雌雄异株；花白色或淡绿白色，排列成圆锥花序。瘦果卵状三棱形，长约4mm，黑褐色，有光泽，全包于翼状扩大的花被内。花期6～8月，果期8～10月。

分布与生境　产于全市各地，山区较常见。生于海拔1200m以下的沟边、路旁、灌丛或荒地中。

采收与加工　3～5月采收笋状的粗壮嫩茎，去节，剥去表皮，洗净，切段，拍开，鲜用或用开水浸烫片刻，再置于清水中漂洗，捞出沥干备用。嫩叶也可食用。

食用方法　凉拌、炒食、做汤等。

风味　味微酸，松脆清口，风味别致。

成分　100g鲜菜中含蛋白质2.41g、脂肪0.11g、碳水化合物0.44g、维生素C 118mg、维生素B_2 0.19mg、胡萝卜素4.94mg，还含有大黄素、大黄素甲醚、虎杖苷、白藜芦醇等。

功效　茎味酸，性凉。有祛风利湿、止咳化痰、活血散瘀、清热解毒、续筋接骨、助阳益精、降血脂、通便等功效。用于风湿性关节炎、妇女闭经、淋浊带下、黄疸型肝炎、慢性骨髓炎、慢性支气管炎、肺炎、胆囊炎、胆结石、高血脂等症。

注意事项　虎杖含强心苷，食用前需进行去毒处理，也不宜大量食用。孕妇忌食。

马齿苋　别名　酱瓣菜、酸菜、长命菜、瓜子菜、马齿菜

08

学名　**Portulaca oleracea** Linn.　　　科名　马齿苋科 Portulacaceae

识别特征　一年生无毛草本，肉质，味酸。茎多分枝，平卧或斜升，淡绿或带暗红色。叶互生或近对生；叶片肥厚，倒卵形或楔状长圆形，长 10～25mm，先端钝圆或截形，基部楔形，全缘，上面暗绿色，下面淡绿或带暗红色，中脉稍隆起；叶柄粗短。花 3～5 朵簇生于枝端，径 4～5mm，无梗；花瓣 5，淡黄色，先端微凹。蒴果卵球形。种子多数。花期 5～8 月，果期 7～9 月。

分布与生境　产于全市各地。生于田间、菜园及路旁，为常见杂草。

采收与加工　夏秋季节采挖茎叶茂盛、幼嫩的植株，除去根部，洗后备用；或烫软将汁轻轻挤出备用；或晒干贮为冬菜用，也可制成梅菜干。

食用方法　炒食（蒜泥炒或炒蛋）、干菜烧肉、做饼、做馅、煲汤或和面蒸食。

风味　色黄透绿，酸爽鲜美，滑润可口，营养丰富。

成分　富含蛋白质、脂肪、碳水化合物、胡萝卜素、维生素 B_1、维生素 B_2、维生素 PP、维生素 C 及钾、钙、磷、铁、硒等矿物元素和无机盐，还含有三萜醇类、氨基酸、有机酸、黄酮类等多种活性成分。是一种高蛋白、低碳水化合物的野生蔬菜，素有"蔬菜之王"之美称。

功效　味酸，性寒。具清热解毒、凉血止血、止痢等功效及增强免疫力、降血脂、降血糖、抗菌、抗肿瘤、抗氧化和防衰老等作用。对急性细菌性痢疾、宫颈糜烂、阑尾炎、痔疮有治疗效果，还可用于各种炎症的辅助治疗，在医学界有"天然抗生素"之称。

注意事项　因其性寒滑，故怀孕早期，尤其是有习惯性流产史者忌食，但临产前食用则有利于顺产。本种适应性强，采摘时应选择无污染的场所。

云南山萮菜

09

学名　**Eutrema yunnanense** Franch.

科名　十字花科 Brassicaceae

识别特征　多年生草本,高达 50cm。茎直立或斜升,较细弱。基生叶大,叶片心状圆形,径可达 20cm,基部深心形,先端圆形或突尖,边缘有波状齿或牙齿,上面叶脉下陷,叶柄粗壮,鞘状,长达 35cm;茎生叶远较小,叶片卵状三角形,基部截形至浅心形,先端急尖至渐尖,缘有粗大牙齿。总状花序顶生,花梗细长,花后常下弯;花小,白色,花瓣 4。长角果圆柱形,稍呈念珠状。花期 3 ～ 4 月,果期 5 ～ 6 月。

分布与生境　产于北仑、余姚、鄞州、奉化、宁海。生于海拔 150 ～ 600m 的山沟、山坡林下阴湿处。

采收与加工　3 ～ 4 月采幼嫩叶片与叶柄,洗净后烹调;或晒成干菜及腌制食用。夏秋季采根茎,洗净,去皮后磨成泥状作调料。

食用方法　炒食、干菜烧肉、做汤等,根茎加工后可代替芥末作调味用。

风味　色泽鲜绿,略带清苦,清爽可口,营养丰富。

成分　本种未见营养成分资料,但同属其他植物则记载含有蛋白质、脂肪、多种氨基酸、维生素 C、异硫氰酸酯、谷胱甘肽过氧化物酶（GSH-Px）等成分及钙、铁、锌、硒、钾等矿质元素。

功效　味辛,性寒。具促进食欲、杀菌、防腐、止痛、发汗、清血、利尿、止痢、止咳等功效。对预防高血脂、高血压、心脏病和减少血液黏稠度等具一定作用。根茎对神经痛、关节炎有一定疗效。

注意事项　神经性皮炎患者忌食。

附注　四明山所产植株较大,具有培育成新型蔬菜之潜力,但资源较少,宜进行繁育栽培。

10 牯岭野豌豆 别名 四叶豆、红花豆、山蚕豆、无萼齿野豌豆

学名 **Vicia kulingiana** Bailey   科名 豆科 Leguminosae

识别特征 多年生直立草本，高达 80cm。根近木质化；茎丛生，具棱，无毛，基部常带紫褐色。偶数羽状复叶，小叶 2～3 对；叶轴顶端无卷须，具小尖头；托叶半箭头形或披针形，边缘具裂齿；小叶片卵圆状披针形或长圆状披针形，长 4～8cm，宽 1.8～3.4cm，先端急尖至长渐尖，具小尖头，基部楔形或宽楔形，有明显细脉。总状花序腋生，有花 10 余朵；花冠紫红色。荚果长 4～5cm，宽约 8mm，内有 1～5 粒扁圆形、青褐色的种子。花期 6～8 月，果期 8～10 月。

分布与生境 除江北、市区未见外，各地均产。生于海拔 1200m 以下的山坡林缘、沟边或溪旁。

采收与加工 4～5 月采摘幼嫩茎叶，洗净备用；或开水稍烫后烘、晒作干菜。

食用方法 炒食、做汤、干菜烧肉、做馅或作火锅配料。

风味 清香可口，绵软润滑，味似豌豆苗。

成分 100g 鲜嫩茎叶中含胡萝卜素 11.21mg、维生素 B_2 0.94mg、维生素 C 144mg，此外还含有芹菜素 -7-*O*- 葡萄糖苷、木樨草素 -7-*O*- 葡萄糖苷等成分。

功效 味甘，性平。具补虚调肝、理气止痛、清热解毒、利尿等功效。用于头晕、体虚浮肿、胃痛、劳伤、神经衰弱等症。国外报道其种子内含物可用于治疗帕金森综合征。

附注 本种系多年生丛生草本，采割后可多次萌生，产量高，生长快，食用口感佳，营养丰富，可资栽培利用。

相近种 宁波尚产弯折巢菜 *V. deflexa*、头序歪头菜 *V. ohwiana*，均可食用。

11　刺槐 别名　洋槐

学名 **Robinia pseudoacacia** Linn.

科名 豆科 Leguminosae

识别特征　落叶乔木。枝上常有托叶刺；具叶柄下芽。奇数羽状复叶；小叶 7 ～ 19 枚，对生，椭圆形、长圆形或宽卵形，长 2 ～ 5.5cm，宽 1 ～ 2cm，先端圆形或微凹，有时有小尖头。总状花序腋生，长 10 ～ 20cm，下垂；花冠白色，蝶形，具清香，旗瓣基部有 2 个黄色斑点。荚果赤褐色，扁平，有 3 ～ 10 粒种子。种子黑褐色，肾形。花期 4 ～ 5 月，果期 7 ～ 8 月。

分布与生境　原产于北美。全市各地广泛栽培。

采收与加工　4 ～ 5 月，当花序上 2/3 花蕾将开未开之际，剪取花序，摘下花朵，去杂洗净，鲜用或晒干备用。

食用方法　炒食、做汤、做馅、凉拌、和面蒸食、拖面油炸、干花烧肉等。

风味　清香甘甜，口感柔糯。

成分　刺槐花含有丰富的蛋白质、粗脂肪、糖类、芳香油、维生素 C、维生素 E、胡萝卜素、氨基酸（17 种）等营养成分；还含有钾、镁、铜、锰、钙、磷、铁、锌、锶、铬、硒等矿质元素及山萘酚、刺槐苷等黄酮类化合物。

功效　味甘，性凉，无毒。有清热利尿、凉血止血、镇静、健胃、润肺、降血压、预防中风等功效。用于大肠下血、尿血、吐血、高血压、妇女红崩等症。

注意事项　刺槐花虽味美，但性凉，且含糖量较高，故糖尿病患者、脾胃虚寒者不宜多食。

相近种　香花槐 R. pseudoacacia 'Idaho'，又名富贵树，与刺槐的区别为：花紫红色，一年可开 2 次花；通常不结果。原产于西班牙。适应性极强，现全市各地广泛栽培。

紫藤 别名 藤萝、藤花菜、紫金藤、豆藤

学名 **Wisteria sinensis** (Sims) Sweet **科名** 豆科 Leguminosae

识别特征 落叶木质藤木。奇数羽状复叶，小叶 11 枚左右；托叶早落；小叶片卵状披针形或卵状长圆形，长 4～11cm，宽 2～5cm，先端渐尖或尾尖，基部圆形或宽楔形；小托叶针刺状。总状花序生于二年生枝顶端，长 15～30cm，下垂，花密集；花冠蝶形，紫色或深紫色。荚果条形或条状倒披针形，长 10～20cm，扁平，密被灰黄色绒毛。种子灰褐色，扁圆形。花期 4～5 月，果期 5～10 月。

分布与生境 产于全市各地。生于向阳山坡、沟谷、旷地、灌草丛中或疏林下。

采收与加工 于 4 月花序上多数花朵欲开之际剪取花序，摘下花朵，洗净鲜用；或用沸水焯后投凉备用；也可晒制干菜储存。

食用方法 炒食、蒸食、干花炖肉、拖面油炸、做馅、做汤等。

风味 菜色悦目，清香可口，柔嫩爽滑；紫藤干花炖肉，有芥菜干香味，风味独特。

成分 花含挥发油及黄酮类化合物，还含花粉素等多种营养成分。

功效 味甘，性微温，有小毒。具利水消肿、散风止痛等功效。用于风湿痹痛、风湿性关节炎等症。常食紫藤花能润肤增白。

注意事项 花有小毒，不宜多食。孕妇忌食。

附注 紫藤花自古以来即是人们喜食的时令野蔬。清末《燕京岁时记》载："三月榆初钱时，采而蒸之，合以糖面，谓之榆钱糕。四月以玫瑰花为之者，谓之玫瑰饼。以藤萝花为之者，谓之藤罗饼。皆应时之食物也。"浙江山区居民喜食紫藤花干炖肉，有特殊香味。

13 黄连木 别名　香柏连、香连、香连树、楷树

学名 Pistacia chinensis Bunge　　　　　　　　　　　**科名** 漆树科 Anacardiaceae

识别特征　落叶乔木，高达 20m。树皮灰褐色，细鳞片状剥落；枝叶具浓烈气味及苦味。偶数羽状复叶互生，长 15 ～ 20cm，小叶 10 ～ 16 枚，对生；小叶片纸质，披针形或卵状披针形，长 5 ～ 9cm，宽 1.5 ～ 2.5cm，先端渐尖或长渐尖，基部偏斜，全缘。圆锥花序腋生，花先叶开放；雄花序排列紧密，长 5 ～ 7cm，雌花序排列疏松，长 5 ～ 15cm，均被卷曲柔毛。核果熟时紫红色，扁球形，径约 5mm。花期 4 月，果期 6 ～ 10 月。

分布与生境　产于全市各地。生于低山丘陵的山坡林中或栽于村舍附近，尤以石灰岩、紫色砂页岩地区和滨海地区较为常见。

采收与加工　春季采摘嫩芽、嫩茎叶、雄花序，洗净后入沸水中焯一下，再用清水浸漂去除苦味，沥干备用；也可将嫩茎叶、花序洗净后入沸水中焯一下，沥干冷却后腌渍作菜。

食用方法　炒食、凉拌、腌食、做汤等。

风味　略有苦感，清香爽口，回味绵长，风味独特。食用后可去除酒味和腥味，气清口爽。

成分　鲜嫩叶富含维生素 C、胡萝卜素、胆碱、黄酮苷、氨基酸等，还含有没食子酸、间双没食子酸、槲皮素、棕榈酸、芳樟醇、藏茴香酮、原儿茶素、柚皮素等成分。

功效　味苦，性微寒。有醒脑明目、清热解毒、镇咳止嗽、祛除肺火、解暑止渴、止血降压、抗菌消炎等功效。用于暑热口渴、痧症、急性肠胃炎、痢疾、咽喉肿痛、支气管炎、口舌糜烂、风湿疮毒、泌尿系统感染等症，并具一定的抗衰老等保健作用。

附注　黄连木食用历史悠久，清代《本草纲目拾遗》记述："黄练芽，一名黄头。春初采嫩芽，小儿生食之，取其清香可口，味带苦涩如黄连，故名。亦可以盐汤焯食，漉出曝干为盐菜，暑月食之。"《食物考》载："黄鹂芽，盐食酸甜解喉痛哽，味如橄榄，消热醒酒，舌烂口糜，嚼汁解柄。"吴其濬在《植物名实图考》中对食用方法和口味、保健作用作了详细描写："黄连木……春时新芽微红黄色，人竞采其腌食，曝以为饮，味苦回甘如橄榄，暑天可清热生津。杭人以甘草、青梅同煮以啖之，则五味备矣。"黄连木嫩茎叶在湖州民间作为传统休闲食品，食用后润口爽喉，回味悠长。

省沽油 别名 双蝴蝶、马铃柴

学名 **Staphylea bumalda** (Thunb.) DC.

科名 省沽油科 Staphyleaceae

识别特征 落叶灌木,高达 4m。三出羽状复叶对生；小叶片椭圆形或卵圆形至长卵圆形,长 3.5～9cm,宽 2～4.5cm,先端急尖至渐尖,顶生小叶基部楔形,下延,小叶柄长 5～17mm,侧生小叶基部宽楔形或近圆形,偏斜,小叶柄长 1～3mm,边缘有细锯齿,上面疏生短毛,下面幼时沿脉有毛。圆锥花序顶生,直立,常无总花梗；花白色。蒴果膀胱状,扁平,长约 2cm,2 室,顶端具 2 尖角,基部下延。花期 4～5 月,果期 7～10 月。

分布与生境 产于慈溪、余姚、北仑、鄞州、奉化、象山。生于海拔 500～900m 的山坡路边、溪沟林下或林缘。

采收与加工 4～5 月摘取即将开放的花序和嫩叶,去除花序梗及杂质,洗净备用,也可烘干或晒干贮存。

食用方法 炒食、做汤、拖面油炸。

风味 做汤则绵软可口,汤味鲜美；油炸则色泽金黄,香脆可口；炒食则鲜香味正,口感良好。

成分 嫩叶及花蕾营养丰富,富含蛋白质及人体所必需的 8 种氨基酸,并含有钾、钠、钙、镁、铁、锰、锌等矿质元素。

功效 具清凉解毒之功效,有降血压、降血脂及吸收体内多余脂肪之作用。

枳椇 别名　拐枣、鸡爪梨、金钩梨、金钩子

学名 *Hovenia acerba* Lindl.　　　　　**科名** 鼠李科 Rhamnaceae

识别特征　落叶乔木。叶互生；叶片椭圆状卵形至卵形，先端短渐尖至渐尖，基部圆形或微心形，边缘具浅钝细锯齿，两面无毛或下面沿脉及脉腋有疏毛，基出三脉，侧面两脉基部露出。二歧式聚伞圆锥花序顶生或腋生，对称；花序轴和花梗均无毛；花黄绿色。核果近球形，径约7mm，无毛，熟时黄褐色；花序轴在果期肉质膨大，弯曲，红褐色。花期5～7月，果期9～11月。

分布与生境　产于全市各地，但常为栽培。

采收与加工　霜降后采收成熟果序，留取肉质果序轴，洗净鲜用；或风干、冷藏备用。

食用方法　炖鸡、煲汤。也可生食。

风味　气味香甜，色泽黄亮，汤色清透，风味别致。

成分　含活性多糖、脂肪、蛋白质、维生素C、苹果酸钾、生物碱、枳椇皂苷、黄酮、萜类、无机盐及微量元素等成分。

功效　味甘，性平。有止渴除烦、祛风通络、止痉镇惊、解酒毒、利二便、润五脏、降血压等功效，用于醉酒、烦热、口渴、呕吐、二便不利、高血压等症。民间用作解酒之物。

注意事项　枳椇成熟果序轴含糖量高，除鲜用外，不宜用烘干法干燥。

16 木槿 别名 槿漆、白玉花、打碗花、喇叭花

学名 **Hibiscus syriacus** Linn.　　科名 锦葵科 Malvaceae

识别特征 落叶灌木。幼枝被黄褐色星状绒毛，纤维发达。嫩叶揉搓后有黏性，叶片菱状卵形或三角状卵形，3裂或不裂，先端渐尖或钝，边缘具不整齐粗齿，主脉3~5条，两面均隆起。花单生于枝端叶腋，花梗长4~14mm；副萼6~8枚，条形；花萼钟状，5裂，裂片三角形；花冠钟形，白色、粉红色、桃红色、淡紫色，单瓣或重瓣；雄蕊柱长约3cm；花柱无毛。蒴果卵圆形，密被黄色星状绒毛。种子肾形，淡褐色。花期7~9月，果期9~11月。

分布与生境 全市各地广泛栽培，有时逸为野生状。

采收与加工 夏季清晨摘取将开未开的花朵，去除花梗、花萼、花蕊等部分，将花瓣洗净备用；也可将花蕾去除花萼后烘干或晒干贮存。

食用方法 炒食、做汤、拖面油炸、干花炖鱼或肉。

风味 做汤则绵软可口，汤味鲜美；油炸则色泽金黄，松脆可口；炒食则鲜香味正，口感独特。

成分 100g鲜花含蛋白质1.3g、脂肪0.1g、碳水化合物2.8g、维生素PP 1mg，富含人体必需的钙、镁、铁、锌、钾等及少量的硒和铬，还含肥皂草苷等成分。

功效 味甘、淡，性凉。有清热凉血、解毒消肿等功效。用于痢疾、腹泻、痔疮出血、白带等症。《医林纂要》载："木槿花，白花肺热咳嗽吐血者宜之，且治肺痈，以甘补淡渗之功。"

附注 民间通常仅以白花者作食用，实际上各种花色及单、重瓣者均可食用。

17 树参 别名　枫荷梨、木荷枫、风气树、半边枫

学名　**Dendropanax dentiger** (Harms) Merr.　　　科名　五加科 Araliaceae

识别特征　常绿小乔木，全体无毛。叶互生；叶片二型，不分裂或掌状分裂；不裂之叶片椭圆形、卵状椭圆形至椭圆状披针形，长 6～11cm，宽 1.5～6.5cm，先端渐尖，基部圆形至楔形；分裂之叶倒三角形，掌状 3～7 深裂或浅裂或一侧单裂，裂片全缘或疏生锯齿；基出三脉明显，网脉两面均隆起。伞形花序单个顶生或数个组成复伞形花序；花淡绿色。果长圆形，熟时紫黑色。花期 7～8 月，果期 9～10 月。

分布与生境　产于市内各地山区。生于海拔 200～1200m 的沟谷溪边石隙旁或山坡林中、林缘。

采收与加工　4～5 月采摘嫩芽或嫩枝叶，洗净后备用；也可腌渍或制成干菜食用。

食用方法　炒食、凉拌、炖鸡或肉、油炸、做馅、做汤、做羹、烧粥及作火锅配菜等；腌渍菜可供炒食、做汤、拌面食或作早餐小菜；干菜可用于做扣肉等。

风味　菜色翠绿，清香爽口，回味绵长，风味独特。

成分　嫩叶芽中氨基酸总含量高达 26.13%，种类多达 15 种，皂苷含量高达 8.79%，是人参总皂苷的 3 倍左右。另外还富含维生素、生物碱、鞣质、原儿茶酸、挥发油等，具有与人参类似的滋补保健功效。

功效　味甘，性温。有祛风除湿、舒筋活血、调经、止痛之功效。用于跌打损伤、腰肌劳损、风湿性关节炎、半身不遂、风湿性心脏病、偏头痛、月经不调等症。近年来药理学实验研究表明，树参具有良好的抗心律失常及提高心肌耐缺氧能力的作用。此外，对早期阿尔茨海默病、蛛网膜炎、阳痿及多种神经衰弱综合征都有类似人参的疗效；对黄疸型肝炎、迁移性慢性肝炎治疗效果良好，并具有抗疲劳和兴奋神经中枢的作用。

18 棘茎楤木
别名　红楤木、老虎八屌刺、红老虎刺、鸟不踏、红鸟不宿

学名 *Aralia echinocaulis* Hand.-Mazz.　　　　　**科名** 五加科 Araliaceae

识别特征　落叶小乔木。全株有芳香味。树干通常紫红色，枝及茎干密生红棕色细长直刺。大型二回奇数羽状复叶互生；小叶除顶生者外近无柄，边缘疏生细锯齿，上面深绿色，下面灰白色，无毛。伞形花序组成顶生大型圆锥花序；花萼 5，淡红色；花瓣 5，白色。浆果小，球形，具 5 棱，熟时紫黑色。花期 6～7 月，果期 8～9 月。

分布与生境　产于全市山区、半山区。通常零星生于海拔 800m 以下的山坡疏林中、林缘或山谷稍阴湿处，尤以山区公路下边坡较常见。

采收与加工　4～5 月采收嫩叶与嫩芽，洗净直接烹调或用开水稍烫后备用；根皮全年可采，采后刮去外表皮，去掉木质部分后鲜用或晾干备用。

食用方法　嫩叶可炒食、做汤、做馅、拖面油炸、凉拌或腌食；根皮可炖鱼、鸡、猪爪食用。

风味　嫩叶炒食清香可口；根皮炖食香气浓郁，汤味鲜美，油而不腻，回味绵长，嫩根皮食之如鸡肉。

成分　本种主要有效成分有齐墩果酸、琥珀酸、屏边三七皂苷 R_2、竹节人参皂苷 Ib、楤木皂苷 A 等。

功效　味微苦，性温。具活血化瘀、祛风行气、清热解毒等功效，民间认为其还有滋补强壮作用，用于跌打损伤、骨折、骨髓炎、痈疽、疝气、崩漏、遗精、高血糖等症，对风湿性关节炎、坐骨神经痛及糖尿病有良好疗效。

注意事项　本种因主要利用根皮，资源易枯竭，为保护野生资源，可发展种植。在挖根时，每次宜挖取部分，并回填土壤，以促发新根；另外其老叶、叶柄及枝干均有香味，可切碎用纱布包好，用于炖煮食物。植株茎干细刺极多，采挖时应注意安全。

19 湖北楤木 别名　楤木、鸟不宿、百鸟不栖

学名 **Aralia hupehensis** G. Hoo　　　　　**科名** 五加科 Araliaceae

识别特征　落叶灌木或小乔木。小枝疏生细刺，被黄棕色绒毛。2～3回羽状复叶互生；羽片有小叶5～13枚，基部有小叶1对；小叶片卵形、宽卵形或卵状椭圆形，先端渐尖或短渐尖，基部圆形或近心形，边缘具细锯齿。伞形花序再组成顶生大型圆锥花序，主轴长30cm以上，一级分枝在主轴上总状排列，花梗明显；花白色。果球形，具5棱，熟时黑色或紫黑色。花期6～8月，果期9～10月。

分布与生境　产于全市各地山区、丘陵地带。生于向阳山坡、沟谷疏林中、林缘或路边旷地、灌丛中。

采收与加工　春季采摘嫩芽或嫩叶，沸水焯后，置于清水中浸1～2h，沥干水分后备用；腌渍用则无需水焯。

食用方法　炒食、做馅、炖汤、凉拌、腌食及拖面油炸等。

风味　鲜嫩爽口，清香扑鼻。

成分　楤木嫩叶、嫩芽富含蛋白质、脂肪、还原糖、维生素及15种氨基酸，并含钙、磷、钠、镁、铁、铝、锶、锌、锰、钡、铜、硼、钛等矿质元素。

功效　味辛，性平。有滋阴润燥、补中益气、祛风湿、散瘀结、消肿毒、滋补强壮、健胃、活血、利尿等功效。古医书《本草推陈》载："治腹泻、痢疾；炖肉吃治水肿。"适用于体倦乏力、虚劳咳嗽、咽痛、胃溃疡、腹泻、痢疾、关节炎、坐骨神经痛、跌扑损伤等症的辅助食疗。

附注　本种自古即为山区群众的常食野菜。《本草拾遗》即有"楤，生剑南山谷。高丈许，直上无枝，茎上有刺。山人折取头茹食之，亦治冷气"之记载。

细柱五加 别名　五加皮、白路刺、五爪刺

学名　**Eleutherococcus nodiflorus** (Dunn) S.Y. Hu　　科名　五加科 Araliaceae

识别特征　落叶灌木，高 2～3m。枝呈蔓生状。叶柄长 3～9cm，基部常具刺；掌状 5 小叶复叶，互生或簇生于短枝；小叶片倒卵形至倒披针形，长 3～6（14）cm，先端急尖至短渐尖，基部楔形，无毛或疏生刺毛，下面脉腋簇生柔毛，侧脉 4～5 对，边缘具细钝锯齿；小叶近无柄。伞形花序单生；花小，黄绿色。果扁球形，熟时紫黑色。花期 5 月，果期 10 月。

分布与生境　产于全市山区、丘陵。生于海拔 1500m 以下的阴湿沟谷、山坡阔叶林缘、沟边乱石堆中或路旁灌丛中；农家常有栽培。

采收与加工　3～5 月嫩茎刚抽出四五片叶时，采其嫩茎叶，去杂清洗，直接烹调或入沸水焯后投凉沥水备用。也可腌制或晒成干菜。

食用方法　炒食、做汤、做羹、做馅、拖面油炸、和面蒸食、凉拌或作火锅配菜。

风味　色泽鲜嫩，清香爽口，味道鲜美。

成分　茎叶含有多种活性成分，如苷类、多糖、微量元素和人体必需氨基酸等。根皮入药名"五加皮"，含挥发油、紫丁香苷、脂肪酸及胡萝卜素、维生素 A、维生素 B_1 等成分。

功效　味辛、苦，性温。具祛风利湿、强筋壮骨、降糖调压、补益肝肾、利水消肿等功效，用于风湿痹痛、腰膝酸疼、坐骨神经痛、水肿、高血糖、高血压等症；对中枢神经及性腺、肾上腺分泌有兴奋作用，并可增强机体免疫力。

注意事项　营养价值高，分布广，适于加工，是一种值得人工栽培并大力推广的时尚保健野蔬。野生资源有限，采摘时要注意方法，并适度适量。根皮有小毒。

21 鸭儿芹 别名 三叶芹、鸭脚菜、鸭脚板

学名 **Cryptotaenia japonica** Hassk.　　　　　　**科名** 伞形科 Umbelliferae

识别特征　多年生草本，高 20～100cm，无毛，有香气。茎直立，具细纵棱。基生叶及茎下部叶有长柄，叶鞘边缘膜质；叶片三角形至阔卵形，基部楔形，3～5 全裂，裂片边缘有不规则的锐锯齿或重锯齿。复伞形花序呈圆锥状；花白色，有时淡紫色；花梗直立。双悬果狭长圆形。花期 4～5 月，果期 6～10 月。

分布与生境　产于全市山区、半山区。生于山谷林下、溪沟边或阴湿草丛中。

采收与加工　3～5 月采摘带柄嫩叶，有时 6～10 月仍有嫩叶可采。洗净备用。

食用方法　炒食、做汤、做馅、凉拌或作火锅配菜等。

风味　翠绿软糯，唇齿留香。

成分　含蛋白质、脂肪、碳水化合物、胡萝卜素、维生素 B_1、维生素 B_2、维生素 C、维生素 PP 及钙、磷、铁等矿质元素。

功效　味苦、微辛，性温。有祛风止咳、活血祛瘀、镇痛止痒之功效。用于感冒咳嗽、跌打损伤、皮肤瘙痒、风火牙痛、肺炎、肺脓肿、夜盲、百日咳等症。中医学还认为，鸭儿芹能增强人体免疫力，对体质虚弱、尿闭及肿毒等症有疗效。

附注　鸭儿芹为多年生草本，适应性强，生长快，风味好，是一种极具特色的绿色森林野菜，适宜推广栽培。

22 明党参 别名　山胡萝卜、明沙参、土人参、粉沙参

学名　**Changium smyrnioides** Wolff　　科名　伞形科 Umbelliferae

识别特征　多年生无毛草本，高 50～100cm，具白霜。主根粗短，呈纺锤形或细长呈圆柱形，外皮黄褐色，内部白色。茎直立，具细纵条纹，中空，分枝舒展。基生叶柄长 4～20cm；叶片 2～3 回三出式羽状全裂；茎上部叶缩小呈鳞片状或鞘状。复伞形花序顶生和侧生，侧生花序多数不育；花瓣白色。果实卵圆形或卵状长圆形。花期 4～5 月，果期 5～6 月。

分布与生境　仅见于宁海。生于山沟、山坡的稀疏灌木林下、林缘土层肥厚处。

采收与加工　3～4 月采摘嫩茎叶，去杂洗净，直接或水焯后烹调。秋季采挖肉质根，洗净，刮去表皮，切片备用。

食用方法　嫩叶可凉拌、炒食、做馅、做汤；肉质根可与鸡或肉炖食。

风味　香气浓郁，鲜爽嫩滑，口感宜人，别具风味。

成分　嫩茎叶含挥发油、脂肪酸、氨基酸、维生素、膳食纤维、多种微量元素及炔类化合物等生理活性物质。

功效　味甘、微苦，性微寒。有润肺化痰、养阴和胃、平肝解毒及活血化瘀等功效。用于肺热咳嗽、呕吐反胃、萎缩性胃炎、食少口干、神经衰弱、目赤眩晕、疔毒疮疡等症。

注意事项　做菜应尽量避免使用铁质锅、铲，避免菜体遇铁变色，影响色泽。少数个体可能会对明党参产生过敏反应，食用时应注意。本种是我国特产单种属珍稀植物。宁波资源极少，不可直接采挖野生植株，宜人工仿野生栽培利用。

23 乌饭树
别名 南烛子、乌饭糯、乌稔树、黑米饭、乌米饭

学名 **Vaccinium bracteatum** Thunb.　　　　　　　　科名 杜鹃花科 Ericaceae

识别特征 常绿灌木，高达 4m。腋芽先端圆钝，芽鳞相互紧贴。叶互生；叶片革质，椭圆形、长椭圆形或卵状椭圆形，长 3.5～6cm，宽 1.5～3.5cm，先端急尖，基部宽楔形，边缘有细锯齿，背面中脉有等距小刺突。总状花序腋生，每花具一小型叶状苞片，通常宿存；花白色，圆筒状壶形，下垂，常排成一列。浆果球形或稍扁，径 5～6mm，熟时紫黑色，味甜可食。花期 4～6 月，果期 10～11 月。

分布与生境 产于全市山区。生于海拔 980m 以下酸性土壤的山坡灌丛中或阔叶林下。

采收与加工 炒食叶片可在 4～5 月采摘嫩叶，若经常修剪，则至 11 月仍有嫩叶，采摘后洗净备用；制乌米饭则老叶也可用，但以嫩叶为佳，全年均可采；10～11 月采果。

食用方法 将洗净的嫩叶加豆腐用油爆炒，加调料起锅配色即可；成熟果实可凉拌食用；通常用叶子制作乌米饭食用，具体做法为：取幼嫩树叶捣碎（老叶可切条后用榨汁机榨碎），浸入冷开水中，2h 后用纱布滤去叶渣，取上等糯米或粳米浸入叶汁中，12h 后将米取出沥干，加嫩豌豆、肉丁及盐等拌匀，蒸或煮熟；或将切细的叶子放在锅中煮烂，把糯米浸入滤出的深色汁液中 2h，捞出加入瘦肉等搅拌，经文火炊透即可。乌饭树叶汁具防腐作用，其饭置常温下可数日不馊。

风味 乌饭叶炒豆腐略带酸味，回味悠长；乌米饭绵软可口，清香特异，外观乌黑油亮，令人食欲大增；凉拌乌饭果酸甜适度，为佐酒佳品。

成分 乌饭树叶及果含有丰富的对人体有益的氨基酸、胡萝卜素、维生素 C 和槲皮素、酚苷、莨草素、异莨草素、乌饭树苷、山楂酸等成分及铁、硼、锰、锌等矿质元素。

功效 味甘、酸，性温。能益精气、强筋骨、明目乌发、止咳安神、健脾益肾、消食。常食有轻身延年、抗老驻颜之效。用于久泄、梦遗、赤白带下、消化不良、牙龈溃烂等症。

注意事项 做乌米饭的叶宜在上午无露水时采摘，采下后应松散放在篮中，避免捂压发热，并及时处理。当气温在 30℃ 以上时，碎叶浸泡 2h 即可，若气温低于 20℃ 时，浸泡时间应适当延长。

大青 别名　土骨皮、山靛青、野靛青

学名　**Clerodendrum cyrtophyllum** Turcz.　　　　科名　马鞭草科 Verbenaceae

识别特征　落叶灌木。小枝髓白色，充实。叶对生，揉碎有臭味；叶片纸质，椭圆形、卵状椭圆形或长圆状披针形，长 8～20cm，宽 3～8cm，先端渐尖或急尖，基部圆形或宽楔形，全缘（萌枝之叶常有锯齿），两面沿脉疏生短柔毛，侧脉 6～10 对。伞房状聚伞花序，总花梗细长；花萼 5 裂；花冠白色，5 裂；雄蕊与花柱细长。果球形至倒卵形，径约 8mm，熟时蓝紫色。花期 7～8 月，果期 9～11 月。

分布与生境　产于全市各地。生于海拔 980m 以下山地丘陵的山坡、沟谷疏林下、林缘、灌丛中。

采收与加工　4 月采摘嫩芽或嫩枝叶，剔除杂质，洗净，入沸水焯后置于清水中稍浸漂，沥干水分，切细备用。也可腌制或做干菜食用。

食用方法　炒食、凉拌、做馅或做汤。

风味　清香爽口，风味特殊。

成分　嫩茎叶富含人体必需的多种氨基酸、维生素、膳食纤维、蛋白质、脂肪及钙、磷、铁、锌、硒等矿质元素，并含异戊烯聚合物、山大青苷及黄酮类等成分。

功效　味微苦，性寒。具清热解毒、祛风除湿、消炎镇痛、凉血利尿之功效。用于细菌性痢疾（菌痢）、咽喉炎、扁桃体炎、丹毒、偏正头痛、流感、流行性腮腺炎、流行性乙型脑炎、高血压、麻疹肺炎、传染性单核细胞增多症、急性黄疸型肝炎等症。

注意事项　大青分布广泛，化工区、公路旁等有污染之地的植株不宜采食。

25 豆腐柴 别名 腐婢、山麻糍、糯米糊、捏捏糊、六月冻、绿豆腐

学名 *Premna microphylla* Turcz.　　　　　　　　**科名** 马鞭草科 Verbenaceae

识别特征 落叶灌木。幼枝有柔毛,后脱落。叶对生;叶片纸质,揉之有气味和黏液,卵状披针形、椭圆形或卵形,长 4～11cm,先端急尖或渐尖,基部楔形或下延,边缘有疏锯齿至全缘。圆锥花序顶生;花淡黄色,顶端 4 浅裂,略呈二唇形。核果近球形,熟时紫黑色,有光泽。花期 5～6 月,果期 7～9 月。

分布与生境 产于全市山区。生于海拔 900m 以下的山坡林下或林缘。

采收与加工 4～10 月采摘较嫩叶片,洗净、捣碎,装入布袋并浸入盆水中不断揉搓、挤压,使叶汁溶入水中,当液色碧绿、手感腻滑时取出布袋,并捞去浮沫。也可将树叶放入锅内煮出汁液后,捞出叶片。再取少量新鲜草木灰,加适量水调成草木灰液,过滤于豆腐柴汁液中,并搅拌均匀,待其凝固后切成大块,置流水中去除异味,备用。

食用方法 绿豆腐可炒食、做汤羹、凉拌等。

风味 菜品色如碧玉,晶莹剔透,口感酥脆,入口即化,风味独特。

成分 鲜叶含粗蛋白、粗脂肪、糖类、维生素 C、β- 胡萝卜素及钙、镁、钾、锰、磷、铁、铜、锌等矿质元素;含 18 种氨基酸,其中赖氨酸、谷氨酸等 8 种为人体所必需;另含 β- 谷甾醇、高级饱和脂肪烃、羧酸等成分。

功效 味苦、涩,性寒。有清热解毒、消肿止血、祛风湿等功效。用于疟疾、泻痢、阑尾炎、风湿性关节炎、疗疮痈肿、风火牙痛等症,还可解雷公藤中毒。

注意事项 草木灰宜用豆荚灰或硬柴灰,忌用竹炭灰。绿豆腐不能长时间搁置,特别是加醋后很容易化为一摊绿水,故应及时食用或放冰箱保存。

26 枸杞 别名 枸杞菜、枸杞头、地骨皮、甜菜

学名 **Lycium chinense** Mill.　　　　　科名 茄科 Solanaceae

识别特征 落叶灌木。茎多分枝，披散下垂，幼枝有棱角，常有棘刺生于叶腋或小枝顶端。叶互生或 2～4 枚簇生于短枝上；叶片卵形、卵状菱形、长椭圆形或卵状披针形，全缘。花常单生或 2 至数朵簇生，紫色，漏斗状，长约 1cm，5 深裂。浆果卵形或长椭圆状卵形，长 0.5～1.5cm，熟时鲜红色。花期 6～10 月，果期 8～12 月。

分布与生境 产于全市各地。生于山坡灌丛中或旷野、路旁、池塘边及宅旁墙脚下。

采收与加工 3～5 月采摘嫩茎叶，一年可采收 3～5 次，去杂洗净备用。秋季采果晾干。

食用方法 炒食、与肉类炖食，亦可凉拌、和面蒸食、做馅、煲粥及作火锅配菜等；果通常用于炖荤菜。

风味 茎叶口感柔嫩，稍具韧性，清香味美，风味独特。

成分 鲜茎叶含蛋白质、脂肪、碳水化合物、胡萝卜素、维生素 B_1、维生素 B_2、维生素 C、维生素 E、维生素 PP、18 种氨基酸及钙、磷、铁等矿质元素，还含苷类、生物碱等成分。

功效 叶、果及根皮均可入药。叶能清凉明目；果实味甘，性平，具滋补肝肾、益精明目的功效，有免疫调节作用，还有抗衰老、抗肿瘤、降血脂、保肝、抗脂肪肝、降血糖及降血压作用；根皮名"地骨皮"，味甘、淡，性寒，有明显的解热及降血糖、降血脂、降血压作用。现代医学证明，枸杞菜能降血糖、抗脂肪肝、防止血管硬化、延缓衰老，还是治疗肿瘤的良好辅助药物，对慢性肝炎、多种心血管疾病、肺结核、神经衰弱也有良好的辅助疗效。

注意事项 《药性论》载："与乳酪相恶"，即与奶制品相克，不宜同食。

27 **毛泡桐** 别名　紫泡桐

学名　**Paulownia tomentosa** (Thunb.) Steud.　　　　　**科名**　玄参科 Scrophulariaceae

识别特征　落叶乔木，高达 20m，树皮褐灰色。小枝粗壮，皮孔显著。叶柄常有黏质短腺毛；叶片心形，长达 40cm，全缘或波状浅裂，上面毛稀疏，下面毛较密。花序呈金字塔形或狭圆锥形，长可达 50cm；花萼浅钟状，密被星状绒毛，5 中裂；花冠紫色，漏斗状钟形，长约 7cm。蒴果卵圆形，先端锐尖，长约 4cm。花期 4～5 月，果期 8～9 月。

分布与生境　原产于我国西部。全市各地常见栽培或逸生。

采收与加工　4～5 月盛花期采摘泡桐花，去除花萼、雌蕊，留花冠（带雄蕊），洗净，入沸水中焯后投凉，捞出沥水鲜用或晒干备用。

食用方法　与鱼、鸡、猪排同炖食，或用于做汤、做馅、拖面油炸及作火锅配菜等。

风味　口感绵软，富有韧性，鲜香爽口，风味独特。

成分　鲜花含糖类、蛋白质、脂肪、维生素 C、维生素 E 及天冬氨酸、谷氨酸、半胱氨酸等 18 种氨基酸，并含钾、镁、钙、磷、铁等矿质元素，还含苯丙素苷、木脂素苷、黄酮类等活性成分。

功效　性寒，味微苦。具清热解毒、利胆护肝、止血消肿、镇咳祛痰、平喘、安定、降压等功效。对呼吸道感染、支气管炎、肺炎、急性扁桃体炎、菌痢、急性肠炎、高血压等有一定食疗辅助作用，并具抗癌作用。

注意事项　泡桐花质地较薄，水焯时间不要过长，宜在主菜将要出锅时下锅。

相近种　本属植物形态上与毛泡桐相似的在宁波还有兰考泡桐 P. elongata、白花泡桐 P. fortunei 和华东泡桐 P. kawakamii，花均可食用。

白花败酱 别名 苦叶菜、苦菜、萌菜

学名 **Patrinia villosa** (Thunb.) Juss. 科名 败酱科 Valerianaceae

识别特征 多年生草本。全株有特殊气味。根状茎横走。株高 50～100cm，茎密被倒向白毛，或有 2 列短倒毛。基生叶丛生，叶片宽卵形至近圆形，不分裂或大头状深裂，长 4～10cm，宽 2～5cm，先端渐尖，基部楔形下延，缘有粗齿，茎生叶对生，两面疏生粗毛。聚伞花序排列成伞房状圆锥花序。花小，白色；雄蕊 4 枚。瘦果具膜质翅状苞片。花期 8～9 月，果期 10～12 月。

分布与生境 产于全市山区。生于海拔 800m 以下的山地林下、林缘或荒地、灌丛中。

采收与加工 春、夏、秋季均可采收，采摘嫩茎叶，去杂洗净，入沸水焯后置于流水中浸漂 12h，或用手多次捏挤去除苦味后即成净菜。也可晒成干菜备用或腌渍后食用。

食用方法 炒食、凉拌、做汤及做苦菜干扣肉等，也可做馅，如做苦菜包子和饺子等。烹调时加辣椒味道尤佳。

风味 清香爽口，略带苦味，风味独特，百吃不厌。

成分 鲜菜富含可溶性糖、有机酸及 17 种氨基酸，其中人体必需的氨基酸有 8 种，尤以赖氨酸、苏氨酸的含量最高，另外还含有铁、锰、铜、锌、钙、镁、钾等矿质元素。

功效 味苦，性寒。具清热解毒、消炎抗菌、利湿排脓、活血化瘀、镇心安神之功效。用于慢性阑尾炎、痈肿疮毒、肠炎、痢疾、肝炎、扁桃体炎、腮腺炎、产后瘀血、腹痛、咯血、神经官能症、神经衰弱等症。现代医学研究证明，白花败酱还具有促进肝细胞再生，改善肝功能及增强人体抗菌、抗病毒能力之功效。

注意事项 个别人过量食用后会引起暂时性白细胞降低和头昏恶心症状；体质虚寒者也不宜多食。

相近种 宁波尚有败酱 P. scabiosaefolia、斑花败酱 P. punctiflora 和异叶败酱 P. heterophylla，均可食用。

29 歙县绞股蓝 别名　七叶参、神仙草、南方人参

学名 Gynostemma shexianense Z. Zhang　　**科名** 葫芦科 Cucurbitaceae

识别特征　多年生草质攀援藤本。茎纤细，绿色，卷须生于叶柄侧面，2 歧或不分叉。复叶鸟足状，小叶 5～7 枚，卵状长圆形，中央小叶较大，长 3～12cm，宽 1.5～3cm，先端急尖或短渐尖，基部渐狭，边缘具波状齿，两面均疏被短硬毛。雌雄异株；圆锥花序；花淡绿色。浆果球形，萼筒环位于果实近中部，成熟后黑色，不裂，内含 2 粒种子。花期 7～9 月，果期 9～10 月。

分布与生境　产于全市各地。生于山地林缘或山谷水沟旁。

采收与加工　春夏季节采摘嫩茎叶，去杂洗净，沸水轻焯后，入清水中浸漂 2h 去除苦味，沥水切段备用。也可晒干作菜或作茶。

食用方法　炒食、凉拌、煮粥、做馅、煲汤、炖鸡等。

风味　清脆可口，略带苦味。

成分　全草含蛋白质、脂肪、糖类、维生素 A、维生素 B_1、维生素 B_2、维生素 PP、维生素 C 及 80 多种绞股蓝皂苷，其中 6 种与人参皂苷相似，总皂苷含量是人参的 3 倍；还含有 18 种氨基酸及钙、磷、铁等多种矿质元素。

功效　味甘、苦，性寒。具清热解毒、祛痰止咳、镇静安神、益气健脾、抗疲抗癌等功效。用于治疗体虚乏力、虚劳失精、白细胞减少、病毒性肝炎、慢性胃肠炎、慢性支气管炎、高血脂、高血压、高血糖、脂肪肝、失眠、头痛及各种癌症。民间称其为神奇的"不老长寿草"，并有"南方人参"之誉。

注意事项　为保护野生资源，采集时不要挖根。

相近种　宁波尚产三叶绞股蓝 G. laxum、绞股蓝 G. pentaphyllum、毛果啄果藤 G. yixingense var. trichocarpum，均可食用。

沙参 别名 泡参

学名 **Adenophora stricta** Miq.

科名 桔梗科 Campanulaceae

识别特征 多年生草本。全株具白色乳汁。肉质根粗壮,形似人参。茎直立,高40～100cm,不分枝,常被短硬毛或长柔毛。基生叶心形,大而具长柄;茎生叶狭卵形、菱状狭卵形或长圆状卵形,先端急尖或短渐尖,基部楔形或近于圆钝,缘具不整齐圆齿,无柄或仅下部叶有极短而带翅的柄。假总状或圆锥状花序;花萼5裂,全缘;花冠宽钟状,蓝色或紫色。蒴果椭圆状球形,有毛。花果期8～11月。

分布与生境 产于全市山区、丘陵。生于山坡草丛中。

采收与加工 3～4月采集嫩茎叶,洗净入沸水焯后备用;春、夏、秋季可挖取肉质根,刮除表皮,清水洗净后切片备用,也可腌食。

食用方法 肉质根可炖鸡或猪爪食用,或腌制后做早餐小菜;嫩茎叶可炒食或凉拌。

风味 沙参叶菜清香爽口;根菜酥软香糯、味道鲜美、口感颇佳。

成分 根部富含蛋白质、脂肪、碳水化合物及三萜、呋喃香豆精类、沙参皂苷等。

功效 味甘,性微寒。具清热解毒、止咳化痰、养阴清肺、清胃生津及补气等功效。用于肺热燥咳、虚痨久咳、百日咳、气管炎、萎缩性胃炎等症。《本草纲目》载:"沙参甘淡而寒,其体轻虚,专补肺气,因而益脾与肾,故金能受火克者宜之。"

注意事项 本种蔬食对感冒、咳嗽等症均有较好疗效,但风寒咳嗽者忌食。

相近种 宁波尚产华东杏叶沙参 *A. petiolata* subsp. *huadungensis*、荠苨 *A. trachelioides*、中华沙参 *A. sinensis* 和轮叶沙参 *A. tetraphylla*,均可食用。

31 三脉紫菀 别名 山马兰、三脉叶马兰、三褶脉紫菀

学名 **Aster ageratoides** Turcz. 科名 菊科 Compositae

识别特征　多年生草本。茎无毛。叶互生；叶片上面被糙毛，下面被疏短柔毛或仅脉上有毛，离基三出脉，侧脉 3～4 对；下部叶片宽卵状圆形，基部下延，开花时枯落；中部叶片长圆状披针形或狭披针形，先端渐尖，中部以下急狭成具宽翅的柄，缘有 3～7 对粗锯齿；上部叶片渐小，有浅齿或全缘。头状花序排列呈伞房状或圆锥状；缘花紫色或浅红色；盘花黄色。瘦果倒卵状长圆形。花果期 7～10 月。

分布与生境　产于全市山区、半山区。生于海拔 900m 以下的山地、丘陵的林下、林缘、沟边及路旁灌丛中。

采收与加工　春季至秋季采摘嫩茎叶，冬季采摘基生叶，去杂洗净，入沸水焯后沥干水分备用；也适于做干菜、脱水菜及腌渍菜。

食用方法　炒食、凉拌、煮粥、做汤、做馅，干菜可做扣肉。

风味　味道纯正，菜色鲜绿，清香可口，余味绵长。

成分　茎叶含多种黄酮类衍生物，主要为山柰酚、槲皮素、槲皮素 - 鼠李糖苷、槲皮素 - 葡萄糖苷、山柰酚 - 鼠李糖 - 葡萄糖苷等，还含有皂苷类、糖类、酯类、鞣质、蛋白质、氨基酸、维生素等。

功效　味微苦、辛，性微寒。有清热解毒、化痰止咳之功效。用于黄疸型肝炎、急性咽炎、扁桃体炎、慢性气管炎、百日咳、传染性肝炎、胃十二指肠溃疡、乳腺炎等症。

注意事项　三脉紫菀分布广泛，注意不要采食竹林边、游步道旁等打过除草剂的植株。

32 野茼蒿 别名 革命菜、芝麻菜、昭和草

学名 **Crassocephalum crepidioides** (Benth.) S. Moore 科名 菊科 Compositae

识别特征 一年生草本。茎高 30 ~ 80cm，无毛或疏被短柔毛。叶互生；叶片卵形或长圆状倒卵形，长 5 ~ 15cm，宽 3 ~ 9cm，先端尖或渐尖，基部楔形或渐狭，下延至叶柄，边缘有不规则的锯齿或基部羽状分裂，侧裂片 1 ~ 2 对，叶柄长 1 ~ 3cm；上部叶片较小。头状花序顶生或腋生，排成伞房状；总苞钟形，基部截平；小花全为管状，橙红色。瘦果橙红色；冠毛白色。花果期 7 ~ 11 月。

分布与生境 产于全市各地。生于路边、草丛、林缘或新荒地。

采收与加工 春、夏、秋三季采摘未开花的幼苗、嫩茎叶，洗净或入沸水焯后挤干水分备用。其粗壮的嫩茎撕去表皮也可炒食或腌食；嫩茎叶可做干菜。

食用方法 炒食、凉拌，还可用于火锅、做汤、做羹、做馅；干菜可烧肉等。

风味 香气浓郁，甜润可口，味似茼菜。

成分 每 100g 鲜茎叶中含蛋白质 4.5g、脂肪 0.3g、粗纤维 2.9g、胡萝卜素 5.1mg、维生素 B_2 0.33mg、维生素 C 10.0mg、维生素 PP 1.2mg，以及钙、磷、钾、铁、锰等矿物质。

功效 味甘、辛，性平。具清热解毒、健脾胃、消肿、行气、利尿、利便、消渴、祛痰等功效，对感冒发热、消化不良、痢疾、肠炎、乳腺炎、尿道感染、脾虚浮肿等有一定疗效。

注意事项 该种十分常见，注意不要采食竹林边、游步道旁等处打过除草剂的植株及公路旁受到汽车尾气污染的植株。

甘菊 别名　甘野菊、野黄菊花、山菊花、甘菊花

33

学名　**Chrysanthemum lavandulifolium** (Fisch. ex Traut.) Makino　　科名　菊科 Compositae

识别特征　多年生草本。茎直立，具疏毛。叶互生；基部与下部的叶在花期凋落；中部茎生叶片宽卵形或椭圆状卵形，二回羽状分裂，第一回几乎全裂，第二回深裂或浅裂；最上部叶片羽裂、三裂或不裂；全部叶片两面几乎同色；中部叶片叶柄基部有分裂的假托叶或无。头状花序直径 1.5～2cm；缘花舌状，黄色。瘦果倒卵形，无冠毛。花果期 10～11 月。

分布与生境　产于全市各地。生于山坡路边、林缘、旷野。

采收与加工　春夏季采摘嫩芽或嫩茎叶，去杂洗净，入沸水中焯后捞出，置于清水中漂去苦味，沥干备用。秋冬季采花序，鲜用或晾干备用。

食用方法　嫩叶可炒食、做汤、做馅等，花可烧鱼、炖肉或拖面油炸食用。

风味　微带清苦，鲜爽可口，菊香缕缕，回味悠长。

成分　含蛋白质、脂肪、糖类、维生素 A、维生素 B_1、氨基酸、胡萝卜素及钾、钙、镁、磷、铁、硒、钠、锶、锌、锰、铜等矿质元素，并含挥发油、菊苷、黄酮类化合物等成分。

功效　味苦、微辛，性寒。有清热解毒、平肝明目、滋阴润肺、补脾益气、调中开胃、疏风散热、凉血降压等功效。用于感冒、身热、头痛、头眩、目赤、耳鸣、咽喉肿痛、鼻炎、慢性支气管炎、高血压、肝炎、肠炎、痢疾等症。

注意事项　甘菊性寒，脾胃虚寒者忌食。

相近种　宁波尚产野菊 *Ch. indicum*，也可入菜。

水烛
别名　蒲草、蒲菜、水蜡烛、狭叶香蒲

学名　**Typha angustifolia** Linn.　　　　　科名　香蒲科 Typhaceae

识别特征　多年生沼生草本。根状茎匍匐于淤泥中；茎圆柱形。叶片狭长，质较厚，先端急尖，基部扩大成抱茎的鞘，无中脉。穗状花序圆柱形，雄花序位于上方，与雌花序之间具有一段 2～9cm 长的绿色花序轴相间隔。果序圆柱形，径 10～15mm，赭褐色；小坚果长椭圆形，熟时与白色绒毛状花被一起脱落。花期 6～7 月，果期 8～10 月。

分布与生境　产于全市各地。生于湖泊、池塘或河沟浅水处。

采收与加工　春、夏季采挖直立茎的白嫩部分（即蒲菜），或地下匍匐茎先端的幼嫩部分（称草芽），切除老茎部分，剥去老的叶鞘，洗净后形如茭白，供鲜用或腌食。嫩花序可生食。

食用方法　炒食、做汤、煲粥等。

风味　炒食清香可口，色泽如玉；汤、粥味道鲜美，滑而不腻。

成分　鲜菜含蛋白质、脂肪、碳水化合物、粗纤维、胡萝卜素、维生素 B_1、维生素 B_2、维生素 C、维生素 PP 及钙、铁、磷等矿质元素；还含甾醇类、脂肪油、挥发油、黄酮苷类、生物碱等成分。

功效　味甘，性凉。具清热凉血、利水消肿、补肾益气、健脾养胃、滋阴润燥等功效。可治闭经、痛经、产后瘀滞腹痛及各种出血。

注意事项　蒲菜性凉，脾胃虚弱者不宜多食。本种分布较广，部分地区生长过旺，适当采挖食用可以控制其泛滥。水体有污染的地方不宜采食。

相近种　香蒲 *T. orientalis*，又名东方香蒲；与水烛的区别为：雄花序与雌花序之间无间隔。

35 棕榈 别名 棕树、山棕

学名 Trachycarpus fortunei (Hook.) H. Wendl.　　　**科名** 棕榈科 Palmae

识别特征 常绿乔木。树干不分枝，常包被残存的纤维状老叶鞘。叶片大型，圆扇形，掌状深裂，裂片 30 ～ 45 枚，条状披针形，先端具 2 浅裂；叶柄坚硬，长 50 ～ 100cm，具 3 棱，基部扩大成抱茎的鞘。肉穗花序圆锥状，自叶丛抽出；佛焰苞革质，多数，被锈色绒毛；雌雄异株，花小，淡黄色，鱼子状。核果肾状球形，径约 1cm，成熟时由黄白色转黑色。花期 5 ～ 6 月，果期 8 ～ 10 月。

分布与生境 全市各地广泛栽培，有时呈野生状。

采收与加工 4 ～ 5 月采收紧缩未开的花序，去除佛焰苞，沸水中煮半小时，去掉小花，留下幼嫩的花序轴及分枝，将粗壮的花序梗撕开，再放入流水中浸泡 24h 以上，捞出晒干。处理后状似珊瑚。烹调前将干品用热水充分泡软，洗净，切段备用。也可将粗壮的花序嫩轴切片，水焯浸漂后直接烹调。

食用方法 加肉类炒食或炖食。

风味 松软脆韧，似苦非苦，鲜爽味美，口感独特。

成分 含糖类、鞣质、色素、挥发油、黄酮类、异鼠李黄素、多种氨基酸及微量元素。此外，其花序还含有一种抗真菌蛋白质 TP-1。

功效 性平，味苦涩。用于泻痢、肠风、血崩、带下等症。《现代实用中药》中有"用于高血压症，有预防脑溢血之功"之论述。临床研究初步证实，棕榈花确有降压、降脂和减轻动脉粥样硬化之功效。

注意事项 棕榈花序古时称棕鱼或棕笋，有小毒，需去毒处理后方可食用。古代去毒采用蜜煮或醋浸法。《本草纲目》中记载："棕鱼，皆言有毒不可食，而广、蜀人蜜煮、醋浸，以供佛、寄远，苏东坡亦有食棕笋诗，乃制去其毒尔。"另外在处理时需去掉小花，因花毒性较强，且易散落，成菜时不清爽。

附注 棕榈花序入菜在宋、元较为流行，而到明、清则逐渐消失。目前在云南、江西及浙江南部山区尚有少量食用。宋董嗣杲有《棕榈花》诗云："碧玉轮张万叶阴，一皮一节笋抽金。胚成黄穗如鱼子，朵作珠花出树心。蜜渍可驰千里远，种收不待早春深。蜀人事佛营精馔，遗得坡仙食木吟。"苏轼《棕笋》诗云："赠君木鱼三百尾，中有鹅黄子鱼子。夜叉剖瘿欲分甘，箨龙藏头敢言美。愿随蔬果得自用，勿使山林空老死。问君何事食木鱼，烹不能鸣固其理。"诗前"并叙"云："棕笋，状如鱼，剖之得鱼子，味如苦笋而加甘芳。蜀人以馈佛，僧甚贵之，而南方不知也。……取之无害于木，而宜于饮食，法当蒸熟，所施略与笋同，蜜煮酢浸，可致千里外。"南宋诗人李彭在《戏答棕笋》诗中有"剩夸棕笋馋生津，章就旁搜不厌频。锦绷娇儿直欲避，紫驼危峰何足陈。"盛赞棕笋味道之鲜美胜于紫驼峰。直到元代，棕笋仍是待客佳肴。元代诗人洪希文在山农家作客食棕笋后，即兴为主人作诗两首以谢，其中《食棕笋主人请赋》诗中有"且赏珍奇类鱼子，莫将同异别龙孙"之句，极陈对棕笋馔肴之喜爱。

36 茗葱 别名 天韭、鹿耳韭

学名 **Allium victorialis** Linn.　　　　科名 百合科 Liliaceae

识别特征　多年生丛生草本，全株有浓郁韭香。鳞茎圆柱形，包有 2～3 层鳞茎皮，初为白色膜质，后呈深色纤维质网格状，茎下部常带紫色。叶片宽大，倒披针状椭圆形至椭圆形，长 8～20cm，宽 3～10cm，基部楔形下延，先端急尖或圆钝，全缘，两面无毛，侧脉弧形，具长叶柄。花葶圆柱形，远长于叶，花前弯垂；伞形花序圆球形，具多花；总苞 2 裂，宿存；花小，白色或带绿色。蒴果具 3 圆瓣，种子黑色。花期 6～7 月，果期 8～10 月。

分布与生境　产于余姚四明山和宁海茶山。通常小片状生于海拔 500～700m 的山坡林下或沟边阴湿处。

采收与加工　4～5 月采摘嫩叶，洗净直接烹调或制干菜备用。

食用方法　炒食、做汤，还可做馅、腌食、蘸酱生食及作调料等。

风味　香气清雅、味道鲜美，观之赏心悦目，食后唇齿留香。

成分　茗葱中的有效成分主要为多种含硫化合物、黄酮类化合物、甾体化合物、类固醇皂苷、胡萝卜苷、原儿茶酸、维生素 C、脂肪、蛋白质及各种糖类。

功效　味辛，性微温，无毒。具止血、退炎、消肿、去痛功效，还具有杀菌、抗病毒作用。可治疗感冒、咳嗽和上呼吸道疾病，对红白痢疾和急慢性肠炎有特效。现代医学研究发现，茗葱具有提高人体免疫机能，预防心脏病、高血压、动脉硬化、脑梗死及抗衰老（对眼睛极其明显）、降血脂、降低胆固醇、抗疲劳、抗肿瘤（对鼻咽癌较有效）等多种功用，故被誉为"菜中灵芝"。

注意事项　茗葱及对叶韭在宁波分布狭窄，野生资源极少，应注意保护，不可连根挖取。

相近种　对叶韭 *A. victorialis* var. *listera*，与原种茗葱的区别为：叶片较宽，基部圆形或心形，不下延。仅见于余姚四明山。

附注　先秦典籍《尔雅·释草》记载"茗，山葱。"；《本草纲目·菜一·葱》〔集解〕引苏恭曰："葱有数种，山葱曰茗葱，疗病似胡葱"；《本草图经》载："山葱生山中，细茎大叶，食之香美于常葱，一名茗葱"；《植物名实图考》《救荒本草》等古籍均有记载，可见茗葱自古以来就是一种重要的食、药兼用植物。日本奉其为"野菜之王"，韩国则称其为"救命草""神仙草"。

37 小根蒜 别名 胡葱、山蒜、野葱、薤白

学名 **Allium macrostemon** Bunge　　　　　　　　　　　**科名** 百合科 Liliaceae

识别特征 多年生草本，全株具香气。鳞茎卵球形至近球形，外皮不破裂。叶 3 ～ 5 枚，半圆柱状或三棱状线形，直径 1 ～ 2mm，中空，上面具沟槽。花葶圆柱状，实心，高 30 ～ 70cm，下部为叶鞘所包裹；伞形花序半球形至球形，全为花或间具紫色珠芽至全为珠芽；花梗长 7 ～ 12mm，小花梗基部具小苞片；花淡紫色或淡红色，稀白色。花果期 5 ～ 7 月。

分布与生境 产于全市各地。生于山坡、山谷的林缘、疏林下或荒野草丛中。

采收与加工 全株均可食用。几近全年可采、挖。鳞茎去除须根，洗净鲜用或腌食；叶片洗净鲜用或晒干备用。

食用方法 炒食，可作调味配料，也可与其他菜搭配凉拌、炒食、做馅、做汤、煮粥等。

风味 鲜嫩爽口、香气浓郁。

成分 含蛋白质、脂肪、糖类、胡萝卜素、维生素 B_1、维生素 B_2、维生素 C、维生素 PP 及钙、磷、铁等矿质元素。

功效 味辛、苦，性温。具温中通阳、理气宽胸之功效。用于胸痹心痛彻背、脘痞不舒、干呕、泻痢后重等症。对瘦弱干咳、肺气喘急、虚劳吐血、体倦乏力、热毒肿痛、干呕、痢疾、便秘等有食疗作用。

注意事项 肝火旺盛者或气虚者慎食。《食疗本草》载："发热病人不宜多食"；《随息居饮食谱》载："多食发热。忌与韭同食"。

相近种 宁波尚产藠头 *A. chinense*、朝鲜韭 *A. sacculiferum* 等，均可食用。

38 紫萼

别名　水紫草、青玉簪、水玉簪、玉簪三七、山芥菜

学名 Hosta ventricosa (Salisb.) Stearn　　**科名** 百合科 Liliaceae

识别特征　多年生草本，须根发达。叶基生；叶片卵状心形、卵圆形或卵形，长 6 ～ 18cm，宽 3 ～ 14cm，先端近短尾状或骤尖，基部心形、圆形成近截形，侧脉 7 ～ 11 对，弧形；叶柄长 6 ～ 25cm。花葶高 30 ～ 60cm；总状花序具 10 ～ 30 朵花；花冠漏斗状，6 裂，淡紫色，无香气；雄蕊着生于花被筒的基部。蒴果近圆柱状，长约 3cm，径约 8mm，具 3 棱。花果期 8 ～ 10 月。

分布与生境　产于余姚、北仑、鄞州、奉化、宁海、象山。生于山坡林下、林缘或沟边草丛中。

采收与加工　4 ～ 5 月采收嫩芽、嫩叶和生长期的幼嫩叶柄，洗净，用沸水焯后入清水中浸泡片刻，捞出备用或晒作干菜；或将叶柄用开水焯后烘干作火锅、炒菜等的配菜；也可将叶柄腌制作菜，供早餐或冷盘食用。7 ～ 8 月采摘花蕾，鲜用或干用。

食用方法　嫩叶可炒食、凉拌、做馅，花可拖面油炸或做汤；干菜可烧扣肉或与排骨炖食。

风味　清香可口，滑而不黏，碧绿如玉，色泽诱人；干菜绵软爽口，风味独特。

成分　100g 嫩叶含蛋白质 1.8g、粗纤维 2.2g、胡萝卜素 4.07mg、维生素 PP 0.6mg、维生素 C 110mg，并含有香豆精类、三萜类、多糖及多种氨基酸。

功效　味甘、辛，性寒，有小毒。具散瘀止痛、解毒生肌、利尿通经等功效。用于跌打损伤、疮疖痈肿、胃痛、牙痛、赤目红肿、咽喉肿痛、乳腺炎、中耳炎等症。据近年来的研究，其在抗非特异性炎症方面很有价值，特别是对中老年人呼吸道疾病有特殊疗效。

注意事项　有小毒，烹调前应用沸水焯后并用清水浸泡片刻；每次食用不宜过量。

39 玉竹 别名 萎蕤、地节、山玉竹、竹七根、铃铛菜

学名 **Polygonatum odoratum** (Mill.) Druce   科名 百合科 Liliaceae

识别特征 根状茎竹鞭状，径 5～10mm。茎直立或稍弯拱，高 20～50cm。叶互生；叶片椭圆形或长圆状椭圆形，长 5～12cm，宽 2～4cm，先端急尖或钝，基部楔形或圆钝，背面灰白色，脉上平滑。伞形花序通常具 2 朵花；总花梗长 0.7～1.2cm；花梗长 1～2cm；花白色，近圆筒形，长 1.4～1.8cm。浆果紫黑色，径 7～10mm。花期 5～6 月，果期 8～9 月。

分布与生境 产于余姚、北仑、鄞州、奉化、宁海等地。生于山地林下、山坡灌草丛中。

采收与加工 4 月采集嫩芽，用沸水焯后入冷水中浸漂半小时，捞出沥干；早春或晚秋挖取根状茎，去掉茎叶、根须和泥土，洗净晾干备用。

食用方法 幼苗可炒食、凉拌、做汤；根状茎适于炒、炖、做汤或煮粥。根状茎与猪肉、兔肉、老鸭、猪心等相配做汤，不仅滋味好，而且食疗效果更佳，常见汤菜菜谱有玉竹瘦肉汤、玉竹沙参老鸭汤、玉竹沙参猪心汤等。

风味 嫩茎叶色泽清雅、鲜嫩脆滑；根状茎洁白酥软、甘美爽口。

成分 《本草纲目》载："萎蕤性平味甘，柔润可食""嫩叶及根，并可煮淘食茹"。富含碳水化合物、蛋白质、粗纤维、胡萝卜素、维生素 C、维生素 B_2、维生素 PP 及铃兰苷、山柰酚、槲皮素等成分，并含钾、钙、镁、磷、钠、铁、锰、锌、铜等矿质元素。

功效 味甘，性平。具滋阴润燥、养胃生津、补中益气、润泽心肺之功效。用于肺胃燥热、津伤口渴、糖尿病、中毒性心肌炎、肺结核咳嗽等症。中医学认为，玉竹"久服去面黑䵟，好颜色润泽，轻身不老""主聪明，调气血，令人强壮"。近年来的研究表明，玉竹还有调节血压、抑制血糖、延缓衰老、缓和情绪、润泽皮肤等作用，常食能美容养颜、延年益寿。

注意事项 每次食用不可超过 250g，否则会引起头疼、头晕、腹痛、恶心、呕吐。痰湿气滞者忌食。玉竹的果实有毒，不可食用。

相近种 宁波尚产多花黄精 P. crytonema、长梗黄精 P. filipes 及湖北黄精 P. zanlanscianense，均可食用。

萱草 别名 金针菜、黄花菜、忘忧草、宜男草

学名 **Hemerocallis fulva** (Linn.) Linn.　　　　科名 百合科 Liliaceae

识别特征 根状茎极短，不明显；根多数，稍肉质，其中一部分顶端膨大呈棍棒状或纺锤状。叶基生，2列；叶片宽条形至条状披针形，通常鲜绿色。圆锥花序；花大型，橘红色至橘黄色，近漏斗状；花被裂片6片，外轮3片长圆状披针形，内轮3片长圆形，下部通常具红褐色"∧"形斑纹，边缘波状皱缩。蒴果长圆形，具钝3棱。花期6～8月，通常清晨开放，当日傍晚凋谢，果期10～12月。

分布与生境 产于全市各地。通常生于山坡林下、沟边阴湿处或山地沼泽中；园林中常有栽培。

采收与加工 3～5月采集幼叶或叶束内部不见光的幼嫩部分；6～8月采摘待放的花蕾或初开的花朵，鲜用或晒干用；肉质根全年可采，洗净，水焯后投凉，切片待用。

食用方法 鲜花、嫩叶可炒食或凉拌，干花可烧肉，肉质根可炒食或腌食。

风味 花菜色泽金黄，香味浓郁，食之清香爽滑，嫩糯；肉质根、嫩叶清香可口。

成分 100g萱草嫩叶含胡萝卜素4.47mg、维生素C 114mg，还含有蛋白质、脂肪、碳水化合物、矿物质等；100g鲜花含蛋白质2.9g、脂肪0.5g、糖类11.6g、维生素C 33mg、维生素B_1 0.19mg、维生素B_2 0.13mg、维生素PP 1.1mg、胡萝卜素1.17mg、多种氨基酸及钙、磷、铁等矿质元素。

功效 味甘，性凉，有小毒。具清热利湿、养心安神、消食健胃等功效。用于咯血、扁桃体炎、腮腺炎、乳腺炎、痢疾、肾炎、遗精、白带、神经衰弱等症。近年来研究证明，萱草具明显的健脑作用，被誉为"健脑菜""记忆菜"，还可显著降低动物血清胆固醇，是预防疾病和延缓机体衰老的保健珍品。

注意事项 萱草花与根具小毒，食用前须用沸水焯，再用清水浸漂，以除去有毒成分，也可经蒸、煮后晒干食用。每次食用不宜过量。

相近种 黄花菜 *H. citrina*，别名金针菜、安神菜，与萱草的区别为：叶较窄，深绿色；花淡黄色。本市各地常有栽培；北仑有野生。

凤尾兰 别名 凤尾丝兰、剑麻、菠萝花、白棕

学名 **Yucca gloriosa** Linn.　　　　科名 百合科 Liliaceae

识别特征 常绿灌木，茎明显，有时分枝，具近环状的叶痕。叶近莲座状排列于茎或分枝的近顶端；叶片剑形，质厚而坚挺，长 40 ～ 80cm，宽 4 ～ 6cm，先端具刺尖，边缘幼时具少数疏离的细齿，老时全缘。花葶自叶丛中抽出，高可达 2m；圆锥花序大型；花大，白色或稍带淡黄色，近钟形，下垂，花被片 6。花期 9 ～ 11 月，未见结实。

分布与生境 原产于北美东部和东南部。本市各地公园、庭院、小区、路边、海岛等处习见栽培，是常见的园林观赏植物。

采收与加工 9 ～ 11 月盛花期间采集花朵，取下花瓣，洗净备用。

食用方法 拖面油炸、做汤、做馅、腌制或作配菜等。

风味 油炸菜酥脆嫩爽，暗香留齿；汤菜甘润可口，清香扑鼻。

成分 花中含有异菝葜皂苷元、替告皂苷元、芰脱皂苷元等成分。

功效 味辛、微苦，性平。具止咳平喘等功效。用于支气管炎、哮喘、咳嗽等症。

注意事项 采摘时宜选择盛开的花，其色泽、口感均最佳；凤尾兰适应性强，常栽培于公路旁或厂区内，但此类地方的凤尾兰不宜采食。另外其叶端之刺极尖锐，谨防被刺伤。

42 蘘荷

别名 野老姜、土里开花、莲花姜、茗荷、观音花、嘉草

学名 *Zingiber mioga* (Thunb.) Rosc.

科名 姜科 Zingiberaceae

识别特征 多年生草本，全株具辛辣味。根状茎不明显，根末端膨大呈块状。茎高 40～150cm。叶片披针形或披针状椭圆形，长 16～35cm，宽 3～6cm，先端尾尖，基部楔形，两面无毛或下面中脉基部被疏长毛。穗状花序椭圆形，长 5～7cm，自基部抽生；苞片深紫色，基部渐淡；花萼一侧开裂；花冠筒较花萼为长，唇瓣卵形，中部黄色，边缘白色；花药、药隔附属物各长 1cm。蒴果熟时 3 瓣裂，内果皮鲜红色。种子黑色，具白色假种皮。花期 7～8月，果期 9～11月。

分布与生境 本市山区均有分布。生于阴湿林下或水沟边。

采收与加工 7～8月采集嫩芽、嫩茎、根状茎和未开的花序，洗净、切好备用。10～11月可采茎，剥去叶鞘及表皮，取鲜嫩的茎心炒食；或加精盐、辣椒、大蒜等腌渍食用，为佐餐佳肴。《本草纲目》记载："荷，八九月间腌贮，以备冬月作蔬果"。

食用方法 炒食或拖面油炸食用，还可用于烧鱼、煮面食、做汤、凉拌等。

风味 鲜炒、油炸之菜清香特异，脆嫩清口，风味鲜辣，色香味俱佳，令人食欲大增；盐渍菜色泽紫红，状似盛开之莲花，除外形美观外，还具有独特鲜辣风味和特殊的芳香气味，佐食具有增进食欲和帮助消化的作用；茎心等炒食菜味道鲜美，甘爽润口。

成分 营养丰富，含有多种人体发育所必需的维生素、蛋白质、多种氨基酸、脂肪、膳食纤维及磷、钙、铁等矿质元素；根状茎等部位含 α-蒎烯、β-蒎烯、β-水芹烯等成分。

功效 味辛而芳香，性微温。根茎入药，有温中理气、祛风散寒、通经、活血止痛、消积健胃、镇咳化痰、消肿解毒之功效。用于感冒咳嗽、气管炎、哮喘、风寒牙痛、气滞腹痛、胃痛、跌打损伤、腰腿痛、月经不调、经闭、白带、颈淋巴结结核、大叶性肺炎、吐血、痔血、肿毒等症。所含纤维素是一种不产生热能的多糖类物质，经常食用对糖尿病患者有益。

注意事项 有胃出血史者不宜食用。

第二节 可食野果资源

一、资源概况

可食野果是指可直接食用或经加工后食用的野生植物果实或种子，以及与果实、种子相关的可食用部分，如肉质种托、肉质花被、肉质果序梗等。调查与统计结果表明，宁波市境内共有各种可食野果198种（含种下等级，也包括少量不以食果为目的的栽培种。具体名录可参考李根有、陈征海、桂祖云主编，科学出版社2013年出版的《浙江野果200种精选图谱》之附录"浙江野果名录"），隶属42科70属，科、属、种数分别约占浙江全省的89%、87%和68%，可见宁波的野果资源比较丰富。野果可分为聚花果、聚合果、核果、浆果、梨果、坚果及其他七大类。统计数据表明，宁波的野果以核果、浆果和聚合果3类最为丰富，占全部种类的67.18%，且各类野果所占的比例与全省情况十分接近（表6-2）。

二、重要野果列举

综合风味、挂果量、适应性、资源量、特异性、美观度等因素，以下种类具有较高的开发利用价值。

表 6-2　宁波野果资源及与全省比较

序号	类别	宁波种数	占总种数比例 /%	浙江种数	占总种数比例 /%	宁波占浙江种数比例 /%
1	聚花果	15	7.58	18	6.21	83.33
2	聚合果	35	17.68	53	18.28	66.04
3	核果	57	28.79	64	22.07	89.06
4	浆果	41	20.71	76	26.21	53.95
5	梨果	18	9.09	36	12.41	50.00
6	坚果	16	8.08	23	7.93	69.57
7	其他	16	8.08	20	6.90	80.00
	合计	198	100.00	290	100.00	68.28

锥栗 别名　珍珠栗、毛栗

学名　**Castanea henryi** (Skan) Rehd. et Wils.　　　　科名　壳斗科 Fagaceae

识别特征　落叶乔木，高达 30m。枝叶无毛。叶互生；叶片披针形，先端长渐尖，叶缘齿端有芒状尖头。成熟壳斗近球形，连刺径 2～3.5cm；壳斗内具 1 坚果，卵圆形，径 1.5～2cm，顶部尖。花期 5 月，果期 9～10 月。

分布与生境　产于全市山区、半山区。生于山坡林中。各地也常有栽培。

风味　种仁味甜，可生食，炒食口感更佳，也可与鸡肉、猪肉炒食或炖食。

附注　果实、果壳及叶均可入药，有益气健脾、化痰散结、祛风止痒功效。

相近种　茅栗 *C. seguinii*，落叶小乔木或灌木；叶背具黄褐色腺鳞；壳斗内通常具 2～3 枚坚果。

矮小天仙果 别名 假枇杷果、牛奶浆

学名 **Ficus erecta** Thunb.　　　　　　　　　　　　　科名 桑科 Moraceae

识别特征　落叶灌木，高 1 ～ 2m。全株有乳汁。小枝具环状托叶痕，无毛。叶互生；叶片厚纸质，倒卵状椭圆形，全缘，两面近无毛，上面稍粗糙；叶柄无毛。隐头花序单生叶腋，雌雄异序。雌性隐花果球形或扁球形，径 1.0 ～ 1.5cm，熟时暗紫色至紫黑色，无毛；雄性隐花果较大，近球形，顶端突起，熟时红色。花期 4 月，果期 7 ～ 9 月。

分布与生境　仅见于象山海岛。生于山坡灌丛中。

风味　雌性隐花果较小，汁多，味鲜甜，可鲜食或酿酒、制果脯、制果汁等；雄者质软，无汁无味。

附注　全株药用，具活血补血、催乳、止咳、祛风利湿、清热解毒功效；可作园林观果树种或海岛绿化树种。

相近种　天仙果 *F. erecta* var. *beecheyana*，枝叶有毛，果稍大，有毛。各地常见。

03 三叶木通 别名 八月炸、野香蕉

学名 **Akebia trifoliata** (Thunb.) Koidz.　　科名 木通科 Lardizabalaceae

识别特征 落叶木质藤本。掌状复叶互生，小叶 3 枚；小叶片纸质，卵形，中央者较大，边缘具不规则波状圆齿。总状花序；花单性，淡紫色。肉质蓇葖果浆果状，单一或 2～5 枚聚生，椭圆形或长椭圆形，长 6～14cm，径达 5cm，熟时常为黄褐色、粗糙，少为淡紫色、光滑。沿腹缝开裂。种子黑色，多数。花期 5 月，果期 9～10 月。

分布与生境 产于全市山区、半山区。生于荒野、山坡疏林中，常攀附于树上或岩石上。

风味 果味清甜可口，可鲜食或加工成果汁、果冻、果酱、饮料等，营养价值可与猕猴桃媲美。

相近种 木通 *A. quinata*，掌状复叶具 5 小叶，小叶片倒卵形至椭圆形，全缘。各地常见。

04 鹰爪枫 别名 大叶青藤、牛卵泡、山瓜藤

学名 **Holboellia coriacea** Diels　　　　　　科名 木通科 Lardizabalaceae

识别特征 常绿木质藤本。掌状复叶互生，小叶 3 枚；小叶片革质，光亮，椭圆形或椭圆状倒卵形，全缘。花序伞房状；花单性，绿白色或淡紫色。浆果单一或 2～3 枚聚生，长圆形，熟时紫红色，长 5～8cm，径约 3cm，近光滑，果瓤白色多汁。种子黑色，多数。花期 4 月，果期 9～10 月。

分布与生境 产于余姚、北仑、鄞州、奉化、宁海。生于海拔 700m 以下的沟谷、山坡林内或溪沟边灌丛中，常攀附于树干或岩石上。

风味 味清甜，可鲜食，也可酿酒。

附注 优良的园林观赏植物，适作藤廊。根入药，可治风湿筋骨痛。

尾叶挪藤　别名　假荔枝、五月拿藤、拿藤

学名　**Stauntonia obovatifoliola** Hayata subsp. **urophylla** (Hand.-Mazz.) H.N. Qin　科名　木通科 Lardizabalaceae

识别特征　常绿木质藤本。掌状复叶互生，小叶5～7枚；小叶片倒卵形至长椭圆形，先端具长而弯的尾尖，全缘，叶背绿色，网脉清晰。伞房花序数个簇生于叶腋；花淡黄绿色。浆果椭圆形，长4～6cm，径3～4cm，熟时黄色。种子多数，深褐色。花期4月，果期10～11月。

分布与生境　产于全市山区、半山区。生于海拔600m以下的沟谷、山坡林缘或溪边灌丛中，常攀附于树冠或岩石上。

风味　果味清甜，可鲜食或酿酒。

附注　全株入药，具舒筋活络、解毒利尿、调经止痛之功效；枝叶茂密、叶绿果黄，是极好的园林观赏藤本。

相近种　五指挪藤 S. obovatifoliola subsp. intermedia，小叶近匙形，先端短尾尖；短药野木瓜 S. leucantha，小叶通常5枚，基部近楔形，背面苍白色。

06 南五味子 别名 红木香、紫金藤、盘柱南五味子

学名 **Kadsura longipedunculata** Finet et Gagnep. **科名** 木兰科 Magnoliaceae

识别特征 常绿藤本，全株无毛。叶互生；叶片薄革质，椭圆状倒披针形或椭圆形，先端渐尖，基部楔形，边缘有疏齿。雌雄异株；花单生于叶腋，白色或淡黄色，芳香。聚合果球形，径 1.5 ～ 3.5cm，小果为浆果，熟时深红色至暗紫色。花期 6 ～ 9 月，果期 9 ～ 12 月。

分布与生境 产于全市山区、半山区。生于海拔 800m 以下的山坡、溪谷两旁的林缘或灌丛中。

风味 味微甜，可鲜食。

附注 根、茎、叶、果实均可入药，果具滋补、强壮、宁神、敛汗、固精等功效；可供观赏，宜作花廊、花架、盆栽等。

07 掌叶复盆子 别名 牛奶格公、牛奶莓、麦扭

学名 **Rubus chingii** Hu 　　　　　科名 蔷薇科 Rosaceae

识别特征 落叶灌木，高 2～3m。幼枝无毛，具白粉和皮刺。叶互生；叶片近圆形，掌状 5 深裂。花单生于短枝顶端或叶腋，白色。聚合果红色，球形或卵球形，实心，密被白色柔毛，下垂。花期 3～4 月，果期 5～6 月。

分布与生境 产于全市山区、丘陵。生于山坡疏林、灌丛中或山麓林缘。

风味 味鲜甜，可鲜食、酿酒或制果酱、果脯、果汁等。

附注 未成熟的果实入药，中药名"覆盆子"，具补肾益精之功效，名称意为男人常服可令阳气大增，小解能将尿盆打翻。本种果实较大，味道佳，产量高，具有较高的发展前景，浙江省各地山区已有不少人工栽培。

相近种 山莓 *R. corchorifolius*，叶片通常不裂，稀 3 浅裂；三花悬钩子 *R. trianthus*，叶片 3 裂或不裂，花常 3 朵顶生；光果悬钩子 *R. glabricarpus*，幼枝及叶两面均被柔毛和腺毛，叶片 3 浅裂或缺刻状浅裂。3 种果实均可鲜食。

蓬蘽 别名　饭消扭、田格公

学名　**Rubus hirsutus** Thunb.　　　　　　　科名　蔷薇科 Rosaceae

识别特征　落叶或半常绿小灌木。枝被腺毛、柔毛及散生皮刺。奇数羽状复叶互生，小叶 3～5 枚；小叶片卵形或宽卵形。花单生于侧枝顶端，白色。聚合果红色，近球形，空心，径 1.5～2cm，无毛。花期 4～6 月，果期 5～6 月。

分布与生境　产于全市各地。生于低海拔山地、丘陵的山沟、路边的林缘、疏林下及灌草丛中。

风味　清甜，鲜食味美，也可酿酒、制果酱、制果汁及制果脯等。

附注　全株入药，具消炎解毒、清热镇惊、祛风活血功效。

相近种　空心泡 *R. rosifolius*，茎具柔毛和浅黄色腺点，小叶 5～7 枚。

高粱泡 别名　十月红、寒扭

学名　**Rubus lambertianus** Ser.　　　　　　科名　蔷薇科 Rosaceae

识别特征　半常绿藤本。茎有棱,散生钩刺。叶互生;叶片宽卵形或长圆状卵形,常 3～5 浅裂或具波状缺刻,缘有细锯齿。圆锥花序顶生或腋生;花密集,白色。聚合果红色,球形,径约 1cm。花期 7～8 月,果期 10～11 月。

分布与生境　产于全市各地。生于低海拔丘陵地带疏林下、林缘或沟边灌丛中。

风味　味微甜、偏酸,可鲜食,也可酿酒、制果酱、制果汁等。

附注　根入药,有清热、散瘀、止血之功效。

10 南酸枣 别名 酸枣、五眼果

学名 **Choerospondias axillaris** (Roxb.) Burtt et Hill　　科名 漆树科 Anacardiaceae

识别特征　落叶乔木，高达 20m。树皮条片状剥落。奇数羽状复叶互生，小叶 7 ～ 13 枚；小叶片卵形至卵状披针形，基部多少偏斜。雄花排列成聚伞圆锥花序，雌花通常单生；花小，淡紫色。核果黄色，椭圆形，长 2.5 ～ 3cm；果核顶端具 5 个萌发孔。花期 4 ～ 5 月，果期 9 ～ 11 月。

分布与生境　产于全市山区、丘陵。生于山坡或沟谷林中。

风味　果肉滑润，味甜而偏酸，可鲜食，也可制作糖果、糕点及酿酒等。

附注　树干通直，冠大荫浓，生长迅速，为优良速生用材与园林绿化树种；树皮及果实入药，具消炎解毒、止血止痛功效。

11 刺葡萄 别名 山葡萄

学名 **Vitis davidii** (Roman. du Caill.) Föex.　　　　　**科名** 葡萄科 Vitaceae

识别特征 落叶木质大藤本。幼枝密被棕红色软皮刺，老茎上皮刺呈瘤状突起；卷须具分枝，与叶对生。叶互生；叶片宽卵形至卵圆形，常 3 浅裂，下面灰白色。圆锥花序与叶对生；花小。果序长 10 ～ 30cm；浆果球形，径 1 ～ 1.5cm，熟时蓝紫色，被白粉。花期 4 ～ 5 月，果期 8 ～ 10 月。

分布与生境 产于全市山区、半山区。生于海拔 600m 以下的山坡阔叶林中或溪边灌丛中。

风味 浆果未熟时极酸，熟后味甜，可鲜食，也可酿酒、制醋、制葡萄干及制饮料等。

附注 葡萄育种种质资源；根可供药用；攀附力强，适作断面边坡复绿、石景美化及公园、庭院垂直绿化树种。

相近种 毛葡萄 *V. heyneana*，枝无软刺，叶片下面密被浅豆沙色绒毛，果熟时紫红色；网脉葡萄 *V. wilsoniae*，枝无软刺，叶片下面网脉发达，沿脉被锈色蛛丝状毛，果熟时蓝黑色。果均可生食。

杜英 别名 山橄榄、杜莺、羊屎树

学名 **Elaeocarpus decipiens** Hemsl.   科名 杜英科 Elaeocarpaceae

识别特征 常绿乔木，高达 10m。叶常集生于枝顶，互生；叶片披针形或长椭圆状披针形，先端渐尖，基部楔形，缘有锯齿；叶柄长 0.5～1.5cm。总状花序腋生；花淡白色，花瓣撕裂状。核果椭圆形或卵圆形，绿色，长 2～3cm，径 1.5～1.8cm。花期 3 月，果期 9～10 月。

分布与生境 产于北仑、鄞州、宁海、象山，较少见。生于低海拔的山坡、沟谷溪旁常绿阔叶林中。

风味 味酸甜爽口，可鲜食、制蜜饯、酿酒等。

附注 树干端正，枝叶茂密，叶片凋落前转为绯红色，红绿相间，是良好的园林绿化及用材树种，可作行道树。

13 中华猕猴桃 别名　藤梨、羊桃

学名 **Actinidia chinensis** Planch.　　　　科名 猕猴桃科 Actinidiaceae

识别特征　落叶木质藤本。叶互生；叶片纸质，圆形、宽卵形至椭圆形，边缘具刺毛状小齿，背面密被灰白色或淡棕色星状绒毛。聚伞花序；花初放时白色，后变淡黄色，清香。浆果近球形或长圆状球形，密被短绒毛，熟时褐色，具多数淡褐色斑点。花期 5 月，果期 9 ～ 11 月。

分布与生境　产于全市山区、半山区。生于海拔900m 以下的向阳山坡、沟谷溪边及山坡林中。

风味　果实酸甜可口，富含维生素，具生津润燥、解热除烦功效。

附注　猕猴桃育种种质资源；根入药，有清热解毒、化湿健脾、活血散瘀的功效；花可提取香精；是优良的蜜源和园林观赏植物。

相近种　毛花猕猴桃 *A. eriantha*，叶背与果实均密被灰白色星状绒毛，花淡红色。产于慈溪、余姚、奉化。

胡颓子 别名 斑楂、土萸肉、施枸

学名 Elaeagnus pungens Thunb.　　　　　　　**科名** 胡颓子科 Elaeagnaceae

识别特征 常绿披散或蔓性灌木,具棘刺。叶互生;叶片革质,椭圆形,全缘,下面银白色,散生褐色鳞片。花1～3朵腋生,银白色,下垂,密被鳞片。果实椭圆形,长12～14mm,被鳞片,熟时由橙黄色转橙红色。花期9～12月,果期翌年3～6月。

分布与生境 产于全市山区、海岛。生于山坡林下、沟谷溪边的灌丛中。

风味 果实甜而偏酸,可鲜食或酿酒、制果酱等。

附注 优良的观果灌木、绿篱树种和桩景材料;根、叶、果均可入药,根能祛风利湿、散瘀解毒、止血,叶能止咳平喘,果可消食止痢。

相近种 蔓胡颓子 *E. glabra*、巴东胡颓子 *E. difficilis*、宜昌胡颓子 *E. henryi*、大叶胡颓子 *E. macrophylla*、牛奶子 *E. umbellata*、木半夏 *E. multiflora*、毛木半夏 *E. courtoisi*,其中前4种为常绿藤本,后3种为落叶灌木。果均可生食。

15 地菍 别名　野落茄、地石榴、地珠

学名　**Melastoma dodecandrum** Lour.　　科名　野牡丹科 Melastomataceae

识别特征　常绿亚灌木。茎匍匐，下部逐节生根，多分枝。叶对生；叶片坚纸质，椭圆形或卵形，先端急尖或圆钝。聚伞花序；花 1～3 朵，粉红色或紫红色。浆果坛状球形，熟时由绿转红、紫最后变为紫黑色。花期 6～8 月，果期 8～10 月。

分布与生境　产于全市山区、半山区。生于海拔700m 以下的山坡疏林下及路边草丛中，喜生于酸性土壤中。

风味　浆果汁多味甜，可鲜食、制果汁、制饮料或酿酒，也可提取食用色素。

附注　全草入药，有清热解毒、活血止血、补脾益肾功效；花、果期长，宜作观赏地被或盆栽。

16 秀丽四照花 别名 山荔枝

学名 **Dendrobenthamia elegans** Fang et Y.T. Hsieh　　　　　**科名** 山茱萸科 Cornaceae

识别特征　常绿小乔木，高 3 ～ 12m。叶对生；叶片薄革质，椭圆形或长圆状椭圆形，全缘，上面有光泽，侧脉 3 ～ 4 对，弧形。头状花序球形，顶生；总苞片 4 枚，大型花瓣状，淡黄白色；花瓣 4，黄绿色。聚花果球形，径 1.5 ～ 2cm，熟时鲜红色。花期 6 ～ 7 月，果期 9 ～ 11 月。

分布与生境　产于余姚、鄞州、奉化、宁海、象山。生于海拔 250 ～ 850m 的沟谷溪边、山坡林中。

风味　味甜，口感佳，可鲜食、酿酒和制醋。

附注　花、果皆美，为观赏、食用兼具的优良树种，具有较高的开发价值。

相近种　东瀛四照花 *D. japonica*，落叶小乔木，叶背淡绿色，产于北仑、奉化、宁海；四照花 *D. japonica* var. *chinensis*，落叶小乔木，叶背粉绿色，产于余姚、鄞州、奉化。

野柿 别名　山柿

学名　**Diospyros kaki** Thunb. var. **silvestris** Makino　　　科名　柿科 Ebenaceae

识别特征　落叶乔木，高达 8m。小枝、叶柄密生黄褐色短柔毛。叶互生；叶片卵状椭圆形，全缘。雌雄异株或杂性同株；雄花为短聚伞花序，雌花单生于叶腋；花冠坛状，白色。浆果近球形或卵圆形，径 3～5cm，熟时橙黄色至橙红色，有白霜。花期 4～5 月，果期 10～12 月。

分布与生境　产于全市山区、半山区。生于丘陵、山地的林中、林缘及灌丛中。

风味　果味甜中带涩，可鲜食，也可做柿饼或酿酒、制醋。

附注　柿树育种种质资源，可作柿树砧木或作观果、引鸟植物；未熟果可提制栲胶、柿漆；柿霜及柿蒂可入药。

相近种　华东油柿 *D. oleifera*，树皮不规则片状剥落，呈现灰白色；柿果较大，熟时黄绿色。

18 荚蒾

学名 **Viburnum dilatatum** Thunb.

科名 忍冬科 Caprifoliaceae

识别特征 落叶灌木，高 1～3m。幼枝、芽、叶柄和花序均被开展粗毛或星状毛。叶对生；叶片纸质，卵圆形、倒卵形至椭圆形，侧脉直达齿端，下面被有细小腺点。复伞形花序生于短枝顶端；花稠密，白色。核果卵形至近球形，径约 8mm，鲜红色。花期 5～6 月，果期 9～11 月。

分布与生境 产于全市山区、半山区。生于海拔 800m 以下的山坡、沟谷疏林下、林缘及山麓灌丛中。

风味 果实微甜清口，可鲜食，也可酿酒。

附注 花果俱美，为优良的园林观赏树种，也可作引鸟植物；果实、根、枝叶均可入药，具消食、活血、止痛、健脾、清热解毒、疏风解表功效；种子含油，可制皂或润滑油。

相近种 饭汤子 *V. setigerum*、宜昌荚蒾 *V. erosum*、南方荚蒾 *V. fordiae*、黑果荚蒾 *V. melanocarpum*，前 3 种果红色，后者果黑色。

第三节　野生药用植物资源

一、中草药资源

1. 全市资源

根据《中国药典》（2015 年）、《浙江省中药炮制规范》（2015 年）、《浙江药用植物资源志要》（2016 年）、《全国中草药汇编》（上、下册，1975 年）、《浙江中药资源名录》（1960 年）、《浙江中药手册》（1960 年）、《浙江天目山药用植物志》（1965 年）、《浙江民间常用草药》（第一、二、三集，1969 ～ 1972 年）、《浙江省中草药单方、验方选编》（第一、二辑，1970 ～ 1971 年）、《浙江药用植物志》（上、下册，1980 年）等文献资料统计，宁波共有野生（含归化植物）药用植物 1493 种，占宁波全部野生植物的 68%。根据功效分为下列 20 类，由表 6-3 可见，宁波野生药用植物类别十分齐全，其中以清热药居多，有 664 种，占 44.5%，其次是祛风湿药，有 193 种，占 12.9%，开窍药和涌吐药最少，分别仅有 2 种，各占 0.1%。

2. 分区资源

对宁波市 10 个地理单位的野生药用植物种类进行统计，结果表明，野生药用植物种类最丰富的为宁海，有 1257 种，约占宁波全部野生药用植物种数的 84.2%，其次是余姚和奉化，各占 81.9%、81.8%，再者是象山、鄞州和北仑，各占 80.6%、80.4%、80.0%；种类最少的是市区，占 26.1%，见表 6-4。

二、法定野生药用植物资源

以《中国药典》（2015 年）和《浙江省中药炮制规范》（2015 年）为依据，全市范围内有法定标准收载的野生（含归化植物）药用植物共 394 种（不含民间中草药，同种植物具多种药用部位的不作重复统计），其中《中国药典》收载的有 227 种，《浙江省中药炮制规范》收载的有 281 种。

上述 394 种法定野生药用植物中，按药用部位分析发现，宁波的药用植物以全草类，根、根茎类为主，分别占 33.8% 和 30.2%；最少的是树脂类和其他类，仅各占 0.5%，见表 6-5。

表 6-3　宁波野生药用植物按功效分类统计表

序号	功效	种数	占总种数比例 /%	序号	功效	种数	占总种数比例 /%
1	解表药	40	2.7	11	芳香化湿药	5	0.3
2	清热药	664	44.5	12	利水渗湿药	74	5.0
3	泻下药	8	0.5	13	温里药	18	1.2
4	补虚药	90	6.0	14	理气药	49	3.3
5	祛风湿药	193	12.9	15	消食药	11	0.7
6	止血药	58	3.9	16	驱虫药	5	0.3
7	活血祛瘀药	156	10.4	17	开窍药	2	0.1
8	化痰止咳平喘药	69	4.6	18	收涩药	18	1.2
9	安神药	9	0.6	19	涌吐药	2	0.1
10	平肝熄风药	9	0.6	20	解毒杀虫燥湿止痒药	13	0.9

表 6-4　宁波各地理单位野生药用植物种数一览表

地理单位	慈溪	余姚	镇海	江北	北仑	鄞州	奉化	宁海	象山	市区
种数	868	1223	677	601	1194	1201	1221	1257	1203	389
比例 /%	58.1	81.9	45.3	40.3	80.0	80.4	81.8	84.2	80.6	26.1

表 6-5　宁波法定野生药用植物按药用部位统计表

药用部位	全草类	根、根茎类	果实、种子类	茎、木类	叶类	皮类	花类	树脂类	其他类
种数	133	119	61	25	22	15	15	2	2
比例 /%	33.8	30.2	15.5	6.3	5.6	3.8	3.8	0.5	0.5

三、重要药用植物列举

孩儿参 别名 太子参

学名 **Pseudostellaria heterophylla** (Miq.) Pax

科名 石竹科 Caryophyllaceae

识别特征 多年生草本，高 15 ～ 20cm。块根长纺锤形，肉质。茎被 2 列短毛。茎中下部的叶对生，狭长披针形，茎顶端常具 2 对叶，交互密生成十字形；叶片卵状披针形至长卵形，长 3 ～ 6cm，宽 1 ～ 3cm，先端渐尖，基部宽楔形。花两型：茎下部的花较小，常无花瓣；上部的花较大，具长梗，花瓣 5，白色。蒴果卵球形，含少数褐色种子。花期 4 ～ 7 月，果期 7 ～ 8 月。

分布与生境 产于余姚、北仑、鄞州、奉化、宁海、象山。生于海拔 900m 以下的阴湿山坡林下或石隙间。

药用部位 肉质块根。

功效与主治 益气健脾、生津润肺；用于脾虚体倦、食欲不振、病后虚弱、气阴不足、自汗口渴、肺燥干咳。

附注 块根中药名为"太子参"，为传统中药材。浙江省重点保护野生植物。该种在宁波分布较广，资源较丰富，山区、丘陵均可种植。

02 箭叶淫羊藿 别名 三枝九叶草、铁箭头

学名 *Epimedium sagittatum* (Sieb. et Zucc.) Maxim.　　科名 小檗科 Berberidaceae

识别特征 多年生常绿草本，高 25 ～ 50cm。根状茎粗短结节状；地上茎直立，无毛。茎生叶 1 ～ 3 枚，三出复叶；顶生小叶片卵状披针形，先端急尖至渐尖，基部心形，边缘具刺毛状齿，仅下面疏被毛；侧生小叶基部两侧不对称。圆锥花序顶生，多花，花小；萼片白色；花瓣棕黄色，距呈囊状。蓇葖果长约 1cm，顶端具喙。花期 3 ～ 4 月，果期 5 ～ 7 月。

分布与生境 产于余姚、北仑、鄞州、奉化、宁海。生于海拔 200 ～ 700m 的山坡林下或灌丛中。

药用部位 干燥的叶片及根状茎。

功效与主治 补肾阳、强筋骨、祛风湿；用于肾阳虚衰、阳痿遗精、筋骨痿软、风湿痹痛、麻木拘挛。

附注 浙江省重点保护野生植物。其不仅药用价值较高，而且叶形奇特，还可供园林观赏。本种在宁波各地山区有零星分布，但因人为采挖，资源渐趋枯竭，宜发展人工栽培。

03 延胡索 别名 元胡

学名 **Corydalis yanhusuo** (Y.H. Chou et C.C. Hsu) W.T. Wang ex Z.Y. Su et C.Y. Wu ｜ 科名 罂粟科 Papaveraceae

识别特征 多年生草本。块茎呈不规则扁球形，顶端略下凹，径 0.5～2.5cm。地上茎纤细，近基部有 1 枚鳞片。无基生叶，茎生叶 2～4 枚，具长柄；叶片宽三角形，二回三出全裂，裂片披针形或狭卵形，全缘或先端有大小不等的缺刻。总状花序顶生，具花 5～10 朵；上部苞片全缘或有少数牙齿，下部的常 2～3 裂；萼片 2 枚，极小，3 裂，早落；花紫红色，距圆筒形。蒴果条形，具种子 1～3 粒。种子卵球形，亮黑色。花期 3～4 月，果期 4～5 月。

分布与生境 产于鄞州、奉化。生于海拔 200～300m 的山沟林下。

药用部位 块茎。

功效与主治 活血、行气、止痛；用于胸胁或脘腹疼痛、胸痹心痛、经闭痛经、产后瘀阻、跌扑肿痛。

附注 传统中药材。浙江省重点保护野生植物。在宁波野生资源极少，仅在鄞州、奉化有少量野生，需注意保护。鄞州、慈溪等地有栽培。

三叶崖爬藤 别名 三叶青、金线吊葫芦

学名 **Tetrastigma hemsleyanum** Diels et Gilg 　　　科名 葡萄科 Vitaceae

识别特征 多年生常绿草质藤本。块根卵形或椭圆形。茎纤细无毛,下部节上生根;卷须不分枝,与叶对生。三小叶复叶互生;中间小叶片稍大,近卵形或披针形,先端渐尖,边缘疏生小锯齿,侧生小叶片基部偏斜。聚伞花序生于当年生新枝上;花小,黄绿色。浆果球形,径约 6mm,熟时鲜红色。花期 5～6 月,果期 9～12 月。

分布与生境 产于除镇海、江北、市区外的各地山区。生于海拔 800m 以下的山坡或沟谷、溪涧两旁的林下阴湿处。

药用部位 块根或全草。

功效与主治 清热解毒、祛风化痰、活血散结;用于白喉、小儿高热惊厥、痢疾、肝炎、扁桃体炎、淋巴结结核、子宫颈炎、蜂窝织炎,外用可治毒蛇咬伤、跌打损伤。

附注 名贵中药材。浙江省重点保护野生植物。在宁波境内分布较广,但野生资源较稀少,市场价格较昂贵。目前,慈溪、鄞州、镇海、北仑、象山等地有栽培,但规模不大。本种耐阴湿,是优良的林下经济植物,值得发展。

05 白花前胡 别名 岩风、鸡脚前胡、官前胡

学名 *Peucedanum praeruptorum* Dunn　　**科名** 伞形科 Umbelliferae

识别特征 多年生草本，高 60～120cm。主根粗壮，圆锥形，有分枝。茎有纵棱，基部有褐色叶鞘纤维。叶互生；二至三回三出式羽状分裂，末回裂片菱状倒卵形，先端尖，基部楔形下延，边缘有缺刻状粗锯齿，下面粉绿色；叶柄基部有宽鞘。复伞形花序顶生或腋生；伞幅 7～18 条，不等长；总苞片无或 3～5 枚；小总苞片 5～7 枚；花瓣 5 枚，白色，先端有内曲舌片。双悬果卵形或椭圆形，被短糙毛，长 4～5mm，背棱和中棱条状，侧棱具狭翅。花期 8～10 月，果期 9～11 月。

分布与生境 产于除江北、市区外的各山区、丘陵地带。生于向阳山坡的林缘、灌丛、疏林或草丛中及山谷溪沟边。

药用部位 干燥根。

功效与主治 降气化痰、散风清热；用于感冒咳嗽、支气管炎、痰热喘满、风热咳嗽痰多、疖肿。

附注 常用中药材。在宁波分布较广，资源较多。幼苗可作野菜。本种容易栽培，可于荒坡、落叶疏林下或果园中栽植。

单叶蔓荆 别名 蔓荆子

| 学名 | **Vitex rotundifolia** Linn. f. | 科名 | 马鞭草科 Verbenaceae |

识别特征 落叶匍匐灌木，长可达 8m。单叶对生；叶片倒卵形至近圆形，长 2 ～ 4.5cm，宽 1.5 ～ 3.5cm，先端常圆钝，基部楔形至宽楔形，全缘，上面被微柔毛，下面密被灰白色短绒毛。圆锥花序顶生；花冠二唇形，淡紫色或蓝紫色。核果近球形，径约 5mm，熟时黑色。花果期 7 ～ 11 月。

分布与生境 产于除余姚、江北、市区外的各地。生于大陆沿海或海岛的岩质海岸灌草丛中、沙滩内侧。

药用部位 干燥成熟果实。

功效与主治 疏散风热、清利头目；用于风热感冒头痛、齿龈肿痛、目赤多泪、目暗不明、头晕目眩。

附注 本种在宁波资源较为丰富，在沿海地带多有分布。花冠蓝紫色，具较高的观赏价值，是海岸、海岛美化的优良材料。

浙玄参 别名　玄参、乌玄参、宁波玄参

学名　**Scrophularia ningpoensis** Hemsl.　　　　科名　玄参科 Scrophulariaceae

识别特征　多年生草本，高 60 ～ 120cm。块根纺锤形或胡萝卜状。茎具四棱，有浅沟。叶对生，稀 3 叶轮生，在上部有时互生；叶片多为卵形，上部叶有时为卵状披针形至披针形，长 7 ～ 20cm，宽 4.5 ～ 12cm，先端渐尖，基部楔形、圆形或近心形，边缘有细钝锯齿或不规则的细重锯齿，下面被稀疏细毛。圆锥状聚伞花序顶生；花小，暗紫色，二唇形。蒴果卵圆形，长 6 ～ 9mm。花期 6 ～ 10 月，果期 9 ～ 12 月。

分布与生境　产于全市各山区、丘陵。生于较阴湿的山坡、沟谷林下或草丛中。

药用部位　肉质块根。

功效与主治　清热凉血、滋阴降火、解毒散结；用于热入营血、温毒发斑、热病伤阴、舌绛烦渴、津伤便秘、骨蒸劳嗽、目赤、咽痛、白喉、瘰疬、痈肿疮毒。

附注　著名的中药"浙八味"之一。宁波是其模式标本产地，野生资源较多，其可作林下栽培。

钩藤 别名 双钩藤、金钩藤

学名 *Uncaria rhynchophylla* (Miq.) Miq. ex Havil.　　　　科名 茜草科 Rubiaceae

识别特征 落叶藤本,长可达 10m。小枝略呈四棱,无毛,叶腋间具由不育花序特化形成的弯钩。单叶对生;叶片椭圆形、宽椭圆形或宽卵形,长 6 ~ 12cm,宽 3 ~ 6cm,先端渐尖,基部圆形或宽楔形,全缘,羽状脉,脉腋有簇毛;托叶 2 深裂,早落。头状花序单个腋生或数个组成顶生的圆锥花序;花小,黄色。果序球形。花期 6 ~ 7 月,果期 10 ~ 12 月。

分布与生境 产于全市山区、丘陵。生于海拔 100 ~ 600m 的山坡、沟谷林中或灌丛中。

药用部位 干燥的带钩茎枝。

功效与主治 息风定惊、清热平肝;用于肝风内动、惊痫抽搐、高热惊厥、感冒夹惊、小儿惊啼、妊娠子痫、头痛眩晕。

09 栀子 别名 山栀子、栀子花、黄栀、山黄栀

学名 **Gardenia jasminoides** Ellis　　　　　**科名** 茜草科 Rubiaceae

识别特征 常绿灌木，高 1 ～ 2m。有时具"节外生枝"现象。叶对生或 3 叶轮生；叶片革质，常为倒卵状椭圆形或倒卵状长椭圆形，长 4 ～ 14cm，宽 1 ～ 4cm，先端渐尖至急尖，基部楔形，全缘，两面无毛；叶柄极短或近无；托叶生于叶柄内侧，鞘状。花单生于枝顶，白色，具香气；萼裂片 5 ～ 7，条状披针形；花冠高脚碟状，5 ～ 7 裂，径 4 ～ 6cm，筒长 3 ～ 4cm。果橙黄色至橙红色，长 1.5 ～ 2.5cm，具 5 ～ 7 纵棱，顶端具宿萼。花期 5 ～ 7 月，果期 8 ～ 11 月。

分布与生境 产于全市山区、丘陵。生于山坡、沟谷的疏林下、灌丛中或岩隙间。

药用部位 成熟果实。

功效与主治 泻火除烦、清热利湿、凉血解毒；外用消肿止痛。用于热病心烦、湿热黄疸、淋证涩痛、血热吐衄、目赤肿痛、火毒疮疡；外治扭挫伤痛。

附注 著名香花植物，可供园林观赏；花可入菜；果可提制黄色染料。

10 忍冬 别名 忍冬藤、金银花

学名 **Lonicera japonica** Thunb.   科名 忍冬科 Caprifoliaceae

识别特征 半常绿木质藤本。幼枝密被黄褐色糙毛及腺毛；叶对生；叶片卵形、长圆状卵形或卵状披针形，稀倒卵形，长 3～9cm，宽 1.5～5cm，先端常短尖至渐尖，基部圆形至近心形，边缘具缘毛。花双生，有香气；苞片叶状，长 2～3cm；花冠二唇形，初开时白色，后变黄色，长 2～6cm，被倒生糙毛和腺毛；雄蕊 5 枚，与花柱均长于花冠。浆果离生，圆球形，熟时黑色，径 6～7mm。花期通常 4～6 月，果期 10～11 月。

分布与生境 产于全市各地。生于海拔 600m 以下山地、丘陵、平原、海岛的灌丛或疏林中或岩石上。

药用部位 茎、枝、花蕾或初开的花朵。

功效与主治 忍冬藤具清热解毒、疏风通络功效，用于温病发热、热毒血痢、痈肿疮疡、风湿热痹、关节红肿热痛；忍冬花具清热解毒、疏散风热功效，用于痈肿疔疮、喉痹、丹毒、热毒血痢、风热感冒、温病发热。

附注 宁波境内资源储量丰富。优良的园林绿化材料，其花气味芳香，不仅可入药，还可用于泡茶或沐浴等，是一种多用途植物。

桔梗 别名 甜桔梗、僧帽花、铃铛花

学名 **Platycodon grandiflorus** (Jacq.) A. DC.　　科名 桔梗科 Campanulaceae

识别特征　多年生草本，高 40～120cm。有乳汁。茎通常单一，光滑无毛。根肉质肥大，胡萝卜状。上部叶互生，中下部叶轮生或对生；叶片卵形、卵状椭圆形至披针形，长 2～7cm，宽 1.5～3cm，先端急尖，基部宽楔形至圆钝，边缘具细锯齿，下面被白粉；叶柄无或极短。花单生或数朵集成疏生的总状花序；花大，宽钟状，径 3～5cm，蓝色或紫色。蒴果通常为倒卵形，熟时盖裂为 5 瓣。种子多数，细小。花期 5～10 月，果期 9～12 月。

分布与生境　产于慈溪、北仑、象山。生于向阳干燥的山坡、林缘草丛中。余姚、鄞州等地有栽培。

药用部位　肉质根。

功效与主治　宣肺、利咽、祛痰、排脓；用于咳嗽痰多、胸闷不畅、咽痛音哑、肺痈吐脓。

附注　本种是一多用途植物，花大蓝色，极为优美，可供园林观赏；根可入药或作药膳；幼苗可作菜食用。

石菖蒲　别名　九节菖蒲、岩菖蒲

学名　**Acorus tatarinowii** Schott

科名　天南星科 Araceae

识别特征　多年生常绿草本。全株有香气。根状茎横生，肥厚，具较密的节，节上生须根。叶两列状密集互生；叶片条形，长 20～50cm，宽 7～13mm，先端渐尖，基部抱茎，全缘，具平行脉，无中脉。花茎高 10～30cm，压扁状；叶状佛焰苞长 13～25cm；肉穗花序圆柱形，长 2.5～10cm；花小，白色。浆果肉质，熟时黄绿色或黄白色。花期 4～7 月，果期 6～9 月。

分布与生境　产于全市各地山区、丘陵地带。多生于湿地或山区小溪常年流水的石缝中或岩隙间。

药用部位　干燥的根状茎。

功效与主治　开窍豁痰、醒神益智、化湿开胃；用于神昏癫痫、健忘失眠、耳鸣耳聋、脘痞不饥、噤口下痢。

附注　本种叶片密集清秀，终年常绿，可供园林湿地美化，用于河岸、人造瀑布等处点缀及作湿润林下地被配置。

13 浙贝母 别名 浙贝、象贝

学名 *Fritillaria thunbergii* Miq.   科名 百合科 Liliaceae

识别特征 多年生草本，高 30 ～ 80cm。鳞茎球形或扁球形，径 2 ～ 6cm，通常由 2 枚肥厚的鳞片组成。茎下部及上部的叶互生或近对生，中部的 3 ～ 5 片轮生；叶片条状披针形、披针形至倒披针形，长 6 ～ 15cm，宽 0.5 ～ 1.5cm，中部以上的叶先端卷曲。总状花序具花 3 ～ 9 朵；花下垂，花被片 6 枚，排成 2 轮，淡黄绿色，内面有紫色的网状脉纹和斑点。蒴果卵圆形，径 2 ～ 3cm，具 6 条纵向宽翅。花期 3 ～ 4 月，果期 4 ～ 5 月。

分布与生境 产于宁海。生于沟谷边阴湿林下。市内各地常有栽培。

药用部位 地下鳞茎。

功效与主治 清热化痰止咳、解毒散结消痈；用于风热咳嗽、痰火咳嗽、肺痈、乳痈、瘰疬、疮毒。

附注 著名的中药"浙八味"之一，是宁波重要的地产中药材。鄞州在历史上是浙贝母的主产地，至今已有 300 余年的栽培历史；早在 1980 年鄞州浙贝母收购量就占全国的 70%。近些年，在区政府强有力的干预和引导下，其种植规模达到了近万亩[①]，产量占全国的 1/3，加上强制推行了无硫化加工方法，不仅使鄞州成为全国最大的浙贝母主产地，而且其产品也得到了市场的青睐。

① 1 亩 ≈ 667m²

14　麦冬　别名　沿阶草、书带草

| 学名 | **Ophiopogon japonicus** (Linn. f.) Ker-Gawl. | 科名 | 百合科 Liliaceae |

识别特征　多年生常绿草本。具细长的地下走茎；根较粗壮，中部或末端常膨大成椭圆形或纺锤形的肉质小块根。叶基生，密集，无柄；叶片狭条形，长 15 ～ 50cm，宽 1 ～ 4mm，边缘具细锯齿；叶鞘膜质。花葶扁平且有锐棱，自叶丛中抽出，远短于叶，常隐于叶丛中；总状花序长 2 ～ 7cm，花梗下弯，具关节；花紫色或淡紫色。种子小核果状，球形，径 7 ～ 8mm，熟时深蓝色。花期 6 ～ 7 月，果期 10 月至翌年 3 月。

分布与生境　产于全市各地。生于山坡林下阴湿处或沟边草丛中。各地园林中栽培极为普遍。

药用部位　肉质块根。

功效与主治　养阴生津、润肺清心；用于肺燥干咳、阴虚痨嗽、喉痹咽痛、津伤口渴、内热消渴、心烦失眠、肠燥便秘。

附注　是中药"浙八味"的重要代表种类，被称为"浙麦冬"或"杭麦冬"，是宁波 2 种重要地产中药材之一。20 世纪 80 年代，浙麦冬的主产地就在慈溪市，因慈溪所产麦冬含有较高的麦冬总皂苷，并独有麦冬龙脑苷。但由于早些年麦冬被大量用于园林绿化，其经济效益远高于中药材效益，故药材产量逐年下降，市场也逐渐被川麦冬所替代。因浙麦冬的品质和功效均优于川麦冬，随着 2010 年中药材价格的大幅飙升，近几年慈溪市重新恢复了药用麦冬的规模化生产，并于 2018 年底顺利通过了由农业农村部组织的农产品地理标志专家评审。

15 华重楼 别名 七叶一枝花

学名 **Paris polyphylla** Smith var. **chinensis** (Franch.) Hara　　科名 百合科 Liliaceae

识别特征　多年生草本。根状茎粗壮，密生环节；茎高 30 ～ 150cm。叶通常 5 ～ 9 枚，轮生于茎顶；叶片长圆形或卵状披针形。花单生茎顶，外轮花被片绿色，叶状，内轮花被片狭条形。蒴果近圆形，径 1.5 ～ 2.5cm，具棱，暗紫色，熟时开裂。种子多数，鲜红色。花期 4 ～ 6 月，果期 10 ～ 12 月。

分布与生境　产于除镇海、江北、市区外的各地山区、半山区。生于海拔 200 ～ 900m 的山坡、沟谷林下阴湿处。

药用部位　地下根状茎。

功效与主治　清热解毒、消肿止痛、凉肝定惊；用于疔疮痈肿、咽喉肿痛、蛇虫咬伤、跌扑伤痛、惊风抽搐。

附注　浙江省重点保护野生植物。成年植株通常有 7 枚叶片轮生，顶部开放一朵非常特殊的绿色花朵，故又有"七叶一枝花"之称。由于生长缓慢，加之采挖量大，野生资源已极为稀少，市场价格较高。本种耐阴湿，是优良的林下经济植物，值得发展。

多花黄精 别名　姜形黄精、山捣臼、九蒸九晒、囊丝黄精、白芨黄精

学名　*Polygonatum cyrtonema* Hua　　　　　　科名　百合科 Liliaceae

识别特征　多年生草本，高 50 ～ 100cm。根状茎肥厚，常呈连珠状或结节状，径 1 ～ 2.5cm。茎弯拱。叶互生，排成 2 列；叶片椭圆形至长圆状披针形，长 8 ～ 20cm，宽 3 ～ 8cm，先端急尖至渐尖，基部圆钝，两面无毛。伞形花序具花 2 ～ 7 朵，下垂；花绿白色，近圆筒形，长 1.5 ～ 2cm。浆果径约 1cm，熟时黑色。花期 5 ～ 6 月，果期 8 ～ 10 月。

分布与生境　产于除镇海、江北、市区外的各地山区、丘陵。生于山坡林下阴湿处、山沟边或岩隙间。

药用部位　地下根状茎。

功效与主治　补气养阴、健脾、润肺、益肾；用于脾胃气虚、体倦乏力、胃阴不足、口干食少、肺虚燥咳、劳嗽咳血、精血不足、腰膝酸软、须发早白、内热消渴。

附注　滋补类药材。宁波境内资源较丰富，是深受宁波人喜爱的药材之一，是宁波本地野生中药材资源的重要代表，目前每年都能形成一定量的商品供应医药市场。但野生资源挖掘现象较为严重，应注意保护。

17 金线兰 别名 花叶开唇兰、金线莲、鸟人参

学名 **Anoectochilus roxburghii** (Wall.) Lindl.　　　科名 兰科 Orchidaceae

识别特征 多年生草本，高 8 ～ 14cm。具匍匐根状茎。叶 2 ～ 4 枚聚生；叶片卵圆形或卵形，上面暗紫色，具金红色网纹及丝绒状光泽，有时呈墨绿色而无网纹，下面淡紫红色，先端钝圆或具短尖，基部圆形，全缘，弧形脉 5 ～ 7 条至叶先端相连；叶柄基部扩大成鞘。总状花序疏生 2 ～ 6 朵花，花序轴被毛；萼片淡红色，中萼片卵形，凹陷，侧萼片卵状椭圆形，稍偏斜；花瓣白色，与中萼片靠合成兜状；唇瓣位于上方，白色，前端 2 裂呈 "Y" 字形，裂片全缘，宽约 1.5mm，中部收缩成爪，两侧各具 6 ～ 8 枚流苏状细裂片；距长约 6mm，上举指向唇瓣，末端 2 浅裂。花期 9 ～ 11 月。

分布与生境 产于奉化、宁海、象山。生于海拔 70 ～ 300m 的毛竹林或杉木林中。

药用部位 全草。

功效与主治 清热凉血、祛风利湿、解毒、止痛、镇咳；用于咯血、支气管炎、肾炎、膀胱炎、糖尿病、血尿、风湿性关节炎、肿瘤、毒蛇咬伤。

附注 又称"金线莲"，是本次调查发现的宁波分布新记录植物，数量十分稀少。由于药用价值较高，其成为近年来继铁皮石斛之后的中药新贵。现全市各地多有栽培。

18 铁皮石斛 别名 吊兰、铁吊兰、黑节草

学名 **Dendrobium officinale** Kimura et Migo　　　　科名 兰科 Orchidaceae

识别特征　多年生草本，高 10 ～ 40cm。茎丛生，圆柱形，向上渐细，具多节，节间短而微粗，有浅纵纹，常带淡紫褐色，中部以上二列状互生 3 ～ 5 枚叶；叶片纸质，长圆状披针形，顶端稍呈钩状，边缘和中脉淡紫色，基部具关节和鞘。总状花序侧生于无叶的茎上部，花序轴回折状弯曲，具花 2 ～ 3 朵；总花梗长约 1cm；苞片干膜质，浅白色；花黄绿色；唇瓣不裂。蒴果倒卵形。花期 5 ～ 7 月，果期 7 ～ 9 月。

分布与生境　产于余姚、北仑、鄞州、奉化、宁海、象山。生于海拔 200 ～ 700m 阴湿或干燥的岩壁上。

药用部位　全草。

功效与主治　益胃生津、滋阴清热；用于热病津伤、口干烦渴、胃阴不足、食少干呕、病后虚热不退、阴虚火旺、骨蒸劳热、目暗不明、筋骨痿软。

附注　珍贵药材，自古即有"九大仙草之首"之美誉。奉化是该种的模式标本产地。历史上在宁波分布较多，但由于药用价值高，长期被药农过度采挖，野生资源近于枯竭。本次调查发现在余姚、奉化、宁海等地尚有少量野生，但数量十分稀少。目前全市各地已有人工规模化种植。

第四节　野生观赏植物资源

一、资源现状

经调查筛选，宁波市境内分布有各类野生观赏植物 1144 种（具体名录可参考李根有、陈征海、项茂林等主编，科学出版社 2012 年出版的《浙江野花 300 种精选图谱》；李根有、陈征海、桂祖云主编，科学出版社 2013 年出版的《浙江野果 200 种精选图谱》之附录"浙江野果名录"；李根有、陈征海、陈高坤、周和锋主编，科学出版社 2017 年出版的《浙江野生色叶树 200 种精选图谱》等著作），约占宁波野生维管植物总种数的 52%，隶属 157 科 542 属，包括观叶植物 193 种、观花植物 552 种、观果植物 227 种、观干植物 14 种、其他绿化植物 158 种（含花果不显著但具一定观赏价值的藤本植物、色叶树种、盆景树种、地被植物、湿地植物、草坪植物、竹类植物等），见表 6-6。若能将其中部分优良种类加以科学合理地开发利用，宁波的园林景观将更具特色和美感。

表 6-6　宁波野生观赏植物分类统计表

序号	类别	种数	占总种数的比例 /%
1	观叶	193	16.87
2	观花	552	48.25
3	观果	227	19.84
4	观干	14	1.23
5	其他	158	13.81
	合计	1144	100

注：为避免重复统计，对具有 2 种以上观赏类别的种类均仅归入主要的一个类型中

从表 6-7 可知，宁波的野生观赏植物以木本种类稍多，约占 52.89%，草本种类约占 47.11%；各种生活型中，又以多年生草本占绝对优势，约占全部种类的 38.11%，其次为落叶灌木，约占 12.94%，再是落叶乔木，约占 11.89%；木本植物中，常绿树种共 259 种，约占木本植物的 43%，落叶树种共 346 种，约占 57%。

表 6-7　宁波野生观赏植物生活型统计表

生活型		种数	占总种数的比例 /%
木本植物	常绿乔木	104	9.09
	落叶乔木	136	11.89
	常绿灌木	103	9.00
	落叶灌木	148	12.94
	常绿藤本	52	4.55
	落叶藤本	62	5.42
	小计	605	52.89
草本植物	一年生	61	5.33
	二年生	10	0.87
	多年生	436	38.11
	草质藤本	32	2.80
	小计	539	47.11
合计		1144	100

观花植物主要集中于蔷薇科（41）（括号内数据表示该科所包含的观花植物种数，含种下等级。下同）、唇形科（40）、菊科（37）、豆科（32）、兰科（25）、毛茛科（20）、百合科（19）、报春花科（18）、虎耳草科（17）、玄参科（16）、杜鹃花科（14）、景天科（12）、堇菜科（12）、龙胆（11）、茜草科（11）、忍冬科（11）16 个科中，共计 336 种，占比约 61%。

观果植物主要集中于冬青科（16）、蔷薇科（15）、马鞭草科（13）、忍冬科（13）、芸香科（11）、紫金牛科（11）6 个科中，共计 79 种，占比约 35%。

二、花色、花期分析

1. 花色

花色是观赏植物最重要的观赏特性和指标。大自然中植物的花色五彩缤纷、千变万化，但最主要的花色通常为红、黄、白、紫、蓝等。对所选择的 552 种以观花为主的植物进行花色统计，结果见表 6-8。

由表 6-8 可见，宁波野生观花植物的花色以白色居多，其次是紫色，再次是黄色，红色居第四位，蓝色最少。

表 6-8　宁波野生观花植物花色统计表

花色	红	黄	白	紫	蓝	合计
种数	67	105	189	168	23	552
占总种数比例 /%	12.14	19.02	34.24	30.43	4.17	100.00

注：为避免重复统计，对具有 2 种及以上花色的种类均归入主要的一种花色中

植物的花色呈现主要是为了吸引昆虫为其授粉。上述花色比例应是植物与昆虫相互适应和选择的结果，也说明昆虫对各种花色的喜好程度。花色的进化除昆虫选择外，还与生态因子的影响有关，如紫外线强的地方蓝色花比例会增多，另外土壤的 pH 也会影响花色。

2. 花期

花期是观赏植物在园林中配置的重要参考依据，对宁波产的 552 种野生观花植物的花期根据春（3 ～ 5 月）、夏（6 ～ 8 月）、秋（9 ～ 11 月）、冬（12 月至翌年 2 月）4 个季节进行统计，结果如表 6-9 所示。

统计结果表明，在宁波的 552 种野生观花植物中，以春季与夏季开花的植物种类最多，各占 39.86%、40.94%，秋季开花的植物占 18.12%，而冬天开花的植物则极为稀少。

在大自然中，虽然四季都能见到植物开花，但花期在一年中的分布是极不均衡的，开花的植物种类通常以春夏两季最多，统计结果也证实了这一点。自然界中这种现象的产生，既与植物适应气候相关，同时又是与昆虫相互适应、协同进化的结果。植物与昆虫在一年中均表现出一种节律性的变化，春天气温回暖，昆虫从冬眠中醒来，破茧而出，寻找食物，繁衍后代，哺育幼虫，早春至初夏时段正是昆虫对食物需求量最大之时，而植物为了达到异花授粉、最大限度地生产种子且增强后代活力，选择此时纷纷开花，故而开花的植物种类也是最多。

三、果色、果期分析

1. 果色

果实的颜色是欣赏植物的主要内容、点缀园林色彩的重要材料，也是配置园林植物的主要依据。在自然界中，果实的颜色十分丰富，常见和重要的果色有红、黄、紫、蓝、绿、黑、白等，而且有的植物会呈现多种果色，还有的植物果色会随成熟度而发生渐变。在宁波所产野生植物中，根据果色是否鲜艳、形状是否奇特等观赏特征进行筛选，选出了具一定观赏价值的 227 种观果植物，统计结果如表 6-10 所示。尽管自然界中黑色果实较多，其他还有褐色、灰色等，但考虑到人类对颜色的喜恶，故黑色通常不予入选，所以此结果中黑色果的比例并不代表自然界的真实情况。

在大自然中，植物果色的分化和分布，同样与繁衍后代、扩大种群及拓展地盘密切关联。许多植

表 6-9　宁波野生观花植物花期统计表

花期	春	夏	秋	冬	合计
种数	220	226	100	6	552
占总种数比例 /%	39.86	40.94	18.12	1.08	100.00

注：为避免重复统计，对跨 2 个季节的种类均仅归入主要的一个花期中

表 6-10　宁波野生观果植物果色统计表

果色	红	黄	白	紫	蓝	绿	黑	其他	合计
种数	161	9	5	24	14	10	3	1	227
占总种数的比例 /%	70.93	3.96	2.20	10.57	6.17	4.41	1.32	0.44	100.00

注：为避免重复统计，对具有 2 种及以上果色的种类均归入主要的一种果色中，并以成熟果色为准

物果实进化出多汁果肉和坚硬果核（或种子），有的甚至有甜味或香气，外表色泽艳丽，这些都是为了吸引鸟类及一些啮齿类动物的关注，或者说一些常见果色是植物为了自身繁衍需要而迎合鸟类或其他动物的喜好而进化过来的。从统计结果可以看出，动物对红色是最敏感的。在自然界中黑色果的种类也不在少数，说明动物与人不同，对黑色并不排斥。

2. 果期

果期同样是园林中对观果植物进行选择和配置的重要依据。根据与花期同样的季节划分，对宁波所产的 227 种野生观果植物进行果期统计，结果如表 6-11 所示。

从表 6-11 可看出，宁波产的 227 种野生观果植物的果期主要集中在秋季，其次是夏季，春季及冬季均很少。

果期的分布既受自然规律制约，也与植物生长季节和生活特性相关，还与动物的习性有着密切关系。为了度过严寒萧条、食物匮乏的漫长冬季，秋季时鸟类及其他动物必须大量摄取能量或贮存食物，

一些核果、浆果类植物集中选择此时成熟，让动物大量取食，表面看似无偿奉献，牺牲了自己的后代，其实不然，实质上是植物利用动物的生活特性而采取的一种互惠策略，当动物食用果实之后，坚硬的果核或种子在它们的胃中通常不能被消化，而胃液的处理却能起到促进种子萌发的作用；动物粪便包裹着种子又为种子萌发及幼苗生长提供了水分和营养；更重要的是，在动物四处活动的过程中，还无意识地进行着传播种子工作，帮助植物扩大了地盘，可谓一举多得，这就是植物的智慧，也是值得人类向大自然学习的地方。

四、园林用途分类

宁波丰富的野生观赏植物种质资源，能满足绝大多数园林用途、欣赏层次和季节配置的需求，不少种类繁育后有望能直接应用于本地园林。综合园林用途、观赏部位、分类系统并结合宁波实际，将 1144 种野生观赏植物分为以下 20 类，见表 6-12。

表 6-11　宁波野生观果植物果期统计表

花期	春	夏	秋	冬	合计
种数	11	37	161	18	227
占总种数的比例 /%	4.84	16.30	70.93	7.93	100.00

注：为避免重复统计，对跨 2 个季节的种类均仅归入主要的一个季节中

表 6-12　宁波野生观赏植物按园林用途分类一览表

序号	园林用途	种数	占总种数的比例 /%	序号	园林用途	种数	占总种数的比例 /%
1	庭荫树种	23	2.01	11	盆栽植物	34	2.97
2	行道树种	19	1.66	12	花境植物	190	16.61
3	色叶树种	50	4.37	13	湿地植物	87	7.60
4	观花树种	117	10.23	14	岩生植物	56	4.90
5	观果树种	111	9.70	15	滨海植物	64	5.59
6	观干树种	14	1.22	16	地被植物	85	7.43
7	观形树种	25	2.19	17	花坛植物	31	2.71
8	防护树种	18	1.57	18	草坪植物	24	2.10
9	绿篱树种	15	1.31	19	观赏藤本	135	11.80
10	盆景树种	15	1.31	20	观赏竹类	31	2.71

注：为避免重复统计，凡具 2 种及以上园林用途的均仅归入主要的一种用途中，故每类的实际种数应远大于统计数字

1. 庭荫树种：指种植于庭院和公园中，可为游人提供庇荫纳凉的树种。如甜槠、钩栲、细叶青冈、赤皮青冈、糙叶树、朴树等。计有 23 种。

2. 行道树种：这里专指在道路两旁或中央隔离带种植的为行人和车辆提供遮阴、指示及防护作用的乔木树种。如珊瑚朴、榉树、香樟、浙江樟、合欢、南酸枣、黄山栾树、无患子、南京椴、浙江柿等。计有 19 种。

3. 色叶树种：这里专指春季或秋季叶色呈现非一般的绿色，而为鲜艳夺目的野生乔灌木。宁波的野生树种中，这类树种较为丰富，主要有春色叶树种、秋色叶树种、春秋色叶树种和零星色叶树种。春色叶树种如舟山新木姜子、马鞍树、窄基红褐柃、马银花、乌饭树等；秋色叶树种如金钱松、毛黄栌、野漆树、海岸卫矛、吴茱萸五加等；春秋色叶树种如红脉钓樟、枫香、山乌桕、蓝果树、三角枫、毛果槭等；零星色叶树种如秃瓣杜英、树参等。计有 50 种。

4. 观花树种：指花朵大而艳丽，或花朵密集，或花形奇特，且花朵显露于树冠外部的乔灌木，在园林中主要供游人赏花之用。如白玉兰、天目木兰、檫木、白鹃梅、粉花绣线菊、单瓣笑靥花、湖北海棠、豆梨、腺叶桂樱、杭子梢、黄山紫荆、浙江紫薇、白花泡桐、香果树等。计有 117 种。

5. 观果树种：指果实或种子色泽艳丽，或形状奇特的乔灌木。如南方红豆杉、红果山胡椒、红果山鸡椒、小叶石楠、花榈木、密果吴茱萸、全缘冬青、铁冬青、野鸦椿、猫乳、小勾儿茶、猴欢喜、山桐子、七子花等，在园林中用途较多，可用于公园景观点缀或湿地配置，用以引鸟和其他小动物，增加园林物种多样性、景观多样性和游园趣味性。计有 111 种。

6. 观干树种：指树干、树皮、枝条的形状十分独特，或颜色异常艳丽的树种。如大叶桂樱、尖萼紫茎、卫矛、龟甲竹、紫竹、方竹等，是珍贵的园林材料。计有 14 种。

7. 观形树种：指虽无艳丽的花、果或奇特的叶片，但整体树形较为优美或奇特者。如黄山松、圆柏、刺柏、光皮桦、圆头叶桂、普陀樟、浙江楠、老鼠矢、红皮树等，适作园林景观树种或骨干树种。计有

25 种。

8. 防护树种：此类树种包括防风树种、防火树种、护坡树种、隔离树种（刺篱）等。防风树种有响叶杨、乌冈栎、女贞等；防火树种有木荷、杨梅、红山茶、杨桐、青冈、苦槠、杜英等；护坡树种有胡枝子、马棘、盐肤木等；隔离树种有湖北山楂、山皂荚、柞木等。计有 18 种。

9. 绿篱树种：指适于园林中密植修剪成围篱的树种，通常以灌木为主，要求具分枝点低、枝叶密集、耐修剪等特质。如黄杨、大果山胡椒、长柱小檗、矮冬青、冬青卫矛、日本厚皮香、密花树等。计有 15 种。

10. 盆景树种：指叶小枝密、生长较慢、耐修剪、易造型的树种。如榔榆、圆叶小石积、金豆、雀梅藤、赤楠、老鸦柿、小叶蜡子树、小叶女贞、细叶水团花等。计有 15 种。

11. 盆栽植物：指植株小巧，株形优美，枝叶清秀，耐阴性较强，能适应室内环境的植物，多为小灌木或多年生草本。如卷柏、肾蕨、马蹄细辛、六角莲、茵芋、秋海棠、毛瑞香、九管血、百两金、虎刺、风兰等。计有 34 种。

12. 花境植物：花境起源于欧洲，是将高纬度地区森林与草原交界处天然形成的优美的野花花带景观借用到园林中的一种植物配置形式，由于其能营造出千变万化、五彩缤纷、野趣盎然的景观效果，能给人以耳目一新的感觉，故近年来在国内十分流行。适于花境配置的植物较多，但通常以观赏价值高的多年生草本为主。如水晶花、草珊瑚、金线草、荭草、大叶唐松草、箭叶淫羊藿、铺散诸葛菜、大落新妇、苏州大戟、秀丽野海棠、紫花前胡、短毛独活、珍珠菜、龙胆、绵穗苏、南丹参、天目地黄、沙参、甘菊、浙江垂头菊、大麻叶泽兰、蹄叶橐吾、大花臭草、狼尾草、棕叶狗尾草、华东魔芋、露水草、荞麦叶大百合、黄花百合、药百合、卷丹、华重楼、射干、山姜、白芨等。计有 190 种。

13. 湿地植物：指适用于水体中或岸边湿润地等湿地绿化、美化的植物，种类以草本居多。如粤柳、银叶柳、中华水韭、水蕨、三白草、中华萍蓬草、莲、芡实、金鱼藻、圆叶节节草、轮叶狐尾藻、千屈菜、

野菱、黄花水龙、水芹、金银莲花、白棠子树、水虎尾、半枝莲、水苏、石龙尾、茶菱、水烛、黑三棱、眼子菜、利川慈姑、有尾水筛、苦草、黑藻、水车前、水鳖、菩提子、荻、日本苇、芦苇、卡开芦、芦竹、水禾、签草、菖蒲、灯心草、鸭舌草等。计有87种。

14. 岩生植物：此类植物生性极为强健，能生长于裸岩、石隙、墙缝、房顶等生境极端严酷之处。园林中通常利用这类植物进行石景点缀或边坡覆盖，可柔化岩石坚硬、冰冷的质感，用以表达生命的顽强之美；有些种类也可以用于制作绿色雕塑或盆栽观赏等。如松叶蕨、蜈蚣草、长生铁角蕨、骨碎补、圆盖阴石蕨、槲蕨、匍匐南芥、紫花八宝、晚红瓦松、东南景天、佛甲草、垂盆草、圆叶景天、费菜、浙江溲疏、虎耳草、兰香草、大花腋花黄芩、大花旋蒴苣苔、红花温州长蒴苣苔、吊石苣苔、山类芦、玉山针蔺、滴水珠、大花无柱兰、宁波石豆兰、毛药卷瓣兰、多花兰、铁皮石斛、纤叶钗子股、密花鸢尾兰等。计有56种。

15. 滨海植物：宁波拥有漫长的海岸线和众多的岛屿，沿海地带绿化、美化是一项极为重要的工作，故在此专门列出这一类。海岸生境可分为泥质、沙质和岩质3类，这些立地条件对植物而言均极为恶劣，能在这类生境中生存和生长的植物必须具有相应的耐盐、耐旱、耐瘠、耐热、抗风、抗紫外线等能力。适于泥质海岸生长的植物有旱柳、盐角草、碱蓬类、马甲子、海滨木槿、柽柳、中华补血草、碱菀、束尾草、海三棱藨草、糙叶薹草、田葱等；适于岩质海岸生长的有全缘贯众、海岛桑、尖头叶藜、海桐、厚叶石斑木、光叶蔷薇、圆叶小石积、日本花椒、琉球虎皮楠、冬青卫矛、滨柃、滨海前胡、滨海珍珠菜、多枝紫金牛、南方紫珠、厚叶双花耳草、茵陈蒿、假还阳参、芙蓉菊、滨海薹草、换锦花等；适于沙质海岸生长的有无翅猪毛菜、蓝花子、海滨香豌豆、珊瑚菜、厚藤、单叶蔓荆、肾叶打碗花、沙苦荬、龙爪茅、沙滩甜根子草、砂钻薹草、矮生薹草、绢毛飘拂草、华克拉莎等，上述植物均为仅分布于滨海的种类。计有64种。

值得重视的是，能在滨海环境中长期生存的植物适应性均较强，通常开发后在其他条件较优越之处多能表现得良好或更好，在园林中已被长期大量应用或近期开发利用成功的案例为数不少，如海桐、厚叶石斑木、冬青卫矛、海滨木槿、滨柃、日本珊瑚树、大吴风草等。

16. 地被植物：是指园林中成片密植用于覆盖地面的低矮植物。高度通常不超过1m，多为小灌木、多年生草本及矮小的竹类，多用于缓坡、旷地或疏林下。如石松、翠云草、光叶鳞盖蕨、乌蕨、美丽复叶耳蕨、线蕨、宽叶金粟兰、蔓赤车、冷水花、珠芽尖距紫堇、延胡索、大叶金腰、寒莓、假地豆、地菍、直刺变豆菜、紫金牛、九节龙、杜茎山、过路黄、走茎龙头草、匍茎通泉草、日本蛇根草、南方兔儿伞、鹅毛竹、灯台莲、杜若、吉祥草、紫萼、麦冬、山麦冬、牯岭藜芦等。计有85种。

17. 花坛植物：指可应用于各类花坛中的花卉，要求植株低矮，长势均衡，花期一致，花朵繁多，花色艳丽。在园林中应用的花坛花卉多是经过长期培育的品种，而野生花卉往往长势参差不齐、开花不集中等，难以达到要求，但通过一些技术措施如选择优株采用组织培养方式进行繁育、苗期进行摘心或喷施矮壮素等或可解决。计有石竹、鹅掌草、打破碗花花、乌头、蓝花琉璃繁缕、紫花香薷、印度黄芩、浙江黄芩、安徽黄芩、紫萼蝴蝶草、密花孩儿草、桔梗、甘菊、普陀狗哇花、薤头、朝鲜韭等31种。

18. 草坪植物：指在园林中用于紧密覆盖平坦地面的极低矮密集的植物。按草种可分为单子叶草坪草和双子叶草坪草2类；按功能可分为观赏草坪草、休憩草坪草及运动场草坪草3类，其中观赏草坪是由不耐踩踏的草种建植而成，游人不能入内，可由单一草种组成，也可在一般绿色草坪中散播一些矮小、多年生且能自播的开花植物，形成观赏性较高的嵌花草坪。休憩草坪草较为耐踩踏，运动场草坪草则要求极耐踩踏。可作观赏草坪建植的有蓼子草、积雪草、天胡荽、马蹄金、活血丹、金毛耳草、半边莲等；可作嵌花草坪的花卉有紫花地丁、绵枣儿、石蒜、绶草等；可用于休憩及运动场草坪建植的有假俭草、狗牙根、结缕草和中华结缕草等。计有24种。

19. 观赏藤本：是指主茎细长，自身不能直立，需借助一些特殊器官或功能向上攀爬的一类植物。分木质藤本和草质藤本2大类。它们或花繁叶茂，或果实奇丽，或叶片清新，或有美丽的春色叶或秋色叶，是园林中一类十分重要的造景材料，可用于墙面、假山、屋顶、立交桥、岩质边坡等处的绿化美化，也可用于栅栏、围墙、藤架、藤廊等配置，有的还可用于营建绿色雕塑。这类植物在宁波较为丰富，多分布于毛茛科、木通科、蔷薇科、豆科、葡萄科、猕猴桃科、鼠李科、夹竹桃科、萝藦科、茜草科和忍冬科中。如风藤、爱玉子、薜荔、绣球藤、毛叶铁线莲、木通、鹰爪枫、尾叶挪藤、大血藤、南五味子、华中五味子、小果蔷薇、春云实、龙须藤、常春油麻藤、香花崖豆藤、紫藤、飞龙掌血、多花勾儿茶、蛇葡萄、网脉葡萄、爬山虎、毛花猕猴桃、菱叶常春藤、网脉酸藤子、紫花络石、鹅绒藤、飞蛾藤、玉叶金花、钩藤、菰腺忍冬、木鳖子等。计有135种。

20. 观赏竹类：竹子虽无艳丽的花果，但竹秆青翠、枝叶婆娑，是一类具有特殊景观和观赏效果的园林植物，在南方园林中应用较广泛，可丛植、行植或片植。宁波的野生竹种较为丰富，不同竹种个体差异较大，但多数为刚竹属植物，地上竹秆呈散生状，地下有竹鞭相连。除将竹秆形状和颜色特异的、株形矮小的竹种分别归入观干树种与地被植物中外，本类尚有31种，如毛竹、桂竹、淡竹、枪刀竹、金竹、刚竹、四季竹、苦竹、寒竹等。

五、特色种类推荐

经野外观察，特别推荐以下既具特色，又具较高观赏价值，适应性较强，且目前在宁波园林中未见应用或应用极少的植物。

1. 乔木树种：赤皮青冈、圆头叶桂、普陀樟、舟山新木姜子、大叶桂樱、琉球虎皮楠、全缘冬青、铁冬青、海岸卫矛、毛果槭、猴欢喜、尖萼紫茎、云锦杜鹃、南方紫珠、七子花（图6-1～图6-15）。

2. 灌木树种：圆叶小石积、厚叶石斑木、黄山紫荆、海滨木槿、滨柃、华顶杜鹃、淡红乌饭树、单叶蔓荆、枇杷叶紫珠、金腺荚蒾、芙蓉菊、寒竹（图6-16～图6-27）。

3. 藤本植物：毛叶铁线莲、尾叶挪藤、鹰爪枫、翼梗五味子、龙须藤、紫花络石、木鳖子（图6-28～图6-34）。

4. 草本植物：晚红瓦松、海滨香豌豆、龙胆、浙江黄芩、紫花香薷、大花旋蒴苣苔、普陀狗哇花、茵陈蒿、水车前、日本苇、普陀南星、露水草、田葱、朝鲜韭、黄花百合、药百合、卷丹、乳白石蒜、短蕊石蒜、江苏石蒜、稻草石蒜、换锦花、玫瑰石蒜、大花无柱兰（图6-35～图6-58）。

图6-1　赤皮青冈

图 6-2　圆头叶桂

图 6-3　普陀樟

图 6-4　舟山新木姜子

图 6-5 大叶桂樱

图 6-6 琉球虎皮楠

图 6-7 全缘冬青

图 6-8　铁冬青

图 6-9　海岸卫矛

图 6-10　毛果槭

图 6-11　猴欢喜

图 6-12　尖萼紫茎

图 6-13　云锦杜鹃

图 6-14　南方紫珠

图 6-15　七子花

图 6-16　圆叶小石积

图 6-17　厚叶石斑木

图 6-18　黄山紫荆

图 6-19 海滨木槿

图 6-20 滨柃

图 6-21 华顶杜鹃

图 6-22　淡红乌饭树

图 6-23　单叶蔓荆

图 6-24　枇杷叶紫珠

图 6-25　金腺荚蒾

图 6-26　芙蓉菊

图 6-27　寒竹

图 6-28　毛叶铁线莲

图 6-29　尾叶挪藤

图 6-30　鹰爪枫

图 6-31　翼梗五味子

图 6-32　龙须藤

图 6-33　紫花络石

图 6-34　木鳖子

图 6-35　晚红瓦松

图 6-36　海滨香豌豆

图 6-37　龙胆

图 6-38　浙江黄芩

图 6-39　紫花香薷

图 6-40　大花旋蒴苣苔

图 6-41　普陀狗哇花

图 6-42　茵陈蒿

图 6-43　水车前

图 6-44　日本苇

图 6-45　普陀南星

图 6-46　露水草

图 6-47　田葱

图 6-48　朝鲜韭

图 6-49　黄花百合

图 6-50　药百合

图 6-51 卷丹

图 6-52 乳白石蒜

图 6-53 短蕊石蒜

图 6-54 江苏石蒜

图 6-55 稻草石蒜

图 6-56　换锦花

图 6-57　玫瑰石蒜

图 6-58　大花无柱兰

第五节　野生珍贵用材树种资源

一、资源现状

珍贵用材树种是指现有自然资源贫乏，或虽然现有资源较多，但因采伐利用强度大，具有潜在濒危性，同时具有较高经济价值的用材树种。宁波野生珍贵用材树种较为丰富，共有 61 种，隶属 23 科 39 属，其中列入《中国主要栽培珍贵树种参考名录》（2017 年版）的有 37 种，约占总数 61%；列入《浙江省珍贵树种资源发展纲要（2008—2020 年）》的有 44 种，约占总数的 72%。列为浙江省优先推荐珍贵树种的有金钱松、南方红豆杉、榧树、亮叶桦、赤皮青冈、榉树、浙江樟、刨花楠、浙江楠、檫木、毛红椿、黄连木 12 种，约占列入全省珍贵树种总数的 27%；列为一般推荐、鼓励发展的珍贵树种有响叶杨、锥栗、甜槠、栲树、细叶青冈、乌冈栎、乳源木莲、香樟、普陀樟、红楠、舟山新木姜子、长序榆、紫楠、南京椴、花榈木、南酸枣、蓝果树、香果树等 32 种，约占列入全省珍贵树种总数的 73%。

从科分布上看，含 3 种及以上的科有壳斗科（6 属 16 种）、樟科（6 属 13 种）、榆科（2 属 5 种）、冬青科（1 属 3 种）、豆科（3 属 3 种）5 科，共含有 18 属 40 种，分别约占总科数、总属数、总种数的 22%、46% 和 66%；含 2 种的科有漆树科、红豆杉科、椴树科 3 科，约占总科数的 13%；单种科有松科、杨柳科、桦木科等 15 科，约占总科数 65%。从属的分布上看，含 3 种及以上的属有樟属（5 种）、栎属（5 种）、栲属（5 种）、青冈属（3 属）、榆属（3 种）、冬青属（3 种）6 属，共有 24 种，分别约占总属数、总种数的 15% 和 39%；含 2 种的属有椴树属、榉属、楠木属、润楠属 4 属，约占总属数的 10%；单种属有檫木属、稠李属、柿属等 29 属，约占总属数的 74%。

在 61 种珍贵树种中，列为国家重点保护野生植物的有 12 种，约占 20%，其中国家 I 级重点保护野生植物有 1 种，国家 II 级重点保护野生植物有 11 种。从生活习性上看，以落叶乔木为主，共有 31 种，约占 51%；常绿乔木有 29 种，约占 48%；常绿灌木 1 种，约占 2%。从区域分布上看，以广域种为主，共有 36 种，约占 59%；区域种有 14 种，约占 23%；局域种 3 种，约占 5%；微域种有 8 种，约占 13%。

二、适地造林

造林树种的选择应遵循适地适树的原则，依据各树种的习性和特点。结合宁波地区实际，可将珍贵用材树种分为山地造林树种、海岛绿化树种、平原美化树种 3 种类型。

山地造林树种对土壤、风、光照、水分、海拔、坡向、坡位等的要求通常不高，多数珍贵用材树种均适宜山地造林，适用的树种有南方红豆杉、榧树、亮叶桦、甜槠、栲树、赤皮青冈、青冈、檫木、黄连木、香果树等。其中喜光且较耐干旱瘠薄的树种有亮叶桦、赤皮青冈、青冈、乌冈栎、黄檀、黄连木等；喜沟谷阴湿环境的树种有榉树、乳源木莲、浙江楠、浙江楠、毛红椿、香果树等；喜高海拔生境的有金钱松、长序榆、水青冈、檫木等。

海岛绿化树种一般具备抗风、耐盐碱、耐瘠薄、耐干旱等诸多特性，适宜海岛绿化的树种有赤皮青冈、普陀樟、红楠、舟山新木姜子、毛红椿、黄连木、厚皮香等 48 种。

平原美化树种一般具有耐水湿和较强的生态净化功能等作用，适宜平原美化的树种有金钱松、响叶杨、麻栎、杭州榆、榔榆、榉树、香樟、南酸枣、刺楸等 34 种。

此外，依据园林绿化的主要用途，可将珍贵用材树种分为园景树、行道树、庭荫树和风景林树种 4 种类型，其中适宜作园景树的有南方红豆杉、金钱松、亮叶桦、水青冈、榔榆、乳源木莲、香樟、豹皮樟、刨花楠、红楠、舟山新木姜子、冬青、蓝果树等；适宜作行道树的有榉树、光叶榉、香樟、浙江樟、普陀樟、黄连木、冬青等；适宜作庭荫树的有赤皮青冈、杭州榆、榉树、香樟、华南樟、浙江樟、黑壳楠、浙江楠、紫楠、浙江柿、香果树等；适宜作风景林树种的有金钱松、响叶杨、檫木、南酸枣、刺楸、毛红椿等。

三、重要种类列举

南方红豆杉 别名　美丽红豆杉

| 学名 | **Taxus wallichiana** Zucc. var. **mairei** (Lemé. et Lévl.) L.K. Fu et Nan Li | 科名 | 红豆杉科 Taxaceae |

形态特征　常绿乔木，高达 30m，胸径可达 2m 以上。树皮赤褐色或灰褐色，浅纵裂。叶螺旋状着生，在小枝上排成二列；叶片条形，微弯或近镰状，柔软，长 1.5～4cm，宽 3～4mm，上部渐窄，先端渐尖，上面中脉隆起，下面气孔带黄绿色，中脉带淡绿色或绿色，绿色边带较宽。雌雄异株；球花单生叶腋。种子倒卵形或椭圆状卵形，长 6～8mm，径 4～5mm，微扁，有钝纵脊，生于红色肉质杯状假种皮中。花期 3～4 月，种子 11 月成熟。

分布与生境　产于余姚、鄞州、奉化、宁海。散生于海拔 600m 以下的沟谷、山坡林中或村边；各地常有栽培。

生物学生态学特性　中性偏阴树种，幼年极耐阴；适宜温暖湿润的气候，较耐寒；喜土层深厚、疏松、肥沃、排水良好的酸性或中性土壤，不耐低洼积水，也能在石灰岩山地或瘠薄的山地生长；病虫害少；生长缓慢，寿命长。

用途　我国特有的古老物种，国家Ⅰ级重点保护野生植物。边材淡黄褐色，心材红褐色，纹理美丽，结构细密，材质坚硬，耐腐耐磨，不翘不裂，具光泽及香气，为家具、雕刻等的高级用材；假种皮味甜可食；种子油可制皂或润滑油；树冠高大，形态优美，枝叶浓密，秋季假种皮鲜红色，十分醒目，为优良的园林绿化树种，也可作盆栽观赏；植物体含有可提取用于治疗癌症的紫杉醇。

造林技术　①采种育苗：选择胸径 15cm 以上的大树，在 11 月种子成熟时及时采种，搓去红色肉质假种皮，洗净，用湿沙层积催芽，翌年 3 月用 40～50℃的温水浸泡 20min，再用高浓度的赤霉素浸种 20～25h，以促进种子萌发。种子开裂露白后进行大田或容器播种。苗期需适当遮阴，避免太阳灼伤。一般 1 年生苗高可达 10～20cm。②造林要点：在山区造林时，选择 2 年生播种苗（高 50～90cm），造林株行距为 2m×2m（2250 株 /hm²）。造林前挖穴，穴深 40cm，每穴施有机肥 0.25kg（腐熟的菜饼、油饼、家畜肥），覆土 1～2cm，然后定植。成活后，每年 3～5 月每月施复合肥 1 次，每次每株施肥量为 30～50g，10 月施磷钾肥 1 次，以促进苗木木质化。如作材药兼用林的，造林 4～5 年后便可在每年 10～11 月采中下部成熟枝叶提取紫杉醇；如作珍贵用材树种造林培育，需要培育 30 年以上方可采伐。

榧树　别名　野杉

学名　**Torreya grandis** Fort. ex Lindl.

科名　红豆杉科 Taxaceae

形态特征　常绿大乔木,高达30m。树皮不规则纵裂。叶对生,在小枝上排成二列;叶片条形,通直而坚硬,长1.1～2.5cm,先端具短刺尖,上面亮绿色,中脉不明显,下面2条淡褐色气孔带常与中脉带等宽。雌雄异株;雄球花单生于叶腋,具短梗;雌球花成对生于叶腋,无梗。种子椭圆形、卵圆形或倒卵形,长2.3～4.5cm,径2.0～2.8cm,全部包于肉质假种皮中而呈核果状,熟时假种皮淡紫褐色,被白粉。花期4月,种子翌年10月成熟。

分布与生境　产于余姚、北仑、鄞州、奉化、宁海。生于海拔800m以下的山坡、沟谷、村边阔叶林或毛竹林中。

生物学生态学特性　中性偏阴树种,幼年极耐阴;适宜温暖湿润、雨量丰富的气候;喜光,好凉爽湿润的环境;对土壤要求不严,微酸性至中性的砂壤土、紫色土、石灰土等土壤均适宜生长;忌积水低洼地,在干旱瘠薄处生长不良,较耐寒,树龄长。

用途　我国特产的古老树种,国家Ⅱ级重点保护野生植物。边材白色,心材黄色,纹理直,硬度适中,有弹性,不反翘,不开裂,是船舶、建筑、家具等所需的优良用材;种子可食用,亦可榨食用油;假种皮可提炼芳香油(榧壳油);树干高耸挺拔,树姿优美,枝叶繁茂,是良好的园林绿化树种,能适应有硫化物、烟尘污染的工矿区;可作嫁接香榧之砧木。

造林技术　①采种育苗:选择胸径15cm以上的大树,在10月种子成熟时及时采种,种子采收后浸水除去假种皮,洗净晾干,湿沙层积贮藏,秋播或翌年2～3月播种;播种前15天经常喷水,保持湿润,并提高室温至25℃,可促进种子萌发。胚根开始外露后进行大田或容器播种。苗期需适当遮阴,避免太阳灼伤。一般1年生苗高可达10cm以上。②造林要点:在山区造林时,选择2年生以上播种苗(高50～90cm),造林株行距为4m×4m(600株/hm²)。造林前挖穴,穴深40cm,每穴施有机肥0.5kg(腐熟的菜饼、油饼或家畜肥),覆土1～2cm,然后定植。成活后,每年3～5月每月施复合肥1次,每次每株施肥量为30～50g,10月施磷钾肥1次,以促进苗木木质化。如作珍贵用材树种造林培育,需要培育30年以上方可采伐。

03 亮叶桦 别名 光皮桦

学名 *Betula luminifera* H. Winkl.　　　　　　**科名** 桦木科 Betulaceae

形态特征　落叶乔木，高达 25m。树皮淡黄褐色，平滑不裂，具横生条形皮孔；干皮有清香；小枝具毛，疏生树脂腺体；具长短枝，短枝上通常具叶 2 枚。叶互生；叶片宽三角状卵形或长卵形，长 4 ～ 10cm，宽 2.5 ～ 6cm，先端长渐尖，基部圆形、近心形或略偏斜，边缘具不规则刺毛状重锯齿，上面仅幼时密被短柔毛，下面密生树脂腺点，沿脉疏生长柔毛，脉腋间有时具髯毛；叶柄密被短柔毛及腺点。雄花序 2 ～ 5 个顶生。果序单生于叶腋，长约 10cm，下垂。小坚果倒卵形，膜质翅宽为果的 2 ～ 3 倍，密生长毛。花期 3 ～ 4 月，果期 5 月。

分布与生境　产于余姚、北仑、奉化、宁海、象山。生于海拔 400m 以上的山坡、山谷、溪边及山麓林中。

生物学生态学特性　喜光；喜温凉湿润气候及肥沃酸性砂质壤土，也能耐干旱瘠薄；初期生长较快；深根性树种，萌芽力强，林缘、疏林下天然更新良好。

用途　心材红褐色，边材淡红褐色。无特殊气味，有光泽，纹理通直，结构细致、均匀，硬度、强度中等，抗冲击韧性强，有弹性，切面光滑，花纹美丽，易干燥，不翘不裂；耐腐性弱，需防腐处理；油漆后光亮性好，可作装饰单板、地板、胶合板、家具、纺织器材、文具、军工用材、结构用材、细木工用材和造纸原料；树皮富含单宁及油脂，是化工和医药原料；树干通直，冠形端整，树皮皮孔横列有序，花序细长下垂，迎风摆舞，别具一格，可供山区道路、村庄、森林公园等绿化观赏。

造林技术　① 采种育苗：当果序由青绿色变为黄绿色或黄褐色时在一周内采集种子。采集时在地上摊开种子布，用竹竿钩下果枝进行收集，阳光下晒干，搓出种子，然后在室内薄层摊晾。种子不耐贮藏，要及时播种。选择排水良好、土层深厚、灌溉方便的砂壤土，细耕，施腐熟栏肥 22 500kg/hm²，然后筑床。5 月中旬到下旬，即种子采集后立即在晴天播种，撒播或宽幅条播，播种量为 15kg/hm²，用焦泥灰覆盖至不见种子为宜，覆盖稻草，经 8 ～ 10 天，种子陆续发芽出土，揭草，同时搭荫棚，7 ～ 8 月干旱季节及时灌溉，9 月上、中旬拆除荫棚。及时拔草、追肥、间苗；保留苗在 80 株 /m² 左右，1 年生苗高可达 30 ～ 50cm，根径可达 0.5cm。②造林要点：选择海拔高度适宜、土层深厚、肥沃、湿润的山地，水平带状或穴状整地。造林密度以 2m×2m 为宜，山区可稍稀，丘陵可略密。造林后要加强幼林管理，促使其旺盛生长，郁闭后仍需及时抚育，造林后第 6 ～ 7 年开始间伐。以后适时开展抚育间伐和目标树管理，合理调整林分结构。

赤皮青冈 别名　赤皮椆、红椆

学名　*Cyclobalanopsis gilva* (Bl.) Oerst.　　　科名　壳斗科 Fagaceae

形态特征　常绿大乔木，高达 30m，胸径可达 1m。小枝、叶背及花序密生灰黄色或黄褐色星状绒毛。单叶互生；叶片倒披针形或倒卵状长椭圆形，长 6～12cm，宽 2～3cm，先端渐尖，基部楔形，叶缘中部以上有短芒状锯齿，侧脉 11～18 对；叶柄长 1～1.5cm。雌雄同株；雄花组成下垂的葇荑花序；雌花序长约 1cm，通常有花 2 朵，花柱基部合生。壳斗碗形，包裹坚果基部约 1/4，被灰黄色薄毛。坚果倒卵状椭圆形，径 1～1.3cm。花期 5 月，果期 10 月。

分布与生境　产于除慈溪、江北以外的各地山区。生于海拔 100～400m 的山地阔叶林中。宁波为该种的分布北缘。

生物学生态学特性　地带性常绿阔叶林的主要建群种之一。喜温暖湿润的气候及疏松肥沃、排水良好、腐殖质含量较为丰富的酸性土壤；深根性树种，幼时喜阴，大树喜光，耐干旱瘠薄，萌芽能力强。

用途　稀有珍贵用材树种，为古时江南四大名木之一，木材称"红椆"。边材黄褐色，心材红褐色，纹理直，结构粗，材质坚重、坚韧，耐腐力强，加工难，为军工、车轴、建筑、家具、农具、运动器械、纺织器材等的优良用材；树体高大，枝叶茂密，适作公园、风景区绿化的骨干树种；果实富含淀粉；树皮及壳斗可提制栲胶。

造林技术　①采种育苗：果熟时及时敲落收集，摊放于阴凉通风处，稍加晾干，即播或湿沙贮藏。播种前将果实浸水 1～2 天，去除漂浮的空粒，捞出下沉的坚果置于箩筐中，每日喷水，待部分种子胚根萌发后播于容器内，适当遮阴，加强苗期管理，1 年生苗高可达 30～50cm，地径 5～6mm，秋季更换大容器培大，用 2～3 年生苗造林。也可直播造林，每穴播 2～3 粒果实。②造林要点：造林前穴状整地，挖穴规格视具体苗木大小而定，施基肥。造林株行距为（1～2）m×（1～2）m，建议初植密度为 6750 株 /hm²，以促进主干形成与高生长。造林当年和第二、三年分别于 5 月、9 月各进行除草、浅耕及施肥抚育一次，以后视情况开展整枝、间伐等抚育管理，并开展目标树经营，保留目标树 300～375 株 /hm²，最终培育成大径材。

附注　青冈、栲树等壳斗科树种的造林可参考赤皮青冈进行。

05 榉树 别名 血榉、大叶榉

学名 **Zelkova schneideriana** Hand.-Mazz.　　　　　**科名** 榆科 Ulmaceae

形态特征　落叶乔木，高达 25m。树皮棕褐色，平滑，老时薄片状脱落。小枝灰色，密被灰色柔毛。单叶互生；叶片卵形、椭圆状卵形或卵状披针形，长 3.6～12cm，宽 1.3～4.5cm，先端渐尖，基部宽楔形或近圆形，边缘有桃形锯齿，羽状脉，侧脉 7～14 对，上面粗糙，下面密被淡灰色柔毛。花单性，雌雄同株；雄花簇生于新枝下部的叶腋或苞腋；雌花单生或 2～3 朵生于新枝上部叶腋。坚果小而歪斜，径 2.5～4mm，有网肋。花期 3～4 月，果期 10～11 月。

分布与生境　产于全市山区、半山区。散生于海拔 700m 以下的山坡、沟谷林中；也常见于园林栽培。

生物学生态学特性　中等喜光；喜温暖湿润气候；对土壤要求不严，适生于深厚、肥沃、湿润的土壤，在微酸性土、中性土、钙质土及轻盐碱土上也可生长；深根性，侧根广展，抗风力强；耐水湿，但忌积水，不耐干旱和贫瘠；初期生长缓慢，六七年后生长加快，10～15 年开始结实，结果期可达百年以上，结果有大小年；寿命长。

用途　国家Ⅱ级重点保护野生植物。边材黄褐色，心材浅栗褐色带黄色或红褐色，材质坚硬，有弹性，少伸缩，不翘裂，结构细，纹理美，有光泽，抗压，耐水湿，耐腐朽，是高档家具、室内装饰、纺织器材、乐器、船舶、桥梁、建筑、车辆、文体用品等的珍贵用材；茎皮纤维强韧，可制人造棉和绳索；树姿端庄，秋叶红褐色，是城乡绿化和营造防风林的优良树种，可孤植、丛植、群植，也可列植作行道树。

造林技术　①采种育苗：在结实大年的 10 月中下旬，当果实由青色转黄褐色时，从 30 年生以上、结实多且籽粒饱满的健壮母树上采种，去杂阴干。采后随即播种或混沙贮藏，亦可置阴凉通风处贮藏，翌年春天播种。春播时间宜在"雨水"至"惊蛰"之间，干藏种子播前浸种 2～3 天，除上浮瘪粒，给予 2 周左右的 5～10℃低温处理。圃地条播，行距 20cm，用种量 90～150kg/hm²，覆土厚约 0.5cm，播后覆草保温保湿。宜用容器育苗。出苗后及时揭草间苗，松土除草，灌溉施肥，并注意防治蚜虫和袋蛾的危害。当幼苗长至 10cm 左右时，常出现顶部分叉现象，应及时修整。1 年生苗高可达 50～80cm，翌年春天即可出圃造林，或移植培大。②造林要点：穴状整地造林，穴径 50cm，穴深 40cm。可造纯林或混交林，初植密度为 2m×2m 或 2m×3m，适当密植可抑制侧枝生长，促进高生长及干形通直。经间伐后，密度控制在 4m×4m 或 4m×3m，可以培育大径材。

附注　长序榆、光叶榉等榆科树种的造林技术可参考榉树。

06 浙江楠

学名 Phoebe chekiangensis C.B. Shang

科名 樟科 Lauraceae

形态特征　常绿乔木，高达 20m。树皮淡褐黄色，不规则薄片状剥落；小枝密被黄褐色或灰黑色柔毛或绒毛。叶互生；叶片革质，倒卵状椭圆形至倒卵状披针形，长 7～17cm，宽 3～7cm，最宽处在上部，先端突渐尖至长渐尖，基部楔形或近圆形，上面幼时被脱落性毛，下面被灰褐色柔毛，脉上被长柔毛，边缘略反卷，侧脉 8～10 对，与中脉在上面凹下，下面网脉明显。圆锥花序腋生，长 5～10cm，密被黄褐色绒毛。果实卵状椭圆形，长 1.2～1.5cm，熟时蓝黑色，外被白粉；宿存花被片紧贴果实基部。种子两侧不对称，多胚性。花期 5～6 月，果期 10～11 月。

分布与生境　产于鄞州、奉化、宁海、象山。生于海拔 50～550m 的溪边、阴坡常绿阔叶林中；各地常有栽培。

生物学生态学特性　地带性常绿阔叶林的伴生种之一。要求温暖湿润的气候和雨量充沛、湿度较大的环境，适生于深厚、疏松、肥沃、湿润、腐殖质丰富的微酸性土壤。较耐阴，但壮龄期需要适当光照；深根性，抗风力强，萌芽性强，人工林有较强的天然下种更新能力。种子千粒重 324g。

用途　国家 II 级重点保护野生植物。树干通直，材质坚硬，结构细致，具光泽和香气，是建筑、家具、细木工的优质用材。树冠整齐，枝繁叶茂，是优良的园林绿化树种。

造林技术　①采种育苗：11 月果熟时及时采收，浸水搓去肉质果皮，再用草木灰搓去附着的油脂，洗净阴干后用湿沙层积贮藏。在立春前后种子开始大量萌动时需及时播种。条播，行距 15～20cm，每米播种 30～35 粒，播后覆盖焦泥灰，盖稻草保湿保墒。4 月上旬幼苗出土后及时揭草。幼苗需遮阴，忌强光直射。7～9 月为苗木速生期，宜加强水肥管理。后期要逐渐减少灌溉，施用磷钾混合肥以控制苗木徒长，促进木质化。1 年生苗高 30～35cm，地径 0.5cm。留圃继续培育一年可出圃移栽，移栽时间在早春 3～4 月进行，过早易受晚寒潮影响。最好采用容器育苗。②造林要点：造林地选择温暖湿润、立地条件好的山谷及两侧。营造纯林或混交林，穴状整地。造林密度为 2250～2700 株 /hm²；也可采用林冠下补植造林。造林后，要勤加抚育，20 年左右树高可达 12m，胸径 20cm 以上。

附注　紫楠、红楠、刨花楠等樟科树种的育苗造林可参考浙江楠。

07 檫木 别名　檫树

学名 **Sassafras tzumu** (Hemsl.) Hemsl.　　　　**科名** 樟科 Lauraceae

形态特征　落叶大乔木，高达 35m。树皮深纵裂；小枝黄绿色，平滑。叶互生，集生于枝顶；叶片卵形或倒卵形，长 9 ～ 18cm，宽 6 ～ 10cm，先端渐尖，基部楔形，全缘或 2 ～ 3 浅裂，下面有白粉，离基三出脉。总状花序多个顶生，长 4 ～ 5cm；花小，黄色，先叶开放。果实近球形，径约 8mm，熟时蓝黑色，果梗与果托呈鲜红色。花期 2 ～ 3 月，果期 7 ～ 8 月。

分布与生境　产于除市区外的全市各地。散生于山坡、沟谷林中。

生物学生态学特性　喜温暖湿润气候及土质疏松、深厚通气、排水良好的酸性土壤。阳性树种，喜光，深根性，忌水湿，不耐旱，生长迅速。适生于年均温 12 ～ 20℃、年降水量 1000mm 以上的地区。

用途　中国特有珍贵用材树种，山地、丘陵混交林的优良树种；材质优良，结构细致，纹理美观，抗腐性强，不受虫蛀，耐湿，加工容易，切面光滑，是造船、建筑、地板、室内装饰、高档家具的优质用材；树干通直挺拔，枝叶婆娑，姿态优雅，晚秋红叶鲜艳悦目，早春黄花满树，适作风景区、庭园、公园观赏植物；也是优良的芳香和油料植物。

造林技术　①采种育苗：8 月果熟时及时采收，浸水搓去肉质果皮，再用草木灰或细沙揉搓，进一步脱脂去蜡，洗净阴干，用湿沙层积贮藏，温度控制在 16℃以下。于翌年春季进行大田播种或容器育苗。条播，行距 18 ～ 24cm，每米播种 10 ～ 15 粒，覆盖焦泥灰，盖稻草保湿保墒。幼苗期应设置荫棚遮阴，及时进行田间管理，1 年生苗高可达 50cm 以上，可用于造林。②造林要点：造林地选择温暖湿润、立地条件好的山坡或山谷及两侧。适宜混交造林，于冬季或春季进行。穴状整地，穴的规格不小于 60cm×60cm，穴深不小于 30cm；星状混交造林密度为 300 ～ 450 株 /hm^2，行状混交造林密度为 600 ～ 900 株 /hm^2。造林后每年松土除草 1 ～ 2 次，并进行施肥。培育大径材时，还应及时进行间伐，合理调整林分密度。5 年生树高可达 7m 以上。

08　樉木　别名　华东稠李、红桃木

学名　*Padus buergeriana* (Miq.) Yü et Ku　　　　科名　蔷薇科 Rosaceae

形态特征　落叶乔木，高达 25m。小枝红褐色或灰褐色，无毛。单叶互生；叶片椭圆形或长圆状椭圆形，长 4～10cm，宽 2.5～5cm，先端尾状渐尖或短渐尖，基部宽楔形或近圆形，有时具 1～2 枚腺体，边缘贴生锐锯齿，两面无毛；叶柄长 1～1.5cm，无腺体。总状花序具多数花，长达 10cm，基部无叶；萼筒钟状，与萼片近等长；花小，径 5～7mm；花瓣白色，先端啮蚀状；雄蕊 10 枚，花丝细长；花盘圆盘形，紫红色。核果近球形或卵球形，径约 5mm，熟时橙红、橙黄色或红色。花期 4～5 月，果期 7～8 月。

分布与生境　产于慈溪、余姚、北仑、鄞州、奉化、宁海、象山。生于海拔 400～900m 的沟谷、山坡林中或林缘。

生物学生态学特性　喜光，稍耐阴；耐寒性较强；要求温暖湿润的气候及雨量充沛、光照充足的环境；对土壤要求不严，在土层深厚肥沃、湿润、排水良好的落叶林地或沟谷地带生长良好；生长速度快；浅根性树种，萌芽性较强，在空地或疏林下更新良好。

用途　华东特有树种。木材称为"红桃木"，材质坚重，边材白色，心材红棕色，结构细，花纹美观，耐水湿、耐腐蚀，可作建筑、工艺美术雕刻及高级家具用材；树皮可提炼单宁；蜜源植物；花繁叶茂，秋叶艳丽，可作山区村庄"四旁"绿化树种。

造林技术　①采种育苗：7 月中旬至 8 月中旬果皮由青转红或黄色时即可采种，采后用水浸泡，待果皮松软，搓洗去掉果皮和果肉，将果核洗净阴干，湿沙低温层积贮藏，于翌年 2 月下旬条播，最好进行容器育苗。播种前可用温水浸种 24h 催芽。苗期注意适时喷水、施肥、除草和病虫害防治。1 年生苗高可达 50～70cm，翌年春季可出圃造林。②造林要点：选择海拔 500m 以上的背风阳坡，土层深厚肥沃、立地条件较好的山地或在疏林下造林。在秋冬季节对林地进行块状清理、整地，挖大穴，穴径 80cm，穴深 40～50cm，施入基肥；翌年 2～3 月，用 2～3 年生苗造林，造林密度 1350 株 /hm² 左右。造林后 3～4 年，每年 6 月、9 月分别松土除草 1 次，并进行施肥。培育大径材时，还应及时进行间伐，并疏去下部枝条。

毛红椿 别名 毛红楝

学名 Toona ciliata Roem. var. pubescens (Franch.) Hand.-Mazz. **科名** 楝科 Meliaceae

形态特征 落叶乔木，高达 25m。树皮灰褐色，纵裂；小枝散生皮孔，连同叶轴、叶柄、叶背、花序均密被棕色柔毛。偶数或奇数羽状复叶互生；复叶长约 40cm，有小叶 9～28 枚；小叶片长圆状卵形，先端急尖或渐尖，基部偏斜，全缘。圆锥花序顶生；花小，具芳香。蒴果倒卵圆形，顶端圆钝，基部楔形，红褐色，密生皮孔，5 瓣开裂。种子两端有翅。花期 4～5 月，果期 10～11 月。

分布与生境 产于除镇海、江北以外的各地山区。生于海拔 300～700m 的沟谷、山坡阔叶林中。

生物学生态学特性 喜光，稍耐阴；要求温暖湿润的气候及雨量充沛、光照充足的环境；对土壤的适应性较强，能耐干旱和水湿，在土层深厚、肥沃、湿润、排水良好的疏林地、林缘或沟谷地带生长较好；生长快，枝下高明显，树冠疏展，浅根性，萌芽性强，在空地或疏林下更新良好，但在密林下或庇荫地更新较为困难。

用途 我国特有树种，国家 II 级重点保护野生植物。木材赤褐色，结构细，纹理直，不翘不裂，花纹美观，连同原种红椿及香椿一起被称为"中国桃花心木"，可作建筑、车辆、雕刻及高级家具用材；树皮可提取栲胶；树干通直，枝繁叶茂，是优良的"四旁"绿化树种。

造林技术 ①采种育苗：10 月底果皮转褐色时及时采摘果实，晒干取种，随采随播或湿沙低温层积贮藏，至翌年 3 月中旬条播或用容器育苗。播种前用温水浸种 24h 催芽。因种子细小，幼苗娇弱，一般先播芽苗后再行移植。苗期注意适时喷水、施肥、除草和病虫害防治。1 年生苗高可达 1～1.5m，可出圃造林。也可进行扦插育苗，成活率可达 95% 以上。②造林要点：在秋冬季节进行块状林地清理、整地，挖大穴，穴径 80cm，穴深 40～50cm，用 1 年生苗造林，造林密度为 1100 株 /hm²，前期可与拟赤杨、蓝果树、光皮桦、杜英、山桐子等其他干形高大通直的速生树种混植。也可在房前屋后、田间地头零星栽植。培育至 35～40 年，心材比例占 70% 以上时可采伐利用。

10 浙江柿 别名 山柿

学名 **Diospyros glaucifolia** Metc.   科名 柿科 Ebenaceae

形态特征 落叶乔木，高达 25m。树皮不规则鳞片状或长方块状纵裂，灰褐色；小枝亮灰褐色，近无毛，灰白色皮孔显著；顶芽缺，侧芽钝，具毛。单叶互生；叶片宽椭圆形、卵形或卵状椭圆形，长 6 ～ 17cm，宽 3 ～ 8cm，先端急尖或渐尖，基部截形至浅心形，下面灰白色。雌雄异株；雌花单生或 2 ～ 3 朵集生；花冠坛状，黄白色，先端深红色。浆果球形，径 1.5 ～ 2cm，熟时橙黄色或橙红色；果萼 4 浅裂；果梗极短。花期 5 ～ 6 月，果期 10 ～ 11 月。

分布与生境 产于慈溪、余姚、北仑、鄞州、奉化、宁海、象山。散生于山谷、溪边、山坡阔叶林或灌丛中。

生物学生态学特性 喜光，生长较快，适生于光照充足、空气湿度大、避风及土层深厚、疏松、肥沃、湿润的山坡中下部和沟谷两侧，喜酸性土壤，深根性。

用途 木材黄褐色，心材与边材区别不明显，无特殊气味，表面光滑，质硬，耐腐，强度大，韧性强，可用作木梭、线轴等纺织工具，也可用作鞋楦、箱盒、工具柄、雕刻用材和家具等。树干高大，枝叶浓郁，果色鲜艳，可供绿化观赏；叶、宿萼入药，温中下气；果实入药，消渴、祛风湿；幼果供化工用。

造林技术 ①采种育苗：当果实转橙黄色时采果，水浸后搓去果皮和果肉，再将种子用水洗净阴干后混沙层积贮藏。种子千粒重 148 ～ 158g，每千克有种子 6600 粒左右，实验室发芽率 63%。早春条播，播种量为 112.5kg/hm²，行距 25cm，每米播种子 20 ～ 25 粒；播后覆焦泥灰，盖稻草。播种后 30 ～ 45 天发芽出土。揭草后及时培育管理，分次间苗，6 月底定苗，每米留苗 10 ～ 12 株，8 ～ 9 月为苗木生长旺季，更需精心培育。也可采用容器育苗。1 年生苗高达 100 ～ 140cm，地径 0.9 ～ 1.6cm，可出圃造林。②造林要点：冬季挖定植穴，穴径 70cm，深 50cm，株行距 3m×3m 或 2.5m×2.5m，造林密度为 1100 ～ 1600 株/hm²。造林后前 3 年，每年抚育两次，扩穴松土，割草埋青，根部培土。此后，根据林木生长及林地情况，每年或隔年抚育一次，并适当整枝，郁闭后分次疏伐。

四、结　语

发展珍贵用材树种，应充分发挥现有定点苗圃、采种基地的基础作用，推广容器育苗，保护好现有珍贵用材树种种质资源，建立采种收集区，建设种苗繁育基地，并大力推广珍贵用材树种无性快繁技术，加强种苗监管和社会化服务工作，确保珍贵用材树种优质种苗的供应。

珍贵用材树种资源的推广，不仅可以使全市珍贵用材树种资源得到有效恢复与保护，缓解珍贵用材树种木材供需矛盾，满足市场需求，而且可有效改善林种、树种结构，增加森林生态系统的生产力和稳定性，改善区域生态和人居环境，同时带来较大的经济效益、生态效益和社会效益，推动全市经济社会的快速稳定发展。

第七章　有害植物及防治

第一节　有害植物界定与种类

有害植物是指以排挤、缠绕、绞杀、覆盖、寄生、生化相克、传播病毒等方式严重危害其他生物生长、生存，造成物种多样性、群落多样性或遗传多样性显著减少甚至丧失及基因污染的；或对人类、动物健康有害的；或繁衍速度极快，侵占土地，对人民生活、经济建设、交通运输、生态平衡、动物栖息取食、园林景观、农林业生产等造成严重影响和损失的植物。其既包括外来有害植物，也包含土著有害植物。

据调查，宁波境内共有有害植物 100 种（含种下等级），隶属 31 科 79 属，其中土著有害植物 25 种，占全部种类的 1/4，主要种类有葎草、杠板归、槲寄生、葛藤、广东蛇葡萄、乌蔹莓、金灯藤、五节芒、毛竹等；外来有害植物 75 种，占全部种类的 3/4，主要种类有喜旱莲子草、豚草、加拿大一枝黄花、互花米草、凤眼莲等。详见本章后附名录。

第二节　有害植物分布

从调查情况看，整个宁波境内，除偏远深山中天然阔叶林保护得较好的局部区域外，几乎无一幸免地已被有害植物入侵。重点地段为海涂、荒山、抛荒地、河道、水塘和路边。

经调查统计，宁波 10 个调查区域的有害植物分布情况依次为：象山 75 种（土著 23 种，外来 52 种）、鄞州 72 种（土著 24 种，外来 48 种）、宁海 69 种（土著 23 种，外来 46 种）、奉化 68 种（土著 25 种，外来 43 种）、余姚 63 种（土著 23 种，外来 40 种）、慈溪 61 种（土著 23 种，外来 38 种）、北仑 60 种（土著 24 种，外来 36 种）、镇海 58 种（土著 23 种，外来 35 种）、江北 55 种（土著 23 种，外来 32 种）、市区 45 种（土著 17 种，外来 28 种）。

第三节　有害植物危害等级评估

一、危害程度分级

（1）极度危害种：指已对生态、经济或其他方面造成重大损失的种类。

（2）严重危害种：指危害程度严重并已造成较大生态、经济或其他方面损失的种类。

（3）中度危害种：指已具有一定危害并已造成不良生态或经济后果的种类。

（4）轻度危害种：指虽有危害，但程度较轻的种类。

（5）潜在危害种：指已入侵宁波，目前危害尚轻或分布面积较小，但在外地已有严重危害情况的种类；也包括近几年引入栽培较多并已开始逸出，且在外地有严重危害情况的种类。

二、危害程度评定

在实地调查的基础上，依据有害植物在宁波境内的种群数量、分布面积、繁衍能力、生存能力，对生态平衡、人类健康、动物生存及其他本土植物的危害大小等因素进行综合定性评估，结果如下。

1. 极度危害种：计有喜旱莲子草、葛藤、广东蛇葡萄、三裂叶薯、豚草、加拿大一枝黄花、五节芒、毛竹、互花米草、凤眼莲 10 种，占 10%。

2. 严重危害种：计有葎草、杠板归、美洲商陆、水盾草、黄香草木樨、乌蔹莓、金灯藤、阔叶丰花草、大狼把草、毒莴苣10种，占10%。

3. 中度危害种：计有满江红、槲寄生、土荆芥、刺苋、田菁、野大豆、赤小豆、瘤梗甘薯、假酸浆、少花龙葵、北美毛车前、藿香蓟、黄花蒿、小白花鬼针草、小飞蓬、野塘蒿、苏门白酒草、一年蓬、费城飞蓬、睫毛牛膝菊、翅果菊、裸柱菊、夏威夷紫菀、钻形紫菀、苍耳、牛筋草、双穗雀稗、狼尾草、大狗尾草、狗尾草、金色狗尾草、大藻32种，占32%。

4. 轻度危害种：计有小叶冷水花、锈毛钝果寄生、青葙、西欧蝇子草、沼生蔊菜、北美独行菜、大托叶猪屎豆、南苜蓿、红花酢浆草、飞扬草、匍匐大戟、苘麻、月见草、裂叶月见草、南方菟丝子、菟丝子、圆叶牵牛、皱叶留兰香、田野水苏、毛酸浆、牛茄子、直立婆婆纳、阿拉伯婆婆纳、卵叶异檐花、银鳞茅、大米草26种，占26%。其中匍匐大戟为本次调查发现的浙江归化新记录种。

5. 潜在危害种：计有银花苋、芝麻菜、细果草龙、粉绿狐尾藻、香菇草、毛果甘薯、喀西茄、戟叶凯氏草、加拿大柳蓝花、白花金钮扣、大花金鸡菊、粗糙飞蓬、银胶菊、欧洲千里光、岩生千里光、羽裂续断菊、西洋蒲公英、多花百日菊、水蕴草、假高粱、匿芒假高粱、苏丹草22种，占22%。这些植物中，绝大多数属于近几年入侵宁波的种类，其中银花苋、芝麻菜、戟叶凯氏草、加拿大柳蓝花、白花金钮扣、粗糙飞蓬、欧洲千里光、岩生千里光、羽裂续断菊、西洋蒲公英、水蕴草等11种为本次调查发现的中国、大陆、华东或浙江归化新记录植物。

第四节　宁波有害植物特点

一、均为广布性类群

从31科的分布区类型分析，在15种分布型中，仅有2种分布型。其中以世界分布型占主导优势，计23科，约占74%；其次为泛热带分布型，计8科，约占26%。

从79属的分布区类型分析，以泛热带分布、世界分布和北温带分布3种分布型为主，分别为23属、19属和13属，约占70%；其他依次为热带亚洲和热带美洲间断分布型7属，旧世界温带分布型4属，热带亚洲至热带非洲分布型和旧世界热带分布型各3属，热带亚洲分布型与东亚和北美间断分布型各2属，中亚分布型、东亚分布型和地中海区、西亚至中亚分布型各1属，热带亚洲至热带大洋洲分布型、温带亚洲分布型及中国特有分布型缺失。

从种的分布区来看，几乎所有种类的分布区都相当广。其中世界广布种49个，占49%，居绝对首位；洲际广布种34个，占34%，居第二位；亚洲广布种15个，占15%，居第三位；我国分布种仅2个（锈毛钝果寄生和毛竹），占2%。

二、入侵种来源于多地，但主要来自美洲

在入侵宁波的75种外来有害植物中，来自美洲的有50种，占2/3；来自欧洲的有15种，占20%；来自热带亚洲的有8种，约占11%，而来自非洲和大洋洲的仅各1种，仅约占3%。

三、菊科与禾本科植物占优势

上述100种有害植物隶属31科，但种类明显集中于少数几个科内，其中以菊科最多，计27种，其次为禾本科，有14种，两者即占41%，其他依次为豆科7种，旋花科7种，茄科5种，苋科和玄参科各4种，十字花科和柳叶菜科各3种，桑寄生科、大戟科、葡萄科、唇形科各2种，其余18科均各1种。这与种子（果实）的传播机制及适应能力相关。

四、生活型几乎全为草本植物

根据生活型统计，在宁波的100种有害植物中，木本植物仅5种（桑寄生科2种、豆科1种、葡萄科1种、禾本科1种），占5%；草本植物95种（一二年生草59种、多年生草本24种、草质藤本12种），

占 95%。

在 100 种有害植物中，藤本植物有 14 种（一年生藤本 11 种、多年生藤本 1 种、木质藤本 2 种）；水生与湿生植物 11 种；寄生植物 5 种。

五、繁殖力强、适应性广、扩散方式高效

绝大多数有害植物均表现出结实量大而频繁的特性，繁殖系数极高。有的植物营养体具有很强的再生和扩散能力，如喜旱莲子草、葛藤、水盾草、乌蔹莓、水蕴草等，折断的植株残体能迅速成活为新植株，若人为清除措施不当，反而会助其传播扩散。

有害植物对环境均有十分顽强的适应能力，如喜旱莲子草既可在水中生长，也可在湿地生长，甚至还可在旱地或盐碱地生长。在一些污染极其严重的地方，凤眼莲、喜旱莲子草等生长反而更为繁茂。

大多数有害植物的传种扩散效率很高，如菊科的多数种类，瘦果小而轻巧，且具冠毛，呈蒲公英型，可借助风力远距离传播；凤眼莲、水盾草、大薸、互花米草等则可通过水流传播种子、植株或残体；苍耳、大狼把草、小白花鬼针草等则可通过果实上的倒钩刺借助人或动物传播；桑寄生科植物的传种策略则是与小鸟形成共赢关系。

六、危害方式主要为排挤和覆盖

在 100 种有害植物中，有 84 种采取以排挤方式进行危害，即以快速高效的繁殖方式形成大量、密集的种群，占领地盘，将其他植物排挤出局甚至杀灭。

在 14 种藤本植物中，有 11 种主要以覆盖和缠绕方式危害其他植物，抢占空间和阳光等生存资源，令原生地植物生长不良甚至无法生存。

槲寄生、金灯藤等 5 种植物则主要以寄生方式危害寄主。

豚草、凤眼莲等植物除采用排挤方式危害外，还会分泌有害化学物质毒害其他植物；豚草、葎草等的花粉对部分人群有致敏作用。

七、外来有害植物多属人为引入

有研究资料表明，在我国现有的外来有害生物中，有一半以上是人类有意识地引入造成的。对宁波的 75 种外来有害植物进行分析的结果基本符合这一结论：有 38 种是作为饲料、观赏、药用、绿化等用途而人为引进的；另外 37 种的入侵原因较复杂：有的是人类无意识带入，有的是在输入粮食等货物时混入，有的是通过花木调运带入，也有的是通过自然传播方式入境，如依靠风力、海流的方式，粘附于人体、动物的方式，鸟类食、排的方式及台风裹挟的方式等。

八、境外物种入侵速度加快

随着国际交流的开放，人员往来活动越来越频繁，范围越来越广，引种植物越来越多，外来物种入侵速度随之也越来越快。本次宁波植物调查就发现了不少具潜在危害的新入侵植物，如银花苋、芝麻菜、匍匐大戟、戟叶凯氏草、加拿大柳蓝花、白花金钮扣、粗糙飞蓬、欧洲千里光、岩生千里光、羽裂续断菊、西洋蒲公英、水蕴草等，即为中国、中国大陆、华东或浙江归化新记录，另外在宁波已出现的细果草龙、毛果甘薯、多花百日菊、银胶菊等也是近几年才在浙江新发现的外来种类。

第五节　重要有害植物列举

一、极度危害种

喜旱莲子草

01

学名 **Alternanthera philoxeroides** (Mart.) Griseb.

苋科莲子草属多年生草本，也叫空心莲子草、水花生及革命草。原产于南美，1940年由日本人引种至上海作饲草。20世纪50年代后，南方各地将其用作猪饲料引种栽培，而后逸出野外并迅速扩散，现已广布于黄河流域以南各地。喜生于水田、河塘、池沼、沟渠、四旁湿地及海岸湿地，亦能适应较干旱生境和耐一定盐分；具两栖特性，既可土生，又可挺水或浮水生长；适应性、繁殖力、萌蘖力、生命力均极强，折断的茎节遇土即能生根，是目前极为常见且难以根除的危害农、林、渔、园林及水上交通的一大恶性杂草。常形成稠密的单优群落。

在宁波各地均有分布，尤其在一些污染严重的生境中生长特别旺盛。清除工作应以人工捞、挖为主，集中堆积并用土壤覆盖加塑料薄膜密封使之腐烂，切不可随地乱扔。

葛藤

学名 **Pueraria montana** (Lour.) Merr. var. **lobata** (Willd.) Maesen et S.M. Almeida ex Sanjappa et Predeep

豆科葛属半木质藤本，又称野葛。土著种。该种具多种经济用途，适应性强，生长快速，正因如此，美国将其引入作荒原绿化植物，却不料造成了极严重的生态灾难且无法清除。在原产地，历史上因受气候因素及人为采挖之控制，葛藤从未形成过大的生态灾害。但在近几十年，由于生境恶化，加上气候变暖，荒地增多，人为采挖葛根极少，控制机制缺失，从而在原产地也形成爆发态势，它成为严重危害生态平衡的物种。其危害方式主要是覆盖和缠绕。

调查发现，在宁波的山区、丘陵、海岛及平原地带均有葛藤危害的现象，或严密覆盖整个山头，或缠绕其他树木，或布满道路两侧，严重影响其他植物的正常生长和生态景观，使生物多样性大幅度降低，危害程度令人触目惊心，其已成为宁波自然生态的"植物杀手""绿色恶魔"。若不尽快采取有效措施清除，任其发展，将会造成更大的生态灾难。

葛藤的经济效益较高，叶片富含蛋白质，可作饲料；茎纤维优质，古时即用于纺织葛布；根粗大，富含高级食用淀粉——葛粉，并可提取葛根素等黄酮类化合物供药用。

对葛藤的防治，除采用刈割、挖除、焚烧等人工手段加以控制外，重点应放在综合利用研究方面。

03 广东蛇葡萄

学名 **Ampelopsis cantoniensis** (Hook. et Arn.) K. Koch

葡萄科蛇葡萄属落叶缠绕藤本。土著植物。该种生长极快，适应性很强，对林业和天然森林植被具有很大的危害，以缠绕和覆盖方式令其他树种难以生长甚至死亡。

调查发现，在宁波山区不少地段已形成单优群落，且有时面积较大。对于该种的危害，有关部门应引起高度重视，对危害严重的区域，可组织人力采用断藤挖根方式进行清除。

三裂叶薯

学名　**Ipomoea triloba** Linn.

旋花科番薯属一年生草质藤本。原产于北美，现在亚洲热带地区广泛分布，很可能是进口粮食时带入。该种结籽量大，繁殖容易，生长迅速，适应性强。荒野旷地、村旁田边、山坡林缘均可生长，常形成群落，以缠绕、覆盖等方式危害本地物种。

在 10 年前调查时该种在浙江还是零星分布，但目前已是随处可见。宁波各地均有其踪影。宜在果实成熟前采取人工拔除方式进行清除。

05 加拿大一枝黄花

学名 **Solidago canadensis** Linn.

菊科一枝黄花属多年生草本，原产于北美，是一种优美的观赏植物和重要的切花材料。据记载，该种于 1935 年从日本作为花卉首先引入我国台北，后来上海、庐山、南京等地相继引种，最初作为庭院花卉及切花花卉栽培，而后逸出野外。20 世纪 80 年代，其开始扩散蔓延至河滩、旷野荒地、道路两侧、农田边缘、村镇宅旁，甚至城市公园和绿化带中。该种的入侵使当地的生物多样性受到严重破坏，令一些土著种难以立足生存，管理较粗放的绿化地栽种的绿化灌木也成片死亡，同时还危害旱地和湿地农作物，严重影响作物的产量和质量。该种除用种子繁殖外，地下根茎横向扩展能力也很强，通过排挤和生化相克等方式抑制其他植物的生长，快速占据地上、地下空间，最后形成单优群落。

由于结实量大，每株可形成 2 万多粒瘦果，瘦果小而轻，上端有冠毛，如同蒲公英，可以通过风力、水流、交通工具、动物及人类活动等途径进行中远距离传播扩散。这也是其呈爆发式出现并最早在铁路与公路两侧及空旷地落脚且难以清除的原因。

调查发现，该种在宁波境内可以说是无处不在，在山区、平原、湿地、市区及偏远的海岛，到处都有它的踪影。对于该种的杀灭和控制，清除方式仍以人工连根拔除或挖除为好，清除时间宜在其花期进行（绝不能等其果熟），因为此时最易识别。最好是各地联合统一行动并坚持数年。灾情控制后还应加强监测，一旦发现新的入侵苗头或残余植株及时清除。

06 豚草

学名 **Ambrosia artemisiifolia** Linn.

菊科豚草属一年生草本。原产于北美洲。根据标本采集记录，豚草于 1935 年最早在杭州发现。1989 年调查发现，它已经蔓延到 15 个省市并形成了沈阳、南京、南昌、武汉 4 个扩散中心。其吸肥能力和再生能力极强，造成土壤干旱贫瘠，降低农作物产量，而且豚草花粉是人类"枯草热"的主要病源，会引发过敏性鼻炎和支气管哮喘等症，每年约有 1% 的人会发生不同程度的反应。

豚草会释放酚酸类、聚乙炔、倍半萜内酯及甾醇等化感物质，对禾本科、菊科等一年生草本植物有明显的抑制、排斥作用，排挤本土植物并阻碍植被的自我恢复。

豚草具有惊人的繁殖和适应能力。据研究，每株可产种子 300 ~ 62 000 粒，其种子寿命很长，在土壤中保存 40 年仍能萌发，且有二次休眠特性；在干旱贫瘠的荒地、硬化土壤、石缝中均能生长，可导致大面积草荒，对生态环境造成较大威胁。

调查发现，在宁波沿海大多地方都有豚草的踪迹，通常形成单优群落，且蔓延势头非常迅猛。清除工作应以人工排除为主，且应在种子成熟前进行。

07 互花米草

学名 **Spartina alterniflora** Loisel.

禾本科大米草属多年生草本。原产于美国东海岸地区，因其具有良好的消浪、促淤、护堤效果，1979年引入我国福建栽培，之后浙江省玉环县率先自福建引入栽培并相继推广到三门县、瓯海区沿海滩涂种植，因其具有很强的适应性、萌蘖力和排他性，以根状茎随海水或船只漂浮至异地落脚并迅速繁衍，进而形成大面积的单优群落，加上促淤作用强烈，导致滩涂抬升，环境改变，使其他植物难以与其竞争。目前，国内从辽宁到广西各地沿海滩涂几乎均可见其踪影，在浙江省沿海普遍分布，是目前沿海滩涂最常见、分布范围及群落面积最大的湿地植物。

互花米草的危害性主要表现为：①繁衍速度过快，几乎无法进行清除，与海涂养殖业产生了严重矛盾，破坏近海生物栖息环境，造成沿海养殖的贝类、蟹类、藻类、鱼类等生物窒息死亡，与海带、紫菜等争夺营养，使其产量逐年下降，已成为令渔民十分头痛的一种灾害性杂草；②堵塞航道，影响船只进出港，给海上渔业、运输业等带来极大不便；③影响海水交换能力，导致水质下降，并诱发赤潮；④与沿海滩涂本地植物抢夺生存空间，一般只要有互花米草生长，其他种类均被驱逐殆尽，造成滩涂生物多样性的急剧降低，直接影响湿地鸟类的取食与栖息。

对该种的防控，重点应从综合利用着手，可采取机械收割，用其提取多糖、造纸或制作无烟炭。

五节芒

学名　**Miscanthus floridulus** (Labill.) Warb. ex K. Schumann et Lauterbach

　　禾本科芒属多年生丛生草本，植株高大。土著种。萌蘖力、适应性、繁殖能力均极强。在一些砍伐开垦过的丘陵山地泛滥成灾，尤以海岛为甚，常形成极密集的单优群落，加上叶缘锯齿锋利，令人无法通行，极少有其他植物能在其中生存，严重降低了生物多样性，同时还极大地加剧了发生森林火灾的风险。

　　本种用途较大，干茎叶可作覆盖物，鲜茎叶可作牛羊饲料，茎秆可供造纸或制无烟炭等。开展综合利用是控制该种的重要途径。

09 毛竹

学名 **Phyllostachys pubescens** Mazel ex H. de Lehaie

禾本科刚竹属常绿乔木。以地下根状茎（竹鞭）向四周蔓延，以极强势的方式占据地盘，植株高大，竹鞭与根系发达，加之蔓延、生长速度极快，几乎没有什么植物是它的竞争对手。所到之处，很快形成单一的密林，其他植物几近绝迹，许多阔叶林被其快速毁灭，甚至有的古树也难逃厄运，造成生态效益、生物多样性、景观多样性等急剧降低。

毛竹与其他有害植物不同的是：其具有较高经济价值且见效很快，并具有投入不高、管理简便的优点。正因如此，人们不仅不愿意清除它，而且还在不断地发展它，助长了它的危害；也正因如此，将其列为有害植物一直存在较大争议。诚然，光从眼前的利益看，它确是一种能快速产生经济效益的植物，但从长远及生态角度看，它无疑又是一种会造成严重生态灾难的植物，如果我们的生活环境中只剩下毛竹，试想将会是怎样的情况？

在当前，如何看待毛竹这个物种，笔者的观点是既要兼顾百姓的眼前利益，又要注重长远的生态安全。在一些荒山荒地可以适当适量进行发展，而在一些特别区域，如水源涵养林、生态公益林、森林公园、自然保护区等场所，则应注意控制毛竹林的扩展蔓延，重要地段甚至应采取有效措施进行清除，如砍竹、断鞭、挖笋等。

据中南林业科技大学喻勋林教授提供的实践经验，欲清除一片竹林，可在 7 月下旬至 9 月下旬期间，将整片竹林全部砍光，不留一株小竹，这样当年和第二年将不会再出笋。

凤眼莲

学名 **Eichhornia crassipes** (Mart.) Solms

雨久花科凤眼莲属多年生漂浮水草，也称水葫芦或水浮莲。原产于南美，1901年作为水生观赏花卉引入我国。20世纪50年代，它被作为优良的青饲料在全国推广种植，进而引起迅速扩散，很快成为入侵地的优势水生植物而泛滥成灾。现已遍及华北、华东、华中、华南、西南19个省（自治区、直辖市）。其适应性、繁殖力、扩张性均异常强盛，在条件适宜时植株数量可在5天内增加1倍。在河道、湖泊、池塘中的覆盖率往往可达100%，其稠密的植株遮蔽了阳光，夺去了水中的养分和溶解氧，根系能向水域中分泌N-2-苯胺萘胺等化感物质，抑制藻类及其他水生植物生长，致使许多原生的水生植物和动物无法生存；它的疯长还会严重阻塞航道。目前，我国每年都要投入巨资用于治理凤眼莲。而由其造成的农业生产、交通运输、水产养殖、旅游观光、自然生态等方面的损失更是难以用金钱来衡量。

凤眼莲是宁波市湿地中危害最为严重的物种之一，在低海拔的各种水体中均可见到。在水体中，其所形成的群落面积往往较大，植株异常密集，连石块扔进去也不能入水。该种抗污染能力极强，在污染严重的生境中生长尤其茂盛。

目前最安全的防治手段仍是人工打捞和综合利用。

二、严重危害种

01 葎草

学名 **Humulus scandens** (Lour.) Merr.

桑科葎草属一年生草质藤本，又名拉拉藤、锯锯藤、葛麻藤等。土著种。根系发达，茎长可达5～8m。适生范围很广，生命力极为顽强。生长快速，最大日生长量可达13 cm，在竞争中具有强大优势，能很快地占据所在的生态位将其他植物挤出领地。凭借茎上的倒生小刺攀援或以茎缠绕他物，以覆盖及缠绕方式危害农作物、果树、湿地植物和圃地苗木，常形成较大面积的单优群落，严重影响生态景观，降低物种多样性。多生于农田、圃地、路边、田埂、草地、果园、荒地，是一种很难清除的有害植物。

葎草一般3月出苗，5～8月为生长高峰。以种子繁殖，每株可产数万粒种子。种子翌年发芽，生命期通常仅一年，故埋于深层土壤的种子在一年后大多会丧失发芽力。宁波各地均有分布，十分常见。防治方法宜采用以苗期人工拔除为主。土壤深翻可消灭其种子，是防治葎草危害的重要措施。

杠板归

学名 **Polygonum perfoliatum** Linn.

蓼科蓼属一年生草质藤本,又称犁头刺、蛇倒退、穿叶蓼。土著种。种子繁殖,生长快速,适应能力较强。借助茎上的倒钩刺攀援他物,并以覆盖方式危害其他植物。种子在深层土壤中能存活数年之久。宁波各地普遍有分布,极为常见。人工防治时可在幼苗期进行拔除。

03 美洲商陆

学名 **Phytolacca americana** Linn.

商陆科商陆属多年生草本，又称垂序商陆。原产于美洲。以观赏目的引入栽培，1935年首先在杭州采到标本，引进时间应当更早，现已遍及世界各地。其适应性极强，繁衍速度快，可由鸟类传播种子帮助扩散，有时形成单优群落。对生态平衡及物种多样性有较大影响，另外其茎叶、果实和肉质根具有一定毒性，尤其是果实和肉质根毒性较强，若误食，严重者可导致生命危险。宁波各地均有分布。宜采用人工挖除方式防治。嫩茎叶用开水焯后可作野菜食用。

水盾草

学名　**Cabomba caroliniana** A. Gray

睡莲科水盾草属多年生沉水草本，别名鱼草。原产于南美洲，目前在世界上许多国家已成为危害严重的入侵植物。茎细长，形态优美。开始多以水族箱观赏草引入栽培，而后逸出野外并泛滥成灾。该种入侵我国的时间较短，1993年首先在宁波发现。据最近报道资料及实地调查发现，在浙江的杭嘉湖平原和宁绍平原、江苏南部的太湖流域及上海均已有分布，其中绍兴、杭州、嘉兴、宁波等地尤为集中。生长的主要水域类型为一些水流缓慢、水位稳定的小河道、中小型湖泊及池塘中。该种在入侵地尽管只开花不结果，但可通过无性生殖方式迅速扩散。主要危害对象为水体中的一些土著水生植物群落，并可影响河道通航等。世界各国在多年前就已开始对该种开展防治研究，但至今仍未找到有效的防治方法。

据笔者观察发现，在通航河道中，由于机动船的螺旋桨将其植株切断，这些残体被船只或水流带到另一水域后，又会很快形成群落。这就是水盾草在水网区域（包括上游）迅速传播扩散的主要原因。防治措施宜采用人工打捞为主。

黄香草木樨

05

学名 **Melilotus officinalis** (Linn.) Pall.

豆科草木樨属二年生草本，又名草木樨。原产于欧洲。以牧草为目的引入，现我国各地均有归化。浙江主要见于沿海地区，宁波各地均有分布。该种生性强健，繁殖快速，常形成单优群落，令生境中的物种多样性降低。另外其植株中含有的香豆素若处于炎热潮湿条件下会转变为双香豆素，动物食后易中毒，严重者可致死亡。防治手段宜以人工拔除为主。

乌蔹莓

06

学名 **Cayratia japonica** (Thunb.) Gagnep.

葡萄科乌蔹莓属多年生草质藤本，别名五爪龙、野葡萄。土著种。以种子或地下根状茎萌蘗繁殖。生长极快，适应能力极强。通过茎卷须攀援他物，以覆盖形式危害其他植物。覆盖于栽培植物之上，使其不能正常进行光合作用，造成大量落叶，生长不良，直至枯死。该种在林缘、灌丛、圃地、果园及城市公园中均较常见，极难清除，拔除后，残留根状茎很快就会萌发出新苗。

宁波各地十分常见。其根系发达，种子和地下根状茎均可繁殖，繁殖系数极高。在防除策略上，常规方法宜以人工清除为主，采用割、扯、拔、挖等措施。

07 金灯藤

学名 **Cuscuta japonica** Choisy

旋花科菟丝子属一年生草质寄生藤本。土著种。危害方式为寄生加缠绕，对农作物及其他许多木本、草本植物均有较严重的危害作用。调查发现，在宁波山地、丘陵灌丛中较为常见，甚至也会出现在园林圃地或草坪中，而在湿地中更为常见，危害甚为严重。应在果实未成熟时连同寄主一起清除。

08 阔叶丰花草

学名 **Spermacoce alata** Aublet

茜草科丰花草属多年生草本。原产于南美，现全世界热带地区广泛分布。我国于 1937 年引入广东等地作为军马饲料，20 世纪 70 年代常作为地被植物栽培，其繁衍迅速，很快在华南地区扩散，成为恶性杂草，入侵茶园、桑园、果园、咖啡园、橡胶园及花生、甘蔗、蔬菜等旱作物地，对花生的危害尤为严重。

笔者于 2006 年首先在温岭市发现它已入侵浙江，可能为花木引种时带入。当时推断其将很快成为浙江省重要的有害植物，近几年的调查正如所料，几乎在浙江全境均发现有它的存在。宁波也有不少分布点。

据观察，阔叶丰花草植株高可达 1m，喜光，喜生于酸性或中性土壤中。花果期特别长，6 月开始开花，7～8 月果实开始成熟，到 10 月调查时，仍在不断开花结果。繁殖扩展速度非常快，在肥沃的地块上生长会特别繁茂，常形成单优群落，其中很少有其他杂草出现。宜在苗期进行人工拔除。

09 大狼把草

学名 **Bidens frondosa** Linn.

菊科鬼针草属一年生草本。原产于北美。可能属于无意中带入。因为其果实顶端具尖刺，刺上有倒刺毛，借助人或动物而广泛传播，适应性及繁殖能力很强，扩散速度极快。现世界各地普遍分布，有时形成单优群落。对物种多样性有较大影响，对农业、林业、牧业、园林景观等均会造成一定危害。宁波各地极为常见，有时形成群落。宜在苗期人工拔除或铲除。

毒莴苣

学名 **Lactuca serriola** Linn.

菊科莴苣属一年生草本，又名刺莴苣、野莴苣。原产于欧洲。最初可能为进口粮食、蔬菜种子或其他货物时混杂进入我国。其繁殖力很强，最高每株可产5万多枚瘦果，且瘦果的寿命可长达3年以上，其瘦果顶端具蒲公英状冠毛，能借助风力或水流远距离传播；其植株全株有毒，人畜误食易中毒；毒莴苣的适应能力很强，能适应各种气候、环境及土壤，在盐碱土中也能正常生长。早在2007年，我国已将其列入《中华人民共和国进境植物检疫性有害生物名录》。目前在我国多个省份均有发现，浙江也已有不少地方被入侵。本次调查发现，在宁波各沿海区域都有它的身影，有时成单优群落。应于果实成熟前人工拔除。

三、潜在危害种

银花苋

学名 **Gomphrena celosioides** Mart.

苋科千日红属一年生草本。原产于热带美洲。入侵途径不明,现世界热带地区广泛分布。生性强健,耐旱耐瘠,适应性强,花期长,繁殖能力强。在我国见于广东、海南、台湾等地;浙江目前仅见于象山,为本次调查发现的华东归化新记录种。鉴于其较强的适应性和繁殖能力,推测其具有潜在的扩散危险。

细果草龙

学名 **Ludwigia leptocarpa** (Nutt.) Hara

柳叶菜科丁香蓼属一年生草本。原产于北美。入侵途径不明，目前已出现在我国东南沿海地区，浙江的杭州、绍兴、温州等地均已发现它的踪迹；本次调查时在宁波其仅发现于鄞州。据观察，该种结实率高，繁殖能力强，喜生于湿地，扩散势头较猛，极有可能在不长的时间内扩散至全省各地，成为新的较严重的有害植物。

03 粉绿狐尾藻

学名 **Myriophyllum aquaticum** (Vell.) Verdc.

小二仙草科狐尾藻属多年生挺水草本。原产于欧洲。以观赏水草为目的引入我国。该植物分枝密集，叶片细裂，呈灰绿色，形态优美。但其分蘖能力、无性繁殖能力很强，扩散速度异常快速，常在水体中形成密集群落，严密覆盖水面，令其他植物无法生长，也让水下其他生物难以生存，严重降低生物多样性。若不及时清除，大量植株将在水中腐烂，其所吸附的有害物质仍会回到水体中，并形成更为严重的二次污染。

由于天敌及气候条件等制约因素的缺失，该种在我国已出现大量逸出并泛滥成灾的案例，浙江境内也已在多处发现。该种在宁波栽培普遍，在调查中同样发现多地有逸出并泛滥现象。

一些园林工作者因未意识到本种的危害情况，仅从景观角度考虑而在园林中大量设计应用；个别治水专家则根据单因素试验结果认为其具有良好的治理水体污染的效果而呼吁大力推广应用。这些因素无疑加剧了该物种的泛滥成灾。笔者对此持坚决的反对态度，历史上如喜旱莲子草、凤眼莲、互花米草等成为严重的入侵植物，也正是由此而造成的，历史不能再重演，这种情况也不应再发生。

香菇草

学名　**Hydrocotyle vulgaris** Linn.

　　伞形科天胡荽属多年生水生草本，又名钱币草、南美天胡荽。原产于南美。该种叶片盾形，酷似微型荷叶，叶面亮绿，殊为优美，故以观赏植物为目的引入我国，并在园林中被大量应用。由于天敌、气候等制约因素的缺失，加上该种十分顽强的适应能力，既可在水中生长，也可在旱地立足，出现了快速蔓延的情况。在配置有这种植物的水体中，常常出现密集的单优群落，有时可布满整个水面及岸上，完全背离了景观设计的初衷，并严重降低了环境中的生物多样性。该种是潜在的具较大危害的种类。

05 喀西茄

学名 **Solanum aculeatissimum** Jacq.

茄科茄属多年生草本，高0.5～2m。全株密生皮刺及多细胞腺毛和短绒毛；花白色；浆果球形，径2～3cm，未熟时具绿色网纹，熟时淡黄色。原产于巴西，现广泛分布于亚洲和非洲热带地区，我国华南、西南及江西、福建、湖南等地均有发现。浙江省丽水、温州有归化。本次调查在象山也发现了它的入侵踪影。本种结籽量大、繁殖率高、适应性强，具有极强的入侵能力，应引起高度警惕。

戟叶凯氏草

学名 **Kickxia elatine** (Linn.) Dumort.

玄参科凯氏草属一年生草本。原产于欧洲、北非及西南亚。入侵原因不明。该种首先在上海被发现，后又在江苏被报道。在本次宁波植物资源调查时，在慈溪的滨海湿地中发现了它的存在，属浙江归化新记录（最近在普陀东福山岛、临安大明山也有发现）。该种适应性、繁衍能力均较强，具有潜在的危险性，需予以重视。

07 白花金钮扣

学名 **Acmella radicans** (Jacq.) R.K. Jansen var. **debilis** (Kunth) R.K. Jansen

菊科金钮扣属多年生草本。原产于美洲，安徽黟县已有归化。本次调查时该种在象山县城郊区被发现，属浙江归化新记录。入侵途径不明。从现场调查情况看，该种生性强健，适应性和繁衍能力均极强，扩散势头较迅猛，属于较危险的潜在有害植物。

08 水蕴草

学名 **Egeria densa** Planch.

水鳖科水蕴草属多年生沉水草本，又名水蕴草。原产于南美，世界各地多有归化，我国在台湾有归化记录。本次调查时该种首次在奉化被发现，属和种为华东归化新记录，另外在嵊州、杭州西湖等地也有发现。本种繁殖力、适应性极强，在淡水或咸水中均能生长，常在水底形成单优群落。在德国有"水中瘟疫"之称。

水蕴草与黑藻形态极为相似，其植株较大，叶片较宽，雄花较大且挺出水面开放。

该种可能是作为水族箱中的观赏草引入后逸出野外。鉴于它在其他地方的危害情况，应加强监测并加以控制。

假高粱

09

学名 *Sorghum halepense* (Linn.) Pers.

禾本科高粱属多年生草本。世界十大恶性杂草之一。原产于地中海地区，目前已经扩散到亚洲、欧洲、美洲、大洋洲等的 50 多个国家和地区。20 世纪 80 年代初从美国及南美国家进口粮食时传入我国，至今我国各沿海口岸仍不时检疫到其种子。

假高粱根系发达，植株高大，可高达 2m 多。具有超强的生命力和繁殖力。一株可结 2000 多粒种子，种子存活期较长，在土中保存两年仍能萌发，在干燥适温下可存活 7 年之久。其地下茎的萌蘖性也很强，切断后能很快形成新植株，故多为丛生状。

其根部的分泌物及植株腐烂后产生的毒素，能抑制农作物种子萌发和幼苗生长，对谷类、棉花等 30 多种农作物构成严重危害，造成大幅度减产；另外，其嫩芽含有氰化物，牲畜食用后会引起中毒甚至死亡；是很多害虫和植物病害的中间寄主；其花粉易与留种的高粱属作物杂交，导致作物产量降低，品种变劣，给农业生产带来极大危害。

种子混杂在粮食中调运是假高粱远距离传播的主要途径，另外其种子粘附性较强，可借由人和动物传播。目前该种在宁波虽仅发现于象山，但其危害性应引起足够重视。

10 苏丹草

学名　**Sorghum sudanense** (Piper) Stapf

　　禾本科高粱属一年生草本，高可达 2.5m。原产于非洲，世界各地多有引种并归化。以优良牧草为目的引入我国并广泛栽培，因其具有极强的适应性，极易逸出成为归化植物而严重影响当地的生态平衡。浙江最早逸生现象见于台州椒江大陈岛，之后在诸暨白塔湖等地也有发现。本次调查在象山渔山岛也发现有该种逸生，为潜在的有害植物。

第六节　有害植物防治对策与措施

一、形 势 严 峻

调查表明，宁波已成为有害植物泛滥的重灾区之一，除局部深山密林环境外，几乎都有有害植物的踪影，面临的防控形势十分严峻。

二、慎 重 引 种

人们总认为外国的植物种类经济价值高、科技含量高、档次高等，因此容易盲目引进，从而可能造成植物入侵，盲目引进是造成外来植物入侵的最主要途径。管理、生产、科研部门应转变观念，尽量提倡乡土植物的应用。而大量的抛荒地则是造成有害植物爆发蔓延的重要条件，对此政府部门应引起高度关注并采取相应措施。从国外引种时，有几点需特别引起注意：①从分类方面，禾本科和菊科植物等极易成为有害植物；②从生活型方面，草质藤本极易成为有害植物；③从生境方面，水生植物极易成为有害植物；④从地域方面，美洲的种类在我国最易成为有害植物。如果引种对象同时符合上述几点，则须慎之再慎。在关注外来有害植物的同时，对土著有害植物也需引起相应的重视。

三、加 强 监 测

入侵植物在危害爆发之前通常需要一定的时间来适应新环境，因此一些新引进植物的全面影响可能过一段时间才能觉察到，不同的物种危害潜伏期长短差异很大，如加拿大一枝黄花引入我国近70年后才爆发，而有的则入境一至数年即四处蔓延。对一些在本省虽然目前分布范围不大，但在其他地方已形成严重危害的种类应引起特别重视，如白花金钮扣、假高粱、银花苋、喀西茄等。这些种类目前也许正处于潜伏期或爆发初期，极有可能会成为新的、大范围的严重危害种。建议政府部门每年要有一定的财政预算，用于有害植物的监测和防治研究，鼓励科技人员深入开展有害植物传播方式、繁衍能力、危害机理和防控技术等方面的研究。

四、掌 握 时 机

在对有害植物进行防治时，掌握清除的有效时间节点至关重要。对于一些以种子繁殖为主的有害植物，应在其种子成熟前进行，如加拿大一枝黄花、毒莴苣、大狼把草等。有的宜在其幼苗期进行拔除或杀灭，如葎草、杠板归等。

五、分 类 对 待

有害植物种类如此众多，防控工作应讲究策略和重点：全力控制极度和严重危害种，及时清除潜在危害种，严密控制源头，监视新的入侵物种。

六、防 治 手 段

对有害植物的防治，应提倡以人工防除为主。因目前生物防治技术尚不成熟，而且极有可能会带来更严重的生态灾难，此种案例在国内外已有不少报道，故应慎用；强烈建议杜绝化学除草剂的使用，因其会造成土壤、水源污染及在植物体中残留，从而对人体产生不可预测的危害，也会使入侵植物抗药性不断增强。控制有害植物的研究重点应侧重于综合利用方面，让其变害为宝。

七、加 强 宣 传

采取多种宣传方式，增强民众对有害植物防治的认知、关注和参与度，并告诫公民，为了生态安全，不要随意从境外或外地带回植物活体（包括营养体、植株、果实及种子等）种植，以减小入侵风险。

八、防 控 体 系

有害植物防治是关系国土生态安全和经济发展的大事，既是政府的职责，也是全民的义务。鉴于宁波的具体情况，可由市政府牵头，以林业、农业、园林、水利、城建、交通等部门为主，联合海关、环保等部门，利用各自的专业网络，组建起一个快速、高效、全面的防控体系。同时组建相关的植物专家组，负责对申报进口植物种类进行风险分析与评估，有害植物防治与监控的技术指导等。还应尽快制定出相应的法律法规。

宁波市有害植物名录

一、满江红科　　　**Azollaceae**

　1. 满江红　　　*Azolla imbricata*（一年生水生草本。土著种，全市各地）

二、桑科　　　**Moraceae**

　2. 葎草　　　*Humulus scandens*（一年生草质藤本。土著种，全市各地）

三、荨麻科　　　**Urticaceae**

　3. 小叶冷水花　　　*Pilea microphylla*（一年生草本。原产南美，慈溪、鄞州、宁海、象山、市区）

四、桑寄生科　　　**Loranthaceae**

　4. 锈毛钝果寄生　　　*Taxillus levinei*（常绿半寄生灌木。土著种，奉化）

　5. 槲寄生　　　*Viscum coloratum*（常绿半寄生灌木。土著种，北仑、鄞州、奉化）

五、蓼科　　　**Polygonaceae**

　6. 杠板归　　　*Polygonum perfoliatum*（一年生草质藤本。土著种，全市各地）

六、藜科　　　**Chenopodiaceae**

　7. 土荆芥　　　*Chenopodium ambrosioides*（一年生草本。原产热带美洲，全市各地）

七、苋科　　　**Amaranthaceae**

　8. 喜旱莲子草　　　*Alternanthera philoxeroides*（多年生草本。原产南美，全市各地）

　9. 刺苋　　　*A. spinosus*（一年生草木。原产热带美洲，全市各地）

　10. 青葙　　　*Celosia argentea*（一年生草本。土著种，全市各地）

　11. 银花苋　　　*Gomphrena celosioides*（多年生草本。原产热带美洲，象山）

八、商陆科　　　**Phytolaccaceae**

　12. 美洲商陆　　　*Phytolacca americana*（多年生草本。原产北美，全市各地）

九、石竹科　　　**Caryophyllaceae**

　13. 西欧蝇子草　　　*Silene gallica*（二年生草本。原产欧洲南部，象山）

一〇、睡莲科　　　**Nymphaeaceae**

　14. 水盾草　　　*Cabomba caroliniana*（多年生水生草本。原产南美，余姚、鄞州、奉化）

一一、十字花科　　　**Cruciferae**

　15. 芝麻菜　　　*Eruca vesicaria* subsp. *sativa*（一年生草本。原产欧洲北部、亚洲西部和北部、非洲西部以及我国的西北与河北，宁海）

　16. 北美独行菜　　　*Lepidium virginicum*（一或二年生草本。原产北美，全市各地）

　17. 沼生蔊菜　　　*Rorippa palustris*（一或二年生草本。原产北半球温暖地区，宁海）

一二、豆科　　　**Leguminosae**

　18. 大托叶猪屎豆　　　*Crotalaria spectabilis*（一或二年生草本。原产印度，余姚）

　19. 野大豆　　　*Glycine soja*（一年生草质藤本。土著种，全市各地，湿地尤多）

20. 南苜蓿　　*Medicago polymorpha*（二年生草本。原产印度，全市各地）

21. 黄香草木樨　　*Melilotus officinalis*（二年生草本。原产欧洲，全市各地）

22. 葛藤　　*Pueraria montana* var. *lobata*（半木质落叶藤本。土著种，全市各地）

23. 田菁　　*Sesbania cannabina*（一年生草本。原产澳大利亚，市内沿海各地）

24. 赤小豆　　*Vigna umbellata*（一年生草质藤本。原产热带亚洲，全市各地）

一三、酢浆草科　　**Oxalidaceae**

25. 红花酢浆草　　*Oxalis corymbosa*（多年生草本。原产南美，全市各地）

一四、大戟科　　**Euphorbiaceae**

26. 飞扬草　　*Euphorbia hirta*（一年生草本。原产美洲，慈溪、余姚、北仑、鄞州、奉化）

27. 匍匐大戟　　*Eu. prostrata*（一年生草本。原产美洲，余姚、镇海、北仑、鄞州、象山）

一五、葡萄科　　**Vitaceae**

28. 广东蛇葡萄　　*Ampelopsis cantoniensis*（木质藤本。土著种，全市各地）

29. 乌蔹莓　　*Cayratia japonica*（多年生草质藤本。土著种，全市各地）

一六、锦葵科　　**Malvaceae**

30. 苘麻　　*Abutilon theophrasti*（一年生草本。土著种，全市各地）

一七、柳叶菜科　　**Onagraceae**

31. 细果草龙　　*Ludwigia leptocarpa*（多年生草本。原产北美，鄞州）

32. 月见草　　*Oenothera biennis*（多年生草本。原产北美，鄞州）

33. 裂叶月见草　　*O. laciniata*（多年生草本。原产北美，慈溪、北仑、鄞州、奉化、宁海、象山）

一八、小二仙草科　　**Haloragidaceae**

34. 粉绿狐尾藻　　*Myriophyllum aquaticum*（多年生水生草本。原产欧洲，各地栽培，鄞州等地逸生）

一九、伞形科　　**Umbelliferae**

35. 香菇草　　*Hydrocotyle vulgaris*（多年生水生草本。原产南美，各地栽培，常有逸生）

二〇、旋花科　　**Convolvulaceae**

36. 南方菟丝子　　*Cuscuta australis*（一年生缠绕寄生藤本。土著种，全市各地）

37. 菟丝子　　*C. Chinensis*（一年生缠绕寄生藤本。土著种，全市各地）

38. 金灯藤　　*C. japonica*（一年生缠绕寄生藤本。土著种，全市各地）

39. 毛果甘薯　　*Ipomoea cordatotriloba*（一年生缠绕藤本。原产北美，象山）

40. 瘤梗甘薯　　*I. lacunosa*（一年生缠绕藤本。原产北美，全市各地）

41. 三裂叶薯　　*I. triloba*（一年生缠绕藤本。原产热带美洲，全市各地）

42. 圆叶牵牛　　*Pharbitis purpurea*（一年生缠绕藤本。原产热带美洲，全市各地）

二一、唇形科　　**Labiatae**

43. 皱叶留兰香　　*Mentha crispata*（多年生草本。原产欧洲，慈溪、镇海、鄞州、宁海）

44. 田野水苏　　*Stachys arvensis*（多年生草本。原产欧洲、西亚及北美，镇海、鄞州、象山）

二二、茄科　　Solanaceae

　45. 假酸浆　　*Nicandra physalodes*（一年生草本。原产南美，全市各地）

　46. 毛酸浆　　*Physalis philadelphica*（一年生草本。原产美洲，奉化、宁海、鄞州）

　47. 喀西茄　　*Solanum aculeatissimum*（多年生草本。原产巴西，象山）

　48. 少花龙葵　　*S. americanum*（一年生草本。原产华南及云、湘、赣，余姚、奉化、宁海、象山）

　49. 牛茄子　　*S. capsicoides*（一年生草本。原产巴西，宁海）

二三、玄参科　　Scrophulariaceae

　50. 戟叶凯氏草　　*Kickxia elatine*（一年生草本。原产欧洲、北非及西南亚，慈溪）

　51. 加拿大柳蓝花　　*Nuttallanthus canadensis*（一年生草本。原产北美，奉化）

　52. 直立婆婆纳　　*Veronica arvensis*（一年生草本。原产欧洲，全市各地）

　53. 波斯婆婆纳　　*V. persica*（一至二年生草本。原产西亚，全市各地）

二四、车前科　　Plantaginaceae

　54. 北美毛车前　　*Plantago virginica*（二年生草本。原产北美，全市各地）

二五、茜草科　　Rubiaceae

　55. 阔叶丰花草　　*Borreria latifolia*（多年生草本。原产热带南美，北仑、鄞州、奉化、宁海、象山）

二六、桔梗科　　Campanulaceae

　56. 卵叶异檐花　　*Triodanis perfoliata* subsp. *biflora*（一年生草本。原产美洲，余姚、奉化、象山）

二七、菊科　　Compositae

　57. 白花金钮扣　　*Acmella radicans* var. *debilis*（一年生草本。原产美洲，象山）

　58. 藿香蓟　　*Ageratum conyzoides*（一年生草本。原产中南美洲，全市各地）

　59. 豚草　　*Ambrosia artemisiifolia*（一年生草本。原产北美，全市各地）

　60. 黄花蒿　　*Artemisia annua*（一年生草本。土著种，全市各地）

　61. 大狼把草　　*Bidens frondosa*（一年生草本。原产北美，全市各地）

　62. 小白花鬼针草　　*B. pilosa* var. *minor*（一年生草本。原产热带美洲，慈溪、奉化、鄞州、宁海、象山）

　63. 野塘蒿　　*Conyza bonariensis*（一或二年生草本。原产南美，全市各地）

　64. 小飞蓬　　*C. canadensis*（一年生草本。原产北美，全市各地）

　65. 苏门白酒草　　*C. sumatrensis*（一、二年生草本。原产南美，全市各地）

　66. 大花金鸡菊　　*Coreopsis grandiflora*（多年生草本。原产美洲，全市各地栽培并有逸生）

　67. 一年蓬　　*Erigeron annuus*（一、二年生草本。原产北美，全市各地）

　68. 费城飞蓬　　*E. philadelphicus*（一、二年生草本。原产北美，慈溪、余姚、鄞州、市区）

　69. 粗糙飞蓬　　*E. strigosus*（一、二年生草本。原产北美，余姚四明山）

　70. 睫毛牛膝菊　　*Galinsoga quadriradiata*（一年生草本。原产南美，全市各地）

　71. 毒莴苣　　*Lactuca serriola*（一年生草本。原产欧洲，全市各地滨海地区）

　72. 银胶菊　　*Parthenium hysterophorus*（一年生草本。原产热带美洲，宁海）

73. 翅果菊　　　　　*Pterocypsela indica*（二年生草本。土著种，全市各地）

74. 欧洲千里光　　　*Senecio vulgaris*（一年生草本。原产欧洲，鄞州）

75. 岩生千里光　　　*S. wightii*（多年生草本。原产南亚、东南亚及我国西南，市区）

76. 加拿大一枝黄花　*Solidago canadensis*（多年生草本。原产北美，全市各地）

77. 裸柱菊　　　　　*Soliva anthemifolia*（一年生草本。原产南美，全市各地）

78. 羽裂续断菊　　　*Sonchus oleraceo-asper*（一年生草本。原产欧洲，宁海）

79. 夏威夷紫菀　　　*Symphyotrichum squamatum*（一年生草本。原产美洲，奉化、象山）

80. 钻形紫菀　　　　*S. subulatum*（一年生草本。原产北美，全市各地）

81. 西洋蒲公英　　　*Taraxacum officinale*（多年生草本。原产北美、欧洲、中亚及我国新疆，象山）

82. 苍耳　　　　　　*Xanthium sibiricum*（一年生草本。土著种，全市各地）

83. 多花百日菊　　　*Zinnia peruviana*（一年生草本。原产墨西哥，鄞州）

二八、水鳖科　　　**Hydrocharitaceae**

84. 水蕴草　　　　　*Egeria densa*（多年生沉水草本。原产南美洲，奉化）

二九、禾本科　　　**Gramineae**

85. 银鳞茅　　　　　*Briza minor*（一年生草本。原产欧洲，余姚、鄞州、象山）

86. 牛筋草　　　　　*Eleusine indica*（一年生草本。土著种，全市各地）

87. 五节芒　　　　　*Miscanthus floridulus*（多年生草本。土著种，全市各地）

88. 双穗雀稗　　　　*Paspalum distichum*（多年生草本。土著种，全市各地）

89. 狼尾草　　　　　*Pennisetum alopecuroides*（多年生草本。土著种，全市各地）

90. 毛竹　　　　　　*Phyllostachys pubescens*（常绿乔木。土著种，全市各地山区）

91. 大狗尾草　　　　*Setaria faberii*（一年生草本。土著种，全市各地）

92. 金色狗尾草　　　*S. glauca*（一年生草本。土著种，全市各地）

93. 狗尾草　　　　　*S. viridis*（一年生草本。土著种，全市各地）

94. 假高粱　　　　　*Sorghum halepense*（多年生草本。原产地中海，镇海）

95. 匿芒假高粱　　　*S. halepense* form. *muticum*（多年生草本。原产欧洲，象山）

96. 苏丹草　　　　　*S. sudanense*（一年生草本。原产非洲，象山）

97. 互花米草　　　　*Spartina alterniflora*（多年生草本。原产美洲，全市沿海海涂极常见）

98. 大米草　　　　　*S. anglica*（多年生草本。原产欧洲，宁海偶见）

三〇、天南星科　　**Araceae**

99. 大薸　　　　　　*Pistia stratiotes*（一年生水生草本。原产南美，全市各地）

三一、雨久花科　　**Pontederiaceae**

100. 凤眼莲　　　　　*Eichhornia crassipes*（多年生水生草本。原产南美，全市各地）

第八章　植物资源保护与利用

第一节　保护与利用现状

一、保护现状

1. 建立了野生动植物保护管理机构和古树名木调查保护工作机制

1983 年 7 月，宁波撤地设市，同年 8 月建立宁波市林业局，下设林政科（1988 年升格为处），负责全市野生动植物资源的保护管理工作。1994 年 6 月增挂宁波市野生动物保护管理办公室牌子。1989 年 6 月成立了林业公安处，负责全市包括野生动植物资源在内的森林保护与管理执法工作，各县（市、区）也相应成立了森林派出所。2017 年，全市各国有林场完成改革，均增挂了生态公益林管理站的牌子，负责各区域的森林资源保护和管理工作。

另外，宁波市还建立了较为完善的古树名木专项调查与保护工作机制。全市分别于 2002 年、2012 年和 2017 年三次对古树名木进行了普查，基本查清了全市古树名木的资源现状，建立了管理档案，落实了管理责任。同时，宁波市还设立财政专项资金，用于各地古树名木的资源调查、挂牌建档和保护修复等工作。

2. 建立了以各级森林（湿地）公园、风景名胜区和野生珍稀植物保护小区为主体的野生植物就地保护区

到目前为止，全市已建立了鄞州天童、余姚四明山、奉化溪口和宁海双峰 4 个国家级森林公园，北仑瑞岩寺、宁海桃花溪、奉化黄贤、象山清风寨、海曙中坡山等 11 个省级森林公园，以及象山鲤鱼潭、北仑九峰山、奉化柏坑等 11 个市级森林公园，森林

公园总面积达到了 260.63km²，约占全市森林总面积的 6%。建立了杭州湾国家级湿地公园及九龙湖、四明湖 2 个省级湿地公园，其中杭州湾国家级湿地公园占地面积 63.8km²，是中国八大盐碱湿地之一和世界级观鸟胜地。建立了奉化缸爿山岛海滨木槿保护小区、宁海双峰南方红豆杉保护小区、余姚梁弄古茶树保护小区、余姚鹿亭野生铁皮石斛保护小区等 4 个野生珍稀植物保护小区。建立了慈溪的达蓬山、五磊山，余姚的四明山地质公园、丹山赤水、浙东小九寨，镇海的九龙湖、招宝山，北仑的九峰山，海曙的五龙潭、浙东大竹海（2016 年区划调整前均属鄞州区），鄞州的横溪，奉化的溪口，宁海的梁皇山，象山的松兰山等以森林资源为依托的 A 级风景名胜区；另外还建立了象山韭山列岛海洋生态国家级自然保护区。各级森林（湿地）公园、风景名胜区和野生珍稀植物保护小区、自然保护区均为宁波市植物资源多样性的集聚区，为各类植物资源的就地保护提供了重要平台。宁波市省级以上森林公园、重要湿地（湿地公园）、自然保护区（海洋公园）分布示意图见图 8-1（数据截止到 2019 年）。

3. 建立了一批植物引种驯化和迁地保护基地

一直以来，宁波市各地都非常重视外来植物的引种驯化与开发利用工作。目前，已初步搭建了宁波市林场的珍贵与高山树种良种基地、海曙章水与江北慈城的樱花种质资源收集保存基地、余姚丈亭与江北慈城的杨梅种质资源库、东钱湖福泉山茶场和余姚三七市等地的茶树种质资源库、奉化溪口的水蜜桃种质资源库、北仑柴桥的杜鹃种质资源库、奉化溪口宁波城市职业技术学院和北仑佳禾生态科技有限公司的槭树种质资源库、象山的柑橘种质资

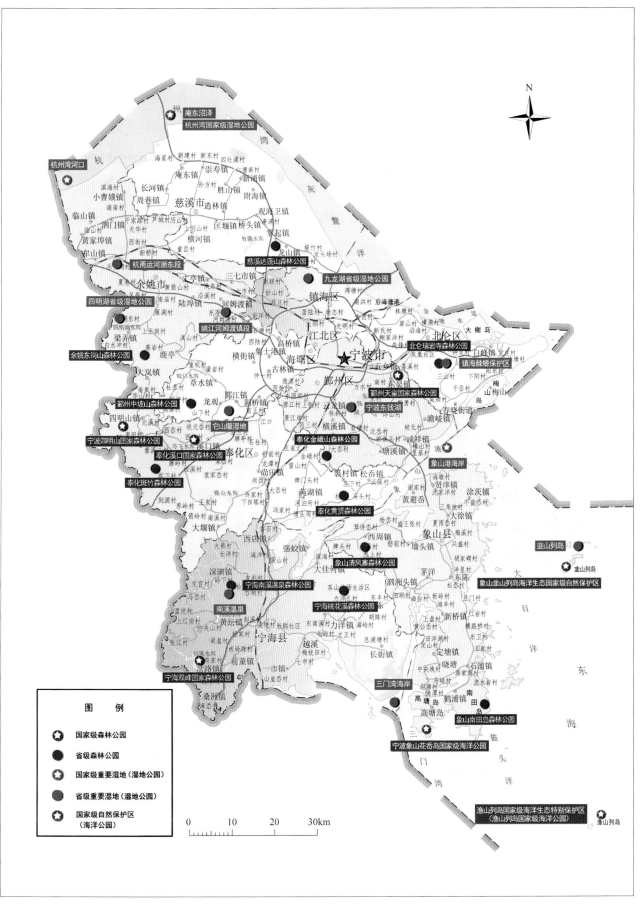

图 8-1 宁波市省级以上森林公园、重要湿地、自然保护区（海洋公园）分布示意图

源库、宁波植物园的各类景观和珍稀植物种质资源的引进与应用等植物引种驯化及种质资源保存基地，为各类引进植物的迁地保护和种质资源的创新利用提供了重要的基础平台。

4. 建立了野生动植物保护专项资金渠道

宁波市林业局每年投入约 120 万元专项资金，用于支持各地的野生动植物保护工作。

二、开发利用

（一）开发利用历史

根据《宁波林业志》及查询的其他相关文献资料记载，宁波开发利用森林与植物资源历史悠久。

木材加工利用：在距今约 7000 年的余姚河姆渡遗址，发现了全国迄今年代最早的榫卯结构、干栏式建筑及木碗、木鱼等器物，说明那时的先民们已在利用木材建造房屋和制作日用品了。

茶树栽培与茶艺：距今约 6500 多年的余姚田螺山遗址考古则发现，那时的人们可能已经开始人工栽培茶树，并使用陶器煮茶、喝茶了。陆羽（唐）《茶经》的"八之出"中记载了当时全国茶叶产地分布情况："浙东以越州①上，明州、婺州次，台州下。"唐贞元二十年（公元 804 年），日本高僧最澄到明州天童寺、天台万年寺访学，次年回国时将茶树种子、种植方法和制茶、饮茶技术带回了日本，他也因之成为日本的种茶之祖。宋绍兴三十二年（1162 年），《宋会要辑稿》之"食货二九 产茶额"中记载："明州，慈溪、定海②、象山、昌国③、奉化、鄞：五十一万四百三十五斤④"，产量位居浙东第 1 位。19 世纪，宁波的种茶、制茶业空前繁盛，英国园艺学家 R. Fortune（福琼）在 1843 ～ 1845 年、1848 ～ 1850 年、1853 ～ 1855 年多次来宁波采集植物标本，调查宁波的茶园及蚕丝业，同时收集了大量茶树种子。约在清光绪十年（1884 年），

广东人（祖籍湖南）刘峻周（1870—1941）随舅父来宁波学习茶艺，于清光绪十四年（1888 年）与多次来宁波采购茶叶的俄国皇家采办商波波夫结识，在波波夫多次盛情邀请下，分别于清光绪十九年（1893 年）和清光绪二十三年（1897 年），先后 2 次偕同 11 名和 12 名茶叶技工，带着茶叶种苗，从宁波乘船出发远赴俄国的格鲁吉亚指导种茶、制茶，创建了名牌红茶"刘茶"，并在 1900 年巴黎世界博览会上获得金质奖章。由于刘峻周对俄国的茶叶发展贡献卓著，清宣统元年（1909 年）其被俄国政府授予"斯达尼斯拉夫"三等勋章。民国十二年（1923 年），苏联政府授予他"劳动红旗勋章"。其住所也被格鲁吉亚政府辟为"茶叶博物馆"。1952 年 5 月 10 日，余姚梁弄区白鹿乡（现梁弄镇）农民陈茂强成功试制了浙江省第一台单臂手摇茶叶杀青机，功效比传统手工提高了 4 倍。

果树栽培：南朝梁武帝天监年间，《述异志》载"越多橘柚园"，说明那时已普遍种植柑橘等水果。明弘治年间（1488 ～ 1505 年），嘉兴、湖州、宁波、衢州均产梨。

明嘉靖年间（1522 ～ 1566 年），《象山县志》记载当时象山已有桃、梅、李等果树栽培。清嘉庆十四年（1809 年），象山钱沃臣撰《乐妙山居集》载："邑产桃名夏白，又名雪桃，大如拳，皮、肉色皆曰⑤，近核深红，不粘核，味甘鲜，浙产当以为冠。"说明当时象山生产的桃子品质在全省处于领先地位。明嘉靖《奉化县志》记载："与麦同熟曰麦李，皮紫肉红者曰胭蜡李，色黄者曰黄蜡李，色青水多而甘者曰水包李。"说明当时奉化栽培李的品种非常丰富。《浙江通志》记载，嘉靖年间（1522 ～ 1566 年），"宁波金豆橘形似豆，味甘香胜于大橘"。清雍正年间（1723 ～ 1735 年），"金豆出马岙沙岙⑥者佳，不能多得。"清乾隆年间（1736 ～ 1795 年），象山新桥乡高湾村双龙寺式仁和尚引进枇杷实生苗 600 株，在寺院周围种植。清光绪元年（1875 年），

---

① 包括现宁波余姚市

② 今镇海和北仑

③ 今舟山市

④ 1 斤 =0.5kg

⑤ 曰：白

⑥ 今北仑大榭

奉化剡源乡（今溪口镇）三十六湾村张银崇带回上海龙华水蜜桃，经多年培育成良种，取琼浆玉露之意，名玉露桃，应该就是今天奉化水蜜桃的发端。民国十五年（1926 年），金柑传入日本，被称为"宁波金柑"，说明当时宁波产的金柑名扬海内外。在民国期间及中华人民共和国成立以后，宁波各地均开展了以柑橘、梨、葡萄等为主的果树引种工作，果树栽培面积不断扩大，并逐渐成为林特主导产业。

花木栽培：清康熙二十七年（1688 年），《花镜》载："名金豆者，树只尺许，结实如樱桃大，皮光而味甜，植于盆内，冬月可观，多产于江南太仓，与浙之宁波。"说明那时已有人盆栽金柑用于观赏了。清同治五年（1866 年）前后，奉化剡源乡（今溪口镇）三十六湾村张银崇嫁接山茶、碧桃、红梅出售，开创了宁波花卉商业性经营之先河。清宣统元年（1909 年），奉化人黄岳洲在上海真如创办黄家花园，是浙江人在上海经营的第一家花卉企业，并从日本引入了梅花、杜鹃、罗汉松、五针松等新品种。民国十四年（1925 年），鄞县（今鄞州）郭招才在上海兴办"观赏花园"，后在宁波、余姚经营"众乐花园"，1929 年，其孙郭和尚在市区办"铁路花圃"，栽培切花和柏类花木，并在开明街开设了宁波第一家经营花木的专业商店。另外，宁波民间栽培兰花也具有悠久的历史，很多名品盛名远播，如清康熙年间出自奉化的'汪字'，为"春兰老八种"中栽培历史最悠久者；还有清嘉庆年间出自余姚的'龙字'（又称'姚一色''余姚第一仙'），清咸丰二年（1852 年）出自余姚的'十圆'（也叫'集圆'），清同治年间出自余姚的'万字'（又称'鸳鸯第一梅'），1915 年出自余姚的'贺神梅'等，其中'龙字''汪字''集圆'连同产自绍兴的'宋梅'被称为"中国春兰四大名品"，'龙字''汪字''集圆''万字'被日本称为兰花"四大天王"。

竹类栽培：1957 年春，奉化岩头乡（今溪口镇）石门村一株胸径 24cm 的大毛竹参加在北京举办的全国农业展览会，引起轰动；同年 8 月，苏联专家巴维洛夫考察石门村大毛竹栽培技术，带走高 24m、眉围 54cm、重 125kg 的大毛筒（即大毛竹）一株，在莫斯科万国博览会展出。1990 年 8 月 26 日，奉化棠云乡（现萧王庙街道）袁家岙村的一株大毛竹，胸围 59.3cm，被誉为"天下毛竹王"。1964 年，上

海科教电影制片厂在奉化拍摄《大毛竹培育管理》科教片。这些事例充分说明，当时宁波奉化的毛竹大径材培育技术处于世界领先地位。

林产品加工利用：宋嘉定六年（1213 年），宁海西溪以嫩竹制纸，曰"黄公"，又称"瑞青"，色白，久藏不蛀。明嘉靖《奉化县志》记载："熟者以火熏之为乌梅，以盐杀之为霜梅，以糖和之为冰梅。"说明当时已在用各种方法加工果梅食品了。民国十六年（1927 年），宁波如生笋厂生产的"宝鼎"牌油焖笋在莱比锡国际博览会上获得金质奖，从而使宁波产的油焖笋名扬四海，经久不衰。民国二十四年（1935 年）4 月，宁海著名根雕艺人李云波的树根雕"铁拐李"在浙江省特产展览会上获得特等奖。中华人民共和国成立后，宁波加工生产的杨梅、黄桃、金柑等糖水罐头及各种茶叶制品等在国内外纷纷获得大奖，为宁波市林产品赢得了荣誉。

绿化造林：宋靖康元年（1126 年），卞大亨自泰州隐居象山，手植万松于径，行吟其间，自号"松隐居士"。明洪武年间（1368～1398 年），朱开、连理（现均属宁海县跃龙街道）等乡的村民采集松、樟、杉果，辟苗圃育苗，经 1～2 年起苗栽于村庄周围和山坡。1953 年 3 月 24 日，余姚、镇海正式成立了国营苗圃，同年 7 月，余姚洪山乡（今陆埠镇）汪家村建立了全省首家林木育苗合作社，当年培育马尾松苗 0.53hm²（8 亩）。以后，各地的苗木培育和绿化造林工作均渐入佳境，为全市消灭荒山、绿化造林作出了积极贡献。

（二）开发利用现状

进入 21 世纪以来，宁波市对植物资源特别是对外来植物的利用非常重视，对乡土植物的开发利用在观念上也有了较大的改变。

1. 外来植物引种与应用成效突出

宁波市充分利用对外开放的优势，在外来植物的引进与应用上成绩突出，不管是欧美的茶花、杜鹃、郁金香、月季、油橄榄，还是日本的柑橘、槭树、五针松、茶梅、罗汉松，抑或是国内的各类南、北方植物，无不成为宁波人的引种对象。据不完全统计，近年来宁波市从各地引进的樱花、杜鹃、茶花、

槭树、月季等观赏植物就不下 2000 种（含栽培品种，下同），宁波各地苗圃培育及城区应用的外来园林植物估计不下 1000 种，其种类已远远超过应用的本土植物种类。外来植物的引种，极大地丰富了当地的植物资源多样性和景观多样性，也为种质资源的创新与利用提供了丰富的育种材料。

2. 乡土植物资源研究与开发利用成绩显著

华东师范大学在天童林场建立了森林生态系统国家野外科学观测研究站和 40hm² 的大样地，对该地的森林结构和植物资源等进行了较为系统深入的调查研究与跟踪监测，为资源的保护和利用提供了重要的基础数据。由宁波市农业科学研究院等单位主持完成的"优良乡土树种资源生态利用技术研究与示范"项目，以构建稳定、健康、多功能的森林生态群落为目标，通过建立 76 个调查样地，基本查清了宁波市乡土树种资源分布与利用现状，建立了树种开发利用评价指标体系和评价模型，筛选出了 100 种重点推荐的乡土树种，构建了 21 个树种配置优化模式；研究总结了 75 种优良乡土树种的生物学、生态学特性及 43 种优良乡土树种的繁殖与栽培技术；完成了红楠、舟山新木姜子等树种对盐分、酸雨、重金属、雨雪冰冻等的抗性评价研究；发现了舟山新木姜子 5 个大陆新分布点，选育出了全缘冬青 7 个新品系；集成创建了以树种资源调查筛选、优良树种特性研究、种苗高效繁育、群落优化模式构建等技术为核心的生态利用技术体系。研究成果荣获浙江省科技进步奖三等奖。宁波市林业局林特种苗繁育中心联合鄞州区天童林场、宁海县伍山林场，分别在天童和双峰建立了林木采种基地，为乡土树种的产业化开发奠定了种苗基础。由宁波市鄞州区林业技术管理服务站等单位完成的"轻基质网袋容器苗工厂化育苗技术研究"则对青冈、苦槠、木荷、枫香等乡土主要造林树种的网袋容器苗工厂化育苗技术进行了研究，成果获得了国家科技进步奖二等奖（成果合作单位）。这些研究成果的取得为乡土植物的进一步开发利用奠定了良好的技术基础。

3. 绿化造林树种日益丰富，部分乡土树种已成为绿化造林的主导树种

宁波市农业科学研究院"优良乡土树种资源生态利用技术研究与示范"项目组的调查结果显示：宁波市城市园林绿化中应用的乡土树种共有 84 种（含种下等级，下同），隶属 40 科 64 属，乡土树种科、属、种数占全部城市绿化树种科、属、种的比例分别为 60.6%、45.7% 和 35.6%，应用频率较高的有香樟、秃瓣杜英、黄山栾树、榉树、无患子、女贞、枫香、紫薇、南天竺、海桐、小叶女贞等；平原与村镇绿化所应用的乡土树种共有 81 种，隶属 39 科 63 属，占全部平原与村镇绿化树种科、属、种的比例分别为 59.1%、46.0% 和 35.1%，应用频率较高的树种有香樟、秃瓣杜英、海桐、紫薇、女贞、小叶女贞、黄山栾树等；山体绿化所应用的乡土树种共有 55 种，隶属 29 科 43 属，占全部山体绿化树种科、属、种的比例分别为 70.7%、53.8% 和 45.1%，常用树种有马尾松、黄山松、杉木、木荷、枫香、青冈、苦槠、香樟、女贞、金钱松等。从总体上看，乡土树种在全市城市、平原与村镇、山体绿化中所占的种类比例均低于 50%，但在乔木层个体数量上所占比例较高，如在城市绿化类型中，乡土树种乔木个体数量在所有绿化树种乔木总数中占 59.6%，这个比例在平原、山体绿化中可能更高。但从灌木层与地被层来看，乡土树种个体所占比例较低，如在城市绿化中，乡土树种个体数量在灌木层所占的比例为 38.2%，在地被层所占的面积比例仅为 0.6%。从不同年代营造的绿地来看，在城市、平原与村镇绿化中，建设较早的绿地往往应用的植物种类较为单调，乡土树种种类也少，而新建的绿地往往绿化植物种类较为丰富，应用的乡土树种也较多。

近年来，随着各地对乡土珍贵彩色树种造林的重视，部分乡土树种得到了很好的开发与应用，如南方红豆杉、金钱松、赤皮青冈、浙江楠、浙江樟、乌桕、榉树等生态、景观和用材功能俱佳的多用途乡土树种，不但苗木已实现了工厂化、产业化、容器化培育，而且已成为各地绿化造林的主导树种。在城乡绿化中，樟树、黄山栾树则是乔木树种里的骨干树种和行道树里的当家树种。

4. 育成了一大批植物新品种及良种

进入 21 世纪以来，全市的育种工作者非常重

视植物新种质的创制和新品种与良种选育工作，已在水稻、瓜菜、水果、茶树、景观植物等方面创制了一大批新种质，育成了一批在行业内有较大影响力的新品种及良种，如宁波市农业科学研究院的水稻籼粳亚种间杂种优势利用达到国际领先水平，育成了'甬优8''甬优12''甬优18'等为代表的杂交水稻新品种，2019年'甬优12'百亩方平均亩产1032.04kg，攻关田亩产1106.39kg，均创造了全省水稻的高产纪录；浙江万里学院、宁波市林特科技推广中心、宁海县林特技术推广总站、奉化水蜜桃研究所等单位育成的'鄞红'葡萄、'慈荠'杨梅、'乌紫'杨梅、'宁海白'枇杷、'新玉'水蜜桃等水果新品种，先后通过了国家或省级林木良种认（审）定；宁波黄金韵茶业科技有限公司则在茶树新品种育种领域独树一帜，育成了'黄金芽''御金香''瑞雪1号'等早生、高氨基酸含量的白化茶树新品种及良种20余个；宁波市林业局林特种苗繁育中心、宁波城市职业技术学院、宁波大学、浙江万里学院等单位则先后育成了'涌金'和'御黄'樟树、'金钰'枫香、'绯红'秀丽槭、'香穗子'茶花、'亮叶橘红'杜鹃等景观植物新品种40余个；宁波市农业科学研究院还在西甜瓜、瓠瓜、榨菜等瓜菜新品种选育上取得了丰硕成果，在瓜菜新品种选育方面确立了国内领先的地位，'甬榨5号'榨菜在2015年打破亩产量和单头重两项浙江省农业吉尼斯纪录。据不完全统计，自21世纪以来，全市共育成各类植物新品种超过150个，通过国家或省级认（审）定超过120个，这些新品种均已成为当地的主推品种，部分品种已成为省级及国家级主推品种，为农林业品种结构更新和农业增效、农民致富作出了突出的贡献。

5. 建立了一批以资源植物开发利用为主导的新型高效农业产业化基地

铁皮石斛保护地栽培产业基地、三叶青林下仿野生栽培基地、金线莲产业基地、竹林下套种黄精产业基地、出口小盆景产业基地、白化茶产业基地、水果设施栽培基地及"林特产业＋休闲旅游"的林旅融合型产业基地等，亩产值可达1万元以上，已成为各地发展高效农林产业的典型案例。

三、存在问题

（一）在管理上还存在重动物、轻植物的现象

一是作为执法管理部分的森林公安，在年度工作中，每年都有宣传鸟类、保护鸟类的"爱鸟周"活动及打击乱杀滥捕野生动物的"绿箭"行动；自1992年起，全市对野生动物驯养繁殖业实行"野生动物驯养繁殖许可证"审批制度；1994年成立了宁波市野生动物保护管理办公室，负责陆生野生动物保护管理等日常工作，各县（市、区）也相应成立了野生动物保护管理站，但时至今日，全市各级林业行政机关还缺少从事野生植物资源保护管理工作的机构及人员（或有职能但处于虚化状态），也缺少执行野生植物资源采挖或繁殖利用的许可制度及针对乱采滥挖野生植物资源的专项打击行动。

二是在2006年10月，宁波市成立了陆生野生动物救护中心，并在宁波雅戈尔动物园内设立了救护基地，承担全市范围内依法没收、受伤、病弱、饥饿、受困、迷途的国家和省重点保护陆生野生动物的救护工作；2007年8月，宁波市海洋与渔业局和宁波海洋世界有限公司共同组建"宁波市水生野生动物救护中心"，对误捕、搁浅、受伤、受困及依法没收或移交的水生野生动物进行及时救治、饲养和放生，但至今没有建立珍稀野生植物资源拯救中心。

三是在民间组织方面，宁波市于2004年7月成立了野生动物保护协会，但至今未建立野生植物保护的相关民间团体或组织。

（二）在观念上还存在重外来、轻乡土的现象

很多人把乡土植物当成"柴"和"草"，根本没有意识到乡土植物的重要性。反映在研究上就是：各单位都在埋头搞外来植物的引种驯化，很少有人关注乡土植物资源的保护与开发研究。反映在生产上就是：各类苗圃里生产的苗木大都是外来植物，除樟树等少数种类外，很多优良乡土植物苗木无人生产。反映在应用上就是：大部分栽培应用的植物

也是外来植物（甚至包括一些未经科学试验就直接引进应用的，如一些北方树种及欧美树种；也包括一些明知不能成功但仍然引进应用的，如很多来自南方的棕榈科植物），即使个别工程中设计了乡土植物，也往往因为找不到苗木而不得不作出变更，乡土植物苗木总是处于不可遇也不可求的状态之中。

（三）人为干扰对植物资源及其生境造成严重影响

一是乱采滥挖野生植物资源现象触目惊心。首先是 20 世纪末、21 世纪初的"兰花热"，使各地的野生兰花资源遭到了毁灭性的破坏，目前山上已经几乎很难见成片生长的春兰、蕙兰及建兰等资源，甚至连较大的株丛都不易见到。其次是在 2010 年前后的"花木热"，使秀丽槭、杜鹃、舟山新木姜子、红楠、沙朴、樟树、野樱花、杜英、秃瓣杜英、紫金牛、红山茶、金豆、大吴风草等很多景观植物资源被偷挖，很多大树惨遭毒手。最后是民间的药农特别是近几年兴起的"中药材种植热"，又使得独花兰、金线莲、铁皮石斛等各种兰科植物及三叶青、黄精（包括各类近似种）、华重楼、芙蓉菊等野生珍稀药用植物资源遭到了"地毯式"的乱采滥挖，目前，独花兰、铁皮石斛等野生资源已处于濒临灭绝的边缘，三叶青、黄精等野生资源也出现了急剧下降的态势。

二是人为干扰使野生植物的生存环境面临严峻考验。随着经济社会的快速发展，城市化建设、开发区等经济功能区建设、公路与铁路等交通设施建设、港口建设、风电场建设、旅游度假与景观房产建设等均需要占用林地和农田，且征占用量日益增大，海涂围垦导致一线海塘不断向外延伸，沙滩不断被开发为滨海旅游区，导致植物赖以生存的森林生态系统、农田生态系统、滩涂生态系统等自然生境的破碎化、岛屿化不断加剧，植物的生存空间不断受到挤压，森林、湿地在生物多样性保育方面的功能大大减弱，从而不可避免地出现植物生长适应障碍和繁殖、传播等障碍，很多植物因此而处于危险之中，如《浙江植物志》中记载宁波有产的铁仔（记载全省仅产于宁波福泉山）和象鼻兰（记载产于鄞州天童），本次调查就未发现它们的踪迹，极有可

能在宁波已处于野外灭绝状态。同时，由于工业排放污染、农业面源污染及居民生活污染等问题的日积月累，导致很多湿地、农田、河流等的生态系统受到了不同程度的污染，给植物的生存带来威胁甚至使其无法生存，植物多样性保护工作正面临着前所未有的挑战。

（四）科技支撑明显落后于生产，在较大程度上制约了植物资源的保护与利用工作

一是对资源植物的家底还不够明了，导致保护与开发利用基本处于盲目状态。二是对主要物种的特性及繁殖、栽培与应用等技术还缺乏深入研究，尚不能支撑生产。三是对乡土植物的品种化、良种化步伐还远远落后于国外先进水平，难以满足生产与应用的实际需求。四是对珍稀濒危植物的研究一直未被重视，特别是在其濒危机理、种苗繁育、野外回归等方面还缺少必要的系统研究，导致珍稀濒危物种的保护工作基本处于停滞不前的状态。五是专业人才队伍薄弱，在现有的技术人员中，从事果树、花木、茶叶等林特产业技术研究与推广服务及有害生物防治服务的人较多，而从事植物分类、珍稀植物保护、资源植物开发等方向的研究与服务的人才十分稀缺，难以满足植物资源的保护与利用工作的需要。

（五）灾害使植物资源保护面临严峻挑战

一是自然灾害给植物资源及其生境造成较大影响，如 2008 年发生的雨雪冰冻就对各地的森林资源造成了严重影响，枇杷、茶树、柑橘等很多经济作物因遭受冻害而减产甚至绝收，很多林木因遭雪压而出现大面积的倒伏、断梢等现象，部分植物还因此遭受了害虫等次生灾害。四明山等灾害较严重的区域，森林群落结构和物种组成结构也因此出现了剧烈改变，部分植物的生存也受到了影响。台风及旱涝灾害等也会为植物资源带来较大危害。

二是有害生物的入侵给植物多样性保护工作带来新的课题，如 1991 年始发于象山的松材线虫病，目前已蔓延扩散至全市所有地区，使马尾松、黑松、黄山松等松类资源遭受了灭顶之灾，同时，有很多植物还因松树的死亡而快速生长、蔓延成为

有害植物，如广东蛇葡萄、葛藤、钩藤等；又如加拿大一枝黄花、凤眼莲、互花米草等外来植物的入侵，给本土植物的生存带来了较大威胁。全市农业植物有害生物疫情普查结果显示，在危害较重的2005年，加拿大一枝黄花在全市的发生面积达到了5240.67km²，其中重度发生面积达2890.60 km²。

（六）体制机制的不完善，在很大程度上制约了乡土植物的保护与开发利用

从保护手段看，宁波境内虽然已在各类植物多样性较丰富的区域建立了众多的森林公园、风景名胜区及野生植物保护小区等，但从植物多样性管理和保护方面还缺少必要的规范与约束机制，且至今未建立以保护植被和植物类型为主的省级以上自然保护区，不利于专业、持久、高效地开展植物多样性的就地保护与开发利用工作。

从森林权属角度看，在现有林地中，集体林地占93.91%，且以责任山（分山到户）、自留山模式开展经营与管护的又占到60%以上，而国有林地才占6.09%，这种权属模式加剧了森林生境的片段化、破碎化，再加上林农技术水平的限制和思想上的多元化影响，不利于开展森林与植物资源的规模化、集约化经营和保护管理。

从资金投入角度看，现有的每年约120万元的专项保护经费基本都投向了野生动物的救助、疫病防控及研究等工作，基本无钱投向珍稀野生植物的保护和研究工作，因此难以对各类植物资源的保护与利用提供支撑。

从部门协调角度看，乡土植物资源的研究与生产、应用等部门之间还缺乏必要的协调机制，即使研究部门有现成的技术成果、有好的乡土绿化植物，但由于受自身基地、投入等条件的制约，其成果的推广应用也往往受到限制。生产部门由于缺乏信息和技术，往往采取"跟大流"的形式组织苗木生产，生产的苗木同质化严重，影响销售。设计与应用部门也迫切需要一些适应性强、应用效果好、有地方特色的乡土植物来丰富城乡的绿化景观，但往往因没有合适的苗木而不敢在树种上"创新"设计与应用。如此怪圈式的恶性循环和往复，在很大程度上制约了乡土植物的开发与应用进程。

第二节　保护与利用建议

植物资源是生物多样性和生态系统多样性的基础，是一个国家和地区重要的基础战略资源，也是人类赖以生存与发展的物质基础。为有效保护与利用好全市的植物资源，建议做好以下工作。

一、健全体制机制

1.确定关键保护区域及重点保护地段，实施分级分类保护管理

本次调查结果显示，鄞州的天童，宁海的双峰、南溪、茶山，奉化的溪口，余姚的四明山，海曙的龙观，北仑的瑞岩寺，象山的东部沿海及岛屿等区域是全市植物多样性比较丰富且具有代表性的区域，可以在进一步做好科考及充分论证的基础上，申报建立省级自然保护区，待条件成熟后，还可以多区域联合申报建立国家级自然保护区，将区域的植物多样性保护工作纳入全省乃至全国性的保护网络之中，既可为全市植物资源的保护建立保护平台，也可以填补浙江省东部沿海没有省级以上植物、植被型自然保护区的空白。对《宁波珍稀植物》一书中列出的一些范围较小的重点地段，则可因地制宜地建立一批自然保护小区，努力做到各类需要保护的植物资源均能就地得到有效保护。

2.推进集体林权制度改革，改变植物生境破碎化的不利局面

按照"依法、自愿、有偿"的原则，致力推进集体林权制度改革，促进集体林地集中连片流转和规模化、集约化经营与管理，在有效提高森林质量和林农效益的同时，大幅度改善森林保育生物多样性的功能。

3.稳定资金投入渠道，建立植物资源保护与利用的长效机制

宁波市可以参照国家和省级做法，设立野生动植物保护的专项资金，建立稳定的资金投入保障制度，为植物资源保护与利用工作的资源调查和监测、科技研究、技术培训、保护区（小区）建设、物种拯救、

保护执法等方面提供必要的资金支持。

4. 完善不同部门之间的协调机制，为乡土植物的开发利用创造良好条件

基于乡土植物开发利用在研究、设计、生产及应用部门之间存在的脱节现象及怪圈循环，建议建立相互之间的日常联络与合作机制。研究部门在开展植物资源开发研究项目时，可与生产、设计与应用部门建立紧密的合作关系，研究部门负责植物的引种驯化与筛选及配套产业化生产和应用技术研究攻关，同时可与生产部门合作，指导生产部门开展优良苗木的繁育与栽培管理工作，生产的苗木由设计与应用部门及时在工程实例中进行应用与示范，以形成研究、生产、设计与应用各环节的良性互动，各部门协调发展的良好机制，共同推进城乡绿化建设的乡土化、生态化、特色化进程。

二、完善法律法规

一方面，应对现有的有关植物资源保护方面的地方性法规、规章、政策措施等进行认真梳理和完善，为保护工作提供可靠的法律依据。另一方面，应加强执法力度，对各种破坏森林资源的行为实施有力打击，特别是对资源与环境破坏性大、群众反映强烈的案件，应加大查处力度，并邀请媒体跟踪报道，做到以案释法、以儆效尤。

三、增强保护意识

首先，行业主管部门自身应转变观念，切实提高对植物多样性保护工作的认识，把保护野生植物资源和保护野生动物资源置于同等重要的位置，不可偏废；其次，应采用图书、影像、图片等各种形式，通过电视、广播、报纸、手机客户端、微信公众号等多种途径和平台，在开展植物资源保护的目的意义、保护的法律依据、破坏植物资源的法律后果、主要珍稀濒危植物的识别与常用的保护拯救措施等方面加强宣传，提高民众保护植物资源的责任意识、法律意识和投身保护行动的积极性与自觉性，防止破坏植物资源现象的发生。

四、加强队伍建设

首先，可以对现有的各类野生动物保护组织拓展职能，改为野生动植物保护组织，建立起官方与民间联动、保护野生动物和保护野生植物兼顾的管理及保护组织体系；其次，应充实现有管理队伍，提高日常管理能力；最后，要优化专业人才队伍的专业结构，增加植物分类与保护领域的技术人员，并加强植物分类及资源保护相关专业的技术培训，不断提高从业人员的专业素质、职业技能、敬业精神和支撑保障能力。

五、强化科技支撑

1. 进一步加强植物资源本底调查和动态监测，完善资源数据库，为保护与利用决策提供第一手数据

本次调查虽为摸清全市植物资源家底做出了开创性的工作，为完善全市自然资源大数据做出了积极贡献，但由于受自然、人为等各种外界因素的影响，每个地区的植物资源（包括资源的分布、生境、生存质量、种群数量、种群结构等）始终处于动态变化之中，加上调查结果还会受技术水平、装备条件甚至各种偶然性因素的影响而具有可进步性和不确定性，这就要求对资源的调查与监测工作必须要长期、持续地开展下去，以不断更新和完善资源的动态数据库，为资源的有效保护与科学利用决策提供精准且实时的基础数据支持。

2. 制订珍稀濒危物种保护行动方案，确定物种优先保护与开发利用序列

以国家、省保护野生植物名录和《宁波珍稀植物》所列植物名录为对象，以国家与省有关珍稀濒危植物保护政策和规划文件为指导，积极开展物种红线保护行动，并结合全市植物资源调查动态数据，分阶段编制全市珍稀濒危野生植物、极小种群植物抢救保护行动方案，确定物种优先保护序列及配套工作，为科学高效地开展珍稀濒危植物保护工作提供依据。对部分具有较高开发利用价值且有开发利用条件（包括资源条件、技术条件等）的物种，则应在坚持保护好野生资源的前提下，积极做好种苗

扩繁、人工种群建设和开发利用工作，以充分挖掘资源潜力、发挥资源优势。

3. 强化科学研究，为植物资源的保护与利用提供技术支撑

政府机构及专业部门都应高度重视对植物资源保护与利用技术的研究工作，重点对珍稀濒危植物的濒危机理、人工种群的扩繁与野外回归、解濒技术，重要资源植物的物种特性、品种化与良种选育、种苗繁育及栽培与应用技术，区域植物资源消涨及多样性的长期动态监测，退化生境的生态修复技术等领域开展持之以恒的攻关研究，为区域植物资源的保护与利用提供精准的技术支撑。

4. 开展植物迁地保存，建立珍稀濒危植物异地拯救中心

对一些因生存区被依法征用或开发、破坏、污染等而无法在原地进行就地保护的重要植物，因分布零星、难以落实保护措施的珍稀濒危植物，或依法没收需要异地拯救的植物，以及因接受捐赠、名人植树等原因而具有重要保护意义、需要进行异地栽培保护的名贵植物等，可依托宁波植物园、国有林场等专业机构的技术、人才和场地，建立植物迁地保存基地和珍稀濒危植物异地拯救中心，为此类植物保护和拯救提供条件平台。

参考文献

一、专著部分

《宁波林业志》编纂委员会. 2016. 宁波林业志. 宁波: 宁波出版社.

安徽植物志协作组. 1987, 1990. 安徽植物志(2、3卷). 北京: 中国展望出版社.

安徽植物志协作组. 1991, 1992. 安徽植物志(4、5卷). 合肥: 安徽科学技术出版社.

长田武正. 1972. 日本归化植物图鉴. 东京: 北隆馆.

陈汉斌. 1990~1997. 山东植物志(上、下卷). 青岛: 青岛出版社.

陈俊愉, 程绪珂. 1990. 中国花经. 上海: 上海文化出版社.

陈心启, 吉占和. 2000. 中国兰花全书(第二版). 北京: 中国林业出版社.

陈远志, 陈锡林, 张方钢. 2011a. 浙江大盘山药材志(上、下册). 杭州: 浙江科学技术出版社.

陈远志, 张方钢, 陈水华. 2011b. 浙江大盘山国家级自然保护区自然资源考察与研究. 杭州: 浙江大学出版社.

陈征海, 李修鹏, 谢文远. 2016. 宁波滨海植物. 北京: 科学出版社.

陈征海, 孙孟军. 2014. 浙江省常见树种彩色图鉴. 杭州: 浙江大学出版社.

程绪珂. 1998. 中国野生花卉图谱. 上海: 上海文化出版社.

池方河, 陈征海. 2015. 玉环木本植物图谱. 杭州: 浙江大学出版社.

丁炳扬, 胡仁勇. 2011. 温州外来入侵植物及其研究. 杭州: 浙江科学技术出版社.

丁炳扬, 李根有, 傅承新, 等. 2010. 天目山植物志(1~4卷). 杭州: 浙江大学出版社.

丁炳扬, 夏家天, 张方钢, 等. 2014. 百山祖的野生植物——木本植物I. 杭州: 浙江科学技术出版社.

福建植物志编写组. 1982~1994. 福建植物志(1~6卷). 福州: 福建科学技术出版社.

高瑞卿, 伍淑惠, 张元聪. 2010. 台湾海滨植物图鉴. 台北: 晨星出版社.

广东省植物研究所. 1974~1977. 海南植物志(第三、四卷). 北京: 科学出版社.

国家林业局. 2009. 中国重点保护野生植物资源调查. 北京: 中国林业出版社.

河北植物志编辑委员会. 1986~1991. 河北植物志(1~3卷). 石家庄: 河北科学技术出版社.

江苏省植物研究所. 1977. 江苏植物志(上册). 南京: 江苏人民出版社.

江苏省植物研究所. 1982. 江苏植物志(下册). 南京: 江苏科学技术出版社.

金孝锋, 金水虎, 翁东明, 等. 2014. 清凉峰木本植物志(第一、二卷). 杭州: 浙江大学出版社.

金孝锋, 翁东明. 2009. 清凉峰植物. 杭州: 浙江大学出版社.

李根有, 陈敬佑. 2007. 浙江林学院植物园植物名录. 北京: 中国林业出版社.

李根有, 陈征海, 陈高坤, 等. 2017. 浙江野生色叶树200种精选图谱. 北京: 科学出版社.

李根有, 陈征海, 桂祖云. 2013. 浙江野果200种精选图谱. 北京: 科学出版社.

李根有, 陈征海, 项茂林, 等. 2012. 浙江野花300种精选图谱. 北京: 科学出版社.

李根有, 陈征海, 杨淑贞, 等. 2011. 浙江野菜100种精选图谱. 北京: 科学出版社.

李根有, 李修鹏, 张芬耀. 2016. 宁波珍稀植物. 北京: 科学出版社.

李根有, 颜福彬. 2007. 浙江温岭植物资源. 北京: 中国农业出版社.

李根有, 赵慈良, 金水虎. 2012. 普陀山植物. 香港: 中国科学文化出版社.

李松柏. 2007. 台湾水生植物图鉴. 台中: 晨星出版有限公司.

刘启新. 2013, 2015. 江苏植物志(2～5卷). 南京: 江苏凤凰科学技术出版社.

陆志敏. 2013. 宁波森林植被. 杭州: 浙江科学技术出版社.

罗家祺. 2008. 行道树图鉴. 台北: 晨星出版有限公司.

马纪良. 2011. 诸暨市地产中药精选图谱. 杭州: 浙江科学技术出版社.

马金双. 2013. 中国入侵植物名录. 北京: 高等教育出版社.

南京中医药大学. 2006. 中药大辞典. 上海: 上海科学技术出版社.

宁波茶文化促进会, 宁波东亚茶文化研究中心. 2014. "海上茶路·甬为茶港" 研究文集. 北京: 中国农业出版社.

宁波市园林管理局. 2011. 宁波园林植物. 杭州: 浙江科学技术出版社.

秦仁昌. 2011. 中国蕨类植物图谱. 北京: 北京出版社.

秦松. 2013. 中国海岸带植物资源. 济南: 山东科学技术出版社.

全国中草药汇编编写组. 1996. 全国中草药汇编(第二版). 北京: 人民卫生出版社.

石雷. 2002. 观赏蕨类. 北京: 中国林业出版社.

宋朝枢. 1997. 浙江清凉峰自然保护区科学考察集. 北京: 中国林业出版社.

孙孟军, 邱瑶德. 2002. 浙江林业自然资源(野生植物卷). 北京: 中国农业科学技术出版社.

汤兆成. 2013. 松阳树木彩色图鉴. 北京: 中国林业出版社.

田旗. 2014. 华东植物区系维管束植物多样性编目. 北京: 中国林业出版社.

王辰, 王英伟. 2011. 中国湿地植物图鉴. 重庆: 重庆大学出版社.

王冬米, 陈征海. 2010. 台州乡土树种识别与应用. 杭州: 浙江科学技术出版社.

吴建人, 金孝锋. 2016. 白塔湖植物. 杭州: 浙江大学出版社.

吴玲. 2010. 湿地植物与景观. 北京: 中国林业出版社.

邢福武, 曾庆文, 陈红锋, 等. 2009. 中国景观植物(上、下册). 武汉: 华中科技大学出版社.

徐炳声. 1999. 上海植物志(上、下卷). 上海: 上海科学技术文献出版社.

徐绍清, 陈征海. 2014. 慈溪乡土树种彩色图谱. 北京: 中国林业出版社.

严岳鸿, 张宪春, 马克平. 2013. 中国蕨类植物多样性与地理分布. 北京: 科学出版社.

叶喜阳, 华国军, 陶一舟. 2015. 野外观花手册(第二版). 北京: 化学工业出版社.

殷云龙, 於朝广. 2005. 中山杉——落羽杉属树木杂交选育. 北京: 中国林业出版社.

于明坚, 方霞凡, 金孝锋. 2012. 千岛湖植物. 北京: 高等教育出版社.

张若蕙, 楼炉焕, 李根有. 1994. 浙江珍稀濒危植物. 杭州: 浙江科学技术出版社.

张宪春. 2012. 中国石松类和蕨类植物. 北京: 北京出版社.

張永仁. 2002, 2009. 野花圖鑑(01、02). 台北: 遠流出版事業股份有限公司.

赵可夫, 冯立田. 2001. 中国盐生植物资源. 北京: 科学出版社.

浙江省革命委员会生产指挥组卫生办公室. 1969. 浙江民间常用草药(第一集). 杭州: 浙江人民出版社.

浙江省革命委员会生产指挥组卫生局. 1970. 浙江民间常用草药(第二集). 杭州: 浙江人民出版社.

浙江省水文地质工程地质大队. 2002. 浙东沿海中生代火山——侵入活动、构造演化及成矿规律. 福州: 福建省地图出版社.

浙江省卫生局. 1972. 浙江民间常用草药(第三集). 杭州: 浙江人民出版社.

浙江药用植物志编写组. 1980. 浙江药用植物志(上卷、下卷). 杭州: 浙江科学技术出版社.

浙江植物志编辑委员会. 1989～1993. 浙江植物志(总论卷, 1～7卷). 杭州: 浙江科学技术出版社.

郑朝宗. 2005. 浙江种子植物检索鉴定手册. 杭州: 浙江科学技术出版社.

郑万钧. 1983, 1985, 1997, 2004. 中国树木志(1～4卷). 北京: 中国林业出版社.

中华人民共和国国家质量监督检验检疫总局, 中国国家标准化管理委员会. 2009. 中国土壤分类与代码(GB/T 17296—2009). 北京: 中国标准出版社.

中国科学院华南植物研究所. 1964, 1984. 海南植物志(第一、二卷). 北京: 科学出版社.

中国科学院华南植物园(研究所). 1987～2011. 广东植物志(1～10卷). 广州: 广东科技出版社.

中国科学院南沙综合科学考察队. 1996. 南沙群岛及其邻近岛屿植物志. 北京: 海洋出版社.

中国科学院中国植物志编辑委员会. 1959～2004. 中国植物志(1～80卷). 北京: 科学出版社.

中国药材公司. 1994. 中国中药资源志要. 北京: 科学出版社.

中国植物学会. 1994. 中国植物学史. 北京: 科学出版社.

钟赣生. 2012. 中药学(第九版). 北京: 中国中医药出版社.

朱安庆, 张永山, 陆祖达, 等. 2009. 浙江省金属非金属矿床成矿系列和成矿区带研究. 北京: 地质出版社.

Editorial Committee of the Flora of Taiwan. 1993～2003. Flora of Taiwan(2nd ed.)(Vol.One～Six).Taipei: Editorial Committee of the Flora of Taiwan.

IUCN. 2000. IUCN Red List Categories and Criteria Version 3.1. Switzerland Gland: IUCN.

Makino T. 1956. An Illustrated Flora of Japan, with the Cultivated and Naturalized Plants(enlarged ed.). Tokyo: Hokuryukan.

Ohwi J. 1956. Flora of Japan. Tokyo: Shibundo.

Ohwi J. 1965. Flora of Japan(in English). Washington: Smithsonian institution.

Wu Z Y, Raven P H, Hong D Y. 1994～2013. Flora of China(Vol. 1～25). Beijing: Science Press/St. Louis: Missouri Botanical Garden.

二、论文部分

毕君, 赵京献, 王春荣, 等. 2002. 国内外花椒研究概况. 经济林研究, 20(1): 46-48.

陈丽春, 陈征海, 马丹丹, 等. 2016. 浙江省6种新记录植物. 浙江大学学报(农业与生命科学版), 42(5): 551-555.

陈霄鹏, 吕瑞娥. 2005. 日本无刺花椒的组培快繁技术. 林业实用技术, 9: 23-25.

陈勇, 阮少江. 2009. 福建省种子植物分布新记录. 亚热带植物科学, 38(2): 57-59.

陈征海, 李根有, 魏以界, 等. 1993. 浙南植物区系新资料. 浙江林学院学报, 10(3): 346-350.

陈征海, 唐正良, 王国明, 等. 1995. 《浙江植物志》拾遗. 浙江林学院学报, 12(2): 198-209.

陈征海, 张芬耀, 谢文远, 等. 2015. 浙江铁角蕨科一地理分布新记录属种. 浙江农林大学学报, 32(3): 488-489.

褚文珂, 周莹莹, 陈子林, 等. 2013. 珍稀植物华顶杜鹃群落分类和物种多样性研究. 杭州师范大学学报(自然科学版), 12(3): 240-244.

邓培雁, 雷远达, 曾宝强. 2011. 川蔓藻的重要生态服务功能评述. 生态经济, 9: 171-173.

丁炳扬, 方云亿. 1990. 浙江杜鹃花属一新种. 植物研究, 10(1): 31-33.

丁建南. 1990. 喙果藤一新变种. 植物研究, 10(3): 71-72.

杜兴臣, 李培樱, 关法春. 2009. 碱蓬保护地设施高效栽培技术. 吉林农业科学, 34(1): 52-53.

傅晓强, 马丹丹, 陈征海, 等. 2016. 发现于宁波的7种浙江新记录植物. 浙江农林大学学报, 33(6): 1098-1102.

傅晓强, 张幼法, 陈征海, 等. 2015. 产于宁波的2种中国新记录植物. 浙江农林大学学报, 32(6): 990-992.

傅浙锋, 叶丽青, 叶旻硕, 等. 2015. 珍稀花卉普陀南星种子繁殖试验. 种子, 34(11): 85-87.

谷陟欣, 刘宇婧, 颜冬兰, 等. 2011. 裸花紫珠, 大叶紫珠和广东紫珠的研究进展. 中国医药导报, 8(29): 11-12.

吉占和. 1981. 中国石豆兰属新植物. 植物研究, 1(2): 109-121.

金水虎, 马丹丹, 欧丹燕, 等. 2010. 普陀山4个植物新类群. 西北植物学报, 30(8): 1701-1702.

金则新. 1994. 浙江天台山种子植物区系分析. 广西植物, 14(3): 211-215.

冷欣, 王中生, 安树青, 等. 2005. 岛屿特有种全缘冬青遗传多样性的ISSR分析. 生物多样性, 13(6): 546-554.

李根有, 陈征海, 胡军飞, 等. 2010. 发现于浙江普陀山岛的2个植物新变种(英文). 浙江林学院学报, 27(6): 908-909.

李根有, 陈征海, 颜福彬, 等. 2006. 采自温岭的浙江分布新记录植物. 浙江林学院学报, 23(5): 592-594.

李根有, 陈征海, 颜福彬, 等. 2007. 产于浙江温岭的百合属一新变种——巨球百合. 浙江林学院学报, 24(6): 767-768.

李根有, 陈征海, 仲山民, 等. 2001. 华东植物区系新资料. 浙江林学院学报, 18(4): 371-374.

李根有, 楼炉焕, 吕正水. 1994a. 泰顺县野菜种质资源与利用. 浙江林学院学报, 11(4): 429-448.

李根有, 楼炉焕, 吕正水. 1994b. 泰顺县野生观赏植物资源. 浙江林学院学报, 11(4): 402-418.

李根有, 马丹丹, 杨淑贞, 等. 2010. 见于天目山的2种浙江新记录植物: 细齿短梗稠李和长叶赤飚. 浙江农林大学学报, 27(1): 159-161.

李宏庆, 钱士心. 2001a. 苏皖种子植物地理分布新记录. 植物研究, 21(1): 9-10.

李宏庆, 钱士心. 2001b. 上海植物区系新资料(Ⅴ). 华东师范大学学报(自然科学版), (4): 107-109.

李新华, 潘泽惠. 1996. 中国山芹属一新种的研究. 植物资源与环境学报, 5(2): 45-49.

李玉玲, 叶德平, 易绮斐, 等. 2015. 中国大陆鸢尾兰属(兰科)二新记录种. 热带亚热带植物学报, 23(2): 144-146.

李志生, 林原, 陈躬国, 等. 2006. 台湾爱玉子引种与种植技术. 中国林副特产, (1): 15-17.

林海伦, 李修鹏, 章建红, 等. 2014. 中国兰科植物1新种——宁波石豆兰. 浙江农林大学学报, 31(6): 847-849.

刘建强, 马丹丹, 胡冬冬, 等. 2010. 中国大陆植物分布新记录种——菱叶常春藤. 浙江林业科技, 30(2): 95-96.

刘鹏, 姚一林, 陈立人. 2000. 浙江省芳香植物资源的分布及利用. 浙江师大学报(自然科学版), 23(1): 51-56.

楼炉焕, 李根有, 吕正水. 1994. 泰顺县维管束植物区系特点. 浙江林学院学报, 11(4): 335-401.

吕正水, 董直晓, 徐柳杨, 等. 1994. 泰顺县维管束植物名录. 浙江林学院学报, 11(4): 335-392.

马丹丹, 陈征海, 裘宝林, 等. 2013. 浙江南蛇藤属一新种——浙江南蛇藤. 浙江林业科技, 33(5): 100-103.

马丹丹, 金水虎, 胡军飞, 等. 2011. 发现于普陀山的植物区系新资料. 浙江大学学报(理学版), 38(2): 215-217.

潘立新, 郑朝贵, 张献广. 2001. 滁州野韭菜的开放利用. 特种经济动植物, (4): 30.

钱士心, 冯志坚. 1993. 上海植物区系新资料. 华东师范大学学报(自然科学版), (2): 106-108.

青梅, 王晓琴, 杨慧, 等. 2011. 蒙药短毛独活的生药学研究. 内蒙古医学院学报, 33(2): 138-140.

裘宝林, 陈征海, 张晓华. 1994. 见于浙江的中国及中国大陆新记录植物. 云南植物研究, 16(3): 231-234.

孙伟, 陈诚. 2013. 海岸带的空间功能分区与管制方法——以宁波市为例. 地理研究, 32(10): 1878-1889.

孙游云, 丁炳扬, 王巨安, 等. 2011. 宁波慈溪水生维管束植物新资料. 安徽农业科学, 39(5): 2533-2534.

谭仲明, 许介眉, 赵炳祥, 等. 1998. 中国诸葛菜属(十字花科)新分类群. 植物分类学报, 36(5): 544-548.

田旗, 陈勇, 马炜梁. 2002. 福建种子植物地理分布新记录. 植物研究, 22(1): 4-5.

万志刚. 1999. 江苏种子植物新记录种. 华东师范大学学报(自然科学版), (3): 107-108.

王超, 赵京献, 毕君, 等. 2005. 日本花椒的引种试验. 林业科技开发, 19(3): 46-48.

王凯, 王景宏, 洪立洲, 等. 2009. 碱蓬在江苏沿海地区高产栽培技术的研究. 中国野生植物资源, 28(5): 63-65.

吴文珊, 林玮, 林原, 等. 2008. 爱玉子瘦果的营养成分研究. 福建师范大学学报(自然科学版), 24(6): 84-88.

项茂林, 吴伟志, 谢文远, 等. 2012. 浙江省新地理分布种小苦荬和中国新归化种加拿大苍耳. 浙江林业科技, 32(2): 81-82.

熊先华, 吴庆玲, 陈贤兴, 等. 2013. 浙江省植物分布2新记录属和5新记录种(英文). 浙江大学学报(农业与生命科学版), 39(6): 695-698.

熊小萍, 向继云, 鲁才员, 等. 2011. 余姚野生兰花种质资源调查. 浙江林业科技, 31(4): 35-39.

许元科, 赵昌高, 严邦祥, 等. 2012. 浙江樱属新种——沼生矮樱. 浙江林业科技, 32(4): 81-83.

杨保华, 官春云, 陈剑虹. 2004. 篦齿眼子菜、沼生水马齿对汞的耐受性与浓缩性研究. 湖南有色金属, 20(2): 36-38.

杨和福. 2009. 宁波市陆海及河海管理分界线的界定. 海洋学研究, 27: 64-75.

杨永川, 达良俊. 2005. 上海乡土树种及其在城市绿化建设中的应用. 浙江林学院学报, 22(3): 286-290.

葉慶龍, 錢亦新, 廖春芬, 等. 2010. 小蘭嶼植物相調查. 國家公園學報, 20(2): 25-33.

于海芹, 张天柱, 魏春雁, 等. 2005. 3种碱蓬属植物种子含油量及其脂肪酸组成研究. 西北植物学报, 25(10): 2077-2082.

俞志雄. 1991. 江西悬钩子属新分类群(英文). 云南植物研究, 13(3): 254-256.

曾汉元, 丁炳扬, 方腾. 2001. 浙江天台山华顶杜鹃的群落学研究. 浙江大学学报(理学版), 28(6): 686.

曾宪锋, 邱贺媛, 齐淑艳, 等. 2012. 环渤海地区1种新记录入侵植物——钻形紫菀. 广东农业科学, 39(24): 189.

张宏达. 1951. 中国紫珠属植物之研究. 植物分类学报, 1(3-4): 269-308.

张幼发, 李修鹏, 陈征海, 等. 2014a. 中国樟科植物一新记录种——圆头桂. 热带亚热带植物学报, 22(5): 453-455.

张幼发, 李修鹏, 陈征海, 等. 2014b. 发现于宁波的浙江省植物新记录科——田葱科. 浙江农林大学学报, 31(6): 990-991.

张幼法, 李修鹏, 陈征海, 等. 2015. 中国大陆山茶科一新记录种——日本厚皮香. 热带亚热带植物学报, 44(3): 241-243.

赵琦, 张军武. 2010. 短毛独活抗风湿性关节炎的药效学研究. 吉林中医药, 30(9): 816-818.

Kim G Y, Kim J Y, Danf G G, et al. 2013. Impact of over-wintering waterfowl on tuberous bulrush (*Bolboschoenus planiculmis*) in tidal flats. *Aquatic Botany*, 107: 17-22.

Koidzumi G. 1916. Decades Plantarum Novarum vel minus Cognitarum. *The Botanical Magazine*, 30(358): 326.

Maximowicz C J. 1875. Diagnoses plantarum novarum Japoniae et Mandshuriae. *Bulletin de l'Academie Imperiale des Sciences de St-Petersbourg*, 20: 461.

Takahashi H, Qin X K, Konta F. 2001. *Tricyrtis chinensis* Hir. Takah.(Liliaceae), a new species from Shouthwest China. *The Japanese Society for Plant Systematics*. APG, 52(1): 35-40.

Xie W Y, Zhang F Y, Chen Z H, et al. 2013. *Ostericum atropurpureum* sp. nov.(Apiaceae)from Zhejiang, China. *Nordic Journal of Botany*, 31: 414-418.

Yoon W J, Moon J Y, Song G, et al. 2010. *Artemisia fukudo* essential oil attenuates LPS-induced inflammation by suppressing NF-κB and MAPK activation in RAW 264.7 macrophages. *Food and Chemical Toxicology*, 48(5): 1222-1229.

Zhu X X, Liao S, Sun Z P, et al. 2017.The taxonomic revision of Asian *Aristolochia*(Aristolochiaceae)Ⅱ: Identities of *Aristolochia austroyunnanensis* and *A. dabieshanensis*, and *A. hyperxantha*—a newspecies from Zhejiang, China. *Phytotaxa*, 313(1): 61-76.

三、其他

马丹丹. 2007. 野生花境植物的引种繁育与园林应用研究. 浙江林学院硕士学位论文.

宁波市林业局. 2019. 宁波市森林资源二类调查成果报告(内部).

宁波市统计局. 2020. 2019年宁波市国民经济和社会发展统计公报.

王蓓. 宁波市志(1991—2010)(第三卷: 自然地理)(未出版).

王志宝, 陈耀邦. 1999. 国家林业局、农业部第4号令. 国家重点保护野生植物名录(第一批).

浙江省人民政府. 2012. 浙江省重点保护野生植物名录(第一批).

浙江省水文地质工程地质大队. 1993. 浙江省水文地质志(内部资料).

周建群, 寇秉厚, 蒋建良, 等. 工程建设岩土工程勘察规范(DB 33/T 1065—2009).

附录1　宁波维管植物名录

说明：

1. 本名录共收录宁波市野生、常见栽培及归化维管植物 214 科 1172 属 3256 种（含种下等级：258 变种、40 亚种、44 变型、200 品种），其中蕨类植物 39 科 79 属 191 种，裸子植物 9 科 32 属 89 种，被子植物 166 科 1061 属 2976 种。栽培及归化植物有 23 科 326 属 1073 种（含种下等级）。

2. 科的排列上，蕨类植物采用秦仁昌系统（1978 年），裸子植物采用郑万钧系统（1978 年），被子植物采用恩格勒系统（1964 年）。属和种按照拉丁文字母先后顺序排列。

3. 加 "*" 表示栽培，"△" 表示归化。

4. 本名录统计数据截止时间为 2018 年 4 月。

蕨类植物门 Pteridophyta

一、石杉科 Huperziaceae

1. 蛇足石杉 Huperzia serrata (Thunb.) Trev.
   余姚、北仑、鄞州、奉化、宁海、象山。浙江省重点保护野生植物

二、石松科 Lycopodiaceae

2. 石松 Lycopodium japonicum Thunb.
   余姚、北仑、鄞州、奉化、宁海、象山

3. 灯笼草 Palhinhaea cernua (Linn.) Franco et Vasc.
   余姚、鄞州、象山

三、卷柏科 Selaginellaceae

4. 布朗卷柏 Selaginella braunii Baker
   宁海、象山

5. 深绿卷柏 Selaginella doederleinii Hieron.
   宁海

6. 异穗卷柏 Selaginella heterostachys Baker
   余姚、北仑、鄞州、奉化、宁海、象山

7. 兖州卷柏 Selaginella involvens (Sw.) Spring
   余姚

8. 江南卷柏 Selaginella moellendorffii Hieron.
   慈溪、余姚、镇海、江北、北仑、鄞州、奉化、宁海、象山。模式产地

9. 伏地卷柏 Selaginella nipponica Franch. et Sav.
   慈溪、余姚、镇海、北仑、鄞州、奉化、宁海、象山

10. 卷柏 Selaginella tamariscina (Beauv.) Spring
    慈溪、余姚、北仑、鄞州、奉化、宁海、象山

11. 翠云草 Selaginella uncinata (Desv. ex Poir.) Spring
    余姚、北仑、鄞州、奉化、宁海、象山

四、水韭科 Isoëtaceae

12. 中华水韭 Isoëtes sinensis Palmer
    北仑、鄞州、奉化。国家 I 级重点保护野生植物

五、木贼科 Equisetaceae

13. 节节草 Equisetum ramosissimum Desf.
    慈溪、余姚、镇海、江北、北仑、鄞州、奉化、宁海、象山

六、松叶蕨科 Psilotaceae

14. 松叶蕨 Psilotum nudum (Linn.) Beauv.
    宁海、象山。浙江省重点保护野生植物

七、阴地蕨科 Botrychiaceae

15. 华东阴地蕨 Botrychium japonicum (Prantl) Underw.
    余姚、鄞州、奉化、宁海、象山

16. 阴地蕨 Botrychium ternatum (Thunb.) Sw.
    余姚、北仑、鄞州、奉化、宁海、象山

八、瓶尔小草科 Ophioglossaceae

17. 心脏叶瓶尔小草 Ophioglossum reticulatum Linn.
    象山。浙江新记录

18. 瓶尔小草 Ophioglossum vulgatum Linn.
    宁海

九、紫萁科 Osmundaceae

19. 福建紫萁 Osmunda cinnamomea Linn. var. fokiense Cop.
    余姚

20. 紫萁 Osmunda japonica Thunb.

慈溪、余姚、镇海、江北、北仑、鄞州、奉化、宁海、象山

21. 矛叶紫萁 Osmunda japonica Thunb. var. sublancea (Christ) Nakai

北仑、象山

一〇、瘤足蕨科 Plagiogyriaceae

22. 瘤足蕨 Plagiogyria adnata (Bl.) Bedd.

余姚、北仑、鄞州、宁海、象山

23. 华中瘤足蕨 Plagiogyria euphlebia (Kunze) Mett.

余姚、奉化

24. 镰羽瘤足蕨 Plagiogyria falcata Cop.

鄞州

25. 华东瘤足蕨 Plagiogyria japonica Nakai

余姚、北仑、鄞州、奉化、宁海

一一、里白科 Gleicheniaceae

26. 芒萁 Dicranopteris pedata (Houtt.) Nakaike

慈溪、余姚、镇海、江北、北仑、鄞州、奉化、宁海、象山

27. 里白 Diplopterygium glaucum (Thunb.) Nakai

慈溪、余姚、镇海、北仑、鄞州、奉化、宁海、象山

28. 光里白 Diplopterygium laevissimum (Christ) Nakai

余姚、北仑、鄞州、象山

一二、海金沙科 Lygodiaceae

29. 海金沙 Lygodium japonicum (Thunb.) Sw.

慈溪、余姚、镇海、江北、北仑、鄞州、奉化、宁海、象山、市区

30. 狭叶海金沙 Lygodium microphyllum Desv.

北仑、宁海、象山

一三、膜蕨科 Hymenophyllaceae

31. 多脉假脉蕨 Crepidomanes insignis (v. d. Bosch) Fu

余姚、鄞州、奉化、宁海

32. 长柄假脉蕨 Crepidomanes racemulosum (v. d. Bosch) Ching

北仑、鄞州

33. 团扇蕨 Gonocormus minutus (Bl.) K. Iwats.

余姚、北仑、鄞州、奉化、宁海

34. 华东膜蕨 Hymenophyllum barbatum (v. d. Bosch) Baker

余姚、北仑、鄞州、宁海、象山

35. 华东瓶蕨 Vandenboschia orientalis (C. Chr.) Ching

北仑、鄞州、奉化、象山

一四、碗蕨科 Dennstaedtiaceae

36. 细毛碗蕨 Dennstaedtia hirsuta (Sw.) Mett. ex Miq.

余姚、北仑、鄞州、宁海、象山

37. 光叶碗蕨 Dennstaedtia scabra (Wall. et Hook.) T. Moore var. glabrescens (Ching) C. Chr.

余姚、鄞州、宁海、象山

38. 边缘鳞盖蕨 Microlepia marginata (Panzer) C. Chr.

慈溪、余姚、镇海、北仑、鄞州、奉化、宁海、象山

39. 光叶鳞盖蕨 Microlepia marginata (Panzer) C. Chr. var. calvescens (Wall. ex Hook.) C. Chr.

鄞州

40. 粗毛鳞盖蕨 Microlepia strigosa (Thunb.) Presl

余姚、镇海、北仑、象山

一五、鳞始蕨科 Lindsaeaceae

41. 团叶鳞始蕨 Lindsaea orbiculata (Lam.) Mett. ex Kuhn

鄞州、象山

42. 阔片乌蕨 Odontosoria biflora (Kaulf.) C. Chr.

象山

43. 乌蕨 Odontosoria chinensis (Linn.) J. Smith

慈溪、余姚、镇海、江北、北仑、鄞州、奉化、宁海、象山

一六、姬蕨科 Hypolepidaceae

44. 姬蕨 Hypolepis punctata (Thunb.) Mett.

慈溪、余姚、镇海、江北、北仑、鄞州、奉化、宁海、象山

一七、蕨科 Pteridiaceae

45. 蕨 Pteridium aquilinum (Linn.) Kuhn var. latiusculum (Desv.) Underw. ex Heller

慈溪、余姚、镇海、江北、北仑、鄞州、奉化、宁海、象山

一八、凤尾蕨科 Pteridaceae

46. 凤尾蕨 Pteris cretica Linn. var. nervosa Ching et S.H. Wu

余姚

47. 刺齿凤尾蕨 Pteris dispar Kunze

余姚、北仑、鄞州、奉化、宁海、象山

48. 傅氏凤尾蕨 Pteris fauriei Hieron.

宁海

49. 井栏边草 Pteris multifida Poir.

慈溪、余姚、镇海、江北、北仑、鄞州、奉化、宁海、象山、市区

50. 蜈蚣草 Pteris vittata Linn.

宁海

一九、中国蕨科 Sinopteridaceae

51. 银粉背蕨 Aleuritopteris argentea (Gmel.) Fée

北仑、鄞州、奉化、宁海、象山

52. 毛轴碎米蕨 Cheilosoria chusana (Hook.) Ching et Shing

余姚、北仑、鄞州、奉化、宁海、象山

53. 野雉尾 Onychium japonicum (Thunb.) Kunze

余姚、北仑、鄞州、奉化、宁海、象山

二〇、铁线蕨科 Adiantaceae

54. 扇叶铁线蕨 Adiantum flabellulatum Linn.

余姚、镇海、北仑、鄞州、奉化、宁海、象山

55. 单盖铁线蕨 Adiantum monochlamys D.C. Eaton

北仑

二一、水蕨科 Parkeriaceae

56. 水蕨 Ceratopteris thalictroides (Linn.) Brongn.

慈溪、北仑、鄞州、奉化、宁海、象山。国家Ⅱ级重点保护野生植物

二二、裸子蕨科 Hemionitidaceae

57. 南岳凤丫蕨 Coniogramme centrochinensis Ching

余姚、北仑、鄞州、奉化、宁海、象山

58. 普通凤丫蕨 Coniogramme intermedia Hieron.
北仑、象山

59. 凤丫蕨 Coniogramme japonica (Thunb.) Diels
慈溪、余姚、北仑、鄞州、奉化、宁海、象山

60. 疏网凤丫蕨 Coniogramme wilsonii Hieron.
余姚、鄞州、奉化、宁海、象山

二三、书带蕨科 Vittariaceae

61. 书带蕨 Vittaria flexuosa Fée
余姚、北仑、鄞州、奉化、宁海、象山

二四、蹄盖蕨科 Athyriaceae

62. 中华短肠蕨 Allantodia chinensis (Baker) Ching
余姚、北仑、鄞州、奉化

63. 边生短肠蕨 Allantodia contermina (Christ) Ching
奉化

64. 光脚短肠蕨 Allantodia doederleinii (Luerss.) Ching
鄞州

65. 江南短肠蕨 Allantodia metteniana (Miq.) Ching
慈溪、鄞州

66. 鳞柄短肠蕨 Allantodia squamigera (Mett.) Ching
余姚、北仑、奉化

67. 淡绿短肠蕨 Allantodia virescens (Kunze) Ching
鄞州

68. 耳羽短肠蕨 Allantodia wichurae (Wett.) Ching
镇海、北仑、鄞州、奉化、宁海、象山

69. 长尾耳羽短肠蕨 Allantodia wichurae (Mett.) Ching var. tenuicaudata Ching
北仑、鄞州

70. 华东安蕨 Anisocampium shearreri (Baker) Ching
慈溪、余姚、北仑、鄞州、宁海、象山

71. 钝羽假蹄盖蕨 Athyriopsis conilii (Franch. et Sav.) Ching
余姚、北仑

72. 假蹄盖蕨 Athyriopsis japonica (Thunb.) Ching
余姚、北仑、鄞州、宁海、象山

73. 斜羽假蹄盖蕨 Athyriopsis japonica (Thunb.) Ching var. oshimensis (Christ) Ching
北仑、宁海、象山

74. 长江蹄盖蕨 Athyrium iseanum Rosenst.
余姚、北仑、鄞州

75. 日本蹄盖蕨 Athyrium niponicum (Mett.) Hance
余姚、北仑

76. 华中蹄盖蕨 Athyrium wardii (Hook.) Makino
余姚

77. 禾秆蹄盖蕨 Athyrium yokoscense (Franch. et Sav.) Christ
余姚、北仑

78. 菜蕨 Callipteris esculenta (Retz.) J. Smith
余姚、北仑、鄞州、奉化、宁海、象山

79. 角蕨 Cornopteris decurrenti-alata (Hook.) Nakai
北仑、鄞州

80. 单叶双盖蕨 Diplazium subsinuatum (Wall. ex Hook. et Grev.) Tagawa
慈溪、余姚、镇海、北仑、鄞州、奉化、宁海、象山

81. 羽裂叶双盖蕨 Diplazium tomitaroana Masam.
鄞州

82. 华中介蕨 Dryoathyrium okuboanum (Makino) Ching
北仑、鄞州

83. 绿叶介蕨 Dryoathyrium viridifrons (Makino) Ching
余姚、北仑

二五、肿足蕨科 Hypodematiaceae

84. 腺毛肿足蕨 Hypodematium glandulosum-pilosum (Tagawa) Ohwi
鄞州、奉化

二六、金星蕨科 Thelypteridaceae

85. 渐尖毛蕨 Cyclosorus acuminatus (Houtt.) Nakai
慈溪、余姚、镇海、北仑、鄞州、奉化、宁海、象山

86. 华南毛蕨 Cyclosorus parasiticus (Linn.) Farwell
象山

87. 短尖毛蕨 Cyclosorus subacutus Ching
北仑、象山

88. 羽裂圣蕨 Dictyocline wilfordii (Hook.) J. Smith
鄞州

89. 峨眉茯蕨 Leptogramma scallanii (Christ) Ching
北仑、鄞州

90. 小叶茯蕨 Leptogramma tottoides Hayata ex H. Ito
余姚、象山

91. 雅致针毛蕨 Macrothelypteris oligophlebia (Baker) Ching var. elegans (Koidz.) Ching
余姚、北仑、奉化、象山

92. 普通针毛蕨 Macrothelypteris torresiana (Gaud.) Ching
余姚、北仑、鄞州、象山

93. 翠绿针毛蕨 Macrothelypteris viridifrons (Tagawa) Ching
余姚、北仑、鄞州、宁海、象山

94. 林下凸轴蕨 Metathelypteris hattorii (H. Ito) Ching
余姚、北仑、鄞州

95. 疏羽凸轴蕨 Metathelypteris laxa (Franch. et Sav.) Ching
余姚、北仑、鄞州

96. 中华金星蕨 Parathelypteris chinensis (Ching) Ching
余姚、北仑、鄞州、宁海、象山

97. 金星蕨 Parathelypteris glanduligera (Kunze) Ching
慈溪、余姚、北仑、鄞州、奉化、宁海、象山

98. 日本金星蕨 Parathelypteris japonica (Baker) Ching
余姚、北仑、鄞州、奉化、象山

99. 中日金星蕨 Parathelypteris nipponica (Franch. et Sav.) Ching
余姚、鄞州、宁海、象山

100. 延羽卵果蕨 Phegopteris decursive-pinnata (van Hall) Fée
慈溪、余姚、镇海、江北、北仑、鄞州、奉化、宁海、象山

二七、铁角蕨科 Aspleniaceae

101. 华南铁角蕨 Asplenium austro-chinense Ching
余姚、北仑、鄞州、宁海、象山

102. 骨碎补铁角蕨 Asplenium davallioides Hook.
北仑、鄞州、奉化

103. 虎尾铁角蕨 Asplenium incisum Thunb.
慈溪、余姚、镇海、江北、北仑、鄞州、奉化、宁海、象山

104. 倒挂铁角蕨 Asplenium normale D. Don
北仑、鄞州、宁海、象山

105. 北京铁角蕨 Asplenium pekinense Hance
余姚、镇海、北仑、鄞州、宁海、象山

106. 长生铁角蕨 Asplenium prolongatum Hook.
宁海、象山

107. 华中铁角蕨 Asplenium sarelii Hook. ex Blakiston
镇海、北仑、鄞州、宁海、象山

108. 铁角蕨 Asplenium trichomanes Linn.
余姚、北仑、鄞州、奉化、宁海、象山

109. 闽浙铁角蕨 Asplenium wilfordii Mett. ex Kuhn
余姚、北仑、鄞州、奉化、宁海、象山

110. 狭翅铁角蕨 Asplenium wrightii Eaton ex Hook.
北仑、鄞州、奉化、宁海、象山

111. 过山蕨 Camptosorus sibiricus Rupr.
余姚。浙江属、种新记录

二八、球子蕨科 Onocleaceae

112. 东方荚果蕨 Pentarhizidium orientale (Hook.) Hayata
余姚

二九、乌毛蕨科 Blechnaceae

113. 乌毛蕨 Blechnum orientale Linn.*
北仑

114. 狗脊蕨 Woodwardia japonica (Linn. f.) Smith
慈溪、余姚、镇海、江北、北仑、鄞州、奉化、宁海、象山

115. 胎生狗脊蕨 (珠芽狗脊蕨) Woodwardia prolifera Hook. et Arn.
慈溪、余姚、镇海、北仑、鄞州、奉化、宁海、象山

三〇、鳞毛蕨科 Dryopteridaceae

116. 斜方复叶耳蕨 Arachniodes amabilis (Bl.) Tindale
慈溪、余姚、镇海、北仑、鄞州、奉化、宁海、象山

117. 刺头复叶耳蕨 Arachniodes aristata (Forst) Tindale
慈溪、余姚、镇海、江北、北仑、鄞州、奉化、宁海、象山

118. 假斜方复叶耳蕨 Arachniodes hekiana Sa. Kurata
鄞州

119. 长尾复叶耳蕨 Arachniodes simplicior (Makino) Ohwi
余姚、北仑、鄞州、奉化、宁海、象山

120. 美丽复叶耳蕨 Arachniodes speciosa (D. Don) Ching
余姚、镇海、北仑、鄞州、奉化、宁海、象山

121. 紫云山复叶耳蕨 Arachniodes ziyunshanensis Y.T. Hsieh
余姚、鄞州

122. 普陀鞭叶蕨 Cyrtomidictyum faberi (Baker) Ching
北仑、鄞州、奉化、象山。模式产地

123. 鞭叶蕨 Cyrtomidictyum lepidocaulon (Hook.) Ching

124. 镰羽贯众 Cyrtomium balansae (Christ) C. Chr.
余姚、北仑、鄞州、宁海、象山

125. 披针贯众 Cyrtomium devexiscapulae (Koidz.) Koidz. et Ching
北仑、宁海、象山

126. 全缘贯众 Cyrtomium falcatum (Linn. f.) Presl
慈溪、镇海、北仑、宁海、象山

127. 锐齿贯众 Cyrtomium falcatum (Linn. f.) Presl form. acutidens (H. Christ) C. Chr.
象山。中国新记录

128. 贯众 Cyrtomium fortunei J. Smith
慈溪、余姚、镇海、江北、北仑、鄞州、奉化、宁海、象山、市区

129. 阔羽贯众 Cyrtomium yamamotoi Tagawa
宁海

130. 粗齿阔羽贯众 Cyrtomium yamamotoi Tagawa var. intermedium (Diels) Ching et K.H. Shing
鄞州

131. 阔鳞鳞毛蕨 Dryopteris championii (Benth.) C. Chr. ex Ching
慈溪、余姚、镇海、北仑、鄞州、奉化、宁海、象山

132. 中华鳞毛蕨 Dryopteris chinensis (Baker) Koidz.
北仑

133. 暗鳞鳞毛蕨 Dryopteris cycadina (Franch. et Sav.) C. Chr.
鄞州

134. 异盖鳞毛蕨 (迷人鳞毛蕨) Dryopteris decipiens (Hook.) Kuntze
余姚、北仑、鄞州、奉化、宁海、象山

135. 深裂异盖鳞毛蕨 Dryopteris decipiens (Hook.) Kuntze var. diplazioides (Christ) Ching
余姚、镇海、江北、北仑、鄞州、宁海、象山

136. 德化鳞毛蕨 Dryopteris dehuaensis Ching
鄞州、奉化、宁海、象山

137. 顶羽鳞毛蕨 Dryopteris enneaphylla (Baker) C. Chr.
镇海

138. 红盖鳞毛蕨 Dryopteris erythrosora (D.C. Eaton) Kuntze
余姚、镇海、北仑、鄞州、奉化、宁海、象山

139. 高鳞毛蕨 Dryopteris excelsior Ching et Chiu
鄞州

140. 黑足鳞毛蕨 Dryopteris fuscipes C. Chr.
余姚、北仑、鄞州、象山

141. 杭州鳞毛蕨 Dryopteris hangchowensis Ching
余姚、镇海、北仑、鄞州

142. 桃花岛鳞毛蕨 Dryopteris hondoensis Koidz.
鄞州

143. 假异鳞毛蕨 Dryopteris immixta Ching
余姚、北仑、鄞州、宁海、象山

144. 京畿鳞毛蕨 Dryopteris kinkiensis Koidz. ex Tagawa
余姚、镇海、北仑、鄞州、宁海、象山

145. 狭顶鳞毛蕨 Dryopteris lacera (Thunb.) Kuntze

余姚、北仑、鄞州、奉化、宁海、象山

146. 太平鳞毛蕨 Dryopteris pacifica (Nakai) Tagawa
余姚、北仑、鄞州、奉化、宁海、象山

147. 阔羽鳞毛蕨 Dryopteris ryo-itoana Kurata
宁海

148. 两色鳞毛蕨 Dryopteris setosa (Thunb.) Akasawa
余姚、北仑、鄞州、奉化、宁海、象山

149. 奇数鳞毛蕨 Dryopteris sieboldii (VanHoutte ex Mett.) Kuntze
余姚、北仑、鄞州、奉化、宁海、象山

150. 稀羽鳞毛蕨 Dryopteris sparsa (D. Don) Kuntze
慈溪、余姚、镇海、北仑、鄞州、奉化、宁海、象山

151. 同形鳞毛蕨 Dryopteris uniformis (Makino) Makino
余姚、北仑、鄞州、宁海、象山

152. 变异鳞毛蕨 Dryopteris varia (Linn.) Kuntze
余姚、北仑、鄞州、象山

153. 黑鳞耳蕨 Polystichum makinoi (Tagawa) Tagawa
余姚、北仑

154. 卵鳞耳蕨 Polystichum ovato-paleaceum (Kodama) Kurata
余姚、鄞州

155. 棕鳞耳蕨 Polystichum polyblepharum (Roem. ex Kunze) Presl
慈溪、余姚、北仑、鄞州、奉化、宁海、象山

156. 三叉耳蕨 Polystichum tripteron (Kunze) Presl
余姚、北仑、鄞州、奉化、宁海

157. 对马耳蕨 Polystichum tsus-simense (Hook.) J. Smith
余姚、北仑、鄞州、奉化、宁海

三一、三叉蕨科 Aspidiaceae

158. 阔鳞肋毛蕨 Ctenitis maximowicziana (Miq.) Ching
鄞州

三二、肾蕨科 Nephrolepidaceae

159. 肾蕨 Nephrolepis auriculata (Linn.) C. Presl
慈溪 *、江北 *、鄞州 *、宁海、市区 *

三三、骨碎补科 Davalliaceae

160. 骨碎补 Davallia trichomanoides Bl.
宁海、象山

161. 杯盖阴石蕨 Humata griffithiana (Hook.) C. Chr.
鄞州。华东新记录

162. 圆盖阴石蕨 Humata tyermanni T. Moore
慈溪、余姚、镇海、江北、北仑、鄞州、奉化、宁海、象山

三四、水龙骨科 Polypodiaceae

163. 线蕨 Colysis elliptica (Thunb.) Ching
慈溪、余姚、北仑、鄞州、奉化、宁海、象山

164. 矩圆线蕨 Colysis henryi (Baker) Ching
慈溪、余姚、鄞州、奉化、宁海

165. 宽羽线蕨 Colysis pothifolia (Buch.-Ham. ex D. Don) Presl
余姚、北仑、鄞州、宁海、象山

166. 伏石蕨 Lemmaphyllum microphyllum Presl*
镇海

167. 抱石莲 Lepidogrammitis drymoglossoides (Baker) Ching

168. 常春藤鳞果星蕨 Lepidomicrosorium hederaceum (Christ) Ching
鄞州、宁海

169. 黄瓦韦 Lepisorus asterolepis (Baker) Ching
宁海

170. 扭瓦韦 Lepisorus contortus (Christ) Ching
余姚、北仑、鄞州、象山

171. 庐山瓦韦 Lepisorus lewisii (Baker) Ching
慈溪、余姚、北仑、鄞州、奉化、宁海、象山

172. 粤瓦韦 Lepisorus obscure-venulosus (Hayata) Ching
余姚

173. 鳞瓦韦 Lepisorus oligolepidus (Baker) Ching
北仑、宁海、象山

174. 瓦韦 Lepisorus thunbergianus (Kaulf.) Ching
慈溪、余姚、镇海、江北、北仑、鄞州、奉化、宁海、象山、市区

175. 拟瓦韦 (阔叶瓦韦) Lepisorus tosaensis (Makino) H. Itô
余姚、北仑、鄞州

176. 攀援星蕨 Microsorum brachylepis (Baker) Nakaike
慈溪、余姚、北仑、鄞州、奉化、宁海、象山

177. 江南星蕨 Microsorum fortunei (T. Moore) Ching
慈溪、余姚、镇海、北仑、鄞州、奉化、宁海、象山

178. 盾蕨 Neolepisorus ovatus (Wall. ex Bedd.) Ching
慈溪、余姚、北仑、鄞州、奉化、宁海、象山

179. 水龙骨 Polypodiodes niponica (Mett.) Ching
慈溪、余姚、镇海、江北、北仑、鄞州、奉化、宁海、象山

180. 相近石韦 Pyrrosia assimilis (Baker) Ching
余姚、北仑、鄞州、奉化

181. 石韦 Pyrrosia lingua (Thunb.) Farwell
慈溪、余姚、镇海、江北、北仑、鄞州、奉化、宁海、象山、市区

182. 有柄石韦 Pyrrosia petiolosa (Christ) Ching
余姚、北仑、鄞州、奉化、宁海

183. 庐山石韦 Pyrrosia shearreri (Baker) Ching
余姚、北仑、鄞州、奉化、宁海、象山

184. 石蕨 Saxiglossum angustissimum (Giesenh. ex Diels) Ching
余姚、北仑、鄞州、奉化、宁海、象山

185. 金鸡脚 Selliguea hastata (Thunb.) Fraser-Jenkins
鄞州、奉化、宁海、象山

186. 屋久假瘤蕨 Selliguea yakushimensis (Makino) Fraser-Jenkins
余姚、北仑、鄞州、奉化、宁海、象山

三五、槲蕨科 Drynariaceae

187. 槲蕨 Drynaria roosii Nakaike
慈溪、余姚、镇海、北仑、鄞州、奉化、宁海、象山

三六、剑蕨科 Loxogrammaceae

188. 柳叶剑蕨 Loxogramme salicifolia (Makino) Makino
奉化

三七、蘋科 Marsileaceae

189. 蘋 Marsilea minuta Linn.

慈溪、余姚、镇海、江北、北仑、鄞州、奉化、宁海、象山

三八、槐叶蘋科 Salviniaceae

190. 槐叶蘋 Salvinia natans (Linn.) All.

慈溪、余姚、镇海、江北、北仑、鄞州、奉化、宁海、象山

三九、满江红科 Azollaceae

191. 满江红 Azolla imbricata (Roxb. ex Griff.) Nakai

慈溪、余姚、镇海、江北、北仑、鄞州、奉化、宁海、象山、市区

裸子植物门 Gymnospermae

一、苏铁科 Cycadaceae

1. 攀枝花苏铁 Cycas panzhihuaensis L. Zhou et S.Y. Yang*

象山

2. 苏铁 Cycas revoluta Thunb.*

慈溪、余姚、镇海、江北、北仑、鄞州、奉化、宁海、象山、市区

3. 美洲铁 Zamia furfuracea Linn. f.*

慈溪、余姚、镇海、江北、北仑、鄞州、奉化、宁海、象山、市区

二、银杏科 Ginkgoaceae

4. 银杏 Ginkgo biloba Linn.*

慈溪、余姚、镇海、江北、北仑、鄞州、奉化、宁海、象山、市区

三、南洋杉科 Araucariaceae

5. 南洋杉 Araucaria cunninghamii Aiton ex D. Don*

慈溪、余姚、镇海、江北、北仑、鄞州、奉化、宁海、象山、市区

四、松科 Pinaceae

6. 日本冷杉 Abies firma Sieb. et Zucc.*

慈溪、余姚、镇海、江北、北仑、鄞州、奉化、宁海、象山、市区

7. 银杉 Cathaya argyrophylla Chun et Kuang*

鄞州

8. 雪松 Cedrus deodara (Roxb.) G. Don*

慈溪、余姚、镇海、江北、北仑、鄞州、奉化、宁海、象山、市区

9. 黄枝油杉 Keteleeria calcarea Cheng et L.K. Fu*

鄞州

10. 铁坚油杉 Keteleeria davidiana (Bertr.) Beissn.*

慈溪

11. 青岩油杉 Keteleeria davidiana (Bertr.) Beissn. var. chien-peii (Flous) Cheng et L.K. Fu*

奉化

12. 江南油杉 Keteleeria fortunei (Murr.) Carr. var. cyclolepis (Flous) Silba*

余姚、鄞州、奉化

13. 华北落叶松 Larix gmelinii (Rupr.) Kuz. var. principis-rupprechtii (Mayr) Pilger*

余姚

14. 日本云杉 Picea torano (Sieb. ex K. Koch) Koehne*

余姚、市区

15. 华山松 Pinus armandii Franch.*

余姚、奉化、象山

16. 白皮松 Pinus bungeana Zucc. ex Endl.*

余姚、市区

17. 湿地松 Pinus elliottii Engelm.*

慈溪、余姚、镇海、江北、北仑、鄞州、奉化、宁海、象山、市区

18. 马尾松 Pinus massoniana Lamb.

慈溪、余姚、镇海、江北、北仑、鄞州、奉化、宁海、象山

19. 长叶松 Pinus palustris Mill.*

象山

20. 日本五针松 Pinus parviflora Sieb. et Zucc.*

慈溪、余姚、镇海、江北、北仑、鄞州、奉化、宁海、象山、市区

21. 晚松 Pinus serotina Michx.*

象山

22. 火炬松 Pinus taeda Linn.*

宁海、象山

23. 黄山松 Pinus taiwanensis Hayata

余姚、鄞州、奉化、宁海

24. 黑松 Pinus thunbergii Parl.*

慈溪、余姚、镇海、江北、北仑、鄞州、奉化、宁海、象山、市区

25. 花叶松（金叶黑松）Pinus thunbergii Parl. 'Aurea'*

奉化

26. 寸梢黑松 Pinus thunbergii Parl. 'Sunshou-Kuromatsu'*

镇海

27. 矮松 Pinus virginiana Mill.*

市区

28. 金钱松 Pseudolarix amabilis (Nels.) Rehd.

慈溪*、余姚、北仑*、鄞州、奉化、宁海、象山*。国家Ⅱ级重点保护野生植物。模式产地

五、杉科 Taxodiaceae

29. 日本柳杉 Cryptomeria japonica (Thunb. ex Linn. f.) D. Don*

余姚、鄞州、奉化、宁海、象山

30. 柳杉 Cryptomeria japonica (Thunb. ex Linn. f.) D. Don var.

sinensis Miq.

慈溪 *、余姚、镇海 *、江北 *、北仑、鄞州、奉化、宁海、象山

31. 猴 爪 杉 Cryptomeria japonica (Thunb. ex Linn. f.) D. Don 'Araucarioides'*

慈溪、镇海

32. 圆头柳杉 Cryptomeria japonica (Thunb. ex Linn. f.) D. Don 'Yuantouliusha'*

慈溪、余姚

33. 杉木 Cunninghamia lanceolata (Lamb.) Hook.

慈溪 *、余姚、镇海 *、江北 *、北仑、鄞州、奉化、宁海、象山

34. 灰叶杉木 Cunninghamia lanceolata (Lamb.) Hook. 'Glauca'*

余姚、奉化、宁海

35. 水松 Glyptostrobus pensilis (Staunt. ex D. Don) K. Koch*

鄞州

36. 水杉 Metasequoia glyptostroboides Hu et Cheng*

慈溪、余姚、镇海、江北、北仑、鄞州、奉化、宁海、象山、市区

37. 金叶水杉 Metasequoia glyptostroboides Hu et Cheng 'Gold Rush'*

慈溪、北仑、奉化、象山

38. 北美红杉 Sequoia sempervirens (D. Don) Endl.*

鄞州、奉化

39. 台湾杉 Taiwania cryptomerioides Hayata*

余姚、奉化、宁海

40. 落羽杉 Taxodium distichum (Linn.) Rich.*

慈溪、余姚、镇海、江北、北仑、鄞州、奉化、宁海、象山、市区

41. 池杉 Taxodium distichum (Linn.) Rich. var. imbricatum (Nutt.) Croom*

慈溪、余姚、镇海、江北、北仑、鄞州、奉化、宁海、象山、市区

42. 中山杉 Taxodium distichum × T. mucronatum 'Zhongshanshan'*

慈溪、余姚、鄞州、奉化、宁海、象山

43. 墨西哥落羽杉 Taxodium mucronatum Ten.*

慈溪、鄞州

六、柏科 Cupressaceae

44. 翠柏 Calocedrus macrolepis Kurz*

余姚、奉化、宁海、象山

45. 红桧 Chamaecyparis formosensis Matsum.*

鄞州

46. 日本扁柏 Chamaecyparis obtusa (Sieb. et Zucc.) Endl.*

余姚、北仑、鄞州、奉化、宁海、象山

47. 云 片 柏 Chamaecyparis obtusa (Sieb. et Zucc.) Endl. 'Breviramea'*

余姚、鄞州、奉化、宁海、象山

48. 洒 金 云 片 柏 Chamaecyparis obtusa (Sieb. et Zucc.) Endl. 'Breviramea Aurea'*

余姚、奉化、宁海、象山

49. 孔雀柏 Chamaecyparis obtusa (Sieb. et Zucc.) Endl. 'Tetragona'*

余姚、奉化、宁海、象山

50. 日本花柏 Chamaecyparis pisifera (Sieb. et Zucc.) Endl.*

余姚、北仑、鄞州、奉化、宁海、象山

51. 波尔瓦多花柏 Chamaecyparis pisifera (Sieb. et Zucc.) Endl. 'Boulevard'*

江北

52. 线柏 Chamaecyparis pisifera (Sieb. et Zucc.) Endl. 'Filifera'*

余姚、奉化、宁海、象山

53. 金线柏 Chamaecyparis pisifera (Sieb. et Zucc.) Endl. 'Filifera Aurea'*

奉化

54. 羽叶花柏 Chamaecyparis pisifera (Sieb. et Zucc.) Endl. 'Plumosa'*

余姚、奉化、宁海

55. 绒柏 Chamaecyparis pisifera (Sieb. et Zucc.) Endl. 'Squarrosa'*

余姚、宁海、象山

56. 蓝冰柏 Cupressus arizonica Greene. 'Blue Ice'*

慈溪、江北、鄞州、市区

57. 柏木 Cupressus funebris Endl.*

慈溪、余姚、镇海、北仑、鄞州、奉化、宁海、象山

58. 福建柏 Fokienia hodginsii (Dunn) Henry et Thomas*

余姚、鄞州、象山

59. 刺柏 Juniperus formosana Hayata

慈溪、余姚、北仑、鄞州、奉化、宁海、象山

60. 侧柏 Platycladus orientalis (Linn.) Franco*

慈溪、余姚、镇海、江北、北仑、鄞州、奉化、宁海、象山

61. 洒银柏 Platycladus orientalis (Linn.) Franco 'Argentea'*

慈溪

62. 金枝千头柏 Platycladus orientalis (Linn.) Franco 'Aurea'*

慈溪、余姚、镇海、江北、北仑、鄞州、奉化、宁海、象山

63. 千头柏 Platycladus orientalis (Linn.) Franco 'Sieboldii'*

慈溪、余姚、镇海、江北、北仑、鄞州、奉化、宁海、象山

64. 圆柏 Sabina chinensis (Linn.) Ant.

慈溪 *、余姚 *、镇海 *、江北 *、北仑 *、鄞州、奉化、宁海 *、象山。浙江省重点保护野生植物

65. 偃柏 Sabina chinensis (Linn.) Ant. var. sargentii (Henry) Cheng et L.K. Fu*

奉化

66. 金叶桧 Sabina chinensis (Linn.) Ant. 'Aureoglobosa'*

慈溪、余姚、镇海、江北、北仑、鄞州、奉化、宁海、象山、市区

67. 龙柏 Sabina chinensis (Linn.) Ant. 'Kaizuca'*

慈溪、余姚、镇海、江北、北仑、鄞州、奉化、宁海、象山、市区

68. 鹿角柏 Sabina chinensis (Linn.) Ant. 'Pfitzeriana'*

余姚

69. 铺地柏 Sabina procumbens (Endl.) Iwata et Kusaka*
慈溪、余姚、北仑、鄞州、奉化、宁海、象山

70. 北美圆柏 Sabina virginiana (Sieb. ex Linn.) Ant.*
慈溪、余姚、镇海、江北、北仑、鄞州、奉化、宁海、象山

71. 沙地柏（叉子圆柏）Sabina vulgaris Ant.*
奉化、宁海

72. 北美香柏 Thuja occidentalis Linn.*
余姚、北仑、鄞州、奉化、宁海、象山

73. 日本香柏 Thuja standishii (Gord.) Carr.*
余姚、宁海、象山

74. 罗汉柏 Thujopsis dolabrata (Linn. f.) Sieb. et Zucc.*
余姚

七、罗汉松科 Podocarpaceae

75. 竹柏 Nageia nagi (Thunb.) Kuntze*
慈溪、余姚、镇海、江北、北仑、鄞州、奉化、宁海、象山、市区

76. 罗汉松 Podocarpus macrophyllus (Thunb.) Sweet*
慈溪、余姚、镇海、江北、北仑、鄞州、奉化、宁海、象山、市区

77. 短叶罗汉松 Podocarpus macrophyllus (Thunb.) Sweet var. maki Sieb. et Zucc.*
慈溪、余姚、镇海、江北、北仑、鄞州、奉化、宁海、象山、市区

78. 百日青 Podocarpus neriifolius D. Don*
镇海、奉化

79. 小叶罗汉松 Podocarpus wangii C.C. Chang*
慈溪、余姚、镇海、奉化、宁海、象山

八、三尖杉科 Cephalotaxaceae

80. 三尖杉 Cephalotaxus fortunei Hook.
慈溪、余姚、镇海*、北仑、鄞州、奉化、宁海、象山。模式产地

81. 篦子三尖杉 Cephalotaxus oliveri Mast.*
鄞州

82. 粗榧 Cephalotaxus sinensis (Rehd. et Wils.) H.L. Li
慈溪、余姚、北仑、鄞州、奉化、宁海、象山

九、红豆杉科 Taxaceae

83. 欧洲红豆杉 Taxus baccata Linn.*
鄞州

84. 枷罗木 Taxus cuspidata Sieb. et Zucc. var. umbraculifera (Sieb.) Makino*
慈溪、余姚、镇海、江北、北仑、鄞州、奉化、宁海、象山、市区

85. 曼地亚红豆杉 Taxus × media Rehd.*
慈溪、余姚、镇海、江北、北仑、鄞州、奉化、宁海、象山、市区

86. 南方红豆杉 Taxus wallichiana Zucc. var. mairei (Lemé. et Lévl.) L.K. Fu et Nan Li
慈溪*、余姚、镇海*、江北*、北仑*、鄞州、奉化、宁海、象山*、市区*。国家 I 级重点保护野生植物

87. 榧树 Torreya grandis Fort. ex Lindl.
余姚、北仑、鄞州、奉化、宁海。国家 II 级重点保护野生植物。模式产地

88. 香榧 Torreya grandis Fort. ex Lindl. 'Merrillii'*
慈溪、余姚、北仑、鄞州、奉化、宁海、象山

89. 长叶榧 Torreya jackii Chun*
鄞州

被子植物门 Angiospermae

双子叶植物纲 Dicotyledoneae

一、木麻黄科 Casuarinaceae

1. 细枝木麻黄 Casuarina cunninghamiana Miq.*
慈溪、北仑、宁海、象山

2. 木麻黄 Casuarina equisetifolia Linn.*
慈溪、余姚、镇海、江北、北仑、鄞州、奉化、宁海、象山

3. 粗枝木麻黄 Casuarina glauca Sieb. ex Spreng.*
慈溪、鄞州、宁海、象山

二、三白草科 Saururaceae

4. 蕺菜（鱼腥草）Houttuynia cordata Thunb.
慈溪、余姚、镇海、江北、北仑、鄞州、奉化、宁海、象山、市区

5. 美洲三白草 Saururus cernuus Linn.*
慈溪

6. 三白草 Saururus chinensis (Lour.) Baill.
慈溪、余姚、北仑、鄞州、奉化、宁海、象山

三、胡椒科 Piperaceae

7. 草胡椒 Peperomia pellucida (Linn.) Kunth △
慈溪、北仑、象山、市区

8. 山蒟 Piper hancei Maxim.
慈溪、余姚、镇海、北仑、鄞州、奉化、宁海、象山

9. 风藤 Piper kadsura (Choisy) Ohwi
北仑、鄞州、奉化、宁海、象山

四、金粟兰科 Chloranthaceae

10. 丝穗金粟兰（水晶花）Chloranthus fortunei (A. Gray) Solms-Laub.
慈溪、余姚、江北、北仑、鄞州、奉化、宁海、象山

11. 宽叶金粟兰 Chloranthus henryi Hemsl.
北仑、鄞州

12. 及己 Chloranthus serratus (Thunb.) Roem. et Schult.

余姚、北仑、奉化、宁海、象山

13. 金粟兰 Chloranthus spicatus (Thunb.) Makino*
慈溪、鄞州、宁海、市区

14. 草珊瑚 Sarcandra glabra (Thunb.) Nakai
北仑、鄞州、宁海、象山

五、杨柳科 Salicaceae

15. 响叶杨 Populus adenopoda Maxim.
慈溪、余姚、北仑、鄞州、奉化、宁海、象山

16. 加杨 Populus × canadensis Moen.*
慈溪、余姚、镇海、江北、北仑、鄞州、奉化、宁海、象山、市区

17. 胡杨 Populus euphratica Oliv.*
鄞州

18. 红叶杨 Populus deltoids Marsh. 'Zhonghua Hongye'*
慈溪、余姚、鄞州、宁海

19. 金丝垂柳 Salix × aureo-pendula CL. 'J841'*
慈溪、余姚、镇海、江北、北仑、鄞州、奉化、宁海、象山、市区

20. 垂柳 Salix babylonica Linn.*
慈溪、余姚、镇海、江北、北仑、鄞州、奉化、宁海、象山、市区

21. 银叶柳 Salix chienii Cheng
余姚、北仑、鄞州、奉化、宁海

22. 钟氏柳 Salix mesnyi Hance. var. tsoongii (Cheng) Z.H. Chen, W.Y. Xie et S.Q. Xu
慈溪、奉化。模式产地

23. 杞柳 Salix integra Thunb.*
慈溪、北仑、鄞州、市区

24. 花叶杞柳 Salix integra Thunb. 'Hakuro Nishiki'*
慈溪、镇海、北仑、鄞州、市区

25. 旱柳 Salix matsudana Koidz.
慈溪、余姚、镇海、江北、北仑、鄞州、奉化、宁海、象山

26. 龙爪柳 Salix matsudana Koidz. form. tortuosa (Vilm.) Rehd.*
象山

27. 粤柳 Salix mesnyi Hance
慈溪、鄞州、宁海、象山

28. 竹柳 (新美柳) Salix matsudana × S. alba*
慈溪、余姚

29. 南川柳 Salix rosthornii Seem.
慈溪、余姚、北仑、鄞州、奉化、宁海、象山

六、杨梅科 Myricaceae

30. 美国蜡杨梅 Myrica cerifera Linn.*
慈溪、鄞州、宁海、象山

31. 杨梅 Myrica rubra (Lour.) Sieb. et Zucc.
慈溪、余姚、镇海、江北、北仑、鄞州、奉化、宁海、象山、市区 *

七、胡桃科 Juglandaceae

32. 山核桃 Carya cathayensis Sarg.*
余姚、北仑、鄞州、象山

33. 美国山核桃 Carya illinoinensis (Wangenh.) K. Koch*
慈溪、余姚、鄞州、奉化、宁海、象山、市区

34. 青钱柳 Cyclocarya paliurus (Batal.) Iljinsk.
慈溪 *、余姚、镇海、北仑、鄞州、奉化、宁海、象山。模式产地

35. 华东野核桃 Juglans cathayensis Dode var. formosana (Hayata) A.M. Lu et R.H. Chang
余姚、北仑、鄞州、奉化、宁海、象山

36. 胡桃楸 Juglans mandshurica Maxim.*
鄞州

37. 胡桃 Juglans regia Linn.*
慈溪、余姚、北仑、宁海、象山

38. 化香树 Platycarya strobilacea Sieb. et Zucc.
慈溪、余姚、镇海、江北、北仑、鄞州、奉化、宁海、象山

39. 枫杨 Pterocarya stenoptera C. DC.
慈溪、余姚、镇海、江北、北仑、鄞州、奉化、宁海、象山、市区

八、桦木科 Betulaceae

40. 桤木 Alnus cremastogyne Burk.*
慈溪、余姚、鄞州、宁海、象山

41. 亮叶桦 (光皮桦) Betula luminifera H. Winkl.
余姚、北仑、奉化、宁海、象山

42. 华千金榆 Carpinus cordata Bl. var. chinensis Franch.
余姚

43. 短尾鹅耳枥 Carpinus londoniana H. Winkl.
北仑、鄞州、象山

44. 宽叶鹅耳枥 Carpinus londoniana H. Winkl. var. latifolia P.C. Li
鄞州。模式产地

45. 剑苞鹅耳枥 Carpinus londoniana H. Winkl. var. xiphobracteata P.C. Li
鄞州。模式产地

46. 多脉鹅耳枥 Carpinus polyneura Franch.
宁海、象山

47. 普陀鹅耳枥 Carpinus putoensis Cheng*
余姚、镇海、鄞州

48. 雷公鹅耳枥 Carpinus viminea Wall.
余姚、北仑、鄞州、奉化、宁海、象山

49. 鹅耳枥一种 (灌木) Carpinus sp.
余姚、奉化。存疑

50. 川榛 Corylus kweichowensis Hu
余姚、奉化、宁海

51. 短柄榛 Corylus kweichowensis Hu var. brevipes W.J. Liang
余姚

52. 天目铁木 Ostrya rehderiana Chun*
鄞州

九、壳斗科 Fagaceae

53. 锥栗 Castanea henryi (Skan) Rehd. et Wils.
慈溪、余姚、北仑、鄞州、奉化、宁海、象山

54. 板栗 Castanea mollissima Bl.*
慈溪、余姚、镇海、江北、北仑、鄞州、奉化、宁海、象山

55. 茅栗 Castanea seguinii Dode
慈溪、余姚、北仑、鄞州、奉化、宁海、象山

56. 米槠 Castanopsis carlesii (Hemsl.) Hayata
慈溪、余姚、镇海、北仑、鄞州、奉化、宁海、象山

57. 甜槠 Castanopsis eyrei (Champ. ex Bcnth.) Tutch.
慈溪 *、余姚、北仑、鄞州、奉化、宁海、象山

58. 罗浮栲 Castanopsis fabri Hance*
鄞州

59. 栲树 Castanopsis fargesii Franch.
余姚、镇海、北仑、鄞州、奉化、宁海、象山

60. 苦槠 Castanopsis sclerophylla (Lindl. et Paxt.) Schott.
慈溪、余姚、镇海、江北、北仑、鄞州、奉化、宁海、象山

61. 鬲蒲栲 Castanopsis fissa (Champ. ex Benth.) Rehd. et Wils.*
象山

62. 钩栲 Castanopsis tibetana Hance
奉化、宁海

63. 赤皮青冈 Cyclobalanopsis gilva (Bl.) Oerst.
余姚、镇海、北仑、鄞州、奉化、宁海、象山

64. 青冈 Cyclobalanopsis glauca (Thunb.) Oerst.
慈溪、余姚、镇海、江北、北仑、鄞州、奉化、宁海、象山

65. 小叶青冈 Cyclobalanopsis gracilis (Rehd. et Wils.) Cheng et T. Hong
慈溪、余姚、镇海、北仑、鄞州、奉化、宁海

66. 大叶青冈 Cyclobalanopsis jenseniana (Hand.-Mazz.) Cheng et T. Hong
鄞州、宁海、象山

67. 云山青冈 Cyclobalanopsis sessilifolia (Bl.) Schott.
余姚、北仑、鄞州、奉化、宁海、象山

68. 褐叶青冈 Cyclobalanopsis stewardiana (A. Camus) Y.C. Hsu et H.W. Len
余姚、鄞州、宁海

69. 细叶青冈 (青栲) Cyclobalanopsis myrsinifolia (Bl.) Oerst.
慈溪、余姚、江北、北仑、鄞州、奉化、宁海、象山

70. 水青冈 Fagus longipetiolata Seem.
奉化

71. 短尾柯 Lithocarpus brevicaudatus (Skan) Hayata
慈溪、余姚、北仑、鄞州、奉化、宁海、象山

72. 石栎 Lithocarpus glaber (Thunb.) Nakai
慈溪、余姚、镇海、江北、北仑、鄞州、奉化、宁海、象山

73. 麻栎 Quercus acutissima Carr.
慈溪 *、余姚、镇海 *、北仑 *、鄞州、奉化、宁海、象山

74. 加州栎 Quercus agrifolia Née*
慈溪、鄞州

75. 槲栎 Quercus aliena Bl.
慈溪、镇海、北仑、奉化

76. 锐齿槲栎 Quercus aliena Bl. var. acutiserrata Maxim.
余姚、北仑、奉化、宁海

77. 小叶栎 Quercus chenii Nakai
余姚、北仑、鄞州、奉化、宁海、象山

78. 白栎 Quercus fabri Hance
慈溪、余姚、镇海、江北、北仑、鄞州、奉化、宁海、象山

79. 水栎 Quercus nigra Linn.*
慈溪

80. 娜塔栎 Quercus nuttallii E.J. Palmer*
市区

81. 乌冈栎 Quercus phillyreoides A. Gray
北仑 *、象山

82. 枹栎 Quercus serrata Murr.
宁海

83. 短柄枹栎 Quercus serrata Thunb. var. brevipetiolata (A. DC.) Nakai
慈溪、余姚、镇海、江北、北仑、鄞州、奉化、宁海、象山

84. 刺叶栎 Quercus spinosa David ex Franch.*
慈溪

85. 栓皮栎 Quercus variabilis Bl.
慈溪、余姚、镇海、江北、北仑、鄞州、奉化、宁海、象山

86. 弗栎 (弗吉尼亚栎) Quercus virginiana Mill.*
慈溪、鄞州、宁海、象山

一〇、榆科 Ulmaceae

87. 糙叶树 Aphananthe aspera (Thunb.) Planch.
慈溪、余姚、镇海、江北、北仑、鄞州、奉化、宁海、象山

88. 紫弹树 Celtis biondii Pamp.
慈溪、余姚、镇海、江北、北仑、鄞州、奉化、宁海、象山

89. 黑弹树 Celtis bungeana Bl.
奉化

90. 珊瑚朴 Celtis julianae Schneid.
慈溪 *、余姚、鄞州、奉化、宁海、象山 *、市区 *

91. 朴树 Celtis sinensis Pers.
慈溪、余姚、镇海、江北、北仑、鄞州、奉化、宁海、象山、市区 *

92. 西川朴 Celtis vandervoetiana Scheid.
鄞州、宁海

93. 刺榆 Hemiptelea davidii (Hance) Planch.
慈溪、余姚、北仑、鄞州、奉化、宁海、象山

94. 青檀 Pteroceltis tatarinowii Maxim.*
鄞州

95. 山油麻 Trema cannabina Lour. var. dielsiana (Hand.-Mazz.) C.J. Chen

慈溪、余姚、镇海、江北、北仑、鄞州、奉化、宁海、象山

96. 兴山榆 Ulmus bergmanniana Schneid.
余姚

97. 杭州榆 Ulmus changii Cheng
慈溪、余姚、北仑、鄞州、奉化、宁海、象山

98. 长序榆 Ulmus elongata L.K. Fu et C.S. Ding
余姚。国家 II 级重点保护野生植物

99. 榔榆 Ulmus parvifolia Jacq.
慈溪、余姚、镇海、江北、北仑、鄞州、奉化、宁海、象山、市区 *

100. 白榆 Ulmus pumila Linn.*
慈溪、余姚、鄞州、奉化、宁海、象山、市区

101. 金叶榆 Ulmus pumila Linn. 'Jinye'*
慈溪、鄞州

102. 垂枝榆 Ulmus pumila Linn. 'Pendula'*
鄞州、市区

103. 红果榆 Ulmus szechuanica Fang
余姚、鄞州、宁海

104. 榉树 Zelkova schneideriana Hand.-Mazz.
慈溪、余姚、镇海 *、江北 *、北仑、鄞州、奉化、宁海、象山、市区 *。国家 II 级重点保护野生植物

105. 光叶榉 Zelkova serrata (Thunb.) Makino
余姚、宁海

一一、**桑科 Moraceae**

106. 藤葡蟠 Broussonetia kaempferi Sieb. var. australis Suzuki
慈溪、余姚、北仑、鄞州、奉化、宁海、象山

107. 小构树 Broussonetia kazinoki Sieb.
余姚、镇海、江北、北仑、鄞州、奉化、宁海、象山、市区

108. 构树 Broussonetia papyrifera (Linn.) L'Hér. ex Vent.
慈溪、余姚、镇海、江北、北仑、鄞州、奉化、宁海、象山、市区

109. 大麻 Cannabis sativa Linn.*
鄞州

110. 桑草 Fatoua villosa (Thunb.) Nakai
余姚、鄞州、奉化、宁海、象山

111. 无花果 Ficus carica Linn.*
慈溪、余姚、镇海、江北、北仑、鄞州、奉化、宁海、象山、市区

112. 雅榕 (无柄小叶榕) Ficus concinna (Miq.) Miq.*
慈溪、鄞州、宁海、象山、市区

113. 矮小天仙果 Ficus erecta Thunb.
象山。中国大陆新记录

114. 天仙果 Ficus erecta Thunb. var. beecheyana (Hook. et Arn.) King
慈溪、余姚、镇海、江北、北仑、鄞州、奉化、宁海、象山

115. 台湾榕 Ficus formosana Maxim.
北仑、宁海、象山

116. 狭叶台湾榕 Ficus formosana Maxim. form. shimadai Hayata
北仑、象山

117. 爬藤榕 Ficus impressa Champ. ex Benth.
余姚、鄞州、奉化、宁海

118. 榕树 Ficus microcarpa Linn. f.*
慈溪、鄞州、市区

119. 条叶榕 Ficus pandurata Hance var. angustifolia Cheng
北仑。模式产地

120. 薜荔 Ficus pumila Linn.
慈溪、余姚、镇海、江北、北仑、鄞州、奉化、宁海、象山、市区

121. 爱玉子 Ficus pumila Linn. var. awkeotsang (Makino) Corner
宁海、象山

122. 菩提树 Ficus religiosa Linn.*
鄞州、奉化、宁海、市区

123. 珍珠莲 Ficus sarmentosa Buch.-Ham. ex J.E. Smith var. henryi (King ex Oliv.) Corner
慈溪、余姚、镇海、北仑、鄞州、奉化、宁海、象山

124. 白背爬藤榕 Ficus sarmentosa Buch.-Ham. ex J.E. Smith var. nipponica (Franch. et Sav.) Corner
鄞州、奉化、象山

125. 笔管榕 Ficus subpisocarpa Gagnep.*
鄞州

126. 葎草 Humulus scandens (Lour.) Merr.
慈溪、余姚、镇海、江北、北仑、鄞州、奉化、宁海、象山、市区

127. 葨芝 Maclura cochinchinensis (Lour.) Kudo et Masam.
慈溪、余姚、镇海、北仑、鄞州、奉化、宁海、象山

128. 柘 Maclura tricuspidata (Carr.) Bureau ex Lavall.
慈溪、余姚、镇海、江北、北仑、鄞州、奉化、宁海、象山

129. 桑 Morus alba Linn.*
慈溪、余姚、镇海、江北、北仑、鄞州、奉化、宁海、象山、市区

130. 鲁桑 Morus alba Linn. var. multicaulis (Perr.) Loud.*
慈溪、余姚、镇海、江北、北仑、鄞州、奉化、宁海、象山、市区

131. 鸡桑 Morus australis Poir.
余姚、北仑、奉化、宁海 *、象山

132. 海岛桑 (日本桑) Morus bombycis Koidz.
象山。中国新记录

133. 华桑 Morus cathayana Hemsl.
余姚、北仑、鄞州、奉化、宁海

一二、**荨麻科 Urticaceae**

134. 序叶苎麻 Boehmeria clidemioides Miq. var. diffusa (Wedd.) Hand.-Mazz.
宁海

135. 海岛苎麻 Boehmeria formosana Hayata
余姚、北仑、鄞州、奉化、宁海、象山

136. 细野麻 Boehmeria gracilis G.H. Wright
余姚、宁海

137. 大叶苎麻 Boehmeria japonica (Linn. f.) Miq.
慈溪、余姚、镇海、北仑、鄞州、奉化、宁海、象山

138. 洞头水苎麻 Boehmeria macrophylla Hornem. var. dongtouensis W.T. Wang
宁海、象山

139. 苎麻 Boehmeria nivea (Linn.) Gaud.
慈溪、余姚、镇海、江北、北仑、鄞州、奉化、宁海、象山、市区

140. 伏毛苎麻 Boehmeria nivea (Linn.) Gaud. var. niponnivea (Koidz.) W.T. Wang
慈溪、余姚、镇海、北仑、鄞州、奉化、宁海、象山

141. 青叶苎麻 Boehmeria nivea (Linn.) Gaud. var. tenacissima (Gaud.) Miq.
慈溪、余姚、镇海、北仑、奉化、宁海、象山

142. 悬铃木叶苎麻 Boehmeria tricuspis (Hance) Makino
余姚、镇海、北仑、鄞州、奉化、宁海、象山

143. 楼梯草 Elatostema involucratum Franch. et Sav.
余姚、奉化

144. 光茎钝叶楼梯草 Elatostema obtusum Wedd. var. glabrescens W.T. Wang
奉化、象山

145. 庐山楼梯草 Elatostema stewardii Merr.
余姚、北仑、鄞州、奉化、宁海、象山

146. 红火麻 Girardinia suborbiculata C.J. Chen subsp. triloba (C.J. Chen) C.J. Chen*
慈溪

147. 糯米团 Gonostegia hirta (Bl. ex Hassk.) Miq.
慈溪、余姚、镇海、江北、北仑、鄞州、奉化、宁海、象山

148. 珠芽艾麻 Laportea bulbifera (Sieb. et Zucc.) Wedd.
余姚、北仑、鄞州、奉化、宁海

149. 花点草 Nanocnide japonica Bl.
慈溪、余姚、北仑、鄞州、奉化、宁海、象山

150. 毛花点草 Nanocnide lobata Wedd.
慈溪、余姚、镇海、江北、北仑、鄞州、奉化、宁海、象山、市区

151. 紫麻 Oreocnide frutescens (Thunb.) Miq.
慈溪、余姚、镇海、江北、北仑、鄞州、奉化、宁海、象山

152. 山椒草 Pellionia brevifolia Benth.
余姚、北仑、鄞州、奉化、宁海、象山

153. 赤车 Pellionia radicans (Sieb. et Zucc.) Wedd.
慈溪、余姚、镇海、江北、北仑、鄞州、奉化、宁海、象山

154. 曲毛赤车 Pellionia retrohispida W.T. Wang
鄞州

155. 蔓赤车 Pellionia scabra Benth.
慈溪、余姚、镇海、江北、北仑、鄞州、奉化、宁海、

象山

156. 长柄冷水花 Pilea angulata (Bl.) Bl. subsp. petiolaris (Sieb. et Zucc.) C.J. Chen
慈溪、余姚、鄞州、奉化、宁海、象山

157. 花叶冷水花 Pilea cadierei Gagnep.*
市区

158. 山冷水花 Pilea japonica (Maxim.) Hand.-Mazz.
余姚、鄞州、奉化、宁海、象山

159. 小叶冷水花 Pilea microphylla (Linn.) Liebm. △
慈溪、鄞州、宁海、象山、市区

160. 冷水花 Pilea notata C.H. Wright
余姚、北仑、奉化、宁海、象山。模式产地

161. 齿叶矮冷水花 Pilea peploides (Gaud.) Hook. et Arn. var. major Wedd.
慈溪、余姚、北仑、鄞州、奉化、宁海、象山

162. 透茎冷水花 Pilea pumila (Linn.) A. Gray
慈溪、余姚、镇海、北仑、鄞州、奉化、宁海、象山

163. 粗齿冷水花 Pilea sinofasciata C.J. Chen
慈溪、余姚、北仑、鄞州、奉化、宁海、象山

164. 玻璃草（三角叶冷水花）Pilea swinglei Merr.
余姚、北仑、宁海、象山

165. 雾水葛 Pouzolzia zeylanica (Linn.) Benn.
鄞州

166. 多枝雾水葛 Pouzolzia zeylanica (Linn.) Benn. var. microphylla (Wedd.) W.T. Wang
鄞州

一三、山龙眼科 Proteaceae

167. 越南山龙眼 Helicia cochinchinensis Lour.
慈溪、余姚、北仑、鄞州、奉化、宁海、象山

一四、铁青树科 Olacaceae

168. 青皮木 Schoepfia jasminodora Sieb. et Zucc.
慈溪、余姚、北仑、鄞州、奉化、宁海、象山

一五、檀香科 Santalaceae

169. 百蕊草 Thesium chinense Turcz.
慈溪、余姚、北仑、鄞州、奉化、宁海、象山

一六、桑寄生科 Loranthaceae

170. 锈毛钝果寄生 Taxillus levinei (Merr.) H.S. Kiu
奉化

171. 槲寄生 Viscum coloratum (Kom.) Nakai
北仑、鄞州、奉化

一七、马兜铃科 Aristolochiaceae

172. 马兜铃 Aristolochia debilis Sieb. et Zucc.
慈溪、余姚、镇海、北仑、鄞州、奉化、宁海、象山、市区

173. 鲜黄马兜铃 Aristolochia hyperxantha X.X. Zhu et J.S. Ma
宁海

174. 尾花细辛 Asarum caudigerum Hance
宁海

175. 杜衡 Asarum forbesii Maxim.
北仑、奉化、宁海、象山

176. 马蹄细辛 Asarum ichangense C.Y. Cheng et C.S. Yang
余姚、宁海、象山

177. 肾叶细辛 Asarum renicordatum C.Y. Cheng
宁海

178. 细辛 Asarum sieboldii Miq.
余姚、鄞州、奉化、宁海

一八、蓼科 Polygonaceae

179. 金线草 Antenoron filiforme (Thunb.) Roberty et Vautier
慈溪、余姚、镇海、江北、北仑、鄞州、奉化、宁海、象山

180. 短毛金线草 Antenoron filiforme (Thunb.) Roberty et Vautier var. neofiliforme (Nakai) A.J. Li
余姚、北仑、鄞州、奉化、宁海、象山

181. 金荞麦 Fagopyrum dibotrys (D. Don) Hara
全市各地。国家Ⅱ级重点保护野生植物

182. 荞麦 Fagopyrum esculentum Moen.*
余姚、北仑、鄞州、奉化、宁海、象山

183. 何首乌 Fallopia multiflora (Thunb.) Harald.
慈溪、余姚、镇海、江北、北仑、鄞州、奉化、宁海、象山、市区

184. 千叶兰 Muehlenbeckia complexa (A. Cunn.) Meisn.*
慈溪、鄞州

185. 萹蓄 Polygonum aviculare Linn.
慈溪、余姚、镇海、江北、北仑、鄞州、奉化、宁海、象山

186. 火炭母草 Polygonum chinense Linn.
镇海、北仑、鄞州、奉化、宁海、象山

187. 蓼子草 Polygonum criopolitanum Hance
余姚、北仑、鄞州、奉化、宁海、象山

188. 稀花蓼 Polygonum dissitiflorum Hemsl.
余姚、鄞州、奉化、宁海、象山。模式产地

189. 戟叶箭蓼 Polygonum hastato-sagittatum Makino
慈溪、余姚、北仑、鄞州、奉化、宁海、象山

190. 水蓼 Polygonum hydropiper Linn.
慈溪、余姚、镇海、江北、北仑、鄞州、奉化、宁海、象山

191. 蚕茧草 Polygonum japonicum Meisn.
余姚、北仑、宁海、象山

192. 显花蓼 Polygonum japonicum Meisn. var. conspicuum Nakai
余姚、北仑、鄞州、宁海、象山

193. 愉悦蓼 Polygonum jucundum Meisn.
慈溪、余姚、北仑、鄞州、奉化、宁海、象山

194. 酸模叶蓼 Polygonum lapathifolium Linn.
慈溪、余姚、镇海、江北、北仑、鄞州、奉化、宁海、象山

195. 绵毛酸模叶蓼 Polygonum lapathifolium Linn. var. salicifolium Sibth.
慈溪、余姚、镇海、江北、北仑、鄞州、奉化、宁海、象山

196. 长鬃蓼 Polygonum longisetum Bruijn

慈溪、余姚、北仑、鄞州、奉化、宁海、象山

197. 长戟叶蓼 Polygonum maackianum Regel
慈溪、余姚、北仑、鄞州、奉化、宁海、象山

198. 长花蓼 Polygonum macranthum Meisn.
慈溪、北仑、鄞州、象山

199. 红龙腺梗小头蓼 Polygonum microcephalum D. Don 'Red Dragon'*
慈溪、北仑、奉化、宁海、象山、市区

200. 小花蓼 Polygonum muricatum Meisn.
慈溪、余姚、奉化、宁海、象山

201. 尼泊尔蓼 Polygonum nepalense Meisn.
慈溪、余姚、镇海、江北、北仑、鄞州、奉化、宁海、象山

202. 荭草 Polygonum orientale Linn.
余姚、北仑、鄞州、奉化、宁海、象山

203. 杠板归 Polygonum perfoliatum Linn.
慈溪、余姚、镇海、江北、北仑、鄞州、奉化、宁海、象山

204. 春蓼 Polygonum persicaria Linn.
慈溪、余姚、北仑、鄞州、奉化、宁海、象山

205. 习见蓼 Polygonum plebeium R. Br.
余姚、象山

206. 丛枝蓼 Polygonum posumbu Buch.-Ham. ex D. Don
慈溪、余姚、镇海、江北、北仑、鄞州、奉化、宁海、象山

207. 无辣蓼 Polygonum pubescens Bl.
慈溪、余姚、北仑、鄞州、奉化、宁海、象山

208. 刺蓼 Polygonum senticosum (Meisn.) Franch. et Sav.
慈溪、余姚、镇海、江北、北仑、鄞州、奉化、宁海、象山

209. 箭叶蓼 Polygonum sieboldii Meisn.
慈溪、余姚、镇海、江北、北仑、鄞州、奉化、宁海、象山

210. 中华蓼 Polygonum sinicum (Migo) Y.Y. Fang et C.Z. Zheng
余姚、鄞州、奉化、宁海、象山

211. 支柱蓼 Polygonum suffultum Maxim.
余姚

212. 细叶蓼 Polygonum taquetii Lévl.
北仑

213. 戟叶蓼 Polygonum thunbergii Sieb. et Zucc.
慈溪、余姚、镇海、江北、北仑、鄞州、奉化、宁海、象山

214. 粘液蓼 Polygonum viscoferum Makino
余姚、象山

215. 香蓼 (粘毛蓼) Polygonum viscosum Hamilt. ex D. Don
慈溪、余姚、镇海、江北、北仑、鄞州、奉化、宁海、象山

216. 虎杖 Reynoutria japonica Houtt.
慈溪、余姚、镇海、江北、北仑、鄞州、奉化、宁海、象山

217. 酸模 Rumex acetosa Linn.
慈溪、余姚、镇海、江北、北仑、鄞州、奉化、宁海、象山、市区

218. 小酸模 Rumex acetosella Linn.
象山

219. 齿果酸模 Rumex dentatus Linn.
慈溪、余姚、镇海、江北、北仑、鄞州、奉化、宁海、象山

220. 羊蹄 Rumex japonicus Houtt.
慈溪、余姚、镇海、江北、北仑、鄞州、奉化、宁海、象山、市区

221. 钝叶酸模 Rumex obtusifolius Linn. △
余姚、宁海、象山

222. 长刺酸模 Rumex trisetifer Stokes
慈溪、余姚、奉化、象山

一九、藜科 Chenopodiaceae

223. 莙荙菜（厚皮菜）Beta vulgaris Linn. var. cicla Linn.*
慈溪、余姚、镇海、江北、北仑、鄞州、奉化、宁海、象山、市区

224. 尖头叶藜 Chenopodium acuminatum Willd.
象山

225. 狭叶尖头叶藜 Chenopodium acuminatum Willd. subsp. virgatum (Thunb.) Kitam.
慈溪、奉化、象山

226. 藜 Chenopodium album Linn.
慈溪、余姚、镇海、江北、北仑、鄞州、奉化、宁海、象山

227. 红心藜 Chenopodium album Linn. var. centrorubrum Makino
慈溪、余姚、奉化、象山

228. 小藜 Chenopodium ficifolium Smith
慈溪、余姚、镇海、江北、北仑、鄞州、奉化、宁海、象山

229. 灰绿藜 Chenopodium glaucum Linn.
慈溪、余姚、镇海、北仑、鄞州、奉化、宁海、象山

230. 细穗藜 Chenopodium gracilispicum Kung
鄞州、奉化、象山

231. 土荆芥 Dysphania ambrosioides (Linn.) Mosyakin et Clemants △
慈溪、余姚、镇海、江北、北仑、鄞州、奉化、宁海、象山、市区

232. 地肤 Kochia scoparia (Linn.) Schrad.
慈溪、余姚、镇海、江北、北仑、鄞州、奉化、宁海、象山

233. 扫帚草 Kochia scoparia (Linn.) Schrad. form. trichophylla (Hort.) Schinz et Thell.*
慈溪、余姚、镇海、江北、北仑、鄞州、奉化、宁海、象山

234. 盐角草 Salicornia europaea Linn.
慈溪

235. 无翅猪毛菜 Salsola komarovii Iljin
象山

236. 刺沙蓬 Salsola tragus Linn.
象山

237. 菠菜 Spinacia oleracea Linn.*
慈溪、余姚、镇海、江北、北仑、鄞州、奉化、宁海、象山

238. 南方碱蓬 Suaeda australis (R. Br.) Moq.
慈溪、余姚、镇海、江北、北仑、鄞州、奉化、宁海、象山

239. 碱蓬 Suaeda glauca (Bunge) Bunge
慈溪、余姚、镇海、江北、鄞州、奉化、宁海、象山

240. 盐地碱蓬 Suaeda salsa (Linn.) Pall.
慈溪、余姚、镇海、北仑、鄞州、奉化、宁海、象山

二〇、苋科 Amaranthaceae

241. 土牛膝 Achyranthes aspera Linn.
慈溪、北仑、宁海、象山

242. 牛膝 Achyranthes bidentata Bl.
慈溪、余姚、镇海、江北、北仑、鄞州、奉化、宁海、象山

243. 少毛牛膝 Achyranthes bidentata Bl. var. japonica Miq.
鄞州、奉化、宁海、象山

244. 红叶牛膝 Achyranthes bidentata Bl. form. rubra Ho
余姚、北仑、宁海、象山

245. 柳叶牛膝 Achyranthes longifolia (Makino) Makino
余姚、北仑、奉化、宁海

246. 红柳叶牛膝 Achyranthes longifolia (Makino) Makino form. rubra Ho △
余姚

247. 锦绣苋 Alternanthera bettzickiana (Regel) Nichols.*
鄞州、奉化、宁海、象山、市区

248. 狭叶莲子草 Alternanthera nodiflora R. Br.
鄞州

249. 红莲子草 Alternanthera paronychioides A. St.-Hil.*
慈溪、市区

250. 喜旱莲子草 Alternanthera philoxeroides (Mart.) Griseb. △
慈溪、余姚、镇海、江北、北仑、鄞州、奉化、宁海、象山、市区

251. 莲子草 Alternanthera sessilis (Linn.) R. Br. ex DC.
慈溪、余姚、镇海、江北、北仑、鄞州、奉化、宁海、象山

252. 繁穗苋 Amaranthus cruentus Linn.
慈溪、余姚、奉化、象山

253. 绿穗苋 Amaranthus hybridus Linn.
慈溪、余姚、北仑、奉化、宁海、象山

254. 千穗谷 Amaranthus hypochondriacus Linn.*
慈溪

255. 凹头苋 Amaranthus lividus Linn.
慈溪、余姚、镇海、江北、北仑、鄞州、奉化、宁海、象山

256. 紫叶凹头苋 Amaranthus lividus Linn. form. rubens (Honda) Sugimoto
余姚。中国新记录

257. 大序绿穗苋 Amaranthus patulus Bert.
慈溪、余姚、奉化

258. 刺苋 Amaranthus spinosus Linn. △
慈溪、余姚、镇海、江北、北仑、鄞州、奉化、宁海、象山、市区

259. 苋 Amaranthus tricolor Linn.*
慈溪、余姚、镇海、江北、北仑、鄞州、奉化、宁海、象山、市区

260. 皱果苋 Amaranthus viridis Linn.
慈溪、余姚、镇海、北仑、象山

261. 川牛膝 Cyathula officinalis Kuan*
奉化

262. 青葙 Celosia argentea Linn.
慈溪、余姚、镇海、江北、北仑、鄞州、奉化、宁海、象山

263. 鸡冠花 Celosia cristata Linn.*
慈溪、余姚、镇海、江北、北仑、鄞州、奉化、宁海、象山、市区

264. 火炬鸡冠花 Celosia cristata Linn. 'Century Red'*
慈溪、余姚、镇海、江北、北仑、鄞州、奉化、宁海、象山、市区

265. 凤尾鸡冠花 Celosia cristata Linn. 'Pyramidalis'*
慈溪、余姚、镇海、江北、北仑、鄞州、奉化、宁海、象山、市区

266. 银花苋 Gomphrena celosioides Mart. △
象山。浙江归化新记录

267. 千日红 Gomphrena globosa Linn.*
慈溪、余姚、镇海、江北、北仑、鄞州、奉化、宁海、象山、市区

268. 千日白 Gomphrena globosa Linn. 'Alba'*
北仑、鄞州、宁海、象山

二一、紫茉莉科 Nyctaginaceae

269. 光叶子花 Bougainvillea glabra Choisy*
慈溪、余姚、镇海、江北、北仑、鄞州、奉化、宁海、象山、市区

270. 叶子花 Bougainvillea spectabilis Willd.*
慈溪、市区

271. 紫茉莉 Mirabilis jalapa Linn.* △
慈溪、余姚、镇海、江北、北仑、鄞州、奉化、宁海、象山、市区

二二、商陆科 Phytolaccaceae

272. 商陆 Phytolacca acinosa Roxb.
北仑、鄞州、象山

273. 美洲商陆 Phytolacca americana Linn. △
慈溪、余姚、镇海、江北、北仑、鄞州、奉化、宁海、象山、市区

274. 浙江商陆 Phytolacca zhejiangensis W.T. Fan
奉化

二三、番杏科 Aizoaceae

275. 心叶日中花 Aptenia cordifolia (Linn. f.) Schwantes*
慈溪、北仑、鄞州、奉化、宁海、象山

276. 龙须海棠 Lampranthus spectabilis (Haw.) N.E. Br.*
余姚、江北、北仑、鄞州、市区

277. 粟米草 Mollugo stricta Linn.
慈溪、余姚、镇海、江北、北仑、鄞州、奉化、宁海、象山、市区

278. 番杏 Tetragonia tetragonioides (Pall.) Kuntze
北仑、鄞州、象山

二四、马齿苋科 Portulacaceae

279. 大花马齿苋 Portulaca grandiflora Hook.*
慈溪、余姚、镇海、江北、北仑、鄞州、奉化、宁海、象山、市区

280. 马齿苋 Portulaca oleracea Linn.
慈溪、余姚、镇海、江北、北仑、鄞州、奉化、宁海、象山、市区

281. 环翅马齿苋 Portulaca umbraticola Kunth*
慈溪、余姚、镇海、江北、北仑、鄞州、奉化、宁海、象山、市区

282. 土人参 Talinum paniculatum (Jacq.) Gaertn. △
慈溪、余姚、镇海、江北、北仑、鄞州、奉化、宁海、象山、市区

二五、落葵科 Basellaceae

283. 细枝落葵薯 Anredera cordifolia (Tenore) Steen.*
鄞州、宁海、象山

284. 落葵 Basella alba Linn.*
慈溪、余姚、镇海、江北、北仑、鄞州、奉化、宁海、象山、市区

二六、石竹科 Caryophyllaceae

285. 蚤缀 Arenaria serpyllifolia Linn.
慈溪、余姚、镇海、江北、北仑、鄞州、奉化、宁海、象山、市区

286. 簇生卷耳 Cerastium fontanum Baumg. subsp. vulgare (Hart.) Greuter et Burdet
余姚、鄞州、宁海

287. 球序卷耳 Cerastium glomeratum Thuill.
慈溪、余姚、镇海、江北、北仑、鄞州、奉化、宁海、象山、市区

288. 须苞石竹 Dianthus barbatus Linn.*
鄞州

289. 石竹 Dianthus chinensis Linn.
慈溪、余姚*、镇海、江北*、北仑、鄞州*、奉化*、宁海*、象山、市区*。华东新记录

290. 白花石竹 Dianthus chinensis Linn. form. albiflora Y.N. Lee
象山。华东新记录

291. 长萼瞿麦 Dianthus longicalyx Miq.
慈溪、余姚、镇海、江北、北仑、鄞州、奉化、宁海、象山

292. 常夏石竹 Dianthus plumarius Linn.*
慈溪、余姚、镇海、江北、北仑、鄞州、奉化、宁海、象山、市区

293. 缕丝花（满天星）Gypsophila elegans M. Bieb.*
奉化

294. 蔓枝满天星（细小石头花）Gypsophila muralis Linn.*
慈溪

295. 剪夏罗 Lychnis coronata Thunb.
余姚、北仑、鄞州、奉化、宁海

296. 剪秋罗（剪红纱花）Lychnis senno Sieb. et Zucc.
余姚、鄞州、奉化、宁海、象山

297. 牛繁缕（鹅肠菜）Myosoton aquaticum (Linn.) Moen.
慈溪、余姚、镇海、江北、北仑、鄞州、奉化、宁海、象山、市区

298. 孩儿参 Pseudostellaria heterophylla (Miq.) Pax
余姚、北仑、鄞州、奉化、宁海、象山。浙江省重点保护野生植物

299. 漆姑草 Sagina japonica (Sw.) Ohwi
慈溪、余姚、镇海、江北、北仑、鄞州、奉化、宁海、象山、市区

300. 女娄菜 Silene aprica Turcz. ex Fisch. et Mey.
慈溪、余姚、镇海、江北、北仑、鄞州、奉化、宁海、象山

301. 长冠女娄菜 Silene aprica Turcz. ex Fisch. et Mey. var. oldhamiana (Miq.) C.Y. Wu
北仑

302. 麦瓶草 Silene conoidea Linn.
余姚、北仑、鄞州

303. 粗壮女娄菜 Silene firma Sieb. et Zucc.
北仑、象山

304. 蝇子草 Silene fortunei Vis.
慈溪、余姚、镇海、江北、北仑、鄞州、奉化、宁海、象山

305. 基隆蝇子草 Silene fortunei Vis. var. kiruninsularis (Masam.) S.S. Ying
鄞州、奉化、宁海、象山。中国大陆新记录

306. 西欧蝇子草 Silene gallica Linn. △
象山

307. 大蔓樱草（矮雪轮）Silene pendula Linn.*
鄞州

308. 拟漆姑 Spergularia marina (Linn.) Griseb.
慈溪、余姚、奉化、象山

309. 雀舌草 Stellaria alsine Grimm.
慈溪、余姚、镇海、江北、北仑、鄞州、奉化、宁海、象山、市区

310. 中华繁缕 Stellaria chinensis Regel
余姚、鄞州、宁海、象山

311. 繁缕 Stellaria media (Linn.) Vill.
慈溪、余姚、镇海、江北、北仑、鄞州、奉化、宁海、象山、市区

312. 鸡肠繁缕 Stellaria neglecta Weihe
北仑

313. 箐姑草 Stellaria vestita Kurz
余姚、北仑、鄞州、奉化、宁海

314. 王不留行 Vaccaria hispanica (Mill.) Rausch.*
奉化

二七、睡莲科 Nymphaeaceae

315. 水盾草 Cabomba caroliniana A. Gray △
余姚、鄞州、奉化

316. 芡实 Euryale ferox Salisb.
余姚、鄞州、奉化、宁海、象山。浙江省重点保护野生植物

317. 莲 Nelumbo nucifera Gaertn.
慈溪 *、余姚 *、镇海 *、江北 *、北仑 *、鄞州 *、奉化 *、宁海、象山 *、市区 *。国家 II 级重点保护野生植物

318. 萍蓬草 Nuphar pumila (Timm) DC.
余姚 *、北仑 *、鄞州、奉化、象山 *、市区 *

319. 中华萍蓬草 Nuphar pumila (Timm) DC. subsp. sinensis (Hand.-Mazz.) D. Padgett
鄞州、奉化、宁海。浙江新记录

320. 白睡莲 Nymphaea alba Linn.*
慈溪、余姚、镇海、江北、北仑、鄞州、奉化、宁海、象山、市区

321. 红睡莲 Nymphaea alba Linn. var. rubra Lönnr.*
慈溪、余姚、镇海、江北、北仑、鄞州、奉化、宁海、象山、市区

322. 黄睡莲 Nymphaea mexicana Zucc.*
慈溪、余姚、镇海、江北、北仑、鄞州、奉化、宁海、象山、市区

323. 克鲁兹王莲 Victoria cruziana A.D. Orb.*
鄞州、市区

二八、金鱼藻科 Ceratophyllaceae

324. 金鱼藻 Ceratophyllum demersum Linn.
慈溪、余姚、镇海、江北、北仑、鄞州、奉化、宁海、象山

325. 五刺金鱼藻 Ceratophyllum platyacanthum Cham. subsp. oryzetorum (Kom.) Les
慈溪

二九、连香树科 Cercidiphyllaceae

326. 连香树 Cercidiphyllum japonicum Sieb. et Zucc.*
镇海、鄞州

三〇、毛茛科 Ranunculaceae

327. 乌头 Aconitum carmichaelii Debx.
慈溪、余姚、镇海、北仑、鄞州、奉化、宁海、象山

328. 黄山乌头 Aconitum carmichaelii Debx. var. hwangshanicum W.T. Wang et Hsiao
北仑

329. 赣皖乌头 Aconitum finetianum Hand.-Mazz.
余姚、宁海

330. 鹅掌草 Anemone flaccida F. Schmidt

余姚、宁海

331. 打破碗花花 Anemone hupehensis (Lem.) Lem.
鄞州

332. 楼斗菜 Aquilegia viridiflora Pall.*
慈溪、余姚、镇海、江北、北仑、鄞州、奉化、宁海、象山、市区

333. 小升麻（金龟草）Cimicifuga japonica (Thunb.) Spreng.
奉化、宁海

334. 女萎 Clematis apiifolia DC.
慈溪、余姚、镇海、江北、北仑、鄞州、奉化、宁海、象山

335. 钝齿铁线莲 Clematis apiifolia DC. var. argentilucida (Lévl. et Vant.) W.T. Wang
镇海、北仑

336. 威灵仙 Clematis chinensis Osbeck
慈溪、余姚、北仑、鄞州、奉化、宁海、象山

337. 大花威灵仙 Clematis courtoisii Hand.-Mazz.
慈溪、北仑、鄞州、宁海

338. 山木通 Clematis finetiana Lévl. et Vant.
慈溪、余姚、北仑、鄞州、奉化、宁海、象山

339. 铁线莲 Clematis florida Thunb.*
全市

340. 毛萼铁线莲 Clematis hancockiana Maxim.
北仑、奉化。模式产地

341. 单叶铁线莲 Clematis henryi Oliv.
余姚、北仑、鄞州、奉化、宁海

342. 毛叶铁线莲 Clematis lanuginosa Lindl.
慈溪、余姚、镇海、北仑、鄞州、奉化、宁海、象山。浙江省重点保护野生植物。模式产地

343. 毛蕊铁线莲 Clematis lasiandra Maxim.
镇海、奉化

344. 绣球藤 Clematis montana Buch.-Ham. ex DC.
余姚、宁海、象山

345. 圆锥铁线莲 Clematis terniflora DC.
余姚、北仑、鄞州、奉化、宁海、象山

346. 柱果铁线莲 Clematis uncinata Champ. ex Benth.
慈溪、余姚、镇海、江北、北仑、鄞州、奉化、宁海、象山

347. 短萼黄连 Coptis chinensis Franch. var. brevisepala W.T. Wang et Hsiao*
余姚

348. 还亮草 Delphinium anthriscifolium Hance
慈溪、余姚、北仑、鄞州、奉化、宁海、象山

349. 獐耳细辛 Hepatica nobilis Schreb. var. asiatica (Nakai) Hara
余姚、奉化、宁海

350. 芍药 Paeonia lactiflora Pall.*
慈溪、余姚、镇海、江北、北仑、鄞州、奉化、宁海、象山、市区

351. 牡丹 Paeonia suffruticosa Andr.*
慈溪、余姚、镇海、江北、北仑、鄞州、奉化、宁海、象山、

市区

352. 花毛茛 Ranunculus asiaticus Linn.*
慈溪

353. 禺毛茛 Ranunculus cantoniensis DC.
慈溪、余姚、镇海、江北、北仑、鄞州、奉化、宁海、象山、市区

354. 毛茛 Ranunculus japonicus Thunb.
慈溪、余姚、镇海、江北、北仑、鄞州、奉化、宁海、象山、市区

355. 刺果毛茛 Ranunculus muricatus Linn.
慈溪、余姚、镇海、江北、北仑、鄞州、奉化、宁海、象山、市区

356. 石龙芮 Ranunculus sceleratus Linn.
慈溪、余姚、镇海、江北、北仑、鄞州、奉化、宁海、象山、市区

357. 扬子毛茛 Ranunculus sieboldii Miq.
慈溪、余姚、镇海、江北、北仑、鄞州、奉化、宁海、象山

358. 猫爪草 Ranunculus ternatus Thunb.
慈溪、余姚、北仑、鄞州、奉化、象山、市区

359. 天葵 Semiaquilegia adoxoides (DC.) Makino
慈溪、余姚、镇海、江北、北仑、鄞州、奉化、宁海、象山

360. 尖叶唐松草 Thalictrum acutifolium (Hand.-Mazz.) Boivin
余姚、北仑、鄞州、奉化、宁海

361. 大叶唐松草 Thalictrum faberi Ulbr.
余姚、北仑、鄞州、奉化、宁海。模式产地

362. 华东唐松草 Thalictrum fortunei S. Moore
余姚、北仑、鄞州、奉化、宁海、象山。模式产地

三一、木通科 Lardizabalaceae

363. 木通 Akebia quinata (Thunb.) Decne.
慈溪、余姚、镇海、江北、北仑、鄞州、奉化、宁海、象山

364. 三叶木通 Akebia trifoliata (Thunb.) Koidz.
余姚、北仑、鄞州、奉化、宁海、象山

365. 鹰爪枫 Holboellia coriacea Diels
余姚、北仑、鄞州、奉化、宁海

366. 大血藤 Sargentodoxa cuneata (Oliv.) Rehd. et Wils.
慈溪、余姚、北仑、鄞州、奉化、宁海、象山

367. 短药野木瓜 Stauntonia leucantha Diels ex Y.C. Wu
余姚、北仑、鄞州、奉化、宁海、象山

368. 五指挪藤 Stauntonia obovatifoliola Hayata subsp. intermedia (Wu) T. Chen
余姚、北仑、鄞州、奉化、宁海

369. 尾叶挪藤 Stauntonia obovatifoliola Hayata subsp. urophylla (Hand.-Mazz.) H.N. Qin
余姚、北仑、鄞州、奉化、宁海、象山

三二、小檗科 Berberidaceae

370. 长柱小檗（天台小檗）Berberis lempergiana Ahrendt
余姚、北仑 *、奉化、宁海

371. 拟蠔猪刺 Berberis soulieana Schneid.
余姚

372. 紫叶小檗 Berberis thunbergii DC. 'Atropurpurea'*
慈溪、余姚、镇海、江北、北仑、鄞州、奉化、宁海、象山、市区

373. 金叶小檗 Berberis thunbergii DC. 'Aurea'*
鄞州、奉化

374. 庐山小檗 Berberis virgetorum Schneid.
余姚、北仑*、鄞州、奉化*、象山*

375. 六角莲 Dysosma pleiantha (Hance) Woodson
慈溪、余姚、北仑、鄞州、奉化、宁海、象山。浙江省重点保护野生植物

376. 八角莲 Dysosma versipellis (Hance) M. Cheng ex T.S. Ying
慈溪。浙江省重点保护野生植物

377. 箭叶淫羊藿（三枝九叶草）Epimedium sagittatum (Sieb. et Zucc.) Maxim.
余姚、北仑、鄞州、奉化、宁海。浙江省重点保护野生植物

378. 阔叶十大功劳 Mahonia bealei (Fort.) Carr.*
慈溪、余姚、镇海、江北、北仑、鄞州、奉化、宁海、象山、市区

379. 安坪十大功劳 Mahonia eurybracteata Fedde subsp. ganpinensis (Lévl.) Ying et Boufford*
江北

380. 十大功劳 Mahonia fortunei (Lindl.) Fedde*
慈溪、余姚、镇海、江北、北仑、鄞州、奉化、宁海、象山、市区

381. 南天竹 Nandina domestica Thunb.
慈溪*、余姚*、镇海*、江北*、北仑*、鄞州*、奉化、宁海、象山、市区*

382. 细叶南天竹 Nandina domestica Thunb. 'Capillaris'*
慈溪、鄞州

383. 火焰南天竹 Nandina domestica Thunb. 'Firepower'*
江北

384. 五彩南天竹 Nandina domestica Thunb. 'Porphyrocarpa'*
慈溪、鄞州

三三、防己科 Menispermaceae

385. 木防己 Cocculus orbiculatus (Linn.) DC.
慈溪、余姚、镇海、江北、北仑、鄞州、奉化、宁海、象山、市区

386. 秤钩枫 Diploclisia affinis (Oliv.) Diels
慈溪、余姚、北仑、鄞州、奉化、宁海、象山

387. 细圆藤 Pericampylus glaucus (Lam.) Merr.
北仑、宁海、象山

388. 汉防己 Sinomenium acutum (Thunb.) Rehd. et Wils.
慈溪、余姚、镇海、北仑、鄞州、奉化、宁海、象山

389. 金线吊乌龟 Stephania cephalantha Hayata ex Yamamoto
慈溪、余姚、北仑、鄞州、奉化、宁海、象山

390. 千金藤 Stephania japonica (Thunb.) Miers
慈溪、余姚、镇海、江北、北仑、鄞州、奉化、宁海、

391. 石蟾蜍（粉防己）Stephania tetrandra S. Moore
余姚、北仑、鄞州、奉化、宁海、象山

三四、木兰科 Magnoliaceae

392. 披针叶茴香 Illicium lanceolatum A.C. Smith
余姚、北仑、鄞州、奉化、宁海、象山

393. 日本莽草 Illicium anisatum Linn.*
鄞州、市区

394. 南五味子 Kadsura longipedunculata Finet et Gagnep.
慈溪、余姚、镇海、江北、北仑、鄞州、奉化、宁海、象山

395. 鹅掌楸 Liriodendron chinense (Hemsl.) Sarg.*
慈溪、余姚、镇海、江北、北仑、鄞州、奉化、宁海、象山、市区

396. 北美鹅掌楸 Liriodendron tulipifera Linn.*
慈溪、鄞州

397. 杂交鹅掌楸 Liriodendron tulipifera × chinense*
慈溪、余姚、北仑、鄞州、奉化、宁海、象山、市区

398. 金边北美鹅掌楸 Liriodendron tulipifera Linn. 'Aureo-marginatum'*
慈溪

399. 天目木兰 Magnolia amoena Cheng
慈溪、余姚、北仑、鄞州、奉化、宁海、象山、市区*。浙江省重点保护野生植物

400. 望春木兰 Magnolia biondii Pamp.*
奉化、宁海

401. 夜香木兰（夜合）Magnolia coco (Lour.) DC.*
象山

402. 黄山木兰 Magnolia cylindrica Wils.
余姚、奉化

403. 玉兰 Magnolia denudata Desr.
慈溪*、余姚、镇海*、江北*、北仑、鄞州、奉化、宁海、象山、市区*

404. 飞黄玉兰 Magnolia denudata Desr. 'Fei Huang'*
慈溪、余姚、镇海、江北、北仑、鄞州、奉化、宁海、象山、市区

405. 荷花玉兰 Magnolia grandiflora Linn.*
慈溪、余姚、镇海、江北、北仑、鄞州、奉化、宁海、象山、市区

406. 狭叶荷花玉兰 Magnolia grandiflora Linn. var. lanceolata Ait.*
鄞州、奉化

407. 紫玉兰 Magnolia liliiflora Desr.*
慈溪、余姚、镇海、江北、北仑、鄞州、奉化、宁海、象山、市区

408. 厚朴 Magnolia officinalis Rehd. et Wils.*
余姚、奉化、宁海、象山

409. 凹叶厚朴 Magnolia officinalis Rehd. et Wils. subsp. biloba (Rehd. et Wils.) Law
余姚*、北仑*、鄞州*、奉化、宁海。国家Ⅱ级重点

保护野生植物

410. 二乔木兰 Magnolia soulangeana Soul.-Bod.*
慈溪、余姚、镇海、江北、北仑、鄞州、奉化、宁海、象山、市区

411. 红运玉兰 Magnolia soulangeana Soul.-Bod. 'Hongyun'*
慈溪、余姚、镇海、江北、北仑、鄞州、奉化、宁海、象山、市区

412. 武当木兰 Magnolia sprengeri Pampan.*
奉化

413. 星花木兰 Magnolia stellata Maxim.*
北仑、鄞州

414. 苏珊玉兰 Magnolia 'Susan'*
北仑

415. 桂南木莲 Manglietia conifera Dandy*
鄞州

416. 木莲 Manglietia fordiana Oliv.*
奉化

417. 红花木莲 Manglietia insignis (Wall.) Bl.*
慈溪、余姚、鄞州、象山、市区

418. 乳源木莲 Manglietia yuyuanensis Law
余姚*、北仑*、鄞州*、奉化*、宁海、象山*、市区*

419. 悦色含笑 Michelia amoenna Q.F. Zheng et M.M. Lin*
鄞州

420. 白兰 Michelia alba DC.*
慈溪、余姚、镇海、江北、北仑、鄞州、奉化、宁海、象山、市区

421. 平伐含笑 Michelia cavaleriei Finet et Gagnep.*
奉化、象山

422. 黄兰 Michelia champaca Linn.*
象山、市区

423. 乐昌含笑 Michelia chapensis Dandy*
慈溪、余姚、镇海、江北、北仑、鄞州、奉化、宁海、象山、市区

424. 紫花含笑 Michelia crassipes Law*
慈溪、北仑

425. 含笑 Michelia figo (Lour.) Spreng.*
慈溪、余姚、镇海、江北、北仑、鄞州、奉化、宁海、象山、市区

426. 多花含笑 Michelia floribunda Finet et Gagnep.*
北仑

427. 金叶含笑 Michelia foveolata Merr. ex Dandy*
镇海、北仑、奉化、宁海、象山

428. 灰毛含笑 Michelia foveolata Merr. ex Dandy var. cinerascens Law et Y.F. Wu*
慈溪、余姚、镇海、江北、北仑、鄞州、奉化、宁海、象山、市区

429. 醉香含笑（火力楠）Michelia macclurei Dandy*
慈溪、镇海、鄞州、奉化、宁海

430. 深山含笑 Michelia maudiae Dunn*
慈溪、余姚、镇海、江北、北仑、鄞州、奉化、宁海、象山、

431. 黄心夜合 Michelia martini (Lévl.) Finet et Gagnep. ex Lévl.*
鄞州

432. 阔瓣含笑（云山白兰）Michelia platypetala Hand.-Mazz.*
镇海、北仑、宁海、象山

433. 野含笑 Michelia skinneriana Dunn*
北仑

434. 乐东拟单性木兰 Parakmeria lotungensis (Chun et C.Y. Tsoong) Law*
慈溪、余姚、镇海、江北、北仑、鄞州、奉化、宁海、象山

435. 光叶拟单性木兰 Parakmeria nitida (W.W. Smith) Law*
慈溪、鄞州

436. 云南拟单性木兰 Parakmeria yunnanensis Hu*
慈溪、鄞州

437. 绿叶五味子 Schisandra arisanensis Hayata subsp. viridis (A.C. Smith) R.M.K. Saunders
余姚、鄞州、宁海

438. 翼梗五味子 Schisandra henryi C.B. Clarke subsp. marginalis (A.C. Smith) R.M.K. Saunders
北仑、宁海

439. 华中五味子 Schisandra sphenanthera Rehd. et Wils.
慈溪、余姚、镇海、江北、北仑、鄞州、奉化、宁海、象山

440. 观光木 Tsoongiodendron odorum Chun*
镇海、鄞州

三五、蜡梅科 Calycanthaceae

441. 夏蜡梅 Sinocalycanthus chinensis (Cheng et S.Y. Chang) Cheng et S.Y. Chang*
鄞州、奉化

442. 蜡梅 Chimonanthus praecox (Linn.) Link*
慈溪、余姚、镇海、江北、北仑、鄞州、奉化、宁海、象山、市区

443. 浙江蜡梅 Chimonanthus zhejiangensis M.C. Liu*
北仑、鄞州、奉化

444. 美国蜡梅 Calycanthus floridus Linn.*
鄞州

三六、樟科 Lauraceae

445. 华南樟 Cinnamomum austro-sinense H.T. Chang
宁海

446. 阴香 Cinnamomum burmannii (Nees et T. Nees) Bl.*
镇海

447. 香樟 Cinnamomum camphora (Linn.) Presl
慈溪、余姚、镇海、江北、北仑、鄞州、奉化、宁海、象山、市区*。国家II级重点保护野生植物

448. 浙江樟 Cinnamomumchekiangense Nakai
余姚、镇海、北仑、鄞州、奉化、宁海、象山、市区*

449. 圆头叶桂 Cinnamomum daphnoides Sieb. et Zucc.
象山。中国新记录

450. 普陀樟 Cinnamomum japonicum Sieb. var. chenii (Nakai)

G.F. Tao
慈溪*、余姚*、镇海*、江北*、北仑*、鄞州*、奉化*、宁海*、象山。国家Ⅱ级重点保护野生植物

451. 沉水樟 Cinnamomum micranthum (Hayata) Hayata*
鄞州

452. 银木 Cinnamomum septentrionale Hand.-Mazz.*
慈溪、镇海、鄞州、奉化、宁海、象山

453. 细叶香桂 Cinnamomum subavenium Miq.
余姚、北仑、鄞州、奉化、宁海、象山

454. 月桂 Laurus nobilis Linn.*
慈溪、鄞州、奉化

455. 乌药 Lindera aggregata (Sims) Kosterm.
余姚、北仑、奉化、宁海

456. 狭叶山胡椒 Lindera angustifolia Cheng
慈溪、鄞州、奉化、宁海

457. 香叶树 Lindera communis Hemsl.*
江北、北仑、鄞州

458. 红果山胡椒 Lindera erythrocarpa Makino
慈溪、余姚、北仑、鄞州、奉化、宁海、象山

459. 山胡椒 Lindera glauca (Sieb. et Zucc.) Bl.
慈溪、余姚、镇海、江北、北仑、鄞州、奉化、宁海、象山

460. 黑壳楠 Lindera megaphylla Hemsl.
奉化

461. 绿叶甘橿 Lindera neesiana (Wall. ex Nees) Kurz
余姚、北仑、鄞州、奉化、宁海、象山

462. 大果山胡椒 Lindera praecox (Sieb. et Zucc.) Bl.
余姚、北仑

463. 山橿 Lindera reflexa Hemsl.
慈溪、余姚、北仑、鄞州、奉化、宁海、象山

464. 红脉钓樟 Lindera rubronervia Gamble
慈溪、余姚、北仑、鄞州、奉化、宁海、象山

465. 天目木姜子 Litsea auriculata Chien et Cheng*
北仑、鄞州、奉化

466. 毛豹皮樟 Litsea coreana Lévl. var. lanuginosa (Migo) Yang et P.H. Huang
鄞州

467. 豹皮樟 Litsea coreana Lévl. var. sinensis (Allen) Yang et P.H. Huang
慈溪、余姚、镇海、北仑、鄞州、奉化、宁海、象山

468. 山鸡椒 Litsea cubeba (Lour.) Pers.
慈溪、余姚、镇海、江北、北仑、鄞州、奉化、宁海、象山

469. 毛山鸡椒 Litsea cubeba (Lour.) Pers. var. formosana (Nakai) Yang et P.H. Huang
余姚、北仑、鄞州、奉化、宁海、象山

470. 红果山鸡椒 Litsea cubeba (Lour.) Pers. form. rubra G.Y. Li，Z.H. Chen et H.D. Li
余姚。新变型

471. 黄丹木姜子 Litsea elongata (Nees) Hook. f.
余姚、北仑、鄞州、奉化、宁海、象山

472. 桂北木姜子 Litsea subcoriacea Yang et P.H. Huang
鄞州、宁海

473. 薄叶润楠（华东楠）Machilus leptophylla Hand.-Mazz.
慈溪、余姚、北仑、鄞州、奉化、宁海、象山

474. 刨花楠 Machilus pauhoi Kanehira
北仑、鄞州、奉化、宁海、象山、市区*

475. 红楠 Machilus thunbergii Sieb. et Zucc.
慈溪、余姚、镇海、北仑、鄞州、奉化、宁海、象山

476. 浙江新木姜子 Neolitsea aurata (Hayata) Koidz. var. chekiangensis (Nakai) Yang et P.H. Huang
余姚、北仑、鄞州、奉化、宁海、象山

477. 舟山新木姜子 Neolitsea sericea (Bl.) Koidz.
慈溪*、余姚*、镇海*、江北*、北仑、鄞州、奉化*、宁海、象山、市区*。国家Ⅱ级重点保护野生植物

478. 闽楠 Phoebe bournei (Hemsl.) Yang*
慈溪、鄞州

479. 浙江楠 Phoebe chekiangensis C.B. Shang
慈溪*、余姚*、镇海*、江北*、北仑*、鄞州、奉化、宁海、象山。国家Ⅱ级重点保护野生植物

480. 紫楠 Phoebe sheareri (Hemsl.) Gamble
慈溪、余姚、镇海、北仑、鄞州、奉化、宁海、象山。模式产地

481. 桢楠 Phoebe zhennan S.K. Lee et F.N. Wei*
鄞州、象山

482. 檫木 Sassafras tzumu (Hemsl.) Hemsl.
慈溪、余姚、镇海、江北、北仑、鄞州、奉化、宁海、象山。模式产地

三七、罂粟科 Papaveraceae

483. 台湾黄堇（北越紫堇）Corydalis balansae Prain
鄞州、象山

484. 伏生紫堇（夏天无）Corydalis decumbens (Thunb.) Pers.
余姚、鄞州、奉化、宁海、象山

485. 紫堇 Corydalis edulis Maxim.
慈溪、余姚、北仑、鄞州、奉化、宁海、象山

486. 无柄紫堇 Corydalis gracilipes S. Moore
慈溪、余姚、北仑、鄞州、奉化、宁海、象山

487. 滨海黄堇（异果黄堇）Corydalis heterocarpa Sieb. et Zucc. var. japonica (Franch. et Sav.) Ohwi
北仑、象山

488. 刻叶紫堇 Corydalis incisa (Thunb.) Pers.
慈溪、余姚、镇海、江北、北仑、鄞州、奉化、宁海、象山、市区

489. 白花刻叶紫堇 Corydalis incisa (Thunb.) Pers. form. pallescens Makino
余姚

490. 黄堇 Corydalis pallida (Thunb.) Pers.
慈溪、余姚、北仑、鄞州、奉化、宁海、象山

491. 小花黄堇 Corydalis racemosa (Thunb.) Pers.
慈溪、余姚、鄞州、奉化、宁海、象山、市区

492. 珠芽尖距紫堇 Corydalis shearei S. Moore form. bulbillifera Hand.-Mazz.
慈溪、余姚、镇海、北仑、鄞州

493. 延胡索 Corydalis yanhusuo (Y.H. Chou et C.C. Hsu) W.T. Wang ex Z.Y. Su et C.Y. Wu
慈溪 *、鄞州、奉化。浙江省重点保护野生植物

494. 血水草 Eomecon chionantha Hance*
奉化

495. 博落回 Macleaya cordata (Willd.) R. Br.
慈溪、余姚、镇海、江北、北仑、鄞州、奉化、宁海、象山

496. 虞美人 Papaver rhoeas Linn.*
慈溪、余姚、镇海、江北、北仑、鄞州、奉化、宁海、象山、市区

497. 罂粟 Papaver somniferum Linn.*
慈溪、余姚、鄞州、奉化、宁海、象山

三八、白花菜科 Capparidaceae

498. 黄花草 Arivela viscosa (Linn.) Raf.
北仑、奉化、宁海、象山

499. 醉蝶花 Tarenaya hassleriana (Chodat) Iltis*
慈溪、余姚、镇海、江北、北仑、鄞州、奉化、宁海、象山、市区

三九、十字花科 Cruciferae

500. 拟南芥（鼠耳芥）Arabidopsis thaliana (Linn.) Heynh.
奉化

501. 匍匐南芥 Arabis flagellosa Miq.
余姚、鄞州、奉化、宁海、象山

502. 芥菜 Brassica juncea (Linn.) Czern.*
慈溪、余姚、镇海、江北、北仑、鄞州、奉化、宁海、象山

503. 大叶芥菜 Brassica juncea (Linn.) Czern. et Coss. var. foliosa Bailey*
慈溪、余姚、镇海、江北、北仑、鄞州、奉化、宁海、象山

504. 细叶芥菜 Brassica juncea (Linn.) Czern. et Coss. var. gracilis Tsen et Lee*
慈溪、余姚、镇海、江北、北仑、鄞州、奉化、宁海、象山

505. 雪里蕻 Brassica juncea (Linn.) Czern. et Coss. var. multiceps Tsen et Lee*
慈溪、余姚、镇海、江北、北仑、鄞州、奉化、宁海、象山。模式产地

506. 大头菜 Brassica juncea (Linn.) Czern. et Coss. var. napiformis (Pailleux et Bois) Kitam.*
慈溪、余姚、镇海、江北、北仑、鄞州、奉化、宁海、象山

507. 榨菜 Brassica juncea (Linn.) Czern. et Coss. var. tumida Tsen et Lee*
慈溪、余姚、镇海、江北、北仑、鄞州、奉化、宁海、象山

508. 欧洲油菜 Brassica napus Linn.*
慈溪、余姚、镇海、江北、北仑、鄞州、奉化、宁海、象山

509. 羽衣甘蓝 Brassica oleracea Linn. var. acephala DC.*
慈溪、余姚、镇海、江北、北仑、鄞州、奉化、宁海、象山、市区

510. 花菜 Brassica oleracea Linn. var. botrytis Linn.*
慈溪、余姚、镇海、江北、北仑、鄞州、奉化、宁海、象山

511. 甘蓝 Brassica oleracea Linn. var. capitate Linn.*
慈溪、余姚、镇海、江北、北仑、鄞州、奉化、宁海、象山

512. 青花菜 Brassica oleracea Linn. var. italica Plenck*
慈溪、余姚、镇海、江北、北仑、鄞州、奉化、宁海、象山

513. 塌棵菜 Brassica rapa Linn. subsp. narinosa (Bailey) Hanelt*
慈溪、余姚、镇海、江北、北仑、鄞州、奉化、宁海、象山

514. 青菜 Brassica rapa Linn. var. chinensis (Linn.) Kitam.*
慈溪、余姚、镇海、江北、北仑、鄞州、奉化、宁海、象山、市区

515. 大白菜 Brassica rapa Linn. var. glabra Regel*
慈溪、余姚、镇海、江北、北仑、鄞州、奉化、宁海、象山、市区

516. 芸苔（油菜）Brassica rapa Linn. var. oleifera DC.*
慈溪、余姚、镇海、江北、北仑、鄞州、奉化、宁海、象山、市区

517. 紫菜苔 Brassica rapa Linn. var. purpuraria (Bailey) Kitam.*
慈溪、余姚、镇海、江北、北仑、鄞州、奉化、宁海、象山、市区

518. 荠菜 Capsella bursa-pastoris (Linn.) Medik.
慈溪、余姚、镇海、江北、北仑、鄞州、奉化、宁海、象山、市区

519. 异堇叶碎米荠 Cardamine circaeoides Hook. et Thoms.
余姚、北仑、鄞州

520. 弯曲碎米荠 Cardamine flexuosa With.
慈溪、余姚、镇海、江北、北仑、鄞州、奉化、宁海、象山

521. 小花碎米荠 (假弯曲碎米荠) Cardamine parviflora Linn.
余姚

522. 碎米荠 Cardamine hirsuta Linn.
慈溪、余姚、镇海、江北、北仑、鄞州、奉化、宁海、象山、市区

523. 弹裂碎米荠 Cardamine impatiens Linn.
余姚、北仑、鄞州、奉化、宁海、象山

524. 毛果碎米荠 Cardamine impatiens Linn. var. dasycarpa (M. Bieb.) T.Y. Cheo et R.C. Fang
慈溪、余姚、镇海、江北、北仑、鄞州、奉化、宁海、象山

525. 白花碎米荠 Cardamine leucantha (Tausch) O.E. Schulz

余姚、鄞州、奉化、宁海

526. 心叶碎米荠 Cardamine limprichtiana Pax
余姚、镇海、北仑、鄞州、奉化、宁海、象山。模式产地

527. 水田碎米荠 Cardamine lyrata Bunge
慈溪、余姚、镇海、江北、北仑、鄞州、奉化、宁海、象山

528. 大顶叶碎米荠 Cardamine scutata Thunb. var. longiloba P.Y. Fu
余姚、北仑、鄞州。华东新记录

529. 浙江碎米荠 Cardamine zhejiangensis T.Y. Cheo et R.C. Fang
余姚、北仑

530. 桂竹香 Cheiranthus cheiri Linn.*
鄞州

531. 臭荠 Coronopus didymus (Linn.) J.E. Smith
慈溪、余姚、镇海、江北、北仑、鄞州、奉化、宁海、象山、市区

532. 葶苈 Draba nemorosa Linn.
慈溪、余姚、镇海、江北、北仑、鄞州、奉化、宁海、象山

533. 播娘蒿 Descurainia sophia (Linn.) Webb ex Prantl
鄞州

534. 芝麻菜 Eruca vesicaria (Linn.) Cav. subsp. sativa (Mill.) Thell. △
宁海。浙江属、种归化新记录

535. 小花糖芥 Erysimum cheiranthoides Linn. △
奉化

536. 云南山萮菜 Eutrema yunnanense Franch.
余姚、北仑、鄞州、奉化、宁海

537. 浙江泡果荠 Hilliella warburgii (O.E. Schulz) Y.H. Zhang et H.W. Li
余姚、北仑、宁海。模式产地

538. 白花浙江泡果荠 Hilliella warburgii (O.E. Schulz) Y.H. Zhang et H.W. Li var. albiflora S.X. Qian
余姚

539. 屈曲花 Iberis amara Linn.*
鄞州

540. 北美独行菜 Lepidium virginicum Linn. △
慈溪、余姚、镇海、江北、北仑、鄞州、奉化、宁海、象山、市区

541. 香雪球 Lobularia maritima (Linn.) Desv.*
鄞州

542. 紫罗兰 Matthiola incana (Linn.) R. Br.*
慈溪、余姚、镇海、江北、北仑、鄞州、奉化、宁海、象山、市区

543. 铺散诸葛菜 Orychophragmus diffusus Z.M. Tan et J.M. Xu
象山

544. 宁波诸葛菜 Orychophragmus ningboensis G.Y. Li，Z.H. Chen et H.L. Lin

奉化。新种

545. 诸葛菜 Orychophragmus violaceus (Linn.) O.E. Schulz*
慈溪、余姚、北仑、象山

546. 萝卜 Raphanus sativus Linn.*
慈溪、余姚、镇海、江北、北仑、鄞州、奉化、宁海、象山、市区

547. 蓝花子 Raphanus sativus Linn. var. raphanistroides (Makino) Makino
慈溪、镇海、北仑、宁海、象山

548. 广州蔊菜 Rorippa cantoniensis (Linn.) Ohwi
慈溪、余姚、镇海、江北、北仑、鄞州、奉化、宁海、象山

549. 无瓣蔊菜 Rorippa dubia (Pers.) Hara
余姚

550. 蔊菜 Rorippa indica (Linn.) Hiern
慈溪、余姚、镇海、江北、北仑、鄞州、奉化、宁海、象山、市区

551. 沼生蔊菜 Rorippa palustris (Linn.) Bess. △
余姚

四〇、伯乐树科 Bretschneideraceae
552. 伯乐树 Bretschneidera sinensis Hemsl.*
镇海、鄞州

四一、茅膏菜科 Droseraceae
553. 茅膏菜 Drosera peltata Smith ex Will.
余姚、北仑、鄞州、奉化、宁海、象山

554. 匙叶茅膏菜 Drosera spathulata Labill.
宁海、象山

四二、景天科 Crassulaceae
555. 大叶落地生根 Bryophyllum daigremontianum (Ham. et Perr.) A. Berg*
慈溪、鄞州、市区

556. 落地生根 (不死鸟) Bryophyllum pinnatum (Lam.) Oken*
慈溪、余姚、镇海、江北、北仑、鄞州、奉化、宁海、象山、市区

557. 宝石花 Graptopetalum paraguayense (N.E. Br.) E. Walther*
慈溪、余姚、镇海、江北、北仑、鄞州、奉化、宁海、象山、市区

558. 八宝 Hylotelephium erythrostictum (Miq.) H. Ohba
慈溪△、余姚 *、镇海 *、江北 *、北仑 *、鄞州 *、奉化 *、宁海 *、象山 *、市区 *

559. 紫花八宝 Hylotelephium mingjinianum (S.H. Fu) H. Ohba
余姚、鄞州、奉化、宁海、象山

560. 轮叶八宝 Hylotelephium verticillatum (Linn.) H. Ohba
慈溪 *、余姚、鄞州、奉化、宁海、象山

561. 晚红瓦松 Orostachys japonica A. Berger
慈溪、余姚、镇海、江北、北仑、鄞州、奉化、宁海、象山

562. 费菜 Phedimus aizoon (Linn.)'t Hart
慈溪 *、余姚、北仑、鄞州、奉化、宁海、象山、市区 *

563. 东南景天 Sedum alfredii Hance

慈溪、余姚、镇海、江北、北仑、鄞州、奉化、宁海、象山

564. 珠芽景天 Sedum bulbiferum Makino
    慈溪、余姚、北仑、鄞州、奉化、宁海、象山

565. 大叶火焰草 Sedum drymarioides Hance
    余姚、北仑、鄞州、奉化、宁海、象山

566. 凹叶景天 Sedum emarginatum Migo
    慈溪、余姚、镇海、江北、北仑、鄞州、奉化、宁海、象山、市区

567. 台湾景天 Sedum formosanum N.E. Br.
    象山

568. 日本景天 Sedum japonicum Sieb. ex Miq.
    余姚

569. 佛甲草 Sedum lineare Thunb.
    慈溪、余姚、镇海、鄞州、奉化、宁海、象山

570. 金叶佛甲草 Sedum lineare Thunb. 'Aurea'*
    慈溪、余姚、镇海、江北、北仑、鄞州、奉化、宁海、象山、市区

571. 圆叶景天 Sedum makinoi Maxim.
    慈溪、余姚、北仑、鄞州、奉化、宁海、市区 *

572. 藓状景天 Sedum polytrichoides Hemsl.
    余姚、北仑、鄞州、奉化、宁海、象山。模式产地

573. 垂盆草 Sedum sarmentosum Bunge
    慈溪、余姚、镇海、江北、北仑、鄞州、奉化、宁海、象山、市区 *

574. 狭叶垂盆草 Sedum sarmentosum Bunge var. angustifolium (Z.B. Hu et X.L. Huang) Y.C. Ho
    慈溪、余姚、北仑、鄞州、奉化、宁海、象山、市区 *

575. 夏艳拟景天（小球玫瑰）Sedum spurium M. Bieb. 'SummerGlory'*
    市区

576. 火焰草 Sedum stellariifolium Franch.
    余姚、鄞州、奉化

577. 四芒景天 Sedum tetractinum Fröd.
    北仑、奉化

四三、虎耳草科 Saxifragaceae

578. 大落新妇 Astilbe grandis Stapf ex Wils.
    余姚、北仑、鄞州、奉化

579. 大果落新妇 Astilbe macrocarpa Knoll
    余姚、鄞州、奉化、宁海、象山。模式产地

580. 人心药（草绣球）Cardiandra moellendorffii (Hance) Migo
    余姚、北仑、奉化、宁海

581. 肾萼金腰 Chrysosplenium delavayi Franch.
    余姚、奉化

582. 日本金腰 Chrysosplenium japonicum (Maxim.) Makino
    鄞州

583. 大叶金腰 Chrysosplenium macrophyllum Oliv.
    余姚

584. 柔毛金腰 Chrysosplenium pilosum Maxim. var. valdepilosum Ohwi

    余姚、北仑、鄞州、奉化、宁海、象山

585. 中华金腰 Chrysosplenium sinicum Maxim.
    余姚、鄞州、奉化

586. 浙江溲疏（天台溲疏）Deutzia faberi Rehd.
    慈溪、余姚、镇海、北仑、鄞州、奉化、宁海、象山

587. 黄山溲疏 Deutzia glauca Cheng
    余姚、鄞州

588. 小溲疏 Deutzia gracilis Sieb. et Zucc.*
    江北

589. 宁波溲疏 Deutzia ningpoensis Rehd.
    慈溪、余姚、镇海、江北、北仑、鄞州、奉化、宁海、象山。模式产地

590. 溲疏 Deutzia scabra Thunb.*
    慈溪、市区

591. 紫花重瓣溲疏 Deutzia scabra Thunb. 'Plena'*
    镇海

592. 长江溲疏 Deutzia schneideriana Rehd.
    奉化、宁海

593. 中国绣球 Hydrangea chinensis Maxim.
    慈溪 *、余姚、镇海、北仑、鄞州、奉化、宁海、象山

594. 江西绣球 Hydrangea jiangxiensis W.T. Wang et Nie
    慈溪、余姚、北仑、鄞州、奉化、宁海、象山

595. 绣球 Hydrangea macrophylla (Thunb.) Ser.*
    慈溪、余姚、镇海、江北、北仑、鄞州、奉化、宁海、象山、市区

596. 银边绣球 Hydrangea macrophylla (Thunb.) Ser. 'Maculata'*
    慈溪、余姚、镇海、江北、北仑、鄞州、奉化、宁海、象山、市区

597. 圆锥绣球 Hydrangea paniculata Sieb.
    余姚、北仑、宁海、象山

598. 腊莲绣球 Hydrangea robusta Hook. f. et Thoms.
    北仑、鄞州、宁海

599. 浙皖绣球 Hydrangea zhewanensis Hsu et X.P. Zhang
    余姚、北仑、鄞州、奉化、宁海

600. 矩形叶鼠刺 Itea omeiensis Schneid.
    余姚、奉化、宁海

601. 扯根菜 Penthorum chinense Pursh
    鄞州

602. 浙江山梅花 Philadelphus zhejiangensis S.M. Hwang
    余姚、北仑、奉化、宁海、象山。模式产地

603. 冠盖藤 Pileostegia viburnoides Hook. f. et Thoms.
    余姚、镇海、江北、北仑、鄞州、奉化、宁海、象山

604. 华蔓茶藨子 Ribes fasciculatum Sieb. et Zucc. var. chinense Maxim.
    慈溪、鄞州、奉化

605. 绿花茶藨子 Ribes viridiflorum (Cheng) L.T. Lu et G. Yao
    余姚

606. 虎耳草 Saxifraga stolonifera Curtis
    慈溪、余姚、镇海、江北、北仑、鄞州、奉化、宁海、象山、市区

607. 秦榛钻地风 Schizophragma corylifolium Chun
余姚、北仑、鄞州、奉化、宁海、象山

608. 钻地风 Schizophragma integrifolium Oliv.
余姚、鄞州、奉化、宁海、象山

609. 柔毛钻地风 Schizophragma molle (Rehd.) Chun
鄞州、宁海、象山

610. 黄水枝 Tiarella polyphylla D. Don
余姚、北仑、宁海

四四、海桐花科 Pittosporaceae

611. 海金子 Pittosporum illicioides Makino
慈溪、余姚、北仑、鄞州、奉化、宁海、象山

612. 短梗海金子 Pittosporum brachypodum G.Y. Li，Z.H. Chen et X.P. Li
宁海。新种

613. 海桐 Pittosporum tobira (Thunb.) Ait.
慈溪、余姚 *、镇海、江北 *、北仑、鄞州 *、奉化 *、宁海 *、象山、市区 *

614. 花叶海桐 Pittosporum tobira (Thunb.) Ait. 'Variegata'*
市区

四五、金缕梅科 Hamamelidaceae

615. 细柄蕈树 Altingia gracilipes Hemsl.*
镇海、江北、鄞州

616. 腺蜡瓣花 Corylopsis glandulifera Hemsl.
余姚、北仑、鄞州、奉化、宁海

617. 灰白蜡瓣花 Corylopsis glandulifera Hemsl. var. hypoglauca (Cheng) H.T. Chang
余姚、北仑、鄞州、宁海

618. 蜡瓣花 Corylopsis sinensis Hemsl.
余姚、鄞州

619. 小叶蚊母树 Distylium buxifolium (Hance) Merr.*
慈溪、余姚、镇海、江北、北仑、鄞州、奉化、宁海、象山、市区

620. 台湾蚊母树 Distylium gracile Nakai
慈溪 *、鄞州、象山

621. 杨梅叶蚊母树 Distylium myricoides Hemsl.
北仑、鄞州、奉化、宁海、象山

622. 蚊母树 Distylium racemosum Sieb. et Zucc.*
慈溪、余姚、镇海、江北、北仑、鄞州、奉化、宁海、象山、市区

623. 牛鼻栓 Fortunearia sinensis Rehd. et Wils.
慈溪、余姚、北仑、鄞州、奉化、宁海、象山

624. 金缕梅 Hamamelis mollis Oliv.
余姚、北仑、宁海

625. 缺萼枫香 Liquidambar acalycina H.T. Chang
余姚、奉化

626. 枫香 Liquidambar formosana Hance
慈溪、余姚、镇海、江北、北仑、鄞州、奉化、宁海、象山、市区 *

627. 北美枫香 Liquidambar styraciflua Linn.*
鄞州、市区

628. 檵木 Loropetalum chinense (R. Br.) Oliv.
慈溪、余姚、镇海、江北、北仑、鄞州、奉化、宁海、象山

629. 红花檵木 Loropetalum chinense (R. Br.) Oliv. var. rubrum Yieh*
慈溪、余姚、镇海、江北、北仑、鄞州、奉化、宁海、象山、市区

630. 银缕梅 Parrotia subaequalis (H.T. Chang) R.M. Hao et H.T. Wei
余姚、北仑、奉化。国家 I 级重点保护野生植物

四六、杜仲科 Eucommiaceae

631. 杜仲 Eucommia ulmoides Oliv.*
慈溪、余姚、镇海、江北、北仑、鄞州、奉化、宁海、象山、市区

四七、悬铃木科 Platanaceae

632. 二球悬铃木 Platanus acerifolia (Ait.) Willd.*
慈溪、余姚、镇海、江北、北仑、鄞州、奉化、宁海、象山、市区

四八、蔷薇科 Rosaceae

633. 托叶龙芽草 Agrimonia coreana Nakai
余姚、象山

634. 龙芽草 Agrimonia pilosa Ledeb.
慈溪、余姚、镇海、江北、北仑、鄞州、奉化、宁海、象山

635. 东亚唐棣 Amelanchier asiatica (Sieb. et Zucc.) Endl. ex Walp.
余姚、北仑、鄞州、奉化、宁海

636. 桃 Amygdalus persica Linn.
慈溪、余姚、镇海 *、江北 *、北仑、鄞州、奉化、宁海、象山、市区 *

637. 蟠桃 Amygdalus persica Linn. var. compressa (Loud.) Yü et Lu*
慈溪、余姚、镇海、江北、北仑、鄞州、奉化、宁海、象山、市区

638. 白碧桃 Amygdalus persica Linn. 'Albo-Plena'*
慈溪、余姚、镇海、江北、北仑、鄞州、奉化、宁海、象山、市区

639. 紫叶碧桃 Amygdalus persica Linn. 'Atropurpurea'*
慈溪、余姚、镇海、江北、北仑、鄞州、奉化、宁海、象山、市区

640. 菊花桃 Amygdalus persica Linn. 'Chrysanthemoides'*
慈溪

641. 寿星桃 Amygdalus persica Linn. 'Densa'*
慈溪、余姚、镇海、江北、北仑、鄞州、奉化、宁海、象山、市区

642. 垂枝碧桃 Amygdalus persica Linn. 'Pendula'*
象山、市区

643. 红碧桃 Amygdalus persica Linn. 'Rubro-Plena'*
慈溪、余姚、镇海、江北、北仑、鄞州、奉化、宁海、象山、市区

644. 水蜜桃 Amygdalus persica Linn. 'Scleropersica'*

慈溪、余姚、镇海、江北、北仑、鄞州、奉化、宁海、象山、市区

645. 洒金碧桃 Amygdalus persica Linn. 'Versicolor'*
慈溪、余姚、镇海、江北、北仑、鄞州、奉化、宁海、象山、市区

646. 榆叶梅 Amygdalus triloba (Lindl.) Ricker*
慈溪、奉化、象山

647. 梅 Armeniaca mume Sieb.
慈溪 *、余姚、镇海 *、江北 *、北仑、鄞州、奉化、宁海、象山 *、市区 *

648. 美人梅 Armeniaca mume Sieb. 'MeirenMei'*
慈溪、余姚、镇海、江北、北仑、鄞州、奉化、宁海、象山、市区

649. 垂枝梅 Armeniaca mume Sieb. 'Pendula'*
奉化、象山

650. 杏 Armeniaca vulgaris Lam.*
慈溪、余姚、镇海、江北、北仑、鄞州、奉化、宁海、象山、市区

651. 迎春樱 Cerasus discoidea Yü et Li
余姚、北仑、鄞州、奉化、宁海、象山

652. 麦李 Cerasus glandulosa (Thunb.) Sok.
慈溪、余姚、奉化

653. 欧李 Cerasus humilis (Bunge) Sok.*
慈溪

654. 郁李 Cerasus japonica (Thunb.) Lois.
余姚、奉化、象山 *、市区 *

655. 宁波郁李 Cerasus japonica (Thunb.) Lois. 'Kerii'*
鄞州

656. 沼生矮樱 Cerasus jingningensis Z.H. Chen，G.Y. Li et Y.K. Xu
奉化、宁海

657. 日本晚樱 Cerasus serrulata (Lindl.) G. Don ex London var. lannesiana (Carr.) T.T. Yu et C.L. Li*
慈溪、余姚、镇海、江北、北仑、鄞州、奉化、宁海、象山、市区

658. 毛柱郁李 Cerasus pogonostyla (Maxim.) Yü et Li
象山

659. 樱桃 Cerasus pseudocerasus (Lindl.) Loud.*
慈溪、余姚、镇海、江北、北仑、鄞州、奉化、宁海、象山、市区

660. 浙闽樱 Cerasus schneideriana (Koehne) Yü et Li
余姚、北仑、鄞州、奉化、宁海、象山。模式产地

661. 山樱花 Cerasus serrulata (Lindl.) G. Don ex Loud. var. spontanea (Maxim.) Wils.
余姚、北仑、鄞州、奉化、宁海、象山

662. 毛叶山樱花 Cerasus serrulata G. Don ex Loud. var. pubescens (Makino) T.T. Yu et C.L. Li
余姚、北仑、鄞州、奉化、宁海、象山

663. 大叶早樱 Cerasus subhirtella (Miq.) Sok.
余姚、北仑、鄞州、奉化、宁海、象山

664. 东京樱花 Cerasus yedoensis (Matsum.) A.V. Vassiljeva*
慈溪、余姚、镇海、江北、北仑、鄞州、奉化、宁海、象山、市区

665. 染井吉野樱花 Cerasus yedoensis (Matsum.) A.V. Vassiljeva 'Somei-yoshino'*
慈溪、余姚、镇海、江北、北仑、鄞州、奉化、宁海、象山、市区

666. 木桃 Chaenomeles cathayensis (Hemsl.) Schneid.*
北仑

667. 倭海棠 Chaenomeles japonica (Thunb.) Lindl. ex Spach*
慈溪、余姚、镇海、江北、北仑、鄞州、奉化、宁海、象山、市区

668. 木瓜 Chaenomeles sinensis (Thouin) Koehne*
慈溪、余姚、江北、北仑、鄞州、奉化、宁海、象山、市区

669. 贴梗海棠 Chaenomeles speciosa (Sweet) Nakai*
慈溪、余姚、镇海、江北、北仑、鄞州、奉化、宁海、象山、市区

670. 平枝栒子 Cotoneaster horizontalis Decne.*
宁海

671. 野山楂 Crataegus cuneata Sieb. et Zucc.
慈溪、余姚、镇海、江北、北仑、鄞州、奉化、宁海、象山

672. 湖北山楂 Crataegus hupehensis Sarg.
慈溪、余姚、镇海、北仑、鄞州、奉化、宁海、象山

673. 山楂 Crataegus pinnatifida Bunge*
慈溪、鄞州

674. 牛筋条 Dichotomanthes tristaniicarpa Kurz*
江北

675. 皱果蛇莓 Duchesnea chrysantha (Zoll. et Mor.) Miq.
慈溪、余姚、镇海、江北、北仑、鄞州、奉化、宁海、象山、市区

676. 蛇莓 Duchesnea indica (Andr.) Focke
慈溪、余姚、镇海、江北、北仑、鄞州、奉化、宁海、象山、市区

677. 枇杷 Eriobotrya japonica (Thunb.) Lindl.*
慈溪、余姚、镇海、江北、北仑、鄞州、奉化、宁海、象山、市区

678. 白鹃梅 Exochorda racemosa (Lindl.) Rehd.
慈溪、余姚、镇海、江北、北仑、鄞州、奉化、宁海、象山

679. 草莓 Fragaria × ananassa (Weston) Duch.*
慈溪、余姚、镇海、江北、北仑、鄞州、奉化、宁海、象山

680. 柔毛路边青 (东南水杨梅) Geum japonicum Thunb. var. chinense F. Bolle
余姚、北仑、鄞州、奉化、宁海

681. 棣棠花 Kerria japonica (Linn.) DC.
余姚、北仑、鄞州、奉化、宁海、象山、市区 *

682. 菊花棣棠 Kerria japonica (Linn.) DC. 'Pleniflora'*

慈溪、余姚、镇海、江北、北仑、鄞州、奉化、宁海、象山、市区

683. 腺叶桂樱 Laurocerasus phaeosticta (Hance) Schneid.
余姚、北仑、鄞州、奉化、宁海、象山

684. 刺叶桂樱 Laurocerasus spinulosa (Sieb. et Zucc.) Schneid.
慈溪、余姚、北仑、鄞州、奉化、宁海、象山

685. 大叶桂樱 Laurocerasus zippeliana (Miq.) Browicz
北仑、宁海、象山

686. 花红 Malus asiatica Nakai*
慈溪、象山、市区

687. 毛山荆子 Malus baccata (Linn.) Borkh. var. mandshurica (Maxim.) Schneid.*
余姚、江北、奉化、宁海

688. 垂丝海棠 Malus halliana Koehne*
慈溪、余姚、镇海、江北、北仑、鄞州、奉化、宁海、象山、市区

689. 湖北海棠 Malus hupehensis (Pamp.) Rehd.
慈溪、余姚、北仑、鄞州、奉化 *、宁海 *、象山、市区 *

690. 西府海棠 Malus × micromalus Makino*
慈溪、余姚、镇海、江北、北仑、鄞州、奉化、宁海、象山、市区

691. 苹果 Malus pumila Mill.*
象山

692. 海棠花 Malus spectabilis (Ait.) Borkh.*
余姚、鄞州、象山、市区

693. 圆叶小石积 Osteomeles subrotunda K. Koch
象山。浙江省重点保护野生植物

694. 短梗稠李 Padus brachypoda (Batal.) Schneid.
余姚

695. 橉木（华东稠李）Padus buergeriana (Miq.) Yü et Ku
余姚、北仑、鄞州、奉化、宁海、象山

696. 细齿稠李 Padus obtusata (Koehne) Yü et Ku
余姚、奉化、宁海

697. 绢毛稠李（大叶稠李）Padus wilsonii Schneid.
余姚、奉化

698. 中华石楠 Photinia beauverdiana Schneid.
余姚、北仑、奉化、宁海

699. 短叶中华石楠 Photinia beauverdiana Schneid. var. brevifolia Card.
余姚、鄞州、奉化、宁海

700. 厚叶中华石楠 Photinia beauverdiana Schneid. var. notabilis (Schneid.) Rehd. et Wils.
宁海

701. 椤木石楠（贵州石楠）Photinia bodinieri Lévl.*
慈溪、余姚、镇海、江北、北仑、鄞州、奉化、宁海、象山、市区

702. 红叶石楠 Photinia × fraseri Dress*
慈溪、余姚、镇海、江北、北仑、鄞州、奉化、宁海、象山、市区

703. 光叶石楠 Photinia glabra (Thunb.) Maxim.
慈溪、余姚、北仑、鄞州、奉化、宁海、象山

704. 垂丝石楠 Photinia komarovii (Lévl. et Vant.) L.T. Lu et C.L. Li
余姚、北仑、鄞州、奉化、宁海

705. 小叶石楠 Photinia parvifolia (Pritz.) Schneid.
慈溪、余姚、北仑、鄞州、奉化、宁海、象山

706. 石楠 Photinia serratifolia (Desf.) Kalkman
慈溪、余姚、镇海、江北 *、北仑、鄞州、奉化、宁海、象山、市区 *

707. 伞花石楠 Photinia subumbellata Rehd. et Wils.
余姚、北仑、鄞州、奉化、宁海、象山

708. 毛叶石楠 Photinia villosa (Thunb.) DC.
余姚、北仑、象山

709. 委陵菜 Potentilla chinensis Ser.
象山

710. 翻白草 Potentilla discolor Bunge
慈溪、余姚、北仑、宁海、象山

711. 莓叶委陵菜 Potentilla fragarioides Linn.
余姚、北仑、宁海

712. 三叶委陵菜 Potentilla freyniana Bornm.
余姚、北仑、鄞州、奉化、宁海、象山

713. 中华三叶委陵菜 Potentilla freyniana Bornm. var. sinica Migo
余姚、北仑、鄞州、奉化、宁海、象山

714. 蛇含委陵菜 Potentilla kleiniana Wight et Arn.
慈溪、余姚、镇海、江北、北仑、鄞州、奉化、宁海、象山、市区

715. 朝天委陵菜 Potentilla supina Linn.
慈溪、江北、奉化

716. 红叶李 Prunus cerasifera Ehrhart 'Atropurpurea'*
慈溪、余姚、镇海、江北、北仑、鄞州、奉化、宁海、象山、市区

717. 李 Prunus salicina Lindl.
慈溪 *、余姚、镇海 *、江北 *、北仑 *、鄞州、奉化、宁海、象山、市区 *

718. 桃形李（奈）Prunus salicina Lindl. var. cordata Y. He et J.Y. Zhang*
慈溪、余姚、镇海、北仑、鄞州、奉化、宁海、象山

719. 窄叶火棘 Pyracantha angustifolia (Franch.) Schneid.*
慈溪、奉化

720. 火棘 Pyracantha fortuneana (Maxim.) Li*
慈溪、余姚、镇海、江北、北仑、鄞州、奉化、宁海、象山、市区

721. 小丑火棘 Pyracantha fortuneana (Maxim.) Li 'Harlequin'*
慈溪、余姚、镇海、江北、北仑、鄞州、奉化、宁海、象山、市区

722. 豆梨 Pyrus calleryana Dcne.
慈溪、余姚、镇海、北仑、鄞州、奉化、宁海、象山

723. 沙梨 Pyrus pyrifolia (Burm. f.) Nakai*

慈溪、余姚、镇海、江北、北仑、鄞州、奉化、宁海、象山、市区

724. 麻梨 Pyrus serrulata Rehd.
余姚、奉化、宁海

725. 石斑木 Rhaphiolepis indica (Linn.) Lindl.
慈溪、余姚、镇海、江北、北仑、鄞州、奉化、宁海、象山

726. 厚叶石斑木 Rhaphiolepis umbellata (Thunb.) Makino
慈溪、镇海、北仑、鄞州 *、象山、市区 *

727. 鸡麻 Rhodotypos scandens (Thunb.) Makino
鄞州。浙江省重点保护野生植物

728. 木香花 Rosa banksiae Ait.*
慈溪、市区

729. 硕苞蔷薇 Rosa bracteata Wendl.
慈溪、余姚、镇海、江北、北仑、鄞州、奉化、宁海、象山

730. 密刺硕苞蔷薇 Rosa bracteata Wendl. var. scabriacaulis Lindl. ex Koidz.
慈溪、北仑、鄞州、奉化、宁海、象山

731. 月季 Rosa cvs.*
慈溪、余姚、镇海、江北、北仑、鄞州、奉化、宁海、象山、市区

732. 小果蔷薇 Rosa cymosa Tratt.
慈溪、余姚、镇海、江北、北仑、鄞州、奉化、宁海、象山

733. 软条七蔷薇（秀蔷薇）Rosa henryi Bouleng.
慈溪、余姚、镇海、江北、北仑、鄞州、奉化、宁海、象山

734. 金樱子 Rosa laevigata Michx.
慈溪、余姚、镇海、江北、北仑、鄞州、奉化、宁海、象山、市区

735. 光叶蔷薇 Rosa luciae Franch. et Roch.
北仑、宁海、象山

736. 野蔷薇 Rosa multiflora Thunb.
慈溪、余姚、镇海、江北、北仑、鄞州、奉化、宁海、象山

737. 粉团蔷薇 Rosa multiflora Thunb. var. cathayensis Rehd. et Wils.
慈溪、余姚、北仑、鄞州、奉化、宁海、象山

738. 七姊妹 Rosa multiflora Thunb. 'Carnea'*
慈溪、余姚、镇海、江北、北仑、鄞州、奉化、宁海、象山、市区

739. 玫瑰 Rosa rugosa Thunb.*
慈溪、余姚、镇海、江北、北仑、鄞州、奉化、宁海、象山、市区

740. 粗叶悬钩子 Rubus alceifolius Poir.
鄞州、宁海、象山

741. 周毛悬钩子 Rubus amphidasys Focke
慈溪、余姚、北仑、鄞州、奉化、宁海、象山

742. 寒莓 Rubus buergeri Miq.

慈溪、余姚、镇海、江北、北仑、鄞州、奉化、宁海、象山

743. 掌叶覆盆子 Rubus chingii Hu
慈溪、余姚、镇海、江北、北仑、鄞州、奉化、宁海、象山

744. 山莓 Rubus corchorifolius Linn. f.
慈溪、余姚、镇海、江北、北仑、鄞州、奉化、宁海、象山

745. 插田泡 Rubus coreanus Miq.
余姚、北仑、鄞州、奉化、宁海、象山

746. 光果悬钩子 Rubus glabricarpus Cheng
余姚、北仑、鄞州、奉化、宁海、象山

747. 蓬藟 Rubus hirsutus Thunb.
慈溪、余姚、镇海、江北、北仑、鄞州、奉化、宁海、象山、市区

748. 湖南悬钩子 Rubus hunanensis Hand.-Mazz.
余姚、宁海、象山

749. 灰毛泡 Rubus irenaeus Focke
奉化

750. 武夷悬钩子 Rubus jiangxiensis Z.X. Yu, W.T. Ji et H. Zheng
余姚、北仑、鄞州、奉化、象山

751. 高粱泡 Rubus lambertianus Ser.
慈溪、余姚、镇海、江北、北仑、鄞州、奉化、宁海、象山

752. 光滑高粱泡 Rubus lambertianus Ser. var. glaber Hemsl.
余姚、奉化

753. 太平莓 Rubus pacificus Hance
慈溪、余姚、北仑、鄞州、奉化、宁海、象山

754. 茅莓 Rubus parvifolius Linn.
慈溪、余姚、镇海、江北、北仑、鄞州、奉化、宁海、象山

755. 五叶悬钩子 Rubus quinquefoliolatus Yü et Lu*
鄞州

756. 锈毛莓 Rubus reflexus Ker-Gawl.
宁海、象山

757. 浅裂锈毛莓 Rubus reflexus Ker-Gawl. var. hui (Diels ex Hu) Metc.
宁海、象山

758. 空心泡 Rubus rosifolius Smith
余姚、北仑、鄞州、奉化、宁海、象山

759. 红腺悬钩子 Rubus sumatranus Miq.
慈溪、余姚、北仑、鄞州、奉化、宁海、象山

760. 木莓 Rubus swinhoei Hance
北仑、宁海

761. 三花莓 Rubus trianthus Focke
余姚、北仑、鄞州、奉化、宁海

762. 宁波三花莓 Rubus trianthus Focke form. pleiopetalus Z.H. Chen, G.Y. Li et D.D. Ma
余姚。新变型，模式产地

763. 东南悬钩子 Rubus tsangorum Hand.-Mazz.

余姚、鄞州、奉化、宁海、象山

764. 东部悬钩子 Rubus yoshinoi Koidz.
余姚

765. 地榆 Sanguisorba officinalis Linn.
余姚、北仑、鄞州、奉化、宁海、象山

766. 长叶地榆 Sanguisorba officinalis Linn. var. longifolia (Bert.) Yü et Li
余姚、象山

767. 水榆花楸 Sorbus alnifolia (Sieb. et Zucc.) K. Koch
余姚

768. 宽瓣绣球绣线菊 Spiraea blumei G. Don var. latipetala Hemsl.
北仑、鄞州。模式产地

769. 毛果绣球绣线菊 Spiraea blumei G. Don var. pubicarpa Cheng
余姚。模式产地

770. 中华绣线菊 Spiraea chinensis Maxim.
慈溪、余姚、镇海、江北、北仑、鄞州、奉化、宁海、象山。模式产地

771. 大花中华绣线菊 Spiraea chinensis Maxim. var. grandiflora Yü
象山

772. 疏毛绣线菊 Spiraea hirsuta (Hemsl.) Schneid.
余姚、鄞州、奉化、宁海、象山

773. 粉花绣线菊 Spiraea japonica Linn. f.
慈溪 *、余姚、镇海 *、江北 *、北仑 *、鄞州 *、奉化 *、宁海 *、象山 *、市区 *

774. 金焰绣线菊 Spiraea japonica Linn. f. 'Gold Flame'*
慈溪、余姚、镇海、江北、北仑、鄞州、奉化、宁海、象山、市区

775. 金山绣线菊 Spiraea japonica Linn. f. 'Gold Mound'*
慈溪、余姚、镇海、江北、北仑、鄞州、奉化、宁海、象山、市区

776. 单瓣笑靥花 Spiraea prunifolia Sieb. et Zucc. var. simpliciflora Nakai
慈溪、余姚、镇海、江北 *、北仑、鄞州、奉化、宁海、象山

777. 野珠兰 Stephanandra chinensis Hance
北仑、鄞州、奉化、宁海、象山

四九、豆科 Leguminosae

778. 银荆 Acacia dealbata Link*
慈溪、余姚、镇海、江北、北仑、鄞州、奉化、宁海、象山、市区

779. 黑荆树 Acacia mearnsii De Wilde*
象山

780. 合萌 Aeschynomene indica Linn.
慈溪、余姚、镇海、江北、北仑、鄞州、奉化、宁海、象山、市区

781. 合欢 Albizia julibrissin Durazz.
慈溪、余姚、镇海、江北、北仑、鄞州、奉化、宁海、象山、

市区 *

782. 山合欢 Albizia kalkora (Roxb.) Prain
慈溪、余姚、镇海、江北、北仑、鄞州、奉化、宁海、象山

783. 紫穗槐 Amorpha fruticosa Linn.*
慈溪、余姚、镇海、江北、北仑、鄞州、奉化、宁海、象山

784. 三籽两型豆 Amphicarpaea edgeworthii Benth.
慈溪、余姚、镇海、江北、北仑、鄞州、奉化、宁海、象山

785. 土圞儿 Apios fortunei Maxim.
慈溪、余姚、北仑、鄞州、奉化、宁海、象山

786. 落花生 Arachis hypogaea Linn.*
慈溪、余姚、镇海、江北、北仑、鄞州、奉化、宁海、象山

787. 紫云英 Astragalus sinicus Linn.*
慈溪、余姚、镇海、江北、北仑、鄞州、奉化、宁海、象山、市区

788. 龙须藤 Bauhinia championii (Benth.) Benth.
象山。浙江省重点保护野生植物

789. 云实 Caesalpinia decapetala (Roth) Alston
慈溪、余姚、镇海、江北、北仑、鄞州、奉化、宁海、象山

790. 春云实 Caesalpinia vernalis Champ. ex Benth.
余姚、北仑、鄞州、奉化、宁海、象山

791. 香花崖豆藤 Callerya dielsiana (Harms) P.K. Löc ex Z. Wei et Pedley
慈溪、余姚、镇海、北仑、鄞州、奉化、宁海、象山

792. 江西崖豆藤 Callerya kiangsiensis (Z. Wei) Z. Wei et Pedley*
市区

793. 网络崖豆藤 Callerya reticulata (Benth.) Schot
慈溪、余姚、镇海、江北、北仑、鄞州、奉化、宁海、象山

794. 杭子梢 Campylotropis macrocarpa (Bunge) Rehd.
慈溪、余姚、镇海、江北、北仑、鄞州、奉化、宁海、象山

795. 刀豆 Canavalia gladiata (Jacq.) DC.*
余姚、鄞州、奉化、宁海、象山

796. 海刀豆（狭刀豆）Canavalia lineata (Thunb. ex Murr.) DC.
象山

797. 锦鸡儿 Caragana sinica (Buc'hoz) Rehd.
慈溪、余姚 *、镇海 *、江北 *、北仑 *、鄞州 *、奉化 *、宁海 *、象山

798. 紫叶加拿大紫荆 Cercis canadensis Linn. 'Forest Pansy'*
慈溪、市区

799. 紫荆 Cercis chinensis Bunge*
慈溪、余姚、镇海、江北、北仑、鄞州、奉化、宁海、象山、市区

800. 黄山紫荆 Cercis chingii Chun
奉化

801. 湖北紫荆 Cercis glabra Pamp.*
　　慈溪、余姚、镇海、奉化

802. 翅荚香槐 Cladrastis platycarpa (Maxim.) Makino
　　余姚

803. 香槐 Cladrastis wilsonii Takeda
　　余姚、北仑、鄞州、宁海

804. 野百合 Crotalaria sessiliflora Linn.
　　余姚、北仑、鄞州、宁海、象山

805. 大托叶猪屎豆 Crotalaria spectabilis Roth*
　　余姚、宁海

806. 南岭黄檀 Dalbergia assamica Benth.*
　　慈溪、江北、北仑、鄞州

807. 黄檀 Dalbergia hupeana Hance
　　慈溪、余姚、镇海、江北、北仑、鄞州、奉化、宁海、象山

808. 香港黄檀 Dalbergia millettii Benth.
　　慈溪、余姚、镇海、北仑、鄞州、奉化、宁海、象山

809. 降香黄檀 Dalbergia odorifera T.C. Chen*
　　象山

810. 鱼藤 Derris trifoliata Lour.*
　　余姚、宁海、象山

811. 假地豆 Desmodium heterocarpon (Linn.) DC.
　　慈溪、余姚、北仑、奉化、宁海、象山

812. 小叶三点金 Desmodium triflorum (Thunb.) DC.
　　慈溪、余姚、北仑、鄞州、奉化、宁海、象山

813. 毛野扁豆 Dunbaria villosa (Thunb.) Makino
　　慈溪、余姚、镇海、北仑、鄞州、奉化、宁海、象山

814. 鸡冠刺桐 Erythrina crista-galli Linn.*
　　慈溪、余姚、镇海、江北、北仑、鄞州、奉化、宁海、象山、市区

815. 刺桐 Erythrina variegata Linn.*
　　慈溪

816. 山皂荚 Gleditsia japonica Miq.
　　慈溪、余姚、北仑、鄞州、宁海、象山

817. 皂荚 Gleditsia sinensis Lam.*
　　慈溪、余姚、北仑、鄞州、奉化

818. 大豆 Glycine max (Linn.) Merr.*
　　慈溪、余姚、镇海、江北、北仑、鄞州、奉化、宁海、象山

819. 野大豆 Glycine soja Sieb. et Zucc.
　　慈溪、余姚、镇海、江北、北仑、鄞州、奉化、宁海、象山、市区。国家Ⅱ级重点保护野生植物

820. 肥皂荚 Gymnocladus chinensis Baill.
　　鄞州

821. 细长柄山蚂蝗 Hylodesmum leptopus (A. Gray ex Benth.) H. Ohashi et R.R. Mill
　　宁海、象山

822. 羽叶长柄山蚂蝗 Hylodesmum oldhamii (Oliv.) H. Ohashi et R.R. Mill
　　余姚、奉化

823. 长柄山蚂蝗 (圆菱叶山蚂蝗) Hylodesmum podocarpum (DC.) H. Ohashi et R.R. Mill
　　余姚、北仑、鄞州、奉化、宁海、象山

824. 宽卵叶长柄山蚂蝗 Hylodesmum podocarpum (DC.) H. Ohashi et R.R. Mill subsp. fallax (Schindl.) H. Ohashi et R.R. Mill
　　余姚、北仑、鄞州、奉化、宁海、象山

825. 尖叶长柄山蚂蝗 Hylodesmum podocarpum (DC.) H. Ohashi et R.R. Mill subsp. oxyphyllum (DC.) H. Ohashi et R.R. Mill
　　慈溪、余姚、北仑、鄞州、奉化、宁海、象山

826. 河北木蓝 (马棘) Indigofera bungeana Walp.
　　慈溪、余姚、镇海、江北、北仑、鄞州、奉化、宁海、象山

827. 庭藤 Indigofera decora Lindl.
　　余姚、北仑、鄞州、奉化、宁海、象山

828. 宁波木蓝 Indigofera decora Lindl. var. cooperi (Craib) Y.Y. Fang et C.Z. Zheng
　　余姚、北仑、宁海、象山。模式产地

829. 华东木蓝 Indigofera fortunei Craib
　　慈溪、余姚、北仑、鄞州、宁海、象山

830. 长总梗木蓝 Indigofera longipedunculata Y.Y. Fang et C.Z. Zheng
　　余姚、鄞州、奉化、宁海。模式产地

831. 浙江木蓝 Indigofera parkesii Craib
　　慈溪、余姚、镇海、北仑、鄞州、奉化、宁海、象山

832. 光叶木蓝 Indigofera venulosa Champ. ex Benth.
　　余姚、宁海、象山

833. 长萼鸡眼草 Kummerowia stipulacea (Maxim.) Makino
　　慈溪、余姚、镇海、江北、北仑、鄞州、奉化、宁海、象山、市区

834. 鸡眼草 Kummerowia striata (Thunb.) Schindl.
　　慈溪、余姚、镇海、江北、北仑、鄞州、奉化、宁海、象山、市区

835. 扁豆 Lablab purpureus (Linn.) Sweet*
　　慈溪、余姚、镇海、江北、北仑、鄞州、奉化、宁海、象山、市区

836. 海滨山黧豆（海滨香豌豆）Lathyrus japonicus Willd.
　　北仑、鄞州、宁海、象山。浙江省重点保护野生植物

837. 毛山黧豆 Lathyrus palustris Linn. var. pilosus (Cham.) Ledeb.
　　北仑、鄞州

838. 胡枝子 Lespedeza bicolor Turcz.
　　慈溪、余姚、镇海、江北、北仑、鄞州、奉化、宁海、象山

839. 绿叶胡枝子 Lespedeza buergeri Miq.
　　余姚、宁海

840. 中华胡枝子 Lespedeza chinensis G. Don
　　慈溪、余姚、镇海、江北、北仑、鄞州、奉化、宁海、象山

841. 截叶铁扫帚 Lespedeza cuneata (Dum. Cours.) G. Don

慈溪、余姚、镇海、江北、北仑、鄞州、奉化、宁海、象山

842. 大叶胡枝子 Lespedeza davidii Franch.
慈溪、余姚、北仑、鄞州、奉化、宁海、象山

843. 春花胡枝子 Lespedeza dunnii Schindl.
余姚、北仑、鄞州、奉化、宁海、象山

844. 拟绿叶胡枝子 Lespedeza maximowiczii Schneid.
余姚、北仑、鄞州、奉化、宁海、象山

845. 短叶胡枝子 Lespedeza mucronata Rick.
象山

846. 铁马鞭 Lespedeza pilosa (Thunb.) Sieb. et Zucc.
余姚、镇海、北仑、鄞州、奉化、宁海、象山

847. 绒毛胡枝子 Lespedeza tomentosa (Thunb.) Sieb. et Zucc.
慈溪、余姚、北仑、奉化、宁海、象山

848. 细梗胡枝子 Lespedeza virgata (Thunb.) DC.
慈溪、余姚、北仑、宁海、象山

849. 多叶羽扇豆 Lupinus polyphyllus Lindl.*
镇海、北仑、鄞州、市区

850. 马鞍树 Maackia hupehensis Takeda
余姚

851. 光叶马鞍树 Maackia tenuifolia (Hemsl.) Hand.-Mazz.
鄞州。模式产地

852. 天蓝苜蓿 Medicago lupulina Linn.
慈溪、余姚、镇海、江北、北仑、鄞州、奉化、宁海、象山、市区

853. 南苜蓿 Medicago polymorpha Linn. △
慈溪、余姚、镇海、江北、北仑、鄞州、奉化、宁海、象山、市区

854. 紫苜蓿 Medicago sativa Linn.
慈溪 *、余姚△、镇海 *、江北 *、北仑 *、鄞州△、奉化 *、宁海 *、象山 *、市区 *

855. 黄香草木樨 Melilotus officinalis (Linn.) Pall. △
慈溪、余姚、镇海、江北、北仑、鄞州、奉化、宁海、象山、市区

856. 含羞草 Mimosa pudica Linn.*
慈溪、余姚、镇海、江北、北仑、鄞州、奉化、宁海、象山、市区

857. 宁油麻藤 Mucuna lamellata Wilmot-Dear
北仑、鄞州、奉化

858. 狗爪豆 Mucuna pruriens (Linn.) DC. var. utilis (Wall. ex Wight) Baker ex Burck*
宁海

859. 常春油麻藤 Mucuna sempervirens Hemsl.
慈溪、余姚、镇海、江北、北仑、鄞州、奉化、宁海、象山、市区 *

860. 小槐花 Ohwia caudata (Thunb.) H. Ohashi
慈溪、余姚、镇海、江北、北仑、鄞州、奉化、宁海、象山

861. 花榈木 Ormosia henryi Prain
余姚 *、北仑 *、鄞州、奉化、宁海、象山、市区 *。国

家 II 级重点保护野生植物

862. 红豆树 Ormosia hosiei Hemsl. et Wils.*
江北、鄞州、奉化、宁海、象山、市区

863. 豆薯 Pachyrhizus erosus (Linn.) Urban*
鄞州、奉化、宁海、象山

864. 红花菜豆 Phaseolus coccineus Linn.*
慈溪、余姚、镇海、江北、北仑、鄞州、奉化、宁海、象山、市区

865. 棉豆 Phaseolus lunatus Linn.*
奉化

866. 菜豆（四季豆）Phaseolus vulgaris Linn.*
慈溪、余姚、镇海、江北、北仑、鄞州、奉化、宁海、象山

867. 豌豆 Pisum sativum Linn.*
慈溪、余姚、镇海、江北、北仑、鄞州、奉化、宁海、象山

868. 葛藤（葛麻姆）Pueraria montana (Lour.) Merr. var. lobata (Willd.) Maesen et S.M. Almeida ex Sanjappa et Predeep
慈溪、余姚、镇海、江北、北仑、鄞州、奉化、宁海、象山

869. 鹿藿 Rhynchosia volubilis Lour.
慈溪、余姚、镇海、江北、北仑、鄞州、奉化、宁海、象山

870. 刺槐 Robinia pseudoacacia Linn.*
慈溪、余姚、镇海、江北、北仑、鄞州、奉化、宁海、象山、市区

871. 香花槐 Robinia pseudoacacia Linn. 'Idaho'*
慈溪、余姚、镇海、江北、北仑、鄞州、奉化、宁海、象山、市区

872. 双荚决明 Senna bicapsularis (Linn.) Roxb.*
慈溪、余姚、镇海、江北、北仑、鄞州、奉化、宁海、象山、市区

873. 伞房决明 Senna corymbosa (Lam.) H.S. Irwin et Barneby*
慈溪、余姚、镇海、江北、北仑、鄞州、奉化、宁海、象山、市区

874. 豆茶决明 Senna nomame (Makino) T.C. Chen
余姚、镇海、北仑、鄞州、奉化、宁海、象山

875. 望江南 Senna occidentalis (Linn.) Link
奉化△、宁海 *、象山△

876. 槐叶决明 Senna sophera (Linn.) Roxb.*
鄞州、奉化、宁海、象山、市区

877. 黄槐决明 Senna surattensis (N.L. Burman) H.S. Irwin et Barneby*
慈溪、鄞州、宁海、象山、市区

878. 决明 Senna tora (Linn.) Roxb.
慈溪 *、北仑 *、鄞州△、宁海 *、市区△

879. 田菁 Sesbania cannabina (Retz.) Poir. △
慈溪、余姚、镇海、江北、北仑、鄞州、奉化、宁海、象山、市区

880. 短蕊槐 Sophora brachygyna C.Y. Ma

慈溪、鄞州、奉化、宁海、象山

881. 苦参 Sophora flavescens Ait.
慈溪、余姚、镇海、江北、北仑、鄞州、奉化、宁海、象山

882. 闽槐 Sophora franchetiana Dunn
余姚、北仑、奉化、宁海、象山

883. 槐树 Sophora japonica Linn.*
慈溪、余姚、镇海、江北、北仑、鄞州、奉化、宁海、象山、市区

884. 龙爪槐 Sophora japonica Linn. 'Pendula'*
慈溪、余姚、镇海、江北、北仑、鄞州、奉化、宁海、象山、市区

885. 金枝国槐 Sophora japonica Linn. 'GoldenStem'*
慈溪、余姚、镇海、江北、北仑、鄞州、奉化、宁海、象山、市区

886. 鹰爪豆 Spartium junceum Linn.*
江北、鄞州、市区

887. 红车轴草（红三叶）Trifolium pratense Linn.*
慈溪、余姚、镇海、江北、北仑、鄞州、奉化、宁海、象山、市区

888. 白车轴草（白三叶）Trifolium repens Linn.*
慈溪、余姚、镇海、江北、北仑、鄞州、奉化、宁海、象山、市区

889. 弯折巢菜 Vicia deflexa Nakai
余姚、鄞州、奉化

890. 蚕豆 Vicia faba Linn.*
慈溪、余姚、镇海、江北、北仑、鄞州、奉化、宁海、象山、市区

891. 小巢菜 Vicia hirsuta (Linn.) S.F. Gray
慈溪、余姚、镇海、江北、北仑、鄞州、奉化、宁海、象山、市区

892. 牯岭野豌豆 Vicia kulingiana Bailey
慈溪、余姚、镇海、北仑、鄞州、奉化、宁海、象山

893. 头序歪头菜 Vicia ohwiana Hosokawa
宁海。华东新记录

894. 大巢菜 Vicia sativa Linn.
慈溪、余姚、镇海、江北、北仑、鄞州、奉化、宁海、象山、市区

895. 窄叶野豌豆 Vicia sativa Linn. subsp. nigra Ehrhart
余姚、北仑

896. 四籽野豌豆 Vicia tetrasperma (Linn.) Schreb.
慈溪、镇海、江北、北仑、鄞州、奉化、宁海、象山、市区

897. 赤豆 Vigna angularis (Willd.) Ohwi et H. Ohashi*
余姚、北仑、奉化、宁海、象山

898. 山绿豆 Vigna minima (Roxb.) Ohwi et H. Ohashi
慈溪、余姚、镇海、江北、北仑、鄞州、奉化、宁海、象山。浙江省重点保护野生植物

899. 绿豆 Vigna radiata (Linn.) R. Wilczak*
慈溪、余姚、镇海、江北、北仑、鄞州、奉化、宁海、

900. 赤小豆 Vigna umbellata (Thunb.) Ohwi et H. Ohashi △
慈溪、余姚、镇海、江北、北仑、鄞州、奉化、宁海、象山

901. 豇豆 Vigna unguiculata (Linn.) Walp.*
慈溪、余姚、镇海、江北、北仑、鄞州、奉化、宁海、象山

902. 矮豇豆 Vigna unguiculata (Linn.) Walp. subsp. cylindrica (Linn.) Verdc.*
慈溪、余姚、镇海、江北、北仑、鄞州、奉化、宁海、象山

903. 长豇豆 Vigna unguiculata (Linn.) Walp. subsp. sesquipedalis (Linn.) Verdc.*
慈溪、余姚、镇海、江北、北仑、鄞州、奉化、宁海、象山

904. 野豇豆 Vigna vexillata (Linn.) A. Rich.
慈溪、余姚、镇海、江北、北仑、鄞州、奉化、宁海、象山。浙江省重点保护野生植物

905. 紫藤 Wisteria sinensis (Sims) Sweet
慈溪、余姚、镇海、江北、北仑、鄞州、奉化、宁海、象山、市区 *

五〇、酢浆草科 Oxalidaceae

906. 关节酢浆草 Oxalis articulata Savign.
慈溪、余姚、镇海、江北、北仑、鄞州、奉化、宁海、象山、市区

907. 酢浆草 Oxalis corniculata Linn.
慈溪、余姚、镇海、江北、北仑、鄞州、奉化、宁海、象山、市区

908. 红花酢浆草 Oxalis corymbosa DC.
慈溪 *、余姚△、镇海△、江北△、北仑△、鄞州△、奉化△、宁海△、象山△、市区 *

909. 直立酢浆草 Oxalis stricta Linn.
慈溪、余姚、北仑、鄞州、奉化、宁海、象山

910. 紫叶酢浆草 Oxalis triangularis A. Saint-Hilaire*
慈溪、余姚、镇海、江北、北仑、鄞州、奉化、宁海、象山、市区

五一、牻牛儿苗科 Geraniaceae

911. 野老鹳草 Geranium carolinianum Linn.
慈溪、余姚、镇海、江北、北仑、鄞州、奉化、宁海、象山、市区

912. 东亚老鹳草 Geranium thunbergii Sieb. ex Lindl. et Paxt.
余姚、北仑、鄞州、奉化、宁海、象山

913. 老鹳草 Geranium wilfordii Maxim.
余姚、北仑、鄞州

914. 香叶天竺葵 Pelargonium × graveolens L'Hér.*
象山、市区

915. 天竺葵 Pelargonium hortorum Bailey*
慈溪、余姚、镇海、江北、北仑、鄞州、奉化、宁海、象山、市区

916. 菊叶天竺葵 Pelargonium radens S. Moore*

慈溪、奉化、宁海、象山、市区

917. 马蹄纹天竺葵 Pelargonium zonale (Linn.) L'Hér.*
镇海、北仑、奉化

五二、旱金莲科 Tropaeolaceae

918. 旱金莲 Tropaeolum majus Linn.*
慈溪、余姚、镇海、江北、北仑、鄞州、奉化、宁海、象山、市区

五三、蒺藜科 Zygophyllaceae

919. 蒺藜 Tribulus terrestris Linn.
象山

五四、芸香科 Rutaceae

920. 松风草 Boenninghausenia albiflora (Hook.) Reich. ex Meisn.
余姚、北仑、鄞州、奉化、宁海、象山

921. 酸橙 Citrus × aurantium Linn.*
余姚、北仑、鄞州、奉化、宁海、象山

922. 常山胡柚 Citrus × aurantium Linn. 'Changshanhuyou'*
江北、北仑、象山、市区

923. 代代酸橙 Citrus × aurantium Linn. 'Daidai'*
慈溪、余姚、镇海、江北、北仑、鄞州、奉化、宁海、象山、市区

924. 香橙 Citrus × junos Sieb. ex Tanaka*
余姚、北仑、鄞州、宁海、象山

925. 柠檬 Citrus × limon (Linn.) Osbeck*
慈溪、江北

926. 柚 Citrus maxima (Burm.) Merr.*
慈溪、余姚、镇海、江北、北仑、鄞州、奉化、宁海、象山、市区

927. 四季抛 Citrus maxima (Burm.) Merr. 'Szechipaw'*
慈溪、余姚、镇海、江北、北仑、鄞州、奉化、宁海、象山、市区

928. 文旦 Citrus maxima (Burm.) Merr. 'Wentan'*
慈溪、江北

929. 香橼 Citrus medica Linn.*
余姚、象山

930. 佛手 Citrus medica Linn. 'Fingered'*
余姚、北仑、鄞州、奉化、宁海、象山、市区

931. 四季橘 Citrus × microcarpa Bunge*
鄞州、象山、市区

932. 柑橘 Citrus reticulata Blanco*
慈溪、余姚、镇海、江北、北仑、鄞州、奉化、宁海、象山、市区

933. 椪柑 Citrus reticulata Blanco 'Ponkan'*
慈溪、宁海、象山

934. 瓯柑 Citrus reticulata Blanco 'Suavissima'*
象山

935. 早橘 Citrus reticulata Blanco 'Subcompressa'*
余姚、宁海、象山

936. 本地早 Citrus reticulata Blanco 'Succosa'*
宁海、象山

937. 槾橘 Citrus reticulata Blanco 'Tardiferax'*

象山

938. 温州蜜橘 Citrus reticulata Blanco 'Unshiu'*
宁海、象山

939. 甜橙 Citrus × sinensis (Linn.) Osbeck*
宁海、象山

940. 臭辣树 Euodia fargesii Dode
慈溪、余姚、镇海、江北、北仑、鄞州、奉化、宁海、象山

941. 吴茱萸 Euodia ruticarpa (A. Juss.) Benth.
慈溪、余姚、镇海、江北、北仑、鄞州、奉化、宁海、象山

942. 密果吴茱萸 Euodia ruticarpa (A. Juss.) Benth. form. meionocarpa (Hand.-Mazz.) C.C. Huang
余姚、宁海、象山

943. 金柑 Fortunella japonica (Thunb.) Swingle*
余姚、北仑、宁海、象山

944. 金橘 Fortunella margarita (Lour.) Swingle*
慈溪、余姚、镇海、江北、北仑、鄞州、奉化、宁海、象山、市区

945. 金弹（宁波金桔）Fortunella margarita (Lour.) Swingle 'Chintan'*
慈溪、余姚、镇海、江北、北仑、鄞州、奉化、宁海、象山、市区

946. 金豆 Fortunella venosa (Champ. ex Hook.) C.C. Huang
江北 *、宁海、象山、市区 *

947. 紫柠檬 Microcitrus australasica (F. Muell.) Swingle var. sanguinea (F.M. Bailey) Swingle*
象山

948. 九里香 Murraya exotica Linn.*
慈溪、象山

949. 臭常山 Orixa japonica Thunb.
余姚、北仑、鄞州

950. 枳（枸桔）Poncirus trifoliata (Linn.) Raf.*
慈溪、余姚、镇海、江北、北仑、鄞州、奉化、宁海、象山

951. 茵芋 Skimmia reevesiana (Fort.) Fort.
余姚、宁海

952. 飞龙掌血 Toddalia asiatica (Linn.) Lam.
象山

953. 椿叶花椒 Zanthoxylum ailanthoides Sieb. et Zucc.
慈溪、余姚、镇海、江北、北仑、鄞州、奉化、宁海、象山

954. 竹叶椒 Zanthoxylum armatum DC.
慈溪、余姚、镇海、北仑、鄞州、奉化、宁海、象山

955. 花椒 Zanthoxylum bungeanum Maxim.*
慈溪、鄞州、象山、市区

956. 大叶臭椒 Zanthoxylum myriacanthum Wall. ex Hook. f.
余姚

957. 日本花椒 Zanthoxylum piperitum (Linn.) DC.
象山。中国新记录

958. 胡 椒 木 Zanthoxylum piperitum (Linn.) DC. form. inerme (Makino) Makino*
慈溪、余姚、镇海、江北、北仑、鄞州、奉化、宁海、象山、市区

959. 花椒簕 Zanthoxylum scandens Bl.
余姚、镇海、江北、北仑、鄞州、奉化、宁海、象山

960. 青花椒 Zanthoxylum schinifolium Sieb. et Zucc.
慈溪、余姚、镇海、北仑、鄞州、奉化、宁海、象山

961. 野花椒 Zanthoxylum simulans Hance
慈溪、余姚、北仑、鄞州、象山

五五、苦木科 Simaroubaceae

962. 臭椿 Ailanthus altissima Swingle
慈溪、余姚、镇海、江北、北仑、鄞州、奉化、宁海、象山、市区 *

963. 苦木 Picrasma quassioides (D. Don) Benn.
慈溪、余姚、北仑、鄞州、奉化、宁海、象山

五六、楝科 Meliaceae

964. 米兰 Aglaia odorata Lour.*
慈溪、余姚、镇海、江北、北仑、鄞州、奉化、宁海、象山、市区

965. 苦楝 Melia azedarach Linn.
慈溪、余姚、镇海、江北、北仑、鄞州、奉化、宁海、象山、市区 *

966. 川楝 Melia toosendan Sieb. et Zucc.*
慈溪、余姚、鄞州、宁海、象山

967. 毛 红 椿 Toona ciliata Roem. var. pubescens (Franch.) Hand.-Mazz.
慈溪、余姚、北仑、鄞州、奉化、宁海、象山。国家 II 级重点保护野生植物

968. 香椿 Toona sinensis (A. Juss.) Roem.*
慈溪、余姚、镇海、江北、北仑、鄞州、奉化、宁海、象山、市区

五七、远志科 Polygalaceae

969. 香港远志 Polygala hongkongensis Hemsl.
慈溪

970. 狭叶香港远志 Polygala hongkongensis Hemsl. var. stenophylla (Hayata) Migo
慈溪、余姚、北仑、鄞州、奉化、宁海、象山

971. 瓜子金 Polygala japonica Houtt.
余姚、北仑、鄞州、奉化、宁海、象山

五八、大戟科 Euphorbiaceae

972. 铁苋菜 Acalypha australis Linn.
慈溪、余姚、镇海、江北、北仑、鄞州、奉化、宁海、象山、市区

973. 酸味子 Antidesma japonicum Sieb. et Zucc.
余姚、北仑、鄞州、宁海、象山

974. 山麻杆 Alchornea davidii Franch.*
慈溪、鄞州、宁海、象山、市区

975. 重阳木 Bischofia polycarpa (Lévl.) Airy-Shaw*
慈溪、余姚、镇海、江北、北仑、鄞州、奉化、宁海、象山、

976. 细齿大戟 Euphorbia bifida Hook. et Arn.
慈溪、余姚、镇海、江北、北仑、鄞州、奉化、宁海、象山、市区

977. 乳浆大戟 Euphorbia esula Linn.
慈溪、余姚、奉化、象山

978. 泽漆 Euphorbia helioscopia Linn.
慈溪、余姚、镇海、江北、北仑、鄞州、奉化、宁海、象山、市区

979. 小叶大戟 Euphorbia makinoi Hayata
象山

980. 飞扬草 Euphorbia hirta Linn. △
慈溪、余姚、北仑、鄞州、奉化、宁海、象山

981. 地锦草 Euphorbia humifusa Willd.
慈溪、余姚、镇海、江北、北仑、鄞州、奉化、宁海、象山、市区

982. 湖北大戟 Euphorbia hylonoma Hand.-Mazz.
余姚、宁海

983. 岩大戟（大狼毒）Euphorbia jolkinii Boiss.
象山

984. 甘肃大戟 Euphorbia kansuensis Prokh.
慈溪、余姚、奉化、宁海

985. 续随子 Euphorbia lathyris Linn.
慈溪△、江北 *、北仑 *、鄞州△、奉化 *、宁海 *

986. 斑地锦 Euphorbia maculata Linn.
慈溪、余姚、镇海、江北、北仑、鄞州、奉化、宁海、象山、市区

987. 银边翠 Euphorbia marginata Pursh*
奉化

988. 铁海棠 Euphorbia milii Des Moul.*
慈溪、余姚、镇海、江北、北仑、鄞州、奉化、宁海、象山、市区

989. 大戟 Euphorbia pekinensis Rupr.
余姚、奉化、宁海

990. 匍匐大戟 Euphorbia prostrata Ait. △
全市各地。浙江归化新记录

991. 钩腺大戟（长圆叶大戟）Euphorbia sieboldiana Morr. et Decne
余姚、鄞州、奉化、宁海

992. 千根草 Euphorbia thymifolia Linn.
慈溪、余姚、象山

993. 一叶萩 Flueggea suffruticosa (Pall.) Baill.
慈溪、余姚、北仑、鄞州、奉化、象山

994. 算盘子 Glochidion puberum (Linn.) Hutch.
慈溪、余姚、镇海、江北、北仑、鄞州、奉化、宁海、象山

995. 台闽算盘子 Glochidion rubrum Bl.
象山

996. 湖北算盘子 Glochidion wilsonii Hutch.
余姚、鄞州、奉化、宁海

997. 白背叶 Mallotus apeltus (Lour.) Müll.-Arg.
慈溪、余姚、镇海、江北、北仑、鄞州、奉化、宁海、象山

998. 日本野桐 Mallotus japonicus (Thunb.) Müll.-Arg.
慈溪、余姚、镇海、江北、北仑、鄞州、奉化、宁海、象山

999. 粗糠柴 Mallotus philippensis (Lam.) Müll.-Arg.
象山

1000. 石岩枫 Mallotus repandus (Willd.) Müll.-Arg. var. scabrifolius (A. Juss.) Müll.-Arg.
慈溪、余姚、镇海、江北、北仑、鄞州、奉化、宁海、象山

1001. 野桐 Mallotus subjaponicus (Croizat.) Croizat.
慈溪、余姚、镇海、江北、北仑、鄞州、奉化、宁海、象山、市区

1002. 山靛 Mercurialis leiocarpa Sieb. et Zucc.
余姚、北仑、鄞州、奉化、宁海、象山

1003. 落萼叶下珠 Phyllanthus flexuosus (Sieb. et Zucc.) Müll.-Arg.
慈溪、余姚、北仑、鄞州、奉化、宁海、象山

1004. 青灰叶下珠 Phyllanthus glaucus Wall. ex Müll.-Arg.
余姚、北仑、鄞州、奉化、宁海、象山

1005. 叶下珠 Phyllanthus urinaria Linn.
慈溪、余姚、镇海、江北、北仑、鄞州、奉化、宁海、象山

1006. 蜜柑草 Phyllanthus ussuriensis Rupr. et Maxim.
慈溪、余姚、镇海、江北、北仑、鄞州、奉化、宁海、象山

1007. 蓖麻 Ricinus communis Linn.*
慈溪、余姚、镇海、江北、北仑、鄞州、奉化、宁海、象山、市区

1008. 山乌桕 Sapium discolor (Champ. ex Benth.) Müll.-Arg.
慈溪 *、宁海

1009. 白木乌桕 Sapium japonicum (Sieb. et Zucc.) Pax et Hoffm.
余姚、北仑、鄞州、奉化、宁海、象山

1010. 乌桕 Sapium sebiferum (Linn.) Roxb.
慈溪、余姚、镇海、江北、北仑、鄞州、奉化、宁海、象山、市区 *

1011. 油桐 Vernicia fordii (Hemsl.) Airy-Shaw
慈溪、余姚、镇海、江北 *、北仑、鄞州、奉化、宁海、象山。模式产地

1012. 木油桐 Vernicia montana Lour.*
余姚、鄞州、奉化、宁海

五九、虎皮楠科 Daphniphyllaceae

1013. 琉球虎皮楠 (兰屿虎皮楠) Daphniphyllum luzonense Elmer
象山。中国大陆新记录

1014. 交让木 Daphniphyllum macropodum Miq.*
镇海、鄞州

1015. 虎皮楠 Daphniphyllum oldhami (Hemsl.) Rosenth.
鄞州、奉化、宁海、象山

六〇、水马齿科 Callitrichaceae

1016. 日本水马齿 Callitriche japonica Engelm. ex Hegelm.
北仑

1017. 沼生水马齿 Callitriche palustris Linn.
慈溪、余姚、镇海、江北、北仑、鄞州、奉化、宁海、象山

六一、黄杨科 Buxaceae

1018. 尖叶黄杨 Buxus aemulans (Rehd. et Wils.) S.C. Li et S.H. Wu
奉化 *、宁海

1019. 匙叶黄杨 Buxus bodinieri Hance
慈溪 *、余姚 *、镇海 *、江北 *、北仑 *、鄞州、奉化 *、宁海 *、象山 *、市区 *

1020. 黄杨 Buxus sinica (Rehd. et Wils.) Cheng ex M. Cheng
慈溪 *、余姚 *、镇海 *、江北 *、北仑 *、鄞州 *、奉化 *、宁海、象山、市区 *

1021. 珍珠黄杨 Buxus sinica (Rehd. et Wils.) M. Cheng var. parvifolia M. Cheng*
江北

1022. 金叶黄杨 Buxus sinica (Rehd. et Wils.) Cheng ex M. Cheng 'Aurea'*
慈溪、象山

1023. 变色黄杨 Buxus sinica (Rehd. et Wils.) Cheng ex M. Cheng 'Versicolor'*
慈溪

1024. 顶花板凳果 Pachysandra terminalis Sieb. et Zucc.*
余姚、奉化

六二、漆树科 Anacardiaceae

1025. 南酸枣 Choerospondias axillaris (Roxb.) Burtt et Hill
慈溪、余姚、镇海 *、江北 *、北仑、鄞州、奉化、宁海、象山 *、市区 *

1026. 毛黄栌 Cotinus coggygria Scop. var. pubescens Engl.
慈溪、余姚、鄞州、奉化

1027. 紫叶黄栌 Cotinus coggygria Scop. 'Purpureus'*
市区

1028. 黄连木 Pistacia chinensis Bunge
慈溪、余姚、镇海、江北、北仑、鄞州、奉化、宁海、象山、市区 *

1029. 盐肤木 Rhus chinensis Mill.
慈溪、余姚、镇海、江北、北仑、鄞州、奉化、宁海、象山

1030. 野漆树 Toxicodendron succedaneum (Linn.) Kuntze
慈溪、余姚、镇海、江北、北仑、鄞州、奉化、宁海、象山、市区 *

1031. 木蜡树 Toxicodendron sylvestre (Sieb. et Zucc.) Kuntze
慈溪、余姚、镇海、江北、北仑、鄞州、奉化、宁海、象山

1032. 漆树 Toxicodendron vernicifluum (Stokes) F.A. Bark.*
象山

六三、冬青科 Aquifoliaceae

1033. 贝尔奇卡金冬青 Ilex × altaclerensis 'Belgica Aurea'*
鄞州、市区

1034. 枸骨叶冬青 Ilex aquifolium Linn.*
鄞州

1035. 阳光狭冠冬青 Ilex × attenuata 'SunnyFoster'*
慈溪、余姚、镇海、江北、北仑、鄞州、奉化、宁海、象山、市区

1036. 短梗冬青 Ilex buergeri Miq.
余姚、北仑、鄞州、奉化、宁海、象山

1037. 冬青 Ilex chinensis Sims
慈溪、余姚、镇海、江北、北仑、鄞州、奉化、宁海、象山、市区 *

1038. 枸骨 Ilex cornuta Lindl.
慈溪、余姚、镇海、江北、北仑、鄞州、奉化、宁海、象山、市区 *

1039. 无刺枸骨 Ilex cornuta Lindl. et Paxt. 'Burfordii Nana'*
慈溪、余姚、镇海、江北、北仑、鄞州、奉化、宁海、象山、市区

1040. 钝齿冬青 Ilex crenata Thunb.*
慈溪、江北、鄞州、奉化、宁海、象山、市区

1041. 龟甲冬青 Ilex crenata Thunb. 'Convexa'*
慈溪、余姚、镇海、江北、北仑、鄞州、奉化、宁海、象山、市区

1042. 金叶钝齿冬青 Ilex crenata Thunb. 'Gold Gem'*
北仑、鄞州

1043. 二型叶冬青 Ilex dimorphophylla Koidz.*
鄞州、宁海

1044. 厚叶冬青 Ilex elmerrilliana S.Y. Hu
余姚、鄞州、奉化、宁海、象山

1045. 榕叶冬青 Ilex ficoidea Hemsl.
鄞州、奉化、宁海

1046. 全缘冬青 Ilex integra Thunb.
鄞州 *、象山。浙江省重点保护野生植物

1047. 光枝刺叶冬青 Ilex hylonoma Hu et Tang var. glabra S.Y. Hu
慈溪、余姚、北仑、鄞州、奉化、宁海、象山

1048. 皱柄冬青 Ilex kengii S.Y. Hu
鄞州。模式产地

1049. 大叶冬青 Ilex latifolia Thunb.
慈溪、余姚、镇海、江北、北仑、鄞州、奉化、宁海、象山、市区 *

1050. 木姜冬青 Ilex litseifolia Hu et Tang
余姚、北仑、鄞州、奉化、宁海、象山

1051. 矮冬青 Ilex lohfauensis Merr.
宁海

1052. 大柄冬青 Ilex macropoda Miq.
余姚

1053. 小果冬青 Ilex micrococca Maxim.
余姚、镇海 *、北仑、鄞州、宁海

1054. 毛冬青 Ilex pubescens Hook. et Ait.
余姚、北仑、鄞州、奉化、宁海、象山

1055. 铁冬青 Ilex rotunda Thunb.
慈溪、余姚、北仑、鄞州、奉化、宁海、象山、市区 *

1056. 香冬青 Ilex suaveolens (Lévl.) Loes.
余姚、北仑、鄞州、奉化、宁海、象山

1057. 三花冬青 Ilex triflora Bl.
余姚 、奉化、宁海

1058. 北美冬青 Ilex verticillata (Linn.) A. Gray*
余姚、鄞州

1059. 绿叶冬青（亮叶冬青）Ilex viridis Champ. ex Benth.
奉化、宁海、象山

1060. 尾叶冬青 Ilex wilsonii Loes.
余姚、北仑、鄞州、宁海

1061. 浙江枸骨 Ilex sp.
余姚、象山

六四、卫矛科 Celastraceae

1062. 过山枫 Celastrus aculeatus Merr.
余姚、镇海、江北、北仑、鄞州、奉化、宁海、象山

1063. 大芽南蛇藤 Celastrus gemmatus Loes.
慈溪、余姚、北仑、鄞州、奉化、宁海、象山

1064. 窄叶南蛇藤 Celastrus oblanceifolius Wang et Tsoong
镇海、北仑

1065. 东南南蛇藤（腺萼南蛇藤）Celastrus punctatus Thunb.
奉化

1066. 毛脉显柱南蛇藤 Celastrus stylosus Wall. var. puberulus (Hsu) C.Y. Cheng et T.C. Kao
余姚、北仑、鄞州、奉化、宁海、象山

1067. 浙江南蛇藤 Celastrus zhejiangensis P.L. Chiu，G.Y. Li et Z.H. Chen
余姚、奉化、宁海、象山。新种

1068. 卫矛 Euonymus alatus (Thunb.) Sieb.
慈溪、余姚、镇海、江北 *、北仑、鄞州、奉化、宁海、象山、市区 *

1069. 肉花卫矛 Euonymus carnosus Hemsl.
慈溪、余姚、北仑、鄞州、奉化、宁海、象山

1070. 百齿卫矛 Euonymus centidens Lévl.
慈溪、余姚、镇海、北仑、鄞州、奉化、宁海、象山

1071. 棘刺卫矛（无柄卫矛）Euonymus echinatus Wall.
宁海

1072. 鸦椿卫矛 Euonymus euscaphis Hand.-Mazz.
余姚、北仑、鄞州、奉化、宁海、象山

1073. 扶芳藤 Euonymus fortunei (Turcz.) Hand.-Mazz.
慈溪、余姚、镇海、江北、北仑、鄞州、奉化、宁海、象山、市区

1074. 银边扶芳藤 Euonymus fortunei (Turcz.) Hand.-Mazz. 'Albo-marginatus'*
慈溪、江北、鄞州

1075. 金边扶芳藤 Euonymus fortunei (Turcz.) Hand.-Mazz. 'Coloratus'*

鄞州、奉化

1076. 速铺扶芳藤 Euonymus fortunei (Turcz.) Hand.-Mazz. 'Dart's Blanket'*
慈溪、余姚、镇海、江北、北仑、鄞州、奉化、宁海、象山、市区

1077. 西南卫矛 Euonymus hamiltonianus Wall.
余姚、北仑、鄞州、奉化、宁海、象山

1078. 常春卫矛 Euonymus hederaceus Champ. ex Benth.
余姚

1079. 冬青卫矛 Euonymus japonicus Thunb.
慈溪、余姚*、镇海、江北*、北仑*、鄞州*、奉化*、宁海*、象山、市区*

1080. 银边冬青卫矛 Euonymus japonicus Thunb. 'Albo-marginatus'*
慈溪、余姚、镇海、江北、北仑、鄞州、奉化、宁海、象山、市区

1081. 金边冬青卫矛 Euonymus japonicus Thunb. 'Aureo-marginatus'*
慈溪、余姚、镇海、江北、北仑、鄞州、奉化、宁海、象山、市区

1082. 金心冬青卫矛 Euonymus japonicus Thunb. 'Aureo-variegatus'*
慈溪、余姚、镇海、江北、北仑、鄞州、奉化、宁海、象山、市区

1083. 小叶冬青卫矛 Euonymus japonicus Thunb. 'Microphyllus'*
慈溪、鄞州

1084. 银边小叶冬青卫矛 Euonymus japonicus Thunb. 'Microphyllus Albo-variegatus'*
慈溪、鄞州

1085. 金边小叶冬青卫矛 Euonymus japonicus Thunb. 'Microphyllus Aureo-variegatus'*
慈溪、鄞州

1086. 胶州卫矛 Euonymus kiautschovicus Loes.
北仑、鄞州、象山

1087. 白杜 Euonymus maackii Rupr.
慈溪、余姚、镇海、江北、北仑、鄞州、奉化、宁海、象山、市区*

1088. 矩叶卫矛 Euonymus oblongifolius Loes. et Rehd.
余姚、北仑、鄞州、奉化、宁海、象山

1089. 海岸卫矛 Euonymus tanakae Maixm.
镇海、奉化、宁海、象山

1090. 福建假卫矛 Microtropis fokienensis Dunn
余姚、象山

1091. 雷公藤 Tripterygium wilfordii Hook. f.
慈溪、余姚、北仑、鄞州、奉化、宁海、象山

六五、省沽油科 Staphyleaceae

1092. 野鸦椿 Euscaphis japonica (Thunb.) Kanitz
慈溪、余姚、镇海、江北、北仑、鄞州、奉化、宁海、象山

1093. 省沽油 Staphylea bumalda (Thunb.) DC.

慈溪、余姚、北仑、鄞州、奉化、象山

六六、槭树科 Aceraceae

1094. 锐角槭 Acer acutum Fang
余姚、鄞州、奉化、宁海

1095. 天童锐角槭 Acer acutum Fang var. tientungense Fang et Fang f. ex Fang
鄞州、宁海、象山。模式产地

1096. 阔叶槭 Acer amplum Rehd.
余姚、北仑、鄞州、奉化、宁海

1097. 三角枫 Acer buergerianum Miq.
慈溪、余姚、镇海、江北、北仑、鄞州、奉化、宁海、象山、市区*

1098. 平翅三角枫 Acer buergerianum Miq. var. horizontale Metc.
余姚、镇海、北仑、鄞州、奉化、宁海、象山

1099. 宁波三角枫 Acer buergerianum Miq. var. ningpoense (Hance) Rehd.
北仑、鄞州。模式产地

1100. 雁荡三角枫 Acer buergerianum Miq. var. yentangense Fang et Fang f. ex Fang
余姚、北仑、鄞州、奉化、宁海、象山

1101. 紫果槭 Acer cordatum Pax*
镇海、奉化

1102. 樟叶槭 Acer coriaceifolia Lévl.*
慈溪、余姚、镇海、江北、北仑、鄞州、奉化、宁海、象山、市区

1103. 罗浮槭 (红翅槭) Acer fabri Hance*
镇海、鄞州、奉化

1104. 青榨槭 Acer davidii Franch.
余姚、北仑、鄞州、奉化、宁海、象山

1105. 秀丽槭 Acer elegantulum Fang et P.L. Chiu ex Fang
慈溪、余姚、北仑*、鄞州*、奉化*、宁海*、象山*

1106. 长尾秀丽槭 Acer elegantulum Fang et P.L. Chiu ex Fang var. macrurum Fang et P.L. Chiu ex Fang*
鄞州

1107. 建始槭 Acer henryi Pax
余姚、北仑、鄞州、奉化、宁海

1108. 乌头叶羽扇槭 Acer japonicum Thunb. 'Aconitifolium'*
慈溪、余姚、奉化

1109. 毛果槭 Acer nikoense Maxim.
余姚

1110. 橄榄槭 Acer olivaceum Fang et P.L. Chiu ex Fang
余姚、北仑、鄞州、奉化、宁海、象山

1111. 鸡爪槭 Acer palmatum Thunb.*
慈溪、余姚、镇海、江北、北仑、鄞州、奉化、宁海、象山、市区

1112. 小鸡爪槭 Acer palmatum Thunb. var. thunbergii Pax*
慈溪、余姚、镇海、江北、北仑、鄞州、奉化、宁海、象山、市区

1113. 红枫 Acer palmatum Thunb. 'Atropurpureum'*

慈溪、余姚、镇海、江北、北仑、鄞州、奉化、宁海、象山、市区

1114. 羽毛枫 Acer palmatum Thunb. 'Dissectum'*
慈溪、余姚、镇海、江北、北仑、鄞州、奉化、宁海、象山、市区

1115. 红羽毛枫 Acer palmatum Thunb. 'Dissectum Ornatum'*
慈溪、余姚、镇海、江北、北仑、鄞州、奉化、宁海、象山、市区

1116. 稀花槭 Acer pauciflorum Fang
北仑、鄞州、宁海

1117. 色木槭 Acer pictum Thunb. ex Murr. subsp. mono (Maxim.) H. Ohashi
余姚、奉化、宁海

1118. 毛脉槭 Acer pubinerve Rehd.
慈溪 *、余姚、镇海 *、江北 *、北仑、鄞州、奉化、宁海、象山

1119. 细果毛脉槭 Acer pubinerve Rehd. var. apiferum Fang et P.L. Chiu ex Fang
北仑。模式产地

1120. 北美红枫 Acer rubrum Linn.*
慈溪、鄞州、奉化、宁海、象山、市区

1121. 天目槭 Acer sinopurpurascens Cheng
奉化、宁海。浙江省重点保护野生植物

1122. 苦茶槭 Acer tataricum Linn. subsp. theiferum (Fang) Z.H. Chen et P.L. Chiu，tansl. et stat. nov.
慈溪、余姚、镇海、北仑、鄞州、奉化、宁海、象山

1123. 羊角槭 Acer yangjuechi Fang et P.L. Chiu*
鄞州

六七、七叶树科 Hippocastanaceae

1124. 七叶树 Aesculus chinensis Bunge*
慈溪、余姚、江北、北仑、鄞州、奉化、宁海、象山、市区

1125. 天师栗 Aesculus chinensis Bunge var. wilsonii (Rehd.) Turland et N.H. Xia*
镇海、奉化

1126. 红花七叶树 Aesculus pavia Linn.*
鄞州

六八、无患子科 Sapindaceae

1127. 倒地铃 Cardiospermum halicacabum Linn.*
市区

1128. 黄山栾树（复羽叶栾树）Koelreuteria bipinnata Franch. var. integrifoliola (Merr.) T.C. Chen
慈溪 *、余姚 *、镇海 *、江北 *、北仑 *、鄞州、奉化、宁海、象山 *、市区 *

1129. 无患子 Sapindus saponaria Linn.
慈溪、余姚、镇海 *、江北 *、北仑、鄞州、奉化、宁海、象山、市区 *

六九、清风藤科 Sabiaceae

1130. 垂枝泡花树 Meliosma flexuosa Pamp.
余姚、北仑、鄞州、奉化、宁海

1131. 异色泡花树 Meliosma myriantha Sieb. et Zucc. var. discolor Dunn
余姚、北仑、鄞州、奉化、宁海、象山

1132. 红枝柴 Meliosma oldhamii Maxim.
慈溪、余姚、北仑、鄞州、奉化、宁海、象山

1133. 笔罗子 Meliosma rigida Sieb. et Zucc.
余姚、北仑、鄞州、奉化、宁海、象山

1134. 毡毛泡花树 Meliosma rigida Sieb. et Zucc. var. pannosa (Hand.-Mazz.) Law
鄞州、奉化、宁海

1135. 鄂西清风藤 Sabia campanulata Wall. subsp. ritchieae (Rehd. et Wils.) Y.F. Wu
余姚、镇海、北仑、鄞州、奉化、宁海、象山

1136. 白背清风藤 Sabia discolor Dunn
鄞州

1137. 清风藤 Sabia japonica Maxim.
慈溪、余姚、镇海、江北、北仑、鄞州、奉化、宁海、象山

1138. 尖叶清风藤 Sabia swinhoei Hemsl.
余姚、北仑、鄞州、奉化、宁海、象山

七〇、凤仙花科 Balsaminaceae

1139. 凤仙花 Impatiens balsamina Linn.*
慈溪、余姚、镇海、江北、北仑、鄞州、奉化、宁海、象山、市区

1140. 牯岭凤仙花 Impatiens davidii Franch.
余姚、北仑、鄞州、奉化、宁海、象山

1141. 新几内亚凤仙 Impatiens hawkeri W. Bull*
慈溪、余姚、镇海、江北、北仑、鄞州、奉化、宁海、象山、市区

1142. 非洲凤仙 Impatiens sultanii Hook. f.*
慈溪、余姚、镇海、江北、北仑、鄞州、奉化、宁海、象山、市区

七一、鼠李科 Rhamnaceae

1143. 多花勾儿茶 Berchemia floribunda (Wall.) Brongn.
慈溪、北仑、鄞州、奉化、宁海、象山

1144. 大叶勾儿茶 Berchemia huana Rehd.
北仑、奉化

1145. 脱毛大叶勾儿茶 Berchemia huana Rehd. var. glabrescens Cheng ex Y.L. Chen
鄞州、奉化

1146. 牯岭勾儿茶 Berchemia kulingensis Schneid.
慈溪、余姚、镇海、北仑、鄞州、奉化、宁海、象山

1147. 小勾儿茶 Berchemiella wilsonii (Schneid.) Nakai
余姚。浙江省重点保护野生植物

1148. 枳椇 Hovenia acerba Lindl.*
慈溪、余姚、镇海、江北、北仑、鄞州、奉化、宁海、象山

1149. 光叶毛果枳椇 Hovenia trichocarpa Chun et Tsiang var. robusta (Nakai et Y. Kimura) Y.L. Chen et P.K. Chou
余姚、北仑、鄞州、奉化、宁海、象山

1150. 马甲子 Paliurus ramosissimus (Lour.) Poir.
慈溪 *、余姚 *、北仑、奉化、宁海、象山

1151. 猫乳 Rhamnella franguloides (Maxim.) Weberb.
慈溪、余姚、镇海、北仑、鄞州、奉化、宁海、象山

1152. 长叶鼠李 Rhamnus crenata Sieb. et Zucc.
慈溪、余姚、北仑、鄞州、奉化、宁海、象山

1153. 圆叶鼠李 Rhamnus globosa Bunge
慈溪、余姚、镇海、江北、北仑、鄞州、奉化、宁海、象山

1154. 尼泊尔鼠李 Rhamnus napalensis (Wall.) Laws.
宁海

1155. 冻绿 Rhamnus utilis Decne.
慈溪、余姚、镇海、北仑、鄞州、奉化、宁海、象山

1156. 山鼠李 Rhamnus wilsonii Schneid.
余姚、北仑、鄞州、奉化、宁海、象山

1157. 钩刺雀梅藤 Sageretia hamosa (Wall.) Brongn.
鄞州、宁海

1158. 刺藤子 Sageretia melliana Hand.-Mazz.
余姚、镇海、北仑、鄞州、奉化、宁海

1159. 雀梅藤 Sageretia thea (Osbeck) Johnst.
慈溪、余姚、镇海、江北、北仑、鄞州、奉化、宁海、象山、市区 *

1160. 枣 Ziziphus jujuba Mill.*
慈溪、余姚、镇海、江北、北仑、鄞州、奉化、宁海、象山、市区

1161. 无刺枣 Ziziphus jujuba Mill. var. inermis (Bunge) Rehd.*
余姚、奉化

七二、葡萄科 Vitaceae

1162. 广东蛇葡萄 Ampelopsis cantoniensis (Hook. et Arn.) K. Koch
慈溪、余姚、镇海、江北、北仑、鄞州、奉化、宁海、象山

1163. 三裂蛇葡萄 Ampelopsis delavayana Planch. ex Franch.
余姚、北仑、鄞州、奉化、宁海、象山

1164. 异叶蛇葡萄 Ampelopsis heterophylla (Thunb.) Sieb. et Zucc.
慈溪、余姚、镇海、北仑、鄞州、奉化、宁海、象山

1165. 牯岭蛇葡萄 Ampelopsis heterophylla (Thunb.) Sieb. et Zucc. var. kulingensis (Rehd.) C.L. Li
余姚、北仑、鄞州、奉化、宁海、象山

1166. 白蔹 Ampelopsis japonica (Thunb.) Makino
北仑、奉化、宁海、象山

1167. 蛇葡萄 Ampelopsis sinica (Miq.) W.T. Wang
余姚、镇海、江北、北仑、鄞州、奉化、宁海、象山

1168. 光叶蛇葡萄 Ampelopsis sinica (Miq.) W.T. Wang var. hancei (Planch.) W.T. Wang
慈溪、余姚、镇海、北仑、鄞州、奉化、宁海、象山

1169. 脱毛乌蔹莓 Cayratia albifolia C.L. Li var. glabra (Gagnep.) C.L. Li
北仑、鄞州、奉化

1170. 乌蔹莓 Cayratia japonica (Thunb.) Gagnep.
慈溪、余姚、镇海、江北、北仑、鄞州、奉化、宁海、象山、市区

1171. 锦屏藤 Cissus verticillata (Linn.) Nicolson et C.E. Jarvis*
慈溪

1172. 异叶爬山虎 Parthenocissus dalzielii Gagnep.
余姚、镇海、北仑、鄞州、奉化、宁海、象山

1173. 绿爬山虎 Parthenocissus laetevirens Rehd.
慈溪、余姚、镇海、北仑、鄞州、奉化、宁海、象山

1174. 五叶地锦 Parthenocissus quinquefolia (Linn.) Planch.*
慈溪、余姚、镇海、江北、北仑、鄞州、奉化、宁海、象山、市区

1175. 爬山虎 Parthenocissus tricuspidata (Sieb. et Zucc.) Planch.
慈溪、余姚、镇海、江北 *、北仑、鄞州、奉化、宁海、象山、市区 *

1176. 三叶崖爬藤（三叶青）Tetrastigma hemsleyanum Diels et Gilg
慈溪、余姚、北仑、鄞州、奉化、宁海、象山。浙江省重点保护野生植物

1177. 蘡薁 Vitis bryoniifolia Bunge
慈溪、余姚、镇海、江北、北仑、鄞州、奉化、宁海、象山

1178. 刺葡萄 Vitis davidii (Roman. du Caill.) Foëx.
慈溪、余姚、北仑、鄞州、奉化、宁海、象山

1179. 红叶葡萄 Vitis erythrophylla W.T. Wang
慈溪、余姚

1180. 桑叶葡萄 Vitis ficifolia Bunge
象山

1181. 葛藟葡萄 Vitis flexuosa Thunb.
慈溪、余姚、镇海、北仑、鄞州、奉化、宁海、象山

1182. 菱叶葡萄 Vitis hancockii Hance
余姚、北仑、鄞州、奉化、宁海、象山。模式产地

1183. 毛葡萄 Vitis heyneana Roem. et Schult.
慈溪、北仑、宁海、象山

1184. 腺枝葡萄 Vitis heyneana Roem. et Schult. var. adenoclada (Hand.-Mazz.) Z.H. Chen et P.L. Chiu，comb. et stat. nov. ined.
奉化

1185. 美国提子 Vitis labrusca Linn.*
慈溪、余姚、镇海

1186. 华东葡萄 Vitis pseudoreticulata W.T. Wang
慈溪、余姚、北仑、鄞州、奉化、宁海、象山

1187. 小叶葡萄 Vitis sinocinerea W.T. Wang
余姚、镇海、北仑、鄞州、奉化、宁海、象山

1188. 葡萄 Vitis vinifera Linn.*
慈溪、余姚、镇海、江北、北仑、鄞州、奉化、宁海、象山、市区

1189. 网脉葡萄 Vitis wilsoniae Veitch
余姚、北仑、鄞州、奉化、宁海、象山

1190. 俞藤 Yua thomsonii (Laws.) C.L. Li

余姚、鄞州、奉化

七三、杜英科 Elaeocarpaceae

1191. 中华杜英 Elaeocarpus chinensis (Gardn. et Champ.) Hook. f. ex Benth.
鄞州、奉化、宁海、市区 *

1192. 杜英 Elaeocarpus decipiens Hemsl.
北仑、鄞州、宁海、象山、市区 *

1193. 褐毛杜英（冬桃）Elaeocarpus duclouxii Gagnep.*
镇海

1194. 秃瓣杜英 Elaeocarpus glabripetalus Merr.
慈溪、余姚、镇海 *、江北 *、北仑、鄞州、奉化、宁海、象山、市区 *

1195. 薯豆 Elaeocarpus japonicus Sieb. et Zucc.
余姚、北仑、鄞州、奉化、宁海、象山、市区 *

1196. 猴欢喜 Sloanea sinensis (Hance) Hemsl.
宁海

七四、椴树科 Tiliaceae

1197. 田麻 Corchoropsis crenata Sieb. et Zucc.
慈溪、余姚、镇海、江北、北仑、鄞州、奉化、宁海、象山

1198. 扁担杆 Grewia biloba G. Don
慈溪、余姚、镇海、江北、北仑、鄞州、奉化、宁海、象山

1199. 小花扁担杆 (扁担木) Grewia biloba G. Don var. parviflora (Bunge) Hand.-Mazz.
鄞州、奉化、象山

1200. 短毛椴 Tilia chingiana Hu et Cheng
余姚、奉化、宁海

1201. 秃糯米椴 Tilia henryana Szysz. var. subglabra V. Engl.
奉化、宁海

1202. 华东椴 Tilia japonica (Miq.) Simonk.
余姚、奉化、宁海、象山

1203. 南京椴 Tilia miqueliana Maxim.
慈溪、余姚、北仑、鄞州、奉化、宁海、象山

1204. 单毛刺蒴麻 Triumfetta annua Linn.
余姚、北仑、鄞州、奉化、宁海、象山

七五、锦葵科 Malvaceae

1205. 咖啡黄葵（秋葵）Abelmoschus esculentus (Linn.) Moen.*
慈溪、余姚、镇海、江北、北仑、鄞州、奉化、宁海、象山、市区

1206. 黄蜀葵 Abelmoschus manihot (Linn.) Medik.*
慈溪、余姚、北仑、鄞州、奉化、宁海、象山、市区

1207. 箭叶秋葵 Abelmoschus sagittifolius (Kurz) Merr.*
鄞州、宁海

1208. 红萼苘麻 Abutilon megapotamicum (A. Spreng.) A. St.-Hil. et Naudin*
宁海

1209. 纹瓣悬铃花（金铃花）Abutilon striatum Dickson*
象山

1210. 苘麻 Abutilon theophrasti Medik.

慈溪、余姚、镇海、江北、北仑、鄞州、奉化、宁海、象山、市区

1211. 蜀葵 Alcea rosea (Linn.) Cav.*
慈溪、余姚、镇海、江北、北仑、鄞州、奉化、宁海、象山、市区

1212. 小木槿 Anisodontea capensis (Linn.) D.M. Bates*
北仑

1213. 陆地棉 Gossypium hirsutum Linn.*
慈溪、余姚、镇海、江北、北仑、鄞州、奉化、宁海、象山

1214. 洋麻（芙蓉麻）Hibiscus cannabinus Linn.*
慈溪

1215. 海滨木槿 Hibiscus hamabo Sieb. et Zucc.
慈溪 *、余姚 *、镇海 *、江北 *、北仑、鄞州 *、奉化、宁海 *、象山、市区 *。浙江省重点保护野生植物

1216. 芙蓉葵（大花秋葵）Hibiscus moscheutos Linn.*
江北

1217. 木芙蓉 Hibiscus mutabilis Linn.*
慈溪、余姚、镇海、江北、北仑、鄞州、奉化、宁海、象山、市区

1218. 重瓣木芙蓉 Hibiscus mutabilis Linn. 'Plenus'*
慈溪、余姚、镇海、江北、北仑、鄞州、奉化、宁海、象山、市区

1219. 朱槿（扶桑）Hibiscus rosa-sinensis Linn.*
宁海、象山、市区

1220. 玫瑰茄 Hibiscus sabdariffa Linn.*
奉化、宁海、象山

1221. 木槿 Hibiscus syriacus Linn.
慈溪、余姚、镇海 *、江北 *、北仑、鄞州、奉化、宁海、象山、市区 *

1222. 白花重瓣木槿 Hibiscus syriacus Linn. 'Albus-plenus'*
余姚、奉化、宁海、象山

1223. 大花木槿 Hibiscus syriacus Linn. 'Grandiflorus'*
市区

1224. 牡丹木槿 Hibiscus syriacus Linn. 'Paeoniflorus'*
慈溪、余姚、镇海、江北、北仑、鄞州、奉化、宁海、象山、市区

1225. 白花木槿 Hibiscus syriacus Linn. 'Totus-albus'*
余姚、鄞州、奉化、宁海、象山

1226. 锦葵 Malva cathayensis M.G. Gilb.，Y. Tang et Dorr*
宁海、象山

1227. 野葵 Malva verticillata Linn.
奉化

1228. 冬葵 Malva verticillata Linn. var. crispa Linn.*
北仑

1229. 中华野葵 Malva verticillata Linn. var. rafiqii Abedin
北仑

1230. 戟叶孔雀葵（高砂芙蓉）Pavonia hastata Cav.*
江北

1231. 桤叶黄花稔 Sida alnifolia Linn.

北仑、鄞州、奉化、宁海、象山

1232. 白背黄花稔 Sida rhombifolia Linn.
慈溪、北仑、奉化

1233. 地桃花 Urena lobata Linn.
慈溪、北仑

七六、梧桐科 Sterculiaceae

1234. 梧桐 Firmiana simplex (Linn.) F.W. Wight
慈溪 *、余姚 *、镇海 *、江北 *、北仑 *、鄞州、奉化、宁海 *、象山、市区 *

1235. 马松子 Melochia corchorifolia Linn.
慈溪、余姚、镇海、江北、北仑、鄞州、奉化、宁海、象山

七七、猕猴桃科 Actinidiaceae

1236. 软枣猕猴桃 Actinidia arguta (Sieb. et Zucc.) Planch. ex Miq.
余姚、北仑、奉化、宁海

1237. 异色猕猴桃 Actinidia callosa Lindl. var. discolor C.F. Liang
余姚、北仑、鄞州、奉化、宁海、象山

1238. 中华猕猴桃 Actinidia chinensis Planch.
慈溪、余姚、镇海、江北 *、北仑、鄞州、奉化、宁海、象山。模式产地

1239. 美味猕猴桃 Actinidia deliciosa (A. Chev.) C.F. Liang et A.R. Ferguson*
慈溪、余姚、镇海、江北、北仑、鄞州、奉化、宁海、象山、市区

1240. 毛花猕猴桃 Actinidia eriantha Benth.
慈溪、余姚、奉化

1241. 小叶猕猴桃 Actinidia lanceolata Dunn
余姚、镇海、北仑、鄞州、奉化、宁海、象山

1242. 大籽猕猴桃 Actinidia macrosperma C.F. Liang
慈溪、余姚、江北、北仑、鄞州、奉化、宁海

1243. 黑蕊猕猴桃 Actinidia melanandra Franch.
余姚

1244. 对萼猕猴桃 Actinidia valvata Dunn
余姚、鄞州、奉化、宁海

七八、山茶科 Theaceae

1245. 越南抱茎茶 Camellia amplexicaulis Cohen Stuart*
镇海、北仑

1246. 杜鹃红山茶 Camellia azalea Wei*
慈溪、余姚、镇海、江北、北仑、奉化、宁海、象山

1247. 浙江红山茶 Camellia chekiang-oleosa Hu*
余姚、镇海、江北、北仑、鄞州、奉化、宁海、象山、市区

1248. 红皮糙果茶 Camellia crapnelliana Tutch.*
慈溪、镇海、奉化

1249. 浙江尖连蕊茶 Camellia cuspidata (Kochs) Veitch var. chekiangensis Sealy
余姚、鄞州、奉化、宁海、象山

1250. 东南山茶 Camellia editha Hance*

1251. 连蕊茶 Camellia fraterna Hance
慈溪、余姚、镇海、江北、北仑、鄞州、奉化、宁海、象山

1252. 长瓣短柱茶 Camellia grijsii Hance*
镇海

1253. 红山茶 Camellia japonica Linn.
慈溪 *、余姚 *、镇海 *、江北 *、北仑、鄞州 *、奉化 *、宁海、象山、市区 *。浙江省重点保护野生植物

1254. 闪光红山茶 Camellia luccidissima H.T. Chang*
余姚、奉化

1255. 微花连蕊茶 Camellia lutchuensis T. Itö var. minutiflora (H.T. Chang) T.L. Ming*
北仑

1256. 油茶 Camellia oleifera Abel*
慈溪、余姚、镇海、江北、北仑、鄞州、奉化、宁海、象山

1257. 茶梅 Camellia sasanqua Thunb.*
慈溪、余姚、镇海、江北、北仑、鄞州、奉化、宁海、象山、市区

1258. 茶 Camellia sinensis (Linn.) Kuntze*
慈溪、余姚、镇海、江北、北仑、鄞州、奉化、宁海、象山

1259. 单体红山茶（美人茶）Camellia uraku Kitam.*
慈溪、余姚、镇海、江北、北仑、鄞州、奉化、宁海、象山、市区

1260. 杨桐（红淡比）Cleyera japonica Thunb.
慈溪、余姚、镇海、北仑、鄞州、奉化、宁海、象山。浙江省重点保护野生植物

1261. 厚叶杨桐（厚叶红淡比）Cleyera pachyphylla Chun ex H.T. Chang*
镇海

1262. 滨柃 Eurya emarginata (Thunb.) Makino
慈溪 *、江北 *、鄞州 *、宁海、象山、市区 *

1263. 微毛柃 Eurya hebeclados Ling
余姚、镇海、北仑、鄞州、奉化、宁海、象山

1264. 柃木 Eurya japonica Thunb.
慈溪、镇海、北仑、鄞州、奉化、宁海、象山。浙江省重点保护野生植物

1265. 细枝柃 Eurya loquaiana Dunn
余姚、北仑、鄞州、奉化

1266. 隔药柃 Eurya muricata Dunn
慈溪、余姚、镇海、江北、北仑、鄞州、奉化、宁海、象山

1267. 细齿柃 Eurya nitida Korthals
鄞州

1268. 窄基红褐柃 Eurya rubiginosa H.T. Chang var. attenuata H.T. Chang
慈溪、余姚、镇海、江北、北仑、鄞州、奉化、宁海、象山

1269.　木荷 Schima superba Gardn. et Champ.
慈溪、余姚、镇海、江北、北仑、鄞州、奉化、宁海、象山、市区 *

1270.　尖萼紫茎 Stewartia acutisepala P.L. Chiu et G.R. Zhong
余姚、鄞州、奉化、宁海。浙江省重点保护野生植物

1271.　紫茎 Stewartia sinensis Rehd. et Wils.*
鄞州

1272.　厚皮香 Ternstroemia gymnanthera (Wight et Arn.) Bedd.
慈溪 *、余姚、北仑、鄞州、奉化、宁海、象山

1273.　日本厚皮香 Ternstroemia japonica (Thunb.) Thunb.
慈溪 *、余姚 *、镇海 *、江北 *、北仑 *、鄞州 *、奉化 *、宁海 *、象山、市区 *。中国大陆新记录

1274.　亮叶厚皮香 Ternstroemia nitida Merr.
余姚

七九、藤黄科 Guttiferae

1275.　黄海棠 Hypericum ascyron Linn.
北仑、奉化、宁海、象山

1276.　赶山鞭 Hypericum attenuatum Fisch. ex Choisy
奉化

1277.　小连翘 Hypericum erectum Thunb.
慈溪、余姚、镇海、江北、北仑、鄞州、奉化、宁海、象山

1278.　地耳草 Hypericum japonicum Thunb.
慈溪、余姚、镇海、江北、北仑、鄞州、奉化、宁海、象山、市区

1279.　金丝桃 Hypericum monogynum Linn.*
慈溪、余姚、镇海、江北、北仑、鄞州、奉化、宁海、象山、市区

1280.　花叶金丝桃 Hypericum monogynum Linn. 'Variegata'*
慈溪

1281.　金丝梅 Hypericum patulum Thunb.*
慈溪、市区

1282.　元宝草 Hypericum sampsonii Hance
慈溪、余姚、镇海、江北、北仑、鄞州、奉化、宁海、象山

1283.　密腺小连翘 Hypericum seniawinii Maxim.
慈溪、余姚、镇海、江北、北仑、鄞州、奉化、宁海、象山

八〇、沟繁缕科 Elatinaceae

1284.　三蕊沟繁缕 Elatine triandra Schkuhr
北仑、鄞州、宁海

八一、柽柳科 Tamaricaceae

1285.　柽柳 Tamarix chinensis Lour.
慈溪、余姚、镇海、江北、北仑、鄞州、奉化、宁海、象山；浙江科、属、种新记录

八二、堇菜科 Violaceae

1286.　堇菜（如意草）Viola arcuata Bl.
慈溪、余姚、镇海、江北、北仑、鄞州、奉化、宁海、象山

1287.　戟叶堇菜 Viola betonicifolia Smith

慈溪、余姚、镇海、江北、北仑、鄞州、奉化、宁海、象山

1288.　南山堇菜 Viola chaerophylloides (Regel) W. Beck.
余姚、北仑、鄞州、奉化、宁海、象山

1289.　细裂堇菜 Viola chaerophylloides (Regel) W. Beck. var. sieboldiana (Maxim.) Makino
余姚

1290.　角堇 Viola cornuta Linn.*
慈溪、余姚、北仑、鄞州、市区

1291.　七星莲（蔓茎堇菜）Viola diffusa Ging.
慈溪、余姚、镇海、江北、北仑、鄞州、奉化、宁海、象山

1292.　心叶蔓茎堇菜 Viola diffusa Ging. subsp. tenuis W. Beck.
余姚、北仑、鄞州、奉化、象山

1293.　柔毛堇菜 Viola fargesii H. Boiss.
余姚、奉化、宁海

1294.　紫花堇菜 Viola grypoceras A. Gray
慈溪、余姚、镇海、北仑、鄞州、奉化、宁海、象山

1295.　日本堇菜 Viola hondoensis W. Beck. et H. Boiss.
余姚、鄞州、奉化

1296.　长萼堇菜 Viola inconspicua Bl.
慈溪、余姚、镇海、江北、北仑、鄞州、奉化、宁海、象山、市区

1297.　犁头草 Viola japonica Langsd. ex DC.
慈溪、余姚、镇海、江北、北仑、鄞州、奉化、宁海、象山、市区

1298.　白花堇菜 Viola lactiflora Nakai
北仑、奉化、象山

1299.　潜山堇菜 Viola magnifica C.J. Wang et X.D. Wang var. qianshanensis Y.S. Chen et Q.E. Yang
余姚、奉化、象山

1300.　紫花地丁 Viola philippica Cav.
慈溪、余姚、镇海、江北、北仑、鄞州、奉化、宁海、象山、市区

1301.　辽宁堇菜 Viola rossii Hemsl.
余姚、鄞州、奉化、宁海、象山

1302.　庐山堇菜 Viola stewardiana W. Beck.
余姚、北仑、鄞州、奉化、宁海、象山

1303.　三色堇 Viola tricolor Linn.*
慈溪、余姚、镇海、江北、北仑、鄞州、奉化、宁海、象山、市区

1304.　紫背堇菜 Viola violacea Makino
余姚、鄞州、奉化、宁海、象山

八三、大风子科 Flacourtiaceae

1305.　山桐子 Idesia polycarpa Maxim.
慈溪 *、余姚、镇海、北仑、鄞州、奉化、宁海

1306.　毛叶山桐子 Idesia polycarpa Maxim. var. vestita Diels
余姚、奉化、宁海

1307.　山拐枣 Poliothyrsis sinensis Oliv.
余姚、北仑、鄞州、奉化、宁海

1308. 柞木 Xylosma congesta (Lour.) Merr.
慈溪、余姚、镇海、江北、北仑、鄞州、奉化、宁海、象山

八四、旌节花科 Stachyuraceae

1309. 中国旌节花 Stachyurus chinensis Franch.
奉化、宁海

八五、西番莲科 Passifloraceae

1310. 西番莲 Passiflora caerulea Linn.*
慈溪、余姚、镇海、江北、北仑、鄞州、奉化、宁海、象山、市区

1311. 百香果（鸡蛋果）Passiflora edulis Sims*
慈溪、余姚、江北、宁海

八六、番木瓜科 Caricaceae

1312. 番木瓜 Carica papaya Linn.*
慈溪、江北、鄞州

八七、秋海棠科 Begoniaceae

1313. 四季海棠 Begonia cucullata Willd.*
慈溪、余姚、镇海、江北、北仑、鄞州、奉化、宁海、象山、市区

1314. 秋海棠 Begonia grandis Dryand.
北仑、鄞州、奉化。浙江省重点保护野生植物

八八、仙人掌科 Cactaceae

1315. 鼠尾掌 Disocactus flagelliformis (Linn.) Barthlott*
奉化、宁海、象山、市区

1316. 仙人球 Echinopsis tubiflora (Pfeiff.) Zucc. ex A. Dietr.*
慈溪、余姚、镇海、江北、北仑、鄞州、奉化、宁海、象山、市区

1317. 昙花 Epiphyllum oxypetalum (DC.) Haw.*
慈溪、余姚、镇海、江北、北仑、鄞州、奉化、宁海、象山、市区

1318. 火龙果 Hylocereus undatus (Haw.) Britt. et Rose*
慈溪、北仑、鄞州、宁海、象山

1319. 令箭荷花 Nopalxochia ackermannii Kunth*
慈溪、余姚、镇海、江北、北仑、鄞州、奉化、宁海、象山、市区

1320. 单刺仙人掌 Opuntia monacantha Haw.
慈溪*、余姚*、镇海*、江北*、北仑*、鄞州△、奉化△、宁海△、象山△、市区*。浙江归化新记录

1321. 缩刺仙人掌 Opuntia stricta (Haw.) Haw. △
象山。浙江归化新记录

1322. 仙人指 Schlumbergera bridgesii (Lem.) Loefgr.*
慈溪、鄞州、宁海、象山、市区

1323. 蟹爪兰 Schlumbergera truncata (Haw.) Moran*
慈溪、余姚、镇海、江北、北仑、鄞州、奉化、宁海、象山、市区

八九、瑞香科 Thymelaeaceae

1324. 芫花 Daphne genkwa Sieb. et Zucc.
慈溪、北仑、奉化、宁海、象山

1325. 毛瑞香 Daphne kiusiana Miq. var. atrocaulis (Rehd.) F. Maekawa
慈溪、北仑、鄞州、奉化、宁海、象山

1326. 金边瑞香 Daphne odora Thunb. 'Marginata'*
慈溪、余姚、镇海、江北、北仑、鄞州、奉化、宁海、象山、市区

1327. 结香 Edgeworthia chrysantha Lindl.*
慈溪、余姚、镇海、江北、北仑、鄞州、奉化、宁海、象山、市区

1328. 了哥王（南岭荛花）Wikstroemia indica (Linn.) C.A. Mey.
北仑、鄞州、奉化、宁海、象山

1329. 北江荛花 Wikstroemia monnula Hance
北仑、鄞州、奉化、宁海、象山

九〇、胡颓子科 Elaeagnaceae

1330. 巴东胡颓子 Elaeagnus difficilis Servett.
余姚、北仑、鄞州、奉化、宁海、象山

1331. 蔓胡颓子 Elaeagnus glabra Thunb.
慈溪、余姚、镇海、江北、北仑、鄞州、奉化、宁海、象山

1332. 宜昌胡颓子 Elaeagnus henryi Warb. ex Diels
余姚、北仑、象山

1333. 大叶胡颓子 Elaeagnus macrophylla Thunb.
慈溪、象山

1334. 木半夏 Elaeagnus multiflora Thunb.
余姚、北仑、鄞州、奉化、宁海、象山

1335. 胡颓子 Elaeagnus pungens Thunb.
慈溪、余姚、镇海、江北、北仑、鄞州、奉化、宁海、象山、市区*

1336. 金边胡颓子 Elaeagnus pungens Thunb. 'Aurea'*
慈溪、江北、鄞州

1337. 金心胡颓子 Elaeagnus pungens Thunb. 'Maculata'*
慈溪、鄞州、奉化

1338. 金边艾比胡颓子 Elaeagnus × submacrophylla Servett. 'Gilt Edge' *
慈溪、北仑、鄞州、奉化、市区

1339. 牛奶子 Elaeagnus umbellata Thunb.
慈溪、余姚、镇海、江北、北仑、鄞州、奉化、宁海、象山

九一、千屈菜科 Lythraceae

1340. 耳基水苋 Ammannia auriculata Willd.
鄞州、宁海、象山

1341. 水苋菜 Ammannia baccifera Linn.
镇海、北仑、鄞州、宁海

1342. 细叶萼距花 Cuphea hyssopifolia Kunth*
慈溪、鄞州、市区

1343. 尾叶紫薇 Lagerstroemia caudata Chun et How ex S.K. Lee et L.F. Lau*
镇海、奉化、市区

1344. 浙江紫薇 Lagerstroemia chekiangensis Cheng
慈溪、余姚、镇海、北仑、鄞州、奉化、象山、市区 *

1345. 紫薇 Lagerstroemia indica Linn.
慈溪 *、余姚 *、镇海 *、江北 *、北仑 *、鄞州 *、奉化、

宁海 *、象山 *、市区 *

1346. 银薇 Lagerstroemia indica Linn. 'Alba'*
慈溪、余姚、镇海、江北、北仑、鄞州、奉化、宁海、象山、市区

1347. 紫叶紫薇 Lagerstroemia indica Linn. 'Atropurpurea'*
宁海

1348. 矮紫薇 Lagerstroemia indica Linn. 'Petite Pinkie'*
余姚

1349. 翠薇 Lagerstroemia indica Linn. 'Rubra'*
慈溪、余姚、镇海、江北、北仑、鄞州、奉化、宁海、象山、市区

1350. 南紫薇 Lagerstroemia subcostata Koehne
北仑、奉化 *、宁海 *、象山 *

1351. 千屈菜 Lythrum salicaria Linn.
慈溪 *、余姚、镇海 *、江北 *、北仑、鄞州、奉化、宁海、象山、市区 *

1352. 节节菜 Rotala indica (Willd.) Koehne
余姚、北仑、鄞州、奉化、宁海、象山

1353. 轮叶节节菜 Rotala mexicana Cham. et Schlecht.
北仑、鄞州、奉化、宁海、象山

1354. 圆叶节节菜 Rotala rotundifolia (Buch.-Ham. ex Roxb.) Koehne
慈溪、余姚、镇海、江北、北仑、鄞州、奉化、宁海、象山

九二、石榴科 Punicaceae

1355. 石榴 Punica granatum Linn.*
慈溪、余姚、镇海、江北、北仑、鄞州、奉化、宁海、象山、市区

1356. 月季石榴 Punica granatum Linn. 'Nana'*
慈溪、余姚、镇海、江北、北仑、鄞州、奉化、宁海、象山、市区

1357. 重瓣红石榴 Punica granatum Linn. 'Pleniflora'*
奉化、宁海、象山、市区

九三、蓝果树科 Nyssaceae

1358. 喜树 Camptotheca acuminata Decne.*
慈溪、余姚、镇海、江北、北仑、鄞州、奉化、宁海、象山、市区

1359. 珙桐 Davidia involucrata Baill.*
奉化

1360. 蓝果树 Nyssa sinensis Oliv.
余姚、北仑、鄞州、奉化、宁海、象山

九四、八角枫科 Alangiaceae

1361. 八角枫 Alangium chinense (Lour.) Harms
慈溪、余姚、镇海、江北、北仑、鄞州、奉化、宁海、象山

1362. 毛八角枫 Alangium kurzii Craib
慈溪、余姚、北仑、鄞州、奉化、宁海、象山

1363. 云山八角枫 Alangium kurzii Craib var. handelii (Schnarf) Fang
慈溪、余姚、镇海、北仑、鄞州、奉化、宁海、象山

九五、桃金娘科 Myrtaceae

1364. 美花红千层 Callistemon citrinus (Curtis) Skeels*
象山

1365. 红千层 Callistemon linearis (Smith) DC.*
镇海、江北、鄞州、奉化、象山、市区

1366. 千层金 Melaleuca bracteata F. Muell. 'Revolution Gold'*
慈溪、江北、奉化、宁海、象山、市区

1367. 赤桉 Eucalyptus camaldulensis Dehnn.*
鄞州、宁海、象山

1368. 邓恩桉 Eucalyptus dunnii Maiden*
慈溪、余姚、镇海、北仑、鄞州、奉化、宁海、象山

1369. 巨桉 Eucalyptus grandis Hill ex Maiden*
慈溪、宁海、象山

1370. 大叶桉 Eucalyptus robusta Smith*
北仑、宁海、象山

1371. 野桉 Eucalyptus rudis Endl.*
慈溪、宁海、象山

1372. 松红梅 Leptospermum scoparium J.R. Forst. et G. Forst.*
慈溪、余姚、镇海、江北、北仑、鄞州、奉化、宁海、象山、市区

1373. 花叶香桃木 Myrtus communis Linn. 'Variegatus'*
江北、北仑

1374. 番石榴 Psidium guajava Linn.*
象山

1375. 赤楠 Syzygium buxifolium Hook. et Arn.
慈溪、余姚、镇海、江北、北仑、鄞州、奉化、宁海、象山

1376. 轮叶蒲桃 Syzygium grijsii (Hance) Merr. et Perry
奉化 *、宁海

九六、野牡丹科 Melastomataceae

1377. 秀丽野海棠 Bredia amoena Diels
北仑、鄞州、奉化

1378. 地菍 Melastoma dodecandrum Lour.
慈溪、余姚、镇海、北仑、鄞州、奉化、宁海、象山

1379. 金锦香 Osbeckia chinensis Linn.
余姚、北仑、奉化、象山

1380. 巴西野牡丹 Tibouchina semidecandra (Schrank et Mart. ex DC.) Cogn.*
慈溪、余姚、镇海、江北、北仑、鄞州、奉化、宁海、象山、市区

九七、菱科 Trapaceae

1381. 乌菱 Trapa bicornis Osbeck*
鄞州、宁海

1382. 二角菱 Trapa bispinosa Roxb.*
鄞州、奉化、宁海、象山

1383. 野菱 Trapa incisa Sieb. et Zucc.
慈溪、余姚、镇海、江北、北仑、鄞州、奉化、宁海、象山。国家 II 级重点保护野生植物

1384. 细果野菱 Trapa maximowiczii Korsh.
慈溪、余姚、镇海、江北、北仑、鄞州、奉化、宁海、

象山

1385. 耳菱 Trapa potaninii V. Vassil
北仑

1386. 格菱 Trapa pseudoincisa Nakai
鄞州

1387. 四角菱 Trapa quadrispinosa Roxb.*
慈溪、余姚、镇海、江北、北仑、鄞州、奉化、宁海、
象山

九八、柳叶菜科 Onagraceae

1388. 谷蓼 Circaea erubescens Franch. et Sav.
余姚、鄞州、奉化

1389. 南方露珠草 Circaea mollis Sieb. et Zucc.
余姚、北仑、鄞州、奉化、宁海

1390. 柳叶菜 Epilobium hirsutum Linn.
慈溪、余姚、奉化、宁海、市区

1391. 长籽柳叶菜 Epilobium pyrricholophum Franch. et Sav.
北仑、奉化、宁海、象山

1392. 山桃草 Gaura lindheimeri Engelm. et A. Gray*
慈溪、余姚、镇海、江北、北仑、鄞州、奉化、宁海、
象山、市区

1393. 紫叶山桃草 Gaura lindheimeri Engelm. et A. Gray 'Crimson Bunerny'*
鄞州

1394. 丁香蓼 Ludwigia epilobioides Maxim.
慈溪、余姚、镇海、江北、北仑、鄞州、奉化、宁海、
象山、市区

1395. 细果草龙 Ludwigia leptocarpa (Nutt.) Hara △
鄞州

1396. 卵叶丁香蓼 Ludwigia ovalis Miq.
慈溪、余姚、镇海、江北、北仑、鄞州、奉化、宁海、
象山

1397. 黄花水龙 Ludwigia peploides (Kunth) Raven subsp. stipulacea (Ohwi) Raven
慈溪、余姚、镇海、江北、北仑、鄞州、奉化、宁海、
象山、市区 *

1398. 月见草 Oenothera biennis Linn. △
鄞州

1399. 裂叶月见草 Oenothera laciniata Hill △
慈溪、北仑、鄞州、奉化、宁海、象山

1400. 美丽月见草 Oenothera speciosa Nutt.*
慈溪、余姚、镇海、江北、北仑、鄞州、奉化、宁海、
象山、市区

九九、小二仙草科 Haloragidaceae

1401. 小二仙草 Gonocarpus micranthus Thunb.
慈溪、余姚、镇海、江北、北仑、鄞州、奉化、宁海、
象山

1402. 粉绿狐尾藻 Myriophyllum aquaticum (Vell.) Verdc.
慈溪 *、余姚 *、镇海 *、江北 *、北仑 *、鄞州△、
奉化 *、宁海 *、象山 *、市区 *

1403. 穗花狐尾藻 Myriophyllum spicatum Linn.

慈溪、余姚、镇海、江北、北仑、鄞州、奉化、宁海、
象山、市区

1404. 轮叶狐尾藻 Myriophyllum verticillatum Linn.
慈溪、余姚、北仑、鄞州、宁海、象山

一〇〇、五加科 Araliaceae

1405. 棘茎楤木 Aralia echinocaulis Hand.-Mazz.
慈溪、余姚、北仑、鄞州、奉化、宁海、象山

1406. 湖北楤木（楤木）Aralia hupehensis G. Hoo
慈溪、余姚、镇海、江北、北仑、鄞州、奉化、宁海、
象山

1407. 树参 Dendropanax dentiger (Harms) Merr.
余姚、北仑、鄞州、奉化、宁海、象山

1408. 糙叶五加 Eleutherococcus henryi Oliv.*
余姚

1409. 毛梗糙叶五加 Eleutherococcus henryi (Oliv.) Harms var. faberi (Harms) S.Y. Hu
余姚、北仑、鄞州。模式产地

1410. 细柱五加 Eleutherococcus nodiflorus (Dunn) S.Y. Hu
慈溪、余姚、镇海、江北、北仑、鄞州、奉化、宁海、
象山

1411. 匍匐五加 Eleutherococcus scandens (G. Hoo) H. Ohashi
余姚、鄞州。模式产地

1412. 白簕 Eleutherococcus trifoliatus (Linn.) S.Y. Hu
余姚、北仑、鄞州、奉化、宁海、象山

1413. 熊掌木 × Fatshedera lizei (Hort. ex Cochet) Guillaumin*
慈溪、余姚、镇海、江北、北仑、鄞州、奉化、宁海、
象山、市区

1414. 八角金盘 Fatsia japonica (Thunb.) Decne. et Planch.*
慈溪、余姚、镇海、江北、北仑、鄞州、奉化、宁海、
象山、市区

1415. 吴茱萸五加（树三加）Gamblea ciliata C.B. Clarke var. evodiaefolia (Franch.) C.B. Shang et al.
余姚、北仑、鄞州、奉化、宁海

1416. 常春藤 Hedera helix Linn.*
慈溪、余姚、镇海、江北、北仑、鄞州、奉化、宁海、
象山、市区

1417. 花叶常春藤 Hedera helix Linn. 'Aureo-variegata'*
慈溪、余姚、镇海、江北、北仑、鄞州、奉化、宁海、
象山、市区

1418. 中华常春藤 Hedera nepalensis K. Koch var. sinensis (Tobl.) Rehd.
慈溪、余姚、镇海、江北、北仑、鄞州、奉化、宁海、
象山

1419. 菱叶常春藤 Hedera rhombea (Miq.) Bean
慈溪、镇海、北仑、象山

1420. 刺楸 Kalopanax septemlobus (Thunb.) Koidz.
慈溪、余姚、镇海、江北、北仑、鄞州、奉化、宁海、
象山

1421. 通脱木 Tetrapanax papyrifer (Hook.) K. Koch*
奉化、宁海

一〇一、伞形科 Umbelliferae

1422. 重齿当归 Angelica biserrata (R.H. Shan et C.Q. Yuan) C.Q. Yuan et R.H. Shan
余姚、鄞州

1423. 杭白芷 Angelica dahurica (Fisch. ex Hoffm.) Benth. et Hook. ex Sav. 'Hangbaizhi'*
北仑、奉化

1424. 紫花前胡 Angelica decursiva (Miq.) Franch. et Sav.
慈溪、余姚、镇海、北仑、鄞州、奉化、宁海、象山

1425. 峨参 Anthriscus sylvestris (Linn.) Hoffm.
慈溪、余姚、北仑、鄞州、奉化、宁海、象山

1426. 芹菜 Apium graveolens Linn.*
慈溪、余姚、镇海、江北、北仑、鄞州、奉化、宁海、象山、市区

1427. 北柴胡 Bupleurum chinense DC.
余姚、鄞州

1428. 南方大叶柴胡 Bupleurum longiradiatum Turcz. form. australe Shan et Y. Li
余姚、北仑、鄞州、奉化、宁海

1429. 积雪草 Centella asiatica (Linn.) Urban
慈溪、余姚、镇海、江北、北仑、鄞州、奉化、宁海、象山、市区

1430. 明党参 Changium smyrnioides Wolff
奉化

1431. 蛇床 Cnidium monnieri (Linn.) Cuss.
慈溪、余姚、镇海、江北、北仑、鄞州、奉化、宁海、象山、市区

1432. 芫荽 Coriandrum sativum Linn.*
慈溪、余姚、镇海、江北、北仑、鄞州、奉化、宁海、象山、市区

1433. 鸭儿芹 Cryptotaenia japonica Hassk.
慈溪、余姚、镇海、江北、北仑、鄞州、奉化、宁海、象山

1434. 细叶旱芹 Cyclospermum leptophyllum (Pers.) Sprague ex Britt. et Wils.
慈溪、余姚、镇海、江北、北仑、鄞州、奉化、宁海、象山、市区

1435. 野胡萝卜 Daucus carota Linn.
慈溪、余姚、镇海、江北、北仑、鄞州、奉化、宁海、象山

1436. 胡萝卜 Daucus carota Linn. var. sativa DC.*
慈溪、余姚、镇海、江北、北仑、鄞州、奉化、宁海、象山、市区

1437. 茴香 Foeniculum vulgare Mill.*
慈溪、余姚、镇海、江北、北仑、鄞州、奉化、宁海、象山、市区

1438. 珊瑚菜 Glehnia littoralis F. Schmidt ex Miq.
象山。国家 II 级重点保护野生植物

1439. 短毛独活 Heracleum moellendorffii Hance
余姚、鄞州、奉化、宁海、象山

1440. 红马蹄草 Hydrocotyle nepalensis Hook.
鄞州、宁海

1441. 天胡荽 Hydrocotyle sibthorpioides Lam.
慈溪、余姚、镇海、江北、北仑、鄞州、奉化、宁海、象山、市区

1442. 破铜钱 Hydrocotyle sibthorpioides Lam. var. batrachium (Hance) Hand.-Mazz. ex Shan
慈溪、余姚、镇海、江北、北仑、鄞州、奉化、宁海、象山、市区

1443. 香菇草（钱币草）Hydrocotyle vulgaris Linn.*
慈溪、余姚、镇海、江北、北仑、鄞州、奉化、宁海、象山、市区

1444. 藁本 Ligusticum sinense Oliv.
慈溪、北仑、奉化

1445. 白苞芹 Nothosmyrnium japonicum Miq.
慈溪、余姚、北仑、鄞州、奉化、宁海、象山

1446. 水芹 Oenanthe javanica (Bl.) DC.
慈溪、余姚、镇海、江北、北仑、鄞州、奉化、宁海、象山、市区

1447. 线叶水芹（中华水芹）Oenanthe linearis Wall. ex DC.
北仑、鄞州

1448. 紫花山芹 Osterium atropurpureum G.Y. Li，G.H. Xia et W.Y. Xie
余姚、奉化。新种，模式产地

1449. 隔山香 Osterium citriodorum (Hance) Yuan et Shan
北仑、鄞州、奉化、宁海、象山

1450. 碎叶山芹 Osterium grosseserratum (Maxim.) Kitag.
鄞州

1451. 华东山芹 Osterium huadongense Z.H. Pan et X.H. Li
鄞州

1452. 滨海前胡 Peucedanum japonicum Thunb.
慈溪、象山

1453. 白花前胡 Peucedanum praeruptorum Dunn
慈溪、余姚、镇海、北仑、鄞州、奉化、宁海、象山

1454. 异叶茴芹 Pimpinella diversifolia DC.
余姚、北仑、鄞州、奉化、宁海、象山

1455. 朝鲜茴芹 Pimpinella koreana (Y. Yabe) Nakai
奉化

1456. 直立茴芹 Pimpinella smithii Wolff
象山

1457. 变豆菜 Sanicula chinensis Bunge
余姚、北仑、鄞州、奉化、宁海、象山

1458. 黄花变豆菜 Sanicula flavovirens Z.H. Chen，D.D. Ma et W.Y. Xie
余姚。新种

1459. 薄片变豆菜 Sanicula lamelligera Hance
鄞州、奉化

1460. 直刺变豆菜 Sanicula orthacantha S. Moore
余姚、北仑、鄞州、宁海、象山

1461. 天目变豆菜 Sanicula tienmuensis Shan et Constance

鄞州、宁海

1462. 小窃衣 Torilis japonica (Houtt.) DC.
慈溪、余姚、镇海、江北、北仑、鄞州、奉化、宁海、象山、市区

1463. 窃衣 Torilis scabra (Thunb.) DC.
慈溪、余姚、镇海、江北、北仑、鄞州、奉化、宁海、象山、市区

一〇二、山茱萸科 Cornaceae

1464. 花叶青木（洒金珊瑚）Aucuba japonica Thunb. 'Variegata'*
慈溪、余姚、镇海、江北、北仑、鄞州、奉化、宁海、象山、市区

1465. 灯台树 Bothrocaryum controversum (Hemsl.) Pojark.
余姚、镇海、江北 *、北仑、鄞州、奉化、宁海、象山、市区 *

1466. 山茱萸 Cornus officinalis Sieb. et Zucc.*
鄞州

1467. 尖叶四照花 Dendrobenthamia angustata (Chun) Fang*
镇海、宁海

1468. 秀丽四照花 Dendrobenthamia elegans Fang et Y.T. Hsieh
慈溪 *、余姚、鄞州、奉化、宁海、象山、市区 *

1469. 东瀛四照花 Dendrobenthamia japonica (Sieb. et Zucc.) W.P. Fang
北仑、奉化、宁海。中国新记录

1470. 四照花 Dendrobenthamia japonica (Sieb. et Zucc.) W.P. Fang var. chinensis (Osborn) Fang
余姚、鄞州、奉化

1471. 青荚叶 Helwingia japonica (Thunb.) Dietr.
慈溪 *、余姚、北仑、鄞州、奉化、宁海、象山

1472. 红瑞木 Swida alba (Linn.) Opiz*
镇海、江北、北仑、鄞州

1473. 梾木 Swida macrophylla (Wall.) Soják
余姚、北仑、鄞州、奉化、宁海、象山

1474. 光皮梾木 Swida wilsoniana (Wangerin) Soják.*
镇海、北仑、鄞州

一〇三、山柳科（桤叶树科）Clethraceae

1475. 华东山柳 Clethra barbinervis Sieb. et Zucc.
宁海

一〇四、鹿蹄草科 Pyrolaceae

1476. 球果假沙晶兰 Monotropastrum humile (D. Don) Hara
鄞州、宁海

1477. 普通鹿蹄草 Pyrola decorata H. Andr.
余姚、北仑、奉化

一〇五、杜鹃花科 Ericaceae

1478. 毛果珍珠花 Lyonia ovalifolia (Wall.) Drude var. hebecarpa (Franch. ex Forb. et Hemsl.) Chun
北仑、鄞州、奉化、宁海、象山

1479. 刺毛杜鹃 Rhododendron championae Hook.*
慈溪

1480. 马缨杜鹃 Rhododendron delavayi Franch.*
慈溪、余姚、北仑

1481. 麂角杜鹃 Rhododendron ellipticum Maxim.*
慈溪、余姚、市区

1482. 云锦杜鹃 Rhododendron fortunei Lindl.
余姚、鄞州、奉化、宁海。模式产地

1483. 华顶杜鹃 Rhododendron huadingense B.Y. Ding et Y.Y. Fang
余姚、奉化、宁海。浙江省重点保护野生植物

1484. 岭南杜鹃 Rhododendron mariae Hance*
慈溪

1485. 满山红 Rhododendron mariesii Hemsl. et Wils.
余姚、北仑、鄞州、奉化、宁海、象山

1486. 白花满山红 Rhododendron mariesii Hemsl. et Wils. form. albescens B.Y. Ding et G.R. Chen
余姚

1487. 羊踯躅（闹羊花）Rhododendron molle (Bl.) G. Don
慈溪、余姚、北仑、鄞州、奉化、宁海、象山

1488. 白花杜鹃 Rhododendron mucronatum (Bl.) G. Don*
慈溪、余姚、镇海、江北、北仑、鄞州、奉化、宁海、象山、市区

1489. 钝叶杜鹃 Rhododendron obtusum (Lindl.) Planch.*
慈溪、余姚、镇海、江北、北仑、鄞州、奉化、宁海、象山、市区

1490. 马银花 Rhododendron ovatum (Lindl.) Planch. ex Maxim.
慈溪、余姚、镇海、江北、北仑、鄞州、奉化、宁海、象山

1491. 锦绣杜鹃 Rhododendron × pulchrum Sweet*
慈溪、余姚、镇海、江北、北仑、鄞州、奉化、宁海、象山、市区

1492. 映山红 Rhododendron simsii Planch.
慈溪、余姚、镇海、江北、北仑、鄞州、奉化、宁海、象山

1493. 普陀杜鹃 Rhododendron simsii Planch. var. putuoense G.Y. Li et Z.H. Chen
慈溪、余姚、镇海、江北、北仑、鄞州、奉化、宁海、象山

1494. 乌饭树 Vaccinium bracteatum Thunb.
慈溪、余姚、镇海、江北、北仑、鄞州、奉化、宁海、象山

1495. 淡红乌饭树 Vaccinium bracteatum Thunb. var. rubellum Hsu，J.X. Qiu，S.F. Huang et Y. Zhang
慈溪、奉化

1496. 短尾越桔 Vaccinium carlesii Dunn
镇海、奉化

1497. 蓝莓 Vaccinium cvs.*
慈溪、余姚、镇海、江北、北仑、鄞州、奉化、宁海、象山、市区

1498. 江南越桔 Vaccinium mandarinorum Diels
慈溪、余姚、镇海、北仑、鄞州、奉化、宁海、象山

1499. 刺毛越桔 Vaccinium trichocladum Merr. et Metc.
慈溪、奉化、宁海

一○六、紫金牛科 Myrsinaceae

1500. 九管血（矮茎紫金牛）Ardisia brevicaulis Diels
宁海、象山

1501. 朱砂根 Ardisia crenata Sims
慈溪、余姚、镇海、江北、北仑、鄞州、奉化、宁海、象山、市区

1502. 红凉伞 Ardisia crenata Sims var. bicolor (E. Walker) C.Y. Wu et C. Chen
慈溪、余姚、镇海、江北、北仑、鄞州、奉化、宁海、象山

1503. 百两金 Ardisia crispa (Thunb.) A. DC.
余姚、鄞州、宁海

1504. 大罗伞树 Ardisia hanceana Mez
余姚、鄞州、奉化、宁海

1505. 紫金牛 Ardisia japonica (Thunb.) Bl.
慈溪、余姚、镇海、江北、北仑、鄞州、奉化、宁海、象山

1506. 九节龙 Ardisia pusilla A. DC.
余姚、北仑、鄞州、奉化、宁海、象山

1507. 多枝紫金牛 Ardisia sieboldii Miq.
象山

1508. 堇叶紫金牛 Ardisia violacea (Suzuki) W.Z. Fang et K. Yao
宁海、象山。浙江省重点保护野生植物

1509. 网脉酸藤子 Embelia vestita Roxb.
宁海、象山

1510. 杜茎山 Maesa japonica (Thunb.) Moritzi. ex Zoll.
余姚、镇海、北仑、鄞州、奉化、宁海、象山

1511. 铁仔 Myrsine africana Linn.
鄞州

1512. 光叶铁仔 Myrsine stolonifera (Koidz.) E. Walker
余姚、宁海

1513. 密花树 Rapanea neriifolia (Sieb. et Zucc.) Mez
奉化、宁海、象山

一○七、报春花科 Primulaceae

1514. 蓝花琉璃繁缕 Anagallis arvensis Linn. form. coerulea (Schreb.) Baumg.
宁海、象山

1515. 点地梅 Androsace umbellata (Lour.) Merr.
慈溪、余姚、北仑、鄞州、奉化、宁海、象山

1516. 泽珍珠菜 Lysimachia candida Lindl.
慈溪、余姚、镇海、江北、北仑、鄞州、奉化、宁海、象山、市区

1517. 细梗香草 Lysimachia capillipes Hemsl.
鄞州、奉化、宁海、象山

1518. 浙江过路黄 Lysimachia chekiangensis C.C. Wu
鄞州

1519. 过路黄 Lysimachia christiniae Hance
慈溪、余姚、镇海、江北、北仑、鄞州、奉化、宁海、象山。模式产地

1520. 珍珠菜 Lysimachia clethroides Duby
慈溪、余姚、北仑、鄞州、奉化、宁海、象山

1521. 聚花过路黄 Lysimachia congestiflora Hemsl.
余姚、北仑、鄞州、奉化、宁海

1522. 星宿菜 Lysimachia fortunei Maxim.
慈溪、余姚、镇海、江北、北仑、鄞州、奉化、宁海、象山、市区

1523. 金爪儿 Lysimachia grammica Hance
余姚、宁海、象山

1524. 点腺过路黄 Lysimachia hemsleyana Maxim. ex Oliv.
余姚、北仑、鄞州、奉化、宁海、象山

1525. 黑腺珍珠菜 Lysimachia heterogenea Klatt
慈溪、余姚、镇海、江北、北仑、鄞州、奉化、宁海、象山

1526. 小茄 Lysimachia japonica Thunb.
慈溪、余姚、镇海、江北、北仑、鄞州、奉化、宁海、象山

1527. 轮叶过路黄 Lysimachia klattiana Hance
鄞州

1528. 长梗过路黄 Lysimachia longipes Hemsl.
余姚、北仑、鄞州、奉化、宁海、象山。模式产地

1529. 滨海珍珠菜 Lysimachia mauritiana Lam.
慈溪、余姚、镇海、北仑、鄞州、奉化、宁海、象山

1530. 金叶过路黄 Lysimachia nummularia Linn. 'Aurea'*
慈溪、余姚、镇海、江北、北仑、鄞州、奉化、宁海、象山、市区

1531. 小叶珍珠菜 Lysimachia parvifolia Franch.
鄞州。模式产地

1532. 巴东过路黄 Lysimachia patungensis Hand.-Mazz.
余姚、北仑、鄞州、奉化、宁海、象山

1533. 狭叶珍珠菜 Lysimachia pentapetala Bunge
鄞州、奉化

1534. 疏头过路黄 Lysimachia pseudohenryi Pampan.
奉化、宁海、象山

1535. 祁门过路黄 Lysimachia qimenensis X.H. Guo，X.P. Zhang et J.W. Shao
余姚。浙江新记录

1536. 疏节过路黄 Lysimachia remota Petitm.
北仑

1537. 红毛过路黄 Lysimachia rufopilosa Y.Y. Fang et C.Z. Zheng
余姚、鄞州、奉化、宁海

1538. 堇叶报春 Primula cicutariifolia Pax
余姚、北仑、鄞州、奉化、宁海

1539. 报春花 Primula malacoides Franch.*
慈溪、余姚、镇海、江北、北仑、鄞州、奉化、宁海、象山、市区

1540. 假婆婆纳 Stimpsonia chamaedryoides Wright ex Gray
慈溪、余姚、北仑、鄞州、象山

一○八、蓝雪科 Plumbaginaceae

1541. 中华补血草 Limonium sinense (Girard) Kuntze
奉化、宁海、象山

1542. 蓝雪花 Plumbago auriculata Lamk.*
慈溪、余姚、江北、鄞州、市区

一〇九、柿科 Ebenaceae

1543. 浙江柿 Diospyros glaucifolia Metc.
慈溪、余姚、北仑、鄞州、奉化、宁海、象山

1544. 柿 Diospyros kaki Thunb.*
慈溪、余姚、镇海、江北、北仑、鄞州、奉化、宁海、象山、市区

1545. 红花野柿 Diospyros kaki Thunb. var. erythrantha G.Y. Li，Z.H. Chen et X.P. Li
慈溪、宁海、象山。新变种

1546. 野柿 Diospyros kaki Thunb. var. silvestris Makino
慈溪、余姚、镇海、江北、北仑、鄞州、奉化、宁海、象山

1547. 罗浮柿 Diospyros morrisiana Hance
北仑、鄞州、宁海、象山

1548. 华东油柿 Diospyros oleifera Cheng
余姚、北仑、鄞州、奉化、宁海

1549. 老鸦柿 Diospyros rhombifolia Hemsl.
慈溪、余姚、镇海、江北、北仑、鄞州、奉化、宁海、象山。模式产地

一一〇、山矾科 Symplocaceae

1550. 黄牛奶树 Symplocos acuminata (Bl.) Miq.
余姚、北仑、鄞州、宁海、象山

1551. 薄叶山矾 Symplocos anomala Brand
余姚、北仑、鄞州、奉化、宁海、象山

1552. 山矾 Symplocos caudata Wall. ex G. Don
慈溪、余姚、镇海、江北、北仑、鄞州、奉化、宁海、象山

1553. 华山矾 Symplocos chinensis (Lour.) Druce
余姚、北仑、鄞州、奉化

1554. 南岭山矾 Symplocos confusa Brand
宁海

1555. 朝鲜白檀 Symplocos coreana (Lévl.) Ohwi
余姚、鄞州、宁海

1556. 羊舌树 Symplocos glauca (Thunb.) Koidz.
鄞州、奉化

1557. 黑山山矾（海桐山矾）Symplocos heishanensis Hayata
鄞州、奉化

1558. 光叶山矾 Symplocos lancifolia (Thunb.) Sieb. et Zucc.
余姚、北仑、鄞州、奉化、宁海、象山

1559. 琉璃白檀 Symplocos sawafutagi Nagamasu
余姚、宁海

1560. 四川山矾 Symplocos setchuensis Brand
慈溪、余姚、镇海、江北、北仑、鄞州、奉化、宁海、象山

1561. 老鼠矢 Symplocos stellaris Brand
慈溪、余姚、镇海、江北、北仑、鄞州、奉化、宁海、象山。模式产地

1562. 白檀 Symplocos tanakana Nakai
慈溪、余姚、镇海、江北、北仑、鄞州、奉化、宁海、象山

1563. 棱角山矾 Symplocos tetragona Chen ex Y.F. Wu*
北仑、鄞州

一一一、安息香科 Styracaceae

1564. 赤杨叶 Alniphyllum fortunei (Hemsl.) Makino
余姚、镇海、江北、北仑、鄞州、奉化、宁海、象山

1565. 小叶白辛树 Pterostyrax corymbosus Sieb. et Zucc.
余姚、北仑、鄞州、奉化、宁海、象山

1566. 白辛树 Pterostyrax psilophyllus Diels ex Perk.*
鄞州

1567. 秤锤树 Sinojackia xylocarpa Hu*
奉化

1568. 灰叶安息香 Styrax calvescens Perk.
余姚、奉化、宁海

1569. 赛山梅 Styrax confusus Hemsl.
慈溪、余姚、镇海、江北、北仑、鄞州、奉化、宁海、象山

1570. 垂珠花 Styrax dasyanthus Perk.
余姚、鄞州、奉化

1571. 白花龙 Styrax faberi Perk.
余姚、鄞州、奉化

1572. 芬芳安息香 Styrax odoratissimus Champ. ex Benth.
余姚、北仑、鄞州、奉化、宁海、象山

1573. 红皮树 Styrax suberifolius Hook. et Arn.
余姚、北仑、鄞州、奉化、宁海、象山、市区 *

一一二、木犀科 Oleaceae

1574. 流苏树 Chionanthus retusus Lindl. ex Paxt.
慈溪、余姚、北仑、鄞州、奉化、宁海、象山

1575. 雪柳 Fontanesia phillraeoides Labill. subsp. fortunei (Carr.) Yaltirik
余姚、北仑、鄞州、奉化、宁海、象山

1576. 金钟花 Forsythia viridissima Lindl.
慈溪、余姚、镇海、江北 *、北仑、鄞州、奉化、宁海、象山、市区 *

1577. 白蜡树 Fraxinus chinensis Roxb.
慈溪、余姚、北仑、鄞州、奉化、象山

1578. 常青白蜡 Fraxinus griffithii C.B. Clarke.*
鄞州、宁海

1579. 对节白蜡 Fraxinus hupehensis Ch'ü*
余姚、镇海、江北、鄞州、市区

1580. 苦枥木 Fraxinus insularis Hemsl.
慈溪、余姚、北仑、鄞州、奉化、宁海、象山

1581. 尖萼白蜡树 Fraxinus odontocalyx Hand.-Mazz.
余姚、北仑、鄞州、奉化、宁海、象山

1582. 美国红梣（洋白蜡）Fraxinus pennsylvanica Marsh.*
慈溪、余姚、镇海、北仑、象山

1583. 庐山白蜡树 Fraxinus sieboldiana Bl.
象山

1584. 尖叶白蜡树 Fraxinus szaboana Lingelsh.

余姚、北仑、鄞州、奉化、宁海、象山

1585. 探春花 Jasminum floridum Bunge*
镇海、北仑、鄞州、市区

1586. 矮探春 Jasminum humile Linn.*
北仑、市区

1587. 清香藤 Jasminum lanceolarium Roxb.
余姚、北仑、鄞州、奉化、宁海、象山

1588. 云南黄馨 Jasminum mesnyi Hance*
慈溪、余姚、镇海、江北、北仑、鄞州、奉化、宁海、象山、市区

1589. 迎春花 Jasminum nudiflorum Lindl.*
慈溪、余姚、镇海、江北、北仑、鄞州、奉化、宁海、象山、市区

1590. 茉莉花 Jasminum sambac (Linn.) Ait.*
慈溪、余姚、镇海、江北、北仑、鄞州、奉化、宁海、象山、市区

1591. 华素馨 Jasminum sinense Hemsl.
余姚、北仑、鄞州、奉化、宁海、象山

1592. 落叶女贞 Ligustrum compactum (Wall. ex G. Don) Hook. et Thoms. ex Brandis var. latifolium Cheng
北仑、鄞州、奉化、宁海、象山

1593. 日本女贞 Ligustrum japonicum Thunb.
慈溪 *、北仑 *、鄞州 *、奉化 *、宁海 *、象山、市区 *。浙江省重点保护野生植物

1594. 哈瓦蒂女贞（金森女贞）Ligustrum japonicum Thunb. ‘Howardi’*
慈溪、余姚、镇海、江北、北仑、鄞州、奉化、宁海、象山、市区

1595. 银霜花叶女贞 Ligustrum japonicum Thunb. ‘Jack Frost’*
慈溪、鄞州

1596. 蜡子树 Ligustrum leucanthum (S. Moore) Green
余姚、北仑、鄞州、奉化、宁海、象山

1597. 女贞 Ligustrum lucidum W.T. Ait.
慈溪、余姚、镇海 *、江北 *、北仑、鄞州、奉化、宁海、象山 *、市区 *

1598. 辉煌女贞（三色女贞）Ligustrum lucidum Ait. ‘Excelsum Superbum’*
江北、鄞州

1599. 小叶蜡子树 Ligustrum obtusifolium Sieb. et Zucc. subsp. microphyllum (Nakai) Green
镇海、宁海、象山

1600. 金边卵叶女贞 Ligustrum ovalifolium Hassk. ‘Aureo-marginatum’*
北仑、奉化

1601. 小叶女贞 Ligustrum quihoui Carr.
北仑、鄞州、奉化、象山、市区 *

1602. 小蜡 Ligustrum sinense Lour.
慈溪、余姚、镇海、江北 *、北仑、鄞州、奉化、宁海、象山、市区 *

1603. 阳光小蜡 Ligustrum sinense Lour. ‘Sunshine’*
江北

1604. 银姬小蜡 Ligustrum sinense Lour. ‘Variegatum’*
慈溪、余姚、镇海、江北、北仑、鄞州、奉化、宁海、象山、市区

1605. 金叶女贞 Ligustrum vicaryi Rehd. ‘Aurea’*
慈溪、余姚、镇海、江北、北仑、鄞州、奉化、宁海、象山、市区

1606. 油橄榄 Olea europaea Linn.*
鄞州

1607. 尖叶木犀榄 Olea europaea Linn. subsp. cuspidata (Wall. ex G. Don) Ciferri*
慈溪、北仑、鄞州、市区

1608. 宁波木犀 Osmanthus cooperi Hemsl.
慈溪、余姚、镇海、北仑、鄞州、奉化、宁海、象山。模式产地

1609. 木犀 Osmanthus fragrans Lour.
慈溪 *、余姚、镇海、江北 *、北仑、鄞州、奉化、宁海、象山

1610. 银桂 Osmanthus fragrans (Thunb.) Lour. ‘Albus Group’*
慈溪、余姚、镇海、江北、北仑、鄞州、奉化、宁海、象山、市区

1611. 四季桂 Osmanthus fragrans (Thunb.) Lour. ‘Asiaticus Group’*
慈溪、余姚、镇海、江北、北仑、鄞州、奉化、宁海、象山、市区

1612. 丹桂 Osmanthus fragrans (Thunb.) Lour. ‘Aurantiacus Group’*
慈溪、余姚、镇海、江北、北仑、鄞州、奉化、宁海、象山、市区

1613. 金桂 Osmanthus fragrans (Thunb.) Lour. ‘Luteus Group’*
慈溪、余姚、镇海、江北、北仑、鄞州、奉化、宁海、象山、市区

1614. 细脉木犀 Osmanthus gracilinervis L.C. Chia ex R.L. Lu
余姚、北仑、宁海、象山

1615. 柊树 Osmanthus heterophyllus (G. Don) Green*
慈溪、余姚、宁海

1616. 花叶柊树 Osmanthus heterophyllus (G. Don) Green ‘Variegatus’*
慈溪、北仑、鄞州

1617. 牛矢果 Osmanthus matsumuranus Hayata
余姚、北仑、奉化、宁海

1618. 紫丁香 Syringa oblata Lindl.*
慈溪、鄞州、奉化、市区

1619. 白丁香 Syringa oblata Lindl. var. alba Rehd.*
慈溪、鄞州、奉化

一一三、马钱科 Loganiaceae

1620. 大花醉鱼草 Buddleja colvilei Hook. et Thoms.*
慈溪、江北、鄞州、市区

1621. 醉鱼草 Buddleja lindleyana Fort.
慈溪、余姚、镇海、江北、北仑、鄞州、奉化、宁海、象山、市区 *

1622. 蓬莱葛 Gardneria multiflora Makino

慈溪、余姚、镇海、江北、北仑、鄞州、奉化、宁海、
象山

1623. 非洲茉莉（华灰莉）Fagraea ceilanica Thunb.*
慈溪、余姚、鄞州、象山、市区

一一四、龙胆科 Gentianaceae

1624. 日本百金花 Centaurium japonicum (Maxim.) Druce
宁海、象山

1625. 百金花 Centaurium pulchellum Druce var. altaicum (Griseb.) Kitag. et Hara
慈溪、镇海

1626. 龙胆 Gentiana scabra Bunge
慈溪、余姚、北仑、鄞州、奉化、宁海、象山

1627. 灰绿龙胆 Gentiana yokusai Burk.
余姚、鄞州、象山

1628. 笔龙胆 Gentiana zollingeri Fawcett
余姚、宁海

1629. 小荇菜 Nymphoides coreana (Lévl.) Hara
鄞州

1630. 金银莲花 Nymphoides indica (Linn.) Kuntze
鄞州

1631. 龙潭荇菜 Nymphoides lungtanensis Li, Hsieh et Lin
鄞州。中国大陆新记录

1632. 荇菜 Nymphoides peltata (Gmel.) Kuntze
慈溪、北仑、鄞州、象山

1633. 美丽獐牙菜 Swertia angustifolia Buch.-Ham. ex D. Don var. pulchella (D. Don) Burk.
奉化

1634. 獐牙菜 Swertia bimaculata (Sieb. et Zucc.) Hook. f. et Thoms. ex C.B. Clarke
余姚、鄞州、奉化、宁海

1635. 江浙獐牙菜 Swertia hickinii Burk.
宁海

1636. 华双蝴蝶 Tripterospermum chinense (Migo) H. Smith
余姚、北仑、鄞州、奉化、宁海、象山

1637. 细茎双蝴蝶 Tripterospermum filicaule (Hemsl.) H. Smith
余姚、北仑、鄞州、奉化

一一五、夹竹桃科 Apocynaceae

1638. 链珠藤 Alyxia sinensis Champ. ex Benth.
宁海、象山

1639. 鳝藤 Anodendron affine (Hook. et Arn.) Druce
北仑、奉化、宁海、象山

1640. 长春花 Catharanthus roseus (Linn.) G. Don*
慈溪、余姚、镇海、江北、北仑、鄞州、奉化、宁海、象山、市区

1641. 白长春花 Catharanthus roseus (Linn.) G. Don 'Albus'*
慈溪、余姚、镇海、江北、北仑、鄞州、奉化、宁海、象山、市区

1642. 夹竹桃 Nerium oleander Linn.*
慈溪、余姚、镇海、江北、北仑、鄞州、奉化、宁海、象山、市区

1643. 白花夹竹桃 Nerium oleander Linn. 'Album'*
慈溪、余姚、镇海、江北、北仑、鄞州、奉化、宁海、象山、市区

1644. 花叶夹竹桃 Nerium oleander Linn. 'Variegatus'*
慈溪

1645. 毛药藤 Sindechites henryi (Oliv.) P.T. Li
余姚、北仑、鄞州、奉化、宁海、象山

1646. 亚洲络石 Trachelospermum asiaticum (Sieb. et Zucc.) Nakai
奉化、宁海、象山

1647. 黄金锦络石 Trachelospermum asiaticum (Sieb. et Zucc.) Nakai 'Ougonnishiki'*
慈溪、余姚、镇海、江北、北仑、鄞州、奉化、宁海、象山、市区

1648. 紫花络石 Trachelospermum axillare Hook. f.
鄞州、奉化、宁海、象山

1649. 络石 Trachelospermum jasminoides (Lindl.) Lem.
慈溪、余姚、镇海、江北、北仑、鄞州、奉化、宁海、象山、市区

1650. 花叶络石 Trachelospermum jasminoides (Lindl.) Lem. 'Variegatus'*
慈溪、余姚、镇海、江北、北仑、鄞州、奉化、宁海、象山、市区

1651. 蔓长春花 Vinca major Linn.*
慈溪、余姚、镇海、江北、北仑、鄞州、奉化、宁海、象山、市区

1652. 花叶蔓长春花 Vinca major Linn. 'Variegata'*
慈溪、余姚、镇海、江北、北仑、鄞州、奉化、宁海、象山、市区

一一六、萝藦科 Asclepiadaceae

1653. 浙江乳突果 Biondia microcentra (Tsiang) P.T. Li
余姚、北仑、鄞州、奉化、宁海、象山

1654. 折冠牛皮消 Cynanchum boudieri Lévl. et Vant.
慈溪、余姚、镇海、江北、北仑、鄞州、奉化、象山

1655. 蔓剪草 Cynanchum chekiangense M. Cheng ex Tsiang et P.T. Li
余姚、鄞州、奉化

1656. 鹅绒藤 Cynanchum chinense R. Br.
慈溪、北仑、象山

1657. 山白前 Cynanchum fordii Hemsl.
余姚、鄞州、奉化、象山

1658. 毛白前 Cynanchum mooreanum Hemsl.
余姚、北仑、鄞州、奉化、宁海。模式产地

1659. 柳叶白前 Cynanchum stauntonii (Decne.) Schltr. ex Lévl.
余姚、北仑、鄞州、奉化、宁海、象山

1660. 球兰 Hoya carnosa (Linn. f.) R. Br.*
慈溪

1661. 黑鳗藤 Jasminanthes mucronata (Blanco) Stevens et P.T. Li
慈溪、余姚、镇海、江北、北仑、鄞州、奉化、宁海、象山

1662. 萝藦 Metaplexis japonica (Thunb.) Makino
慈溪、余姚、镇海、江北、北仑、鄞州、奉化、宁海、象山、市区

1663. 七层楼（多花娃儿藤）Tylophora floribunda Miq.
慈溪、余姚、镇海、北仑、鄞州、奉化、宁海、象山

1664. 贵州娃儿藤 Tylophora silvestris Tsiang
余姚、鄞州、奉化、宁海、象山

一一七、旋花科 Convolvulaceae

1665. 打碗花 Calystegia hederacea Wall. ex Roxb.
慈溪、余姚、镇海、江北、北仑、鄞州、奉化、宁海、象山、市区

1666. 旋花 Calystegia silvatica (Kit.) Gris. subsp. orientalis Brum.
慈溪、余姚、北仑、鄞州、奉化、宁海、象山

1667. 肾叶打碗花（滨旋花）Calystegia soldanella (Linn.) R. Br.
慈溪、镇海、北仑、鄞州、奉化、宁海、象山

1668. 南方菟丝子 Cuscuta australis R. Br.
慈溪、余姚、镇海、江北、北仑、鄞州、奉化、宁海、象山、市区

1669. 菟丝子 Cuscuta chinensis Lam.
慈溪、余姚、镇海、江北、北仑、鄞州、奉化、宁海、象山

1670. 金灯藤 Cuscuta japonica Choisy
慈溪、余姚、镇海、江北、北仑、鄞州、奉化、宁海、象山、市区

1671. 马蹄金 Dichondra micrantha Urban
慈溪、余姚、镇海、江北、北仑、鄞州、奉化、宁海、象山、市区 *

1672. 飞蛾藤 Dinetus racemosus (Wall.) Sweet
慈溪、余姚、镇海、江北、北仑、鄞州、奉化、宁海、象山

1673. 蕹菜 Ipomoea aquatica Forssk.*
慈溪、余姚、镇海、江北、北仑、鄞州、奉化、宁海、象山、市区

1674. 番薯 Ipomoea batatas (Linn.) Lam.*
慈溪、余姚、镇海、江北、北仑、鄞州、奉化、宁海、象山、市区

1675. 毛果甘薯 Ipomoea cordatotriloba Dennst. △
象山

1676. 瘤梗甘薯 Ipomoea lacunosa Linn. △
慈溪、余姚、镇海、江北、北仑、鄞州、奉化、宁海、象山、市区

1677. 三裂叶薯 Ipomoea triloba Linn. △
慈溪、余姚、镇海、江北、北仑、鄞州、奉化、宁海、象山、市区

1678. 牵牛 Pharbitis nil (Linn.) Choisy*
慈溪、余姚、镇海、江北、北仑、鄞州、奉化、宁海、象山、市区

1679. 圆叶牵牛 Pharbitis purpurea (Linn.) Voigt △
慈溪、余姚、镇海、江北、北仑、鄞州、奉化、宁海、象山、市区

1680. 橙红茑萝 Quamoclit hederifolia (Linn.) G. Don*
慈溪、鄞州、象山

1681. 茑萝 Quamoclit pennata (Desr.) Boj.*
慈溪、余姚、镇海、江北、北仑、鄞州、奉化、宁海、象山、市区

一一八、花荵科 Polemoniaceae

1682. 小天蓝绣球（锥花福禄考）Phlox drummondii Hook.*
鄞州、市区

1683. 针叶天蓝绣球（丛生福禄考）Phlox subulata Linn.*
北仑、市区

一一九、紫草科 Boraginaceae

1684. 柔弱斑种草 Bothriospermum zeylanicum (Jacq.) Druce
慈溪、余姚、镇海、江北、北仑、鄞州、奉化、宁海、象山

1685. 日本琉璃草 Cynoglossum asperrimum Nakai
象山。中国新记录

1686. 琉璃草 Cynoglossum furcatum Wall.
余姚、鄞州、奉化、宁海、象山

1687. 车前叶蓝蓟 Echium plantagineum Linn.*
慈溪、余姚、镇海、江北、北仑、鄞州、奉化、宁海、象山、市区

1688. 厚壳树 Ehretia acuminata R. Br.
慈溪、余姚、镇海、北仑、鄞州、奉化、宁海、象山

1689. 麦家公 Lithospermum arvense Linn.
北仑、象山

1690. 梓木草 Lithospermum zollingeri A. DC.
慈溪、余姚、北仑、奉化、象山

1691. 皿果草 Omphalotrigonotis cupulifera (Johnst.) W.T. Wang
余姚、鄞州、奉化、宁海、象山

1692. 浙赣车前紫草 Sinojohnstonia chekiangensis (Migo) W.T. Wang
宁海

1693. 短蕊车前紫草 Sinojohnstonia moupinensis (Franch.) W.T. Wang
宁海

1694. 聚合草 Symphytum offincinale Linn.*
象山

1695. 盾果草 Thyrocarpus sampsonii Hance
慈溪、余姚、镇海、北仑、鄞州、奉化、宁海、象山

1696. 细叶砂引草 Tournefortia sibirica Linn. var. angustior (DC.) G.L. Chu et Gilbert
北仑

1697. 附地菜 Trigonotis peduncularis (Trev.) Benth. ex Baker et S. Moore
慈溪、余姚、镇海、江北、北仑、鄞州、奉化、宁海、象山、市区

一二〇、马鞭草科 Verbenaceae

1698. 南方紫珠 Callicarpa australis Koidz.
象山。中国新记录

1699. 紫珠 Callicarpa bodinieri Lévl.

余姚、北仑、鄞州、奉化、宁海、象山

1700. 华紫珠 Callicarpa cathayana H.T. Chang
慈溪、余姚、镇海、江北、北仑、鄞州、奉化、宁海、象山、市区 *

1701. 白棠子树 Callicarpa dichotoma (Lour.) K. Koch
慈溪、余姚、镇海、江北、北仑、鄞州、奉化、宁海、象山

1702. 杜虹花 Callicarpa formosana Rolfe
余姚、镇海、江北、北仑、鄞州、奉化、宁海、象山

1703. 老鸦糊 Callicarpa giraldii Hesse ex Rehd.
慈溪、余姚、北仑、鄞州、奉化、宁海、象山

1704. 毛叶老鸦糊 Callicarpa giraldii Hesse ex Rehd. var. sub-canescens Rehd.
余姚、北仑

1705. 全缘叶紫珠 Callicarpa integerrima Champ.
鄞州、奉化、宁海、象山

1706. 藤紫珠 Callicarpa integerrima Champ. var. chinensis (Pei) S.L. Chen
鄞州、奉化、宁海、象山

1707. 日本紫珠 Callicarpa japonica Thunb.
余姚、北仑、宁海

1708. 枇杷叶紫珠 Callicarpa kochiana Makino
北仑、宁海、象山

1709. 红紫珠 Callicarpa rubella Lindl.
余姚、北仑、鄞州、奉化、宁海

1710. 秃红紫珠 Callicarpa rubella Lindl. var. subglabra (Pei) H.T. Chang
余姚、北仑、鄞州、奉化、宁海、象山

1711. 金叶莸 Caryopteris × clandonensis 'Worcester Gold'*
鄞州

1712. 兰香草 Caryopteris incana (Thunb. ex Houtt.) Miq.
慈溪、余姚、镇海、江北、北仑、鄞州、奉化、宁海、象山

1713. 单花莸 Caryopteris nepetifolia (Benth.) Maxim.
慈溪、余姚、北仑、鄞州、奉化、宁海、象山。模式产地

1714. 臭牡丹 Clerodendrum bungei Steud.
慈溪、余姚、镇海、江北、北仑、鄞州、奉化、宁海、象山、市区 *

1715. 大青 Clerodendrum cyrtophyllum Turcz.
慈溪、余姚、镇海、江北、北仑、鄞州、奉化、宁海、象山

1716. 浙江大青 Clerodendrum kaichianum Hsu
北仑、奉化

1717. 尖齿臭茉莉 Clerodendrum lindleyi Decne. ex Planch.
余姚、奉化、象山

1718. 龙吐珠 Clerodendrum thomsonae Balf.*
象山

1719. 海州常山 Clerodendrum trichotomum Thunb.
慈溪、余姚、镇海、江北、北仑、鄞州、奉化、宁海、

象山

1720. 假连翘 Duranta repens Linn.*
象山

1721. 金叶假连翘 Duranta repens Linn. 'Variegata'*
象山

1722. 马缨丹 Lantana camara Linn.*
慈溪、余姚、镇海、江北、北仑、鄞州、奉化、宁海、象山、市区

1723. 日本豆腐柴 Premna japonica Miq.
象山。中国新记录 (待发表)

1724. 豆腐柴 Premna microphylla Turcz.
慈溪、余姚、镇海、江北、北仑、鄞州、奉化、宁海、象山。模式产地

1725. 柳叶马鞭草 Verbena bonariensis Linn.*
慈溪、余姚、江北、鄞州、市区

1726. 狭叶马鞭草 Verbena brasiliensis Vell.*
市区

1727. 加拿大美女樱 Verbena canadensis Britt.*
慈溪、余姚、镇海、江北、北仑、鄞州、奉化、宁海、象山、市区

1728. 美女樱 Verbena hybrida Voss*
慈溪、余姚、镇海、江北、北仑、鄞州、奉化、宁海、象山、市区

1729. 马鞭草 Verbena officinalis Linn.
慈溪、余姚、镇海、江北、北仑、鄞州、奉化、宁海、象山、市区

1730. 细叶美女樱 Verbena tenera Spreng.*
慈溪、余姚、镇海、江北、北仑、鄞州、奉化、宁海、象山、市区

1731. 穗花牡荆 Vitex agnus-castus Linn.*
江北

1732. 黄荆 Vitex negundo Linn.
慈溪、镇海、象山

1733. 牡荆 Vitex negundo Linn. var. cannabifolia (Sieb. et Zucc.) Hand.-Mazz.
慈溪、余姚、镇海、江北、北仑、鄞州、奉化、宁海、象山

1734. 山牡荆 Vitex quinata (Lour.) Will.*
象山

1735. 单叶蔓荆 Vitex rotundifolia Linn. f.
慈溪、镇海、北仑、鄞州、奉化、宁海、象山

一二一、唇形科 Labiatae

1736. 藿香 Agastache rugosa (Fisch. et Mey.) Kuntze
慈溪 *、余姚 *、镇海 *、江北 *、北仑 *、鄞州 *、奉化 *、宁海 *、象山、市区 *

1737. 金疮小草（白毛夏枯草）Ajuga decumbens Thunb.
慈溪、余姚、镇海、江北、北仑、鄞州、奉化、宁海、象山、市区

1738. 紫背金盘 Ajuga nipponensis Makino
慈溪、余姚、北仑

1739. 匍匐筋骨草 Ajuga reptans Linn.*
市区

1740. 毛药花 Bostrychanthera deflexa Benth.
宁海

1741. 浙江铃子香 Chelonopsis chekiangensis C.Y. Wu ex C.L. Xiang et al.
余姚、北仑、奉化

1742. 风轮菜 Clinopodium chinense (Benth.) Kuntze
慈溪、余姚、镇海、江北、北仑、鄞州、奉化、宁海、象山、市区

1743. 光风轮菜 Clinopodium confine (Hance) Kuntze
慈溪、余姚、镇海、江北、北仑、鄞州、奉化、宁海、象山、市区

1744. 细风轮菜 Clinopodium gracile (Benth.) Matsum.
慈溪、余姚、镇海、江北、北仑、鄞州、奉化、宁海、象山、市区

1745. 麻叶风轮菜 Clinopodium urticifolium (Hance) C.Y. Wu et Hsuan ex H.W. Li
余姚、象山

1746. 五彩苏（彩叶草）Coleus scutellarioides (Linn.) Benth.*
慈溪、余姚、镇海、江北、北仑、鄞州、奉化、宁海、象山、市区

1747. 绵穗苏 Comanthosphace ningpoensis (Hemsl.) Hand.-Mazz.
慈溪、余姚、镇海、江北、北仑、鄞州、奉化、宁海、象山。模式产地

1748. 绒毛绵穗苏 Comanthosphace ningpoensis (Hemsl.) Hand.-Mazz. var. stellipiloides C.Y. Wu
鄞州

1749. 水虎尾 Dysophylla stellata (Lour.) Benth.
北仑、鄞州

1750. 水蜡烛 Dysophylla yatabeana Makino
北仑、鄞州

1751. 紫花香薷 Elsholtzia argyi Lévl.
慈溪、余姚、镇海、江北、北仑、鄞州、奉化、宁海、象山

1752. 白花香薷 Elsholtzia argyi Lévl. form. alba G.Y. Li et Z.H. Chen
象山。新变型，模式产地

1753. 香薷 Elsholtzia ciliata (Thunb.) Hyland.
余姚、鄞州、奉化、宁海、象山

1754. 海州香薷 Elsholtzia splendens Nakai ex F. Maekawa
慈溪、余姚、鄞州、奉化、宁海、象山

1755. 小野芝麻 Galeobdolon chinensis (Benth.) C.Y. Wu
慈溪、余姚、镇海、江北、北仑、鄞州、奉化、宁海、象山

1756. 花叶欧活血丹 Glechoma hederacea Linn. 'Variegata'*
市区

1757. 活血丹 Glechoma longituba (Nakai) Kupr.
慈溪、余姚、镇海、江北、北仑、鄞州、奉化、宁海、象山、市区

1758. 香茶菜 Isodon amethystoides (Benth.) Hara
余姚、北仑、鄞州、奉化、宁海、象山

1759. 鄂西香茶菜 Isodon henryi (Hemsl.) Kudô
余姚。华东新记录

1760. 内折香茶菜 Isodon inflexus (Thunb.) Kudô
慈溪、余姚、北仑、鄞州、奉化、宁海

1761. 长管香茶菜 Isodon longitubus (Miq.) Kudô
鄞州、奉化、宁海、象山

1762. 大萼香茶菜 Isodon macrocalyx (Dunn) Kudô
慈溪、余姚、北仑、鄞州、奉化、宁海、象山

1763. 显脉香茶菜 Isodon nervosus (Hemsl.) Kudô
余姚、北仑、鄞州、奉化、宁海、象山

1764. 碎米桠 Isodon rubescens (Hemsl.) Hara
鄞州、奉化、宁海

1765. 香薷状香简草 Keiskea elsholtzioides Merr.
北仑、鄞州、奉化、宁海

1766. 中华香简草 Keiskea sinensis Diels
余姚、北仑、鄞州、奉化、宁海、象山

1767. 宝盖草 Lamium amplexicaule Linn.
慈溪、余姚、镇海、江北、北仑、鄞州、奉化、宁海、象山、市区

1768. 野芝麻 Lamium barbatum Sieb. et Zucc.
慈溪、余姚、镇海、江北、北仑、鄞州、奉化、宁海、象山

1769. 薰衣草 Lavandula angustifolia Mill.*
慈溪、奉化、宁海、市区

1770. 羽叶薰衣草 Lavandula pinnata Lundmark*
慈溪、鄞州

1771. 法国薰衣草 Lavandula stoechas Linn.*
慈溪

1772. 假鬃尾草 Leonurus chaituroides C.Y. Wu et H.W. Li
余姚、奉化

1773. 益母草 Leonurus japonicus Houtt.
慈溪、余姚、镇海、江北、北仑、鄞州、奉化、宁海、象山、市区

1774. 白花益母草 Leonurus japonicus Houtt. var. albiflorus (Migo) S.Y. Hu
慈溪、余姚、北仑、鄞州、奉化、宁海、象山

1775. 小叶地笋 Lycopus cavaleriei Lévl.
慈溪、余姚、鄞州

1776. 地笋 Lycopus lucidus Turcz. ex Benth.*
奉化、象山

1777. 硬毛地笋 Lycopus lucidus Turcz. ex Benth. var. hirtus Regel
慈溪、余姚、镇海、江北、北仑、鄞州、奉化、宁海、象山

1778. 走茎龙头草 Meehania fargesii (Lévl.) C.Y. Wu var. radicans (Vaniot) C.Y. Wu
余姚

1779. 薄荷 Mentha canadensis Linn.
慈溪、余姚、镇海、江北、北仑、鄞州、奉化、宁海、

象山、市区 *

1780. 皱叶留兰香 Mentha crispata Schrad. ex Willd.
慈溪△、镇海△、北仑 *、鄞州△、宁海△、象山 *、
市区 *

1781. 留兰香 Mentha spicata Linn.*
北仑、鄞州

1782. 美国薄荷 Monarda didyma Linn.*
江北、鄞州、市区

1783. 拟美国薄荷 Monarda fistulosa Linn.*
鄞州

1784. 小花荠苧 Mosla cavaleriei Lévl.
慈溪、余姚、鄞州、象山

1785. 石香薷 Mosla chinensis Maxim.
慈溪、余姚、镇海、江北、北仑、鄞州、奉化、宁海、
象山、市区

1786. 小鱼仙草 Mosla dianthera (Buch.-Ham. ex Roxb.) Maxim.
慈溪、余姚、镇海、江北、北仑、鄞州、奉化、宁海、
象山

1787. 杭州荠苧 Mosla hangchowensis Matsuda
慈溪、余姚、北仑、鄞州、奉化、宁海、象山

1788. 建德荠苧 Mosla hangchowensis Matsuda var. cheteana (Sun ex C.H. Hu) C.Y. Wu et H.W. Li
慈溪、象山

1789. 日本荠苧 Mosla japonica (Benth. ex Oliv.) Maxim.
象山。中国新记录

1790. 石荠苧 Mosla scabra (Thunb.) C.Y. Wu et H.W. Li
慈溪、余姚、镇海、江北、北仑、鄞州、奉化、宁海、
象山、市区

1791. 苏州荠苧 Mosla soochowensis Matsuda
慈溪、余姚、镇海、江北、北仑、鄞州、奉化、宁海、
象山

1792. 浙荆芥 Nepeta everardi S. Moore
余姚、鄞州、奉化、宁海。模式产地

1793. 罗勒 Ocimum basilicum Linn.*
慈溪、鄞州、奉化、宁海、象山

1794. 疏毛罗勒 Ocimum basilicum Linn. var. pilosum (Willd.) Benth.*
宁海、象山

1795. 牛至 Origanum vulgare Linn.*
鄞州

1796. 紫苏 Perilla frutescens (Linn.) Britt.
慈溪△、余姚 *、镇海 *、江北 *、北仑 *、鄞州 *、
奉化△、宁海△、象山△、市区 *

1797. 耳齿紫苏 Perilla frutescens (Linn.) Britt. var. auriculatodentata C.Y. Wu et Hsuan ex H.W. Li
象山

1798. 回回苏 Perilla frutescens (Linn.) Britt. var. crispa (Benth.) H.W. Li*
慈溪、余姚、镇海、江北、北仑、鄞州、奉化、宁海、
象山、市区

1799. 野紫苏 Perilla frutescens (Linn.) Britt. var. purpurascens (Hayata) H.W. Li
慈溪、余姚、镇海、江北、北仑、鄞州、奉化、宁海、
象山、市区

1800. 假龙头花（随意草）Physostegia virginiana (Linn.) Benth.*
江北

1801. 莫娜紫凤凰 Plectranthus ecklonii Benth. 'Mona Lavender'*
市区

1802. 夏枯草 Prunella vulgaris Linn.
慈溪、余姚、镇海、江北、北仑、鄞州、奉化、宁海、
象山

1803. 迷迭香 Rosmarinus officinalis Linn.*
慈溪、余姚、镇海、江北、北仑、鄞州、奉化、宁海、
象山、市区

1804. 南丹参 Salvia bowleyana Dunn
余姚、北仑、鄞州、奉化、宁海、象山

1805. 白花南丹参 Salvia bowleyana Dunn form. alba G.Y. Li, W.Y. Xie et D.D. Ma
余姚

1806. 华鼠尾草 Salvia chinensis Benth.
慈溪、余姚、镇海、江北、北仑、鄞州、奉化、宁海、
象山

1807. 朱唇 Salvia coccinea Buc'hoz ex Etlinger*
市区

1808. 一串蓝（蓝花鼠尾草）Salvia farinacea Benth.*
慈溪、余姚、镇海、江北、北仑、鄞州、奉化、宁海、
象山、市区

1809. 深蓝鼠尾草 Salvia guaranitica A. St.-Hil. ex Benth. 'Black and Blue'*
慈溪、余姚、镇海、江北、北仑、鄞州、奉化、宁海、
象山、市区

1810. 鼠尾草 Salvia japonica Thunb.
慈溪、余姚、镇海、江北、北仑、鄞州、奉化、宁海、
象山

1811. 翅柄鼠尾草 Salvia japonica Thunb. form. alatopinnata (Matsum. et Kudo) Kudo
鄞州

1812. 紫绒鼠尾草（墨西哥鼠尾草）Salvia leucantha Cav.*
市区

1813. 丹参 Salvia miltiorrhiza Bunge*
余姚、象山

1814. 浙江琴柱草 Salvia nipponica Miq. subsp. zhejiang J.F. Wang, W.Y. Xie et Z.H. Chen
余姚

1815. 荔枝草 Salvia plebeia R. Br.
慈溪、余姚、镇海、江北、北仑、鄞州、奉化、宁海、
象山、市区

1816. 一串红 Salvia splendens Ker-Gawl.*
慈溪、余姚、镇海、江北、北仑、鄞州、奉化、宁海、
象山、市区

1817. 蔓茎鼠尾草（佛光草）Salvia substolonifera E. Peter
余姚

1818. 天蓝鼠尾草 Salvia uliginosa Benth.*
余姚、镇海、江北、北仑、鄞州、奉化、宁海、市区

1819. 安徽黄芩 Scutellaria anhweiensis C.Y. Wu
余姚、鄞州、奉化

1820. 大花腋花黄芩 Scutellaria axilliflora Hand.-Mazz. var. medullifera (Sun ex C.H. Hu) C.Y. Wu et H.W. Li
宁海

1821. 半枝莲 Scutellaria barbata D. Don
慈溪、余姚、镇海、江北、北仑、鄞州、奉化、宁海、象山

1822. 浙江黄芩 Scutellaria chekiangensis C.Y. Wu
余姚、象山

1823. 韩信草（印度黄芩）Scutellaria indica Linn.
慈溪、余姚、镇海、江北、北仑、鄞州、奉化、宁海、象山

1824. 缩茎印度黄芩 Scutellaria indica Linn. var. subacaulis (Sun ex C.H. Hu) C.Y. Wu et C. Chen
余姚、宁海、象山

1825. 光紫黄芩 Scutellaria laeteviolacea Koidz.
象山

1826. 京黄芩 Scutellaria pekinensis Maxim.
宁海

1827. 蜗儿菜 Stachys arrecta L.H. Bailey
慈溪

1828. 田野水苏 Stachys arvensis Linn. △
镇海、鄞州、宁海、象山

1829. 水苏 Stachys japonica Miq.
慈溪、余姚、镇海、江北、北仑、鄞州、奉化、宁海、象山、市区

1830. 绵毛水苏 Stachys lanata Jacq.*
鄞州

1831. 粉花香科科 Teucrium chamaedrys Linn.*
市区

1832. 银石蚕 Teucrium fruticans Linn.*
慈溪、余姚、镇海、江北、北仑、鄞州、奉化、宁海、象山、市区

1833. 穗花香科科 Teucrium japonicum Willd.
鄞州

1834. 庐山香科科 Teucrium pernyi Franch.
慈溪、余姚、镇海、江北、北仑、鄞州、奉化、宁海、象山

1835. 长毛香科科 Teucrium pilosum (Pampan.) C.Y. Wu et S. Chow
余姚

1836. 裂苞香科科 Teucrium veronicoides Maxim.
北仑

1837. 血见愁 Teucrium viscidum Bl.

慈溪、余姚、北仑、鄞州、奉化、宁海、象山

一二二、茄科 Solanaceae

1838. 鸳鸯茉莉 Brunfelsia acuminata (Pohl.) Benth.*
象山、市区

1839. 小花矮牵牛（百万小铃）Calibrachoa 'hybrida'*
慈溪、余姚、镇海、江北、北仑、鄞州、奉化、宁海、象山、市区

1840. 辣椒 Capsicum annuum Linn.*
慈溪、余姚、镇海、江北、北仑、鄞州、奉化、宁海、象山、市区

1841. 朝天椒 Capsicum annuum Linn. var. conoide (Mill.) Irish*
慈溪、余姚、镇海、江北、北仑、鄞州、奉化、宁海、象山、市区

1842. 菜椒 Capsicum annuum Linn. var. grossum (Linn.) Seudt.*
慈溪、余姚、镇海、江北、北仑、鄞州、奉化、宁海、象山、市区

1843. 五彩椒 Capsicum annuum Linn. 'Cerasiforme'*
慈溪、余姚、镇海、江北、北仑、鄞州、奉化、宁海、象山、市区

1844. 毛曼陀罗 Datura innoxia Mill. △
慈溪、宁海

1845. 洋金花（白花曼陀罗）Datura metel Linn.*
北仑、宁海

1846. 曼陀罗 Datura stramonium Linn. △
余姚、北仑

1847. 枸杞 Lycium chinense Mill.
慈溪、余姚、镇海、江北、北仑、鄞州、奉化、宁海、象山、市区

1848. 番茄 Lycopersicon esculentum Mill.*
慈溪、余姚、镇海、江北、北仑、鄞州、奉化、宁海、象山、市区

1849. 樱桃番茄 Lycopersicon esculentum Mill. var. cerasiforme (Dunal) Alef.*
慈溪、余姚、镇海、江北、北仑、鄞州、奉化、宁海、象山、市区

1850. 假酸浆 Nicandra physalodes (Linn.) Gaertn. △
慈溪、余姚、镇海、江北、北仑、鄞州、奉化、宁海、象山、市区

1851. 烟草 Nicotiana tabacum Linn.*
慈溪、余姚、镇海、江北、北仑、鄞州、奉化、宁海、象山

1852. 碧冬茄（矮牵牛）Petunia hybrida (Hook. f.) Vilm.*
慈溪、余姚、镇海、江北、北仑、鄞州、奉化、宁海、象山、市区

1853. 日本散血丹 Physaliastrum echinatum (Yatabe) Makino
鄞州、奉化、宁海

1854. 苦蘵 Physalis angulata Linn.
慈溪、余姚、镇海、江北、北仑、鄞州、奉化、宁海、象山

1855. 毛苦蘵 Physalis angulata Linn. var. villosa Bonati

余姚、北仑、鄞州、奉化、宁海、象山

1856. 小酸浆 Physalis minima Linn. △
宁海。华东归化新记录

1857. 毛酸浆 Physalis philadelphica Lam. △
奉化、宁海、象山

1858. 喀西茄 Solanum aculeatissimum Jacq. △
象山

1859. 少花龙葵 Solanum americanum Mill. △
余姚、奉化、宁海、象山

1860. 牛茄子 Solanum capsicoides Allioni △
余姚、宁海、象山

1861. 千年不烂心 Solanum cathayanum C.Y. Wu et S.C. Huang
慈溪、奉化、宁海、象山

1862. 红茄 Solanum integrifolium Poir.*
奉化

1863. 野海茄 Solanum japonense Nakai
北仑、宁海、象山

1864. 白英 Solanum lyratum Thunb.
慈溪、余姚、镇海、江北、北仑、鄞州、奉化、宁海、象山

1865. 乳茄 Solanum mammosum Linn.*
宁海

1866. 茄 Solanum melongena Linn.*
慈溪、余姚、镇海、江北、北仑、鄞州、奉化、宁海、象山、市区

1867. 观赏茄 Solanum melongena Linn. var. depressum Bailey*
北仑、市区

1868. 龙葵 Solanum nigrum Linn.
慈溪、余姚、镇海、江北、北仑、鄞州、奉化、宁海、象山、市区

1869. 海桐叶白英 Solanum pittosporifolium Hemsl.
余姚、奉化

1870. 珊瑚樱 Solanum pseudocapsicum Linn.*
慈溪、余姚、镇海、江北、北仑、鄞州、奉化、宁海、象山、市区

1871. 蒜芥茄 Solanum sisymbriifolium Lam. △
市区。华东归化新记录

1872. 马铃薯 Solanum tuberosum Linn.*
慈溪、余姚、镇海、江北、北仑、鄞州、奉化、宁海、象山、市区

1873. 龙珠 Tubocapsicum anomalum (Franch. et Sav.) Makino
慈溪、余姚、北仑、鄞州、奉化、宁海、象山

一二三、玄参科 Scrophulariaceae

1874. 香彩雀 Angelonia angustifolia Benth.*
慈溪、余姚、镇海、江北、北仑、鄞州、奉化、宁海、象山、市区

1875. 金鱼草 Antirrhinum majus Linn.*
慈溪、余姚、镇海、江北、北仑、鄞州、奉化、宁海、象山、市区

1876. 有腺泽番椒 Deinostema adenocaula (Maxim.) T. Yamazaki

北仑、鄞州、奉化、宁海、象山。华东新记录

1877. 毛地黄 Digitalis purpurea Linn.*
鄞州、市区

1878. 虻眼 Dopatrium junceum (Roxb.) Buch.-Ham. ex Benth.
宁海

1879. 白花水八角 Gratiola japonica Miq.
鄞州。浙江属、种新记录

1880. 戟叶凯氏草 Kickxia elatine (Linn.) Dumort. △
慈溪。浙江属、种归化新记录

1881. 石龙尾 Limnophila sessiliflora (Vahl) Bl.
慈溪、余姚、北仑、鄞州、奉化、宁海、象山

1882. 小龙口花 Linaria bipartita (Venten.) Willd. △
奉化

1883. 长蒴母草 Lindernia anagallis (Burm. f.) Pennell
江北、北仑、鄞州、奉化、宁海、象山

1884. 泥花草 Lindernia antipoda (Linn.) Alston
慈溪、余姚、镇海、江北、北仑、鄞州、奉化、宁海、象山、市区

1885. 短梗母草 Lindernia brevipedunculata Migo
奉化、象山

1886. 母草 Lindernia crustacea (Linn.) F. Muell.
慈溪、余姚、镇海、江北、北仑、鄞州、奉化、宁海、象山、市区

1887. 狭叶母草 Lindernia micrantha D. Don
慈溪、余姚、鄞州、奉化、宁海、象山

1888. 宽叶母草 Lindernia nummulariifolia (D. Don) Wettst.
余姚、鄞州、奉化、宁海、象山

1889. 陌上菜 Lindernia procumbens (Krock.) Borbás
慈溪、余姚、镇海、江北、北仑、鄞州、奉化、宁海、象山、市区

1890. 刺毛母草 Lindernia setulosa (Maxim.) Tuyama ex Hara
余姚、北仑 *、鄞州、奉化、宁海、象山

1891. 早落通泉草 Mazus caducifer Hance
余姚、北仑、鄞州、奉化、宁海、象山

1892. 纤细通泉草 Mazus gracilis Hemsl.
奉化、宁海

1893. 匐茎通泉草 Mazus miquelii Makino
慈溪、余姚、北仑、鄞州、奉化、宁海、象山

1894. 通泉草 Mazus pumilus (Burm. f.) Steenis
慈溪、余姚、镇海、江北、北仑、鄞州、奉化、宁海、象山、市区

1895. 弹刀子菜 Mazus stachydifolius (Turcz.) Maxim.
余姚、北仑、鄞州

1896. 山萝花 Melampyrum roseum Maxim.
余姚、北仑、宁海、象山

1897. 卵叶山萝花 Melampyrum roseum Maxim. var. ovalifolium (Nakai) Nakai ex Beauv.
宁海

1898. 小果草 Microcarpaea minima (J. König ex Retz.) Merr.
宁海

1899. 绵毛鹿茸草 Monochasma savatieri Franch. ex Maxim.
慈溪、余姚、北仑、鄞州、奉化、宁海、象山。模式产地

1900. 鹿茸草 Monochasma sheareri (S. Moore) Maxim. ex Franch. et Sav.
余姚、北仑、鄞州、象山

1901. 加拿大柳蓝花 Nuttallanthus canadensis (Linn.) D.A. Sutton △
鄞州、奉化。中国归化新记录

1902. 兰考泡桐 Paulownia elongata S.Y. Hu*
慈溪

1903. 白花泡桐 Paulownia fortunei (Seem.) Hemsl.
慈溪、余姚、北仑、鄞州、奉化、宁海、象山、市区 *

1904. 华东泡桐（台湾泡桐）Paulownia kawakamii T. Itö
慈溪、余姚、北仑、奉化、宁海、象山

1905. 毛泡桐 Paulownia tomentosa (Thunb.) Steud.
余姚、北仑、鄞州、奉化、宁海、象山

1906. 毛地黄叶钓钟柳 Penstemon laevigatus Linn. subsp. digitalis (Nutt. ex Sims) Benn. 'Husker Red'*
慈溪、余姚、镇海、江北、北仑、鄞州、奉化、宁海、象山、市区

1907. 松蒿 Phtheirospermum japonicum (Thunb.) Kanitz
余姚、北仑、奉化、宁海、象山

1908. 穗花婆婆纳 Pseudolysimachion spicatum (Linn.) Opiz*
鄞州

1909. 天目地黄 Rehmannia chingii H.L. Li
宁海

1910. 浙玄参 Scrophularia ningpoensis Hemsl.
慈溪、余姚、镇海、江北、北仑、鄞州、奉化、宁海、象山。模式产地

1911. 阴行草 Siphonostegia chinensis Benth.
慈溪、余姚、北仑、奉化、象山

1912. 腺毛阴行草 Siphonostegia laeta S. Moore
余姚、北仑、鄞州、奉化、宁海、象山

1913. 夏堇（蓝猪耳）Torenia fournieri Lind. ex Fourn.*
慈溪、余姚、镇海、江北、北仑、鄞州、奉化、宁海、象山、市区

1914. 紫萼蝴蝶草 Torenia violacea (Azaola ex Blanco) Pennell
慈溪、余姚、镇海、江北、北仑、鄞州、奉化、宁海、象山

1915. 直立婆婆纳 Veronica arvensis Linn. △
慈溪、余姚、镇海、江北、北仑、鄞州、奉化、宁海、象山、市区

1916. 蚊母草 Veronica peregrina Linn.
慈溪、余姚、镇海、江北、北仑、鄞州、奉化、宁海、象山、市区

1917. 阿拉伯婆婆纳 Veronica persica Poir. △
慈溪、余姚、镇海、江北、北仑、鄞州、奉化、宁海、象山、市区

1918. 婆婆纳 Veronica polita Fries
慈溪、余姚、镇海、江北、北仑、鄞州、奉化、宁海、象山、市区

1919. 水苦荬 Veronica undulata Wall. ex Jack
慈溪、余姚、镇海、江北、北仑、鄞州、奉化、宁海、象山、市区

1920. 爬岩红 Veronicastrum axillare (Sieb. et Zucc.) T. Yamazaki
慈溪、余姚、镇海、江北、北仑、鄞州、奉化、宁海、象山

一二四、紫葳科 Bignoniaceae

1921. 凌霄 Campsis grandiflora (Thunb.) Schum.*
慈溪、余姚、镇海、江北、北仑、鄞州、奉化、宁海、象山、市区

1922. 美国凌霄 Campsis radicans (Linn.) Seem. ex Bur.*
慈溪、余姚、镇海、江北、北仑、鄞州、奉化、宁海、象山、市区

1923. 梓树 Catalpa ovata G. Don
慈溪、余姚 *、镇海 *、江北 *、北仑、鄞州、奉化、宁海 *、象山、市区 *

1924. 黄金树 Catalpa speciosa (Ward. ex Barney) Engelm.*
慈溪、奉化、象山

1925. 非洲凌霄 Podranea ricasoliana (Tanf.) Sprague*
市区

1926. 硬骨凌霄 Tecomaria capensis (Thunb.) Spach*
鄞州、市区

一二五、胡麻科 Pedaliaceae

1927. 芝麻 Sesamum indicum Linn.*
慈溪、余姚、镇海、江北、北仑、鄞州、奉化、宁海、象山、市区

1928. 茶菱 Trapella sinensis Oliv.
慈溪、余姚、北仑、鄞州、奉化、宁海、象山

一二六、列当科 Orobanchaceae

1929. 野菰 Aeginetia indica Linn.
北仑、鄞州、奉化、宁海、象山

一二七、苦苣苔科 Gesneriaceae

1930. 大花旋蒴苣苔 Boea clarkeana Hemsl.
北仑、鄞州、奉化

1931. 旋蒴苣苔 Boea hygrometrica (Bunge) R. Br.
余姚、北仑、鄞州、奉化、宁海

1932. 苦苣苔 Conandron ramondioides Sieb. et Zucc.
奉化、宁海

1933. 红花温州长蒴苣苔 Didymocarpus cortusifolius (Hance) Lévl. form. rubrus W.Y. Xie，G.Y. Li et Z.H. Chen
鄞州、奉化。新变型

1934. 半蒴苣苔 Hemiboea henryi C.B. Clarke
余姚、北仑、鄞州、奉化、宁海

1935. 吊石苣苔 Lysionotus pauciflorus Maxim.
慈溪、余姚、镇海、江北、北仑、鄞州、奉化、宁海、象山

1936. 西子报春苣苔 Primulina xiziae F. Wen，G.J. Hua et Y. Wang*
镇海

一二八、狸藻科 Lentibulariaceae

1937. 黄花狸藻 Utricularia aurea Lour.
北仑、鄞州、奉化、宁海、象山

1938. 南方狸藻 Utricularia australis R. Br.
北仑、鄞州、宁海

1939. 挖耳草 Utricularia bifida Linn.
余姚、北仑、鄞州、奉化、宁海、象山

1940. 少花狸藻 Utricularia gibba Linn.
鄞州、宁海

1941. 钩突挖耳草 Utricularia warburgii K.I. Goebel
余姚、北仑、鄞州、奉化、宁海、象山。模式产地

一二九、爵床科 Acanthaceae

1942. 白接骨 Asystasiella neesiana (Wall.) Nees ex Wall.
余姚、北仑、鄞州、奉化、宁海、象山

1943. 水蓑衣 Hygrophila ringens (Linn.) R. Br. ex Spreng.
慈溪、余姚、镇海、江北、北仑、鄞州、奉化、宁海、象山

1944. 圆苞杜根藤 Justicia championi T. Anders. ex Benth.
余姚、奉化、宁海

1945. 九头狮子草 Peristrophe japonica (Thunb.) Bremek.
慈溪、余姚、镇海、江北、北仑、鄞州、奉化、宁海、象山

1946. 爵床 Rostellularia procumbens (Linn.) Nees
慈溪、余姚、镇海、江北、北仑、鄞州、奉化、宁海、象山、市区

1947. 密毛爵床 Rostellularia procumbens (Linn.) Nees var. hirsuta Yamamoto
象山。中国大陆新记录

1948. 翠芦莉（兰花草）Ruellia brittoniana Leon.*
慈溪、余姚、镇海、江北、北仑、鄞州、奉化、宁海、象山、市区

1949. 密花孩儿草 Rungia densiflora H.S. Lo
奉化

1950. 少花马蓝 Strobilanthes oligantha Miq.
慈溪、余姚、北仑、鄞州、奉化、宁海、象山

一三〇、苦槛蓝科 Myoporaceae

1951. 苦槛蓝 Pentacoelium bontioides Sieb. et Zucc.*
慈溪、北仑、象山

一三一、透骨草科 Phrymataceae

1952. 透骨草 Phryma leptostachya Linn. subsp. asiatica (Hara) Kitam.
北仑、奉化、宁海

一三二、车前科 Plantaginaceae

1953. 车前 Plantago asiatica Linn.
慈溪、余姚、镇海、江北、北仑、鄞州、奉化、宁海、象山、市区

1954. 平车前 Plantago depressa Willd.
奉化

1955. 长叶车前 Plantago lanceolata Linn.
慈溪、余姚、镇海、北仑、鄞州

1956. 大车前 Plantago major Linn.
余姚、北仑、象山

1957. 北美毛车前 Plantago virginica Linn. △
慈溪、余姚、镇海、江北、北仑、鄞州、奉化、宁海、象山、市区

一三三、茜草科 Rubiaceae

1958. 水团花 Adina pilulifera (Lam.) Franch. ex Drake
宁海、象山

1959. 细叶水团花 Adina rubella Hance
慈溪 *、余姚、镇海 *、北仑、鄞州、奉化、宁海、象山、市区 *

1960. 山黄皮（茜树）Aidia henryi (E. Pritzel) T. Yamazaki
余姚、北仑、鄞州、奉化、宁海、象山

1961. 流苏子 Coptosapelta diffusa (Champ. ex Benth.) Van Steenis
余姚、北仑、鄞州、奉化、宁海、象山

1962. 短刺虎刺 Damnacanthus giganteus (Makino) Nakai
慈溪、余姚、北仑、鄞州、奉化、宁海、象山

1963. 虎刺 Damnacanthus indicus Gaertn. f.
慈溪、余姚、镇海、江北、北仑、鄞州、奉化、宁海、象山

1964. 浙皖虎刺 Damnacanthus macrophyllus Sieb. ex Miq.
余姚、镇海、鄞州、奉化、宁海、象山

1965. 大卵叶虎刺 Damnacanthus major Sieb. et Zucc.
鄞州、宁海

1966. 狗骨柴 Diplospora dubia (Lindl.) Masam.
慈溪、余姚、北仑、鄞州、奉化、宁海、象山

1967. 香果树 Emmenopterys henryi Oliv.
余姚、北仑、鄞州、奉化、宁海、象山。国家Ⅱ级重点保护野生植物

1968. 四叶葎 Galium bungei Steud.
余姚、北仑、鄞州、奉化、宁海、象山

1969. 狭叶四叶葎 Galium bungei Steud. var. angustifolium (Loes.) Cuf.
余姚、奉化、宁海

1970. 阔叶四叶葎 Galium bungei Steud. var. trachyspermum (A. Gray) Cuf.
余姚、北仑、鄞州、奉化、宁海、象山

1971. 山猪殃殃 Galium dahuricum Turcz. ex Ledeb. var. lasiocarpum (Makino) Nakai
余姚、鄞州、宁海

1972. 六叶葎 Galium hoffmeisteri (Klotzsch) Ehrendorfer et Schönbeck-Temesy ex R.R. Mill
鄞州、奉化、宁海

1973. 小叶猪殃殃 Galium innocuum Miq.
慈溪、余姚、北仑、鄞州、奉化、宁海、象山

1974. 三脉猪殃殃 Galium kamtschaticum Steller ex Schultes et J.H. Schultes
余姚、鄞州。华东新记录

1975. 猪殃殃 Galium spurium Linn.
慈溪、余姚、镇海、江北、北仑、鄞州、奉化、宁海、

象山、市区

1976. 栀子 Gardenia jasminoides Ellis
慈溪、余姚、镇海、江北、北仑、鄞州、奉化、宁海、象山、市区 *

1977. 水栀子 Gardenia jasminoides Ellis var. radicans (Thunb.) Makino*
慈溪、余姚、镇海、江北、北仑、鄞州、奉化、宁海、象山、市区

1978. 花叶水栀子 Gardenia jasminoides Ellis var. radicans (Thunb.) Makino 'Aureo-marginata'*
慈溪、镇海、宁海、市区

1979. 玉荷花 Gardenia jasminoides Ellis 'Fortuneana'*
慈溪、余姚、镇海、江北、北仑、鄞州、奉化、宁海、象山、市区

1980. 花叶栀子 Gardenia jasminoides Ellis 'Variegata'*
镇海、宁海、市区

1981. 希茉莉 Hamelia patens Jacq.*
宁海

1982. 厚叶双花耳草（肉叶耳草）Hedyotis strigulosa (Bartl. ex DC.) Fosberg
象山

1983. 剑叶耳草 Hedyotis caudatifolia Merr.
宁海、象山

1984. 金毛耳草 Hedyotis chrysotricha (Palib.) Merr.
慈溪、余姚、镇海、江北、北仑、鄞州、奉化、宁海、象山

1985. 伞房花耳草 Hedyotis corymbosa (Linn.) Lam.
北仑、鄞州、奉化

1986. 白花蛇舌草 Hedyotis diffusa Willd.
慈溪、余姚、镇海、江北、北仑、鄞州、奉化、宁海、象山

1987. 纤花耳草 Hedyotis tenelliflora Bl.
宁海、象山

1988. 龙船花 Ixora chinensis Lam.*
慈溪、象山

1989. 日本粗叶木 Lasianthus japonicus Miq.
鄞州

1990. 榄绿粗叶木 Lasianthus japonicus Miq. var. lancilimbus (Merr.) Lo
余姚、北仑、鄞州、奉化、宁海、象山

1991. 羊角藤 Morinda umbellata Linn. subsp. obovata Y.Z. Ruan
慈溪、余姚、镇海、江北、北仑、鄞州、奉化、宁海、象山

1992. 玉叶金花 Mussaenda pubescens Ait. f.
象山

1993. 大叶白纸扇 Mussaenda shikokiana Makino
慈溪、余姚、镇海、江北、北仑、鄞州、奉化、宁海、象山

1994. 黄细心状假耳草 Neanotis boerhaavioides (Hance) Lewis
北仑、鄞州

1995. 薄叶假耳草 Neanotis hirsuta (Linn. f.) Lewis
余姚、北仑、鄞州、奉化、宁海、象山

1996. 日本蛇根草 Ophiorrhiza japonica Bl.
慈溪、余姚、镇海、江北、北仑、鄞州、奉化、宁海、象山

1997. 长序鸡屎藤 Paederia cavaleriei Lévl.
慈溪、余姚、鄞州、奉化、宁海、象山

1998. 鸡屎藤 Paederia scandens (Lour.) Merr.
慈溪、余姚、镇海、江北、北仑、鄞州、奉化、宁海、象山、市区

1999. 滨海鸡屎藤 Paederia scandens (Lour.) Merr. var. mairei (Lévl.) Hara
慈溪、镇海、北仑、鄞州、象山

2000. 毛鸡屎藤 Paederia scandens (Lour.) Merr. var. tomentosa (Bl.) Hand.-Mazz.
余姚、北仑、鄞州、奉化、象山、市区

2001. 繁星花（五星花）Pentas lanceolata (Forssk.) Deflers*
慈溪、余姚、镇海、江北、北仑、鄞州、奉化、宁海、象山、市区

2002. 海南槽裂木 Pertusadina metcalfii (Merr. ex H.L. Li) Y.F. Deng et C.M. Hu
鄞州、宁海、象山

2003. 东南茜草 Rubia argyi (Lévl. et Vant.) Hara ex Lauener et D.K. Ferguson
余姚、鄞州、奉化、宁海、象山

2004. 卵叶茜草 Rubia ovatifolia Z.Y. Zhang ex Q. Lin
慈溪、余姚、镇海、江北、北仑、鄞州、奉化、宁海、象山

2005. 六月雪 Serissa japonica (Thunb.) Thunb.*
慈溪、余姚、镇海、江北、北仑、鄞州、奉化、宁海、象山、市区

2006. 金边六月雪 Serissa japonica (Thunb.) Thunb. 'Aureo-marginata'*
慈溪、余姚、镇海、江北、北仑、鄞州、奉化、宁海、象山、市区

2007. 白马骨 Serissa serissoides (DC.) Druce
慈溪、余姚、镇海、江北、北仑、鄞州、奉化、宁海、象山

2008. 鸡仔木 Sinoadina racemosa (Sieb. et Zucc.) Ridsd.
慈溪、北仑、宁海、象山

2009. 阔叶丰花草 Spermacoce alata Aublet △
北仑、鄞州、奉化、宁海、象山

2010. 白花苦灯笼 Tarenna mollissima (Hook. et Arn.) Robins.
余姚、北仑、鄞州、奉化、宁海、象山

2011. 钩藤 Uncaria rhynchophylla (Miq.) Miq. ex Havil.
慈溪、余姚、北仑、鄞州、奉化、宁海、象山

一三四、忍冬科 Caprifoliaceae

2012. 南方六道木 Abelia dielsii (Graebn.) Rehd.
奉化

2013. 大花六道木 Abelia grandiflora (Rovelli ex André) Rehd.*

慈溪、余姚、镇海、江北、北仑、鄞州、奉化、宁海、象山、市区

2014. 金边大花六道木 Abelia grandiflora (Rovelli ex André) Rehd. 'Aureo-marginata'*
慈溪、余姚、镇海、江北、北仑、鄞州、奉化、宁海、象山、市区

2015. 金叶大花六道木 Abelia grandiflora (Rovelli ex André) Rehd. 'Francis Mason'*
慈溪、余姚、镇海、江北、北仑、鄞州、奉化、宁海、象山、市区

2016. 七子花 Heptacodium miconioides Rehd.
余姚、北仑、鄞州、奉化、宁海、象山。国家II级重点保护野生植物

2017. 无毛淡红忍冬 Lonicera acuminata Wall. var. depilata Hsu et H.J. Wang*
鄞州

2018. 郁香忍冬 Lonicera fragrantissima Lindl. et Paxt.
余姚、江北*、鄞州、奉化

2019. 苦糖果 Lonicera fragrantissima Lindl. et Paxt. subsp. lancifolia (Rehd.) Q.E. Yang
余姚、北仑、鄞州、奉化、宁海、象山

2020. 京久红忍冬 Lonicera heckrottii Rehd.*
慈溪、余姚、鄞州、市区

2021. 菰腺忍冬 Lonicera hypoglauca Miq.
慈溪、余姚、北仑、鄞州、奉化、宁海、象山

2022. 蓝叶忍冬 Lonicera korolkowii Stapf*
江北、北仑、鄞州、市区

2023. 忍冬 Lonicera japonica Thunb.
慈溪、余姚、镇海、江北、北仑、鄞州、奉化、宁海、象山、市区

2024. 金银忍冬 Lonicera maackii (Rupr.) Maxim.
慈溪、余姚、北仑、鄞州、奉化

2025. 大花忍冬 Lonicera macrantha (D. Don) Spreng.
余姚、北仑、鄞州、奉化、宁海、象山

2026. 灰毡毛忍冬 Lonicera macranthoides Hand.-Mazz.
余姚、北仑、鄞州、奉化、宁海、象山

2027. 下江忍冬 Lonicera modesta Rehd.
余姚、北仑、鄞州、奉化、宁海、象山

2028. 金叶亮绿忍冬 Lonicera ligustrina Wall. var. yunnanensis Franch. 'Baggesen's Gold'*
慈溪、余姚、镇海、江北、北仑、鄞州、奉化、宁海、象山、市区

2029. 匍枝亮绿忍冬 Lonicera ligustrina Wall. var. yunnanensis Franch. 'Maigrun'*
慈溪、余姚、镇海、江北、北仑、鄞州、奉化、宁海、象山、市区

2030. 短柄忍冬 Lonicera pampaninii Lévl.
余姚、北仑、鄞州、奉化、象山

2031. 毛萼忍冬 Lonicera trichosepala (Rehd.) Hsu
余姚、鄞州、宁海

2032. 华西忍冬（倒卵叶忍冬）Lonicera webbiana Wall. ex DC.
余姚、鄞州、奉化、宁海

2033. 金叶美洲接骨木 Sambucus canadensis Linn. 'Aurea'*
慈溪、市区

2034. 接骨草 Sambucus javanica Bl.
慈溪、余姚、镇海、江北、北仑、鄞州、奉化、宁海、象山

2035. 接骨木 Sambucus williamsii Hance
慈溪、余姚、北仑、鄞州、奉化、宁海、象山

2036. 红雪果 Symphoricarpos orbiculatus Moen. 'Red Snowberry'*
江北、鄞州、市区

2037. 金腺荚蒾 Viburnum chunii Hsu
鄞州、奉化、宁海

2038. 白花金腺荚蒾 Viburnum chunii Hsu form. album G.Y. Li et H.L. Lin
鄞州。新变型。模式产地

2039. 荚蒾 Viburnum dilatatum Thunb.
慈溪、余姚、北仑、鄞州、奉化、宁海、象山

2040. 宜昌荚蒾 Viburnum erosum Thunb.
慈溪、余姚、镇海、江北、北仑、鄞州、奉化、宁海、象山

2041. 南方荚蒾 Viburnum fordiae Hance
鄞州、奉化、宁海、象山

2042. 琼花荚蒾 Viburnum keteleeri Carr.*
慈溪、余姚、奉化、宁海、象山、市区

2043. 绣球荚蒾（木绣球）Viburnum keteleeri Carr. 'Sterile'*
市区。模式产地

2044. 黑果荚蒾 Viburnum melanocarpum Hsu
余姚、北仑、鄞州、宁海、象山

2045. 早禾树 Viburnum odoratissimum Ker-Gawl.*
慈溪、余姚、镇海、江北、北仑、鄞州、奉化、宁海、象山、市区

2046. 日本珊瑚树 Viburnum odoratissimum Ker-Gawl. var. awabuki (K. Koch) Zabel ex Rümpl.*
慈溪、余姚、镇海、江北、北仑、鄞州、奉化、宁海、象山、市区

2047. 蝴蝶荚蒾 Viburnum thunbergianum Z.H. Chen et P.L. Chiu, nom. nov.
余姚、北仑、鄞州、奉化、宁海、象山

2048. 粉团荚蒾 Viburnum thunbergianum Z.H. Chen et P.L. Chiu 'Plenum'*
慈溪

2049. 具毛常绿荚蒾 Viburnum sempervirens K. Koch var. trichophorum Hand.-Mazz.
北仑、鄞州、奉化、宁海、象山

2050. 茶荚蒾 Viburnum setigerum Hance
余姚、北仑、鄞州、奉化、宁海、象山

2051. 合轴荚蒾 Viburnum sympodiale Graebn.
余姚、鄞州、奉化

2052. 地中海荚蒾 Viburnum tinus Linn.*

慈溪、余姚、镇海、江北、北仑、鄞州、奉化、宁海、
象山、市区

2053. 海仙花 Weigela coraeensis Thunb.*
慈溪、余姚、镇海、江北、北仑、鄞州、奉化、宁海、
象山、市区

2054. 水马桑 Weigela japonica Thunb.
慈溪 *、奉化、宁海

2055. 红王子锦带 Weigela 'Red Prince'*
慈溪、余姚、镇海、江北、北仑、鄞州、奉化、宁海、
象山、市区

2056. 花叶锦带 Weigela 'Variegata'*
镇海、江北、鄞州、宁海、象山、市区

一三五、败酱科 Valerianaceae

2057. 异叶败酱 Patrinia heterophylla Bunge
北仑、象山

2058. 斑花败酱 Patrinia monandra C.B. Clarke
余姚、北仑、鄞州、奉化、宁海、象山

2059. 败酱 Patrinia scabiosifolia Link
余姚、北仑、鄞州、奉化、宁海、象山

2060. 白花败酱 Patrinia villosa (Thunb.) Juss.
慈溪、余姚、镇海、江北、北仑、鄞州、奉化、宁海、
象山

一三六、川续断科 Dipsacaceae

2061. 续断 Dipsacus japonicus Miq.
奉化

2062. 拉毛果 Dipsacus sativus (Linn.) Honck.*
慈溪、余姚

一三七、葫芦科 Cucurbitaceae

2063. 盒子草 Actinostemma tenerum Griff.
慈溪、余姚、镇海、江北、北仑、鄞州、奉化、宁海、
象山、市区

2064. 冬瓜 Benincasa hispida (Thunb.) Cogn.*
慈溪、余姚、镇海、江北、北仑、鄞州、奉化、宁海、
象山

2065. 西瓜 Citrullus lanatus (Thunb.) Matsum. et Nakai*
慈溪、余姚、镇海、江北、北仑、鄞州、奉化、宁海、
象山

2066. 甜瓜 Cucumis melo Linn.*
慈溪、余姚、镇海、江北、北仑、鄞州、奉化、宁海、
象山

2067. 菜瓜 Cucumis melo Linn. subsp. agrestis (Naud.) Pangalo*
慈溪、余姚、镇海、江北、北仑、鄞州、奉化、宁海、
象山

2068. 黄瓜 Cucumis sativus Linn.*
慈溪、余姚、镇海、江北、北仑、鄞州、奉化、宁海、
象山

2069. 北瓜（笋瓜）Cucurbita maxima Duch.*
鄞州

2070. 南瓜 Cucurbita moschata Duch.*
慈溪、余姚、镇海、江北、北仑、鄞州、奉化、宁海、

象山

2071. 西葫芦 Cucurbita pepo Linn.*
慈溪、余姚、镇海、江北、北仑、鄞州、奉化、宁海、
象山

2072. 观赏南瓜 Cucurbita pepo Linn. var. ovifera (Linn.) Harz*
慈溪

2073. 三叶绞股蓝 Gynostemma laxum (Wall.) Cogn.
余姚、鄞州、宁海。浙江新记录

2074. 绞股蓝 Gynostemma pentaphyllum (Thunb.) Makino
余姚、鄞州、奉化、宁海、象山

2075. 歙县绞股蓝 Gynostemma shexianense Z. Zhang
慈溪、余姚、镇海、江北、北仑、鄞州、奉化、宁海、
象山

2076. 毛果喙果藤 Gynostemma yixingense (Z.P. Wang et Q.Z. Xie) C.Y. Wu et S.K. Chen var. trichocarpum J.N. Ding
余姚、鄞州、奉化。浙江新记录

2077. 葫芦 Lagenaria siceraria (Molina) Standl.*
慈溪、余姚、镇海、江北、北仑、鄞州、奉化、宁海、
象山、市区

2078. 瓠子 Lagenaria siceraria (Molina) Standl. var. hispida (Thunb.) Hara*
慈溪、余姚、镇海、江北、北仑、鄞州、奉化、宁海、
象山、市区

2079. 棱角丝瓜 Luffa acutangula (Linn.) Roxb.*
慈溪、余姚、镇海、江北、北仑、鄞州、奉化、宁海、
象山

2080. 丝瓜 Luffa aegyptiaca Mill.*
慈溪、余姚、镇海、江北、北仑、鄞州、奉化、宁海、
象山、市区

2081. 苦瓜 Momordica charantia Linn.*
慈溪、余姚、镇海、江北、北仑、鄞州、奉化、宁海、
象山、市区

2082. 锦荔子 Momordica charantia Linn. 'Abbreviata'*
慈溪、鄞州、奉化、宁海、象山、市区

2083. 木鳖子 Momordica cochinchinensis (Lour.) Spreng.
鄞州、宁海

2084. 佛手瓜 Sechium edule (Jacq.) Swartz*
余姚、北仑、宁海

2085. 长叶赤瓟 Thladiantha longifolia Cogn. ex Oliv.
余姚、鄞州、奉化、宁海、象山

2086. 南赤瓟 Thladiantha nudiflora Hemsl.
余姚、北仑、鄞州、奉化、宁海、象山

2087. 台湾赤瓟 Thladiantha punctata Hayata
余姚、北仑、奉化

2088. 王瓜 Trichosanthes cucumeroides (Ser.) Maxim.
慈溪、余姚、镇海、江北、北仑、鄞州、奉化、宁海、
象山

2089. 长萼栝楼（吊瓜）Trichosanthes laceribractea Hayata*
慈溪、余姚、镇海、江北、北仑、鄞州、奉化、宁海、
象山

2090. 中华栝楼 Trichosanthes rosthornii Harms
奉化。浙江新记录

2091. 马㼋儿 Zehneria japonica (Thunb.) H.Y. Liu
慈溪、余姚、鄞州、奉化、宁海、象山、市区

一三八、桔梗科 Campanulaceae

2092. 华东杏叶沙参 Adenophora petiolata Nannf. subsp. huad-ungensis Hong et S. Ge
北仑、鄞州、奉化、宁海、象山

2093. 中华沙参 Adenophora sinensis A. DC.
象山

2094. 沙参 Adenophora stricta Miq.
慈溪、余姚、镇海、北仑、鄞州、奉化、宁海、象山

2095. 轮叶沙参 Adenophora tetraphylla (Thunb.) Fisch.
北仑、鄞州、奉化、宁海、象山

2096. 荠苨 Adenophora trachelioides Maxim.
北仑、象山

2097. 羊乳 Codonopsis lanceolata (Sieb. et Zucc.) Trautv.
慈溪、余姚、镇海、江北、北仑、鄞州、奉化、宁海、象山

2098. 半边莲 Lobelia chinensis Lour.
慈溪、余姚、镇海、江北、北仑、鄞州、奉化、宁海、象山、市区

2099. 六倍利 Lobelia erinus Thunb.*
慈溪、余姚、镇海、江北、北仑、鄞州、奉化、宁海、象山、市区

2100. 袋果草 Peracarpa carnosa (Wall.) Hook. f. et Thoms.
余姚、北仑、鄞州、奉化、宁海、象山

2101. 桔梗 Platycodon grandiflorus (Jacq.) A. DC.
慈溪、余姚*、北仑、鄞州*、象山

2102. 卵叶异檐花 Triodanis perfoliata (Linn.) Nieuwland subsp. biflora (Ruiz et Pavon) Lam. △
余姚、奉化、象山

2103. 兰花参 Wahlenbergia marginata (Thunb.) A. DC.
慈溪、余姚、镇海、江北、北仑、鄞州、奉化、宁海、象山

一三九、菊科 Compositae

2104. 千叶蓍 Achillea millefolium Linn.*
鄞州、奉化、市区

2105. 白花金钮扣 Acmella radicans (Jacq.) R.K. Jansen var. debilis (Kunth) R.K. Jansen △
象山。浙江归化新记录

2106. 下田菊 Adenostemma lavenia (Linn.) Kuntze
慈溪、余姚、北仑、鄞州、奉化、宁海、象山

2107. 宽叶下田菊 Adenostemma lavenia (Linn.) Kuntze var. latifolium (D. Don) Hand.-Mazz.
鄞州、奉化、宁海、象山

2108. 藿香蓟 Ageratum conyzoides Linn. △
慈溪、余姚、镇海、江北、北仑、鄞州、奉化、宁海、象山、市区

2109. 杏香兔儿风 Ainsliaea fragrans Champ. ex Benth.

2110. 铁灯兔儿风 Ainsliaea kawakamii Hayata
余姚、北仑、鄞州、奉化、宁海、象山

2111. 太平洋亚菊 Ajania pacifica (Nakai) Bremer et Humpnhries*
慈溪、余姚、镇海、江北、北仑、鄞州、奉化、宁海、象山、市区

2112. 豚草 Ambrosia artemisiifolia Linn. △
慈溪、余姚、镇海、江北、北仑、鄞州、奉化、宁海、象山

2113. 香青 Anaphalis sinica Hance
余姚、奉化

2114. 翅茎香青 Anaphalis sinica Linn. form. pterocaulon (Franch. et Sav.) Ling
余姚

2115. 春黄菊 Anthemis tinctoria Linn.*
鄞州、市区

2116. 牛蒡 Arctium lappa Linn.*
北仑、鄞州、奉化、宁海

2117. 黄花蒿 Artemisia annua Linn.
慈溪、余姚、镇海、江北、北仑、鄞州、奉化、宁海、象山、市区

2118. 奇蒿 Artemisia anomala S. Moore
慈溪、余姚、镇海、江北、北仑、鄞州、奉化、宁海、象山

2119. 艾蒿 Artemisia argyi Lévl. et Vant.*
慈溪、余姚、镇海、江北、北仑、鄞州、奉化、宁海、象山、市区

2120. 茵陈蒿 Artemisia capillaris Thunb.
慈溪、余姚、镇海、北仑、鄞州、奉化、宁海、象山

2121. 青蒿 Artemisia caruifolia Buch.
鄞州、奉化、宁海、象山

2122. 南牡蒿 Artemisia eriopoda Bunge
慈溪、镇海、北仑、鄞州、奉化、宁海、象山

2123. 滨蒿 Artemisia fukudo Makino
奉化、宁海、象山

2124. 五月艾（印度蒿）Artemisia indica Willd.
慈溪、余姚、镇海、江北、北仑、鄞州、奉化、宁海、象山

2125. 牡蒿 Artemisia japonica Thunb.
慈溪、余姚、镇海、江北、北仑、鄞州、奉化、宁海、象山

2126. 白苞蒿 Artemisia lactiflora Wall. ex DC.
慈溪、余姚、镇海、江北、北仑、鄞州、奉化、宁海、象山

2127. 矮蒿 Artemisia lancea Van.
慈溪、余姚、镇海、江北、北仑、鄞州、奉化、宁海、象山

2128. 野艾蒿 Artemisia lavandulifolia DC.
慈溪、余姚、镇海、江北、北仑、鄞州、奉化、宁海、象山、市区

2129. 蒙古蒿 Artemisia mongolica (Fisch. ex Bess.) Nakai
余姚、象山

2130. 红足蒿 Artemisia rubripes Nakai
宁海、象山

2131. 猪毛蒿 Artemisia scoparia Waldst. et Kit.
余姚、鄞州、奉化、宁海、象山

2132. 蒌蒿（芦蒿）Artemisia selengensis Turcz. ex Bess.*
北仑、奉化

2133. 三脉紫菀 Aster ageratoides Turcz.
慈溪、余姚、镇海、江北、北仑、鄞州、奉化、宁海、象山

2134. 毛枝三脉紫菀 Aster ageratoides Turcz. var. lasiocladus (Hayata) Hand.-Mazz.
象山

2135. 微糙三脉紫菀 Aster ageratoides Turcz. var. scaberulus (Miq.) Ling
慈溪、余姚、镇海、江北、北仑、鄞州、奉化、宁海、象山

2136. 仙白草 Aster chekiangensis (C. Ling ex Ling) Y.F. Lu et X.F. Jin
奉化、宁海、象山

2137. 琴叶紫菀 Aster panduratus Nees ex Walp.
慈溪、余姚、镇海、北仑、鄞州、奉化、宁海、象山

2138. 高茎紫菀 Aster procerus Hemsl.
余姚、鄞州

2139. 陀螺紫菀 Aster turbinatus S. Moore
慈溪、余姚、镇海、江北、北仑、鄞州、奉化、宁海、象山。模式产地

2140. 苍术 Atractylodes lancea (Thunb.) DC.*
宁海

2141. 白术 Atractylodes macrocephala Koidz.*
慈溪、余姚、鄞州、宁海

2142. 南泽兰 Austroeupatorium inulifolium (Kunth) R.M. King et H. Rob. △
市区。中国大陆属、种归化新记录

2143. 雏菊 Bellis perennis Linn.*
慈溪、余姚、镇海、江北、北仑、鄞州、奉化、宁海、象山、市区

2144. 婆婆针 Bidens bipinnata Linn.
余姚、鄞州、奉化、宁海

2145. 金盏银盘 Bidens biternata (Lour.) Merr. et Sherff.
慈溪、余姚、镇海、江北、北仑、鄞州、奉化、宁海、象山、市区

2146. 大狼把草 Bidens frondosa Linn. △
慈溪、余姚、镇海、江北、北仑、鄞州、奉化、宁海、象山、市区

2147. 鬼针草 Bidens pilosa Linn.
慈溪、余姚、镇海、江北、北仑、鄞州、奉化、宁海、象山、市区

2148. 小白花鬼针草 Bidens pilosa Linn. var. minor (Bl.) Sherff △
慈溪、鄞州、奉化、宁海、象山

2149. 狼把草 Bidens tripartita Linn.
余姚、北仑、鄞州、奉化、宁海、象山

2150. 台湾艾纳香 Blumea formosana Kitam.
余姚、北仑、鄞州、奉化、宁海、象山

2151. 长圆叶艾纳香 Blumea oblongifolia Kitam.
鄞州、奉化、象山

2152. 金盏菊 Calendula officinalis Linn.*
慈溪、余姚、镇海、江北、北仑、鄞州、奉化、宁海、象山、市区

2153. 翠菊 Callistephus chinensis (Linn.) Nees*
慈溪、余姚、镇海、江北、北仑、鄞州、奉化、宁海、象山、市区

2154. 天名精 Carpesium abrotanoides Linn.
慈溪、余姚、镇海、江北、北仑、鄞州、奉化、宁海、象山、市区

2155. 烟管头草 Carpesium cernuum Linn.
余姚、北仑、鄞州、奉化、宁海、象山

2156. 金挖耳 Carpesium divaricatum Sieb. et Zucc.
慈溪、余姚、北仑、鄞州、奉化、宁海、象山

2157. 矢车菊 Cyanus segetum Hill*
慈溪、余姚、镇海、江北、北仑、鄞州、奉化、宁海、象山、市区

2158. 石胡荽 Centipeda minima (Linn.) A. Br. et Aschers.
慈溪、余姚、镇海、江北、北仑、鄞州、奉化、宁海、象山、市区

2159. 沙苦荬（匐匍苦荬菜）Chorisis repens (Linn.) DC.
象山

2160. 菊花 Chrysanthemum × grandiflorum (Ramat.) Brous.*
慈溪、余姚、镇海、江北、北仑、鄞州、奉化、宁海、象山、市区

2161. 野菊 Chrysanthemum indicum Linn.
慈溪、余姚、镇海、江北、北仑、鄞州、奉化、宁海、象山

2162. 甘菊 Chrysanthemum lavandulifolium (Fisch. ex Traut.) Makino
慈溪、余姚、镇海、江北、北仑、鄞州、奉化、宁海、象山

2163. 刺儿菜 Cirsium arvense (Linn.) Scop. var. integrifolium Wimmer et Grabowski
慈溪、余姚、镇海、江北、北仑、鄞州、奉化、宁海、象山

2164. 大蓟 Cirsium japonicum Fisch. ex DC.
慈溪、余姚、镇海、江北、北仑、鄞州、奉化、宁海、象山、市区

2165. 白花大蓟 Cirsium japonicum Fisch. ex DC. form. albiflorum Akasawa
奉化、宁海

2166. 线叶蓟 Cirsium lineare (Thunb.) Sch.-Bip.
北仑、象山

2167. 野蓟 Cirsium maackii Maxim.
奉化

2168. 浙江垂头蓟 Cirsium zhejiangensis Z.H. Chen et X.F. Jin，sp. nov. ined.
鄞州、奉化、宁海。新种

2169. 野塘蒿（香丝草）Conyza bonariensis (Linn.) Cronq. △
慈溪、余姚、镇海、江北、北仑、鄞州、奉化、宁海、象山、市区

2170. 小飞蓬 Conyza canadensis (Linn.) Cronq. △
慈溪、余姚、镇海、江北、北仑、鄞州、奉化、宁海、象山、市区

2171. 苏门白酒草 Conyza sumatrensis (Retz.) E. Walker △
慈溪、余姚、镇海、江北、北仑、鄞州、奉化、宁海、象山、市区

2172. 大花金鸡菊 Coreopsis grandiflora Hogg.*
慈溪、余姚、镇海、江北、北仑、鄞州、奉化、宁海、象山、市区

2173. 两色金鸡菊 Coreopsis tinctoria Nutt.*
慈溪、余姚、镇海、江北、北仑、鄞州、奉化、宁海、象山、市区

2174. 秋英（波斯菊）Cosmos bipinnatus Cav.*
慈溪、余姚、镇海、江北、北仑、鄞州、奉化、宁海、象山、市区

2175. 硫黄菊（黄秋英）Cosmos sulphureus Cav.*
慈溪、余姚、镇海、江北、北仑、鄞州、奉化、宁海、象山、市区

2176. 野茼蒿（革命菜）Crassocephalum crepidioides (Benth.) S. Moore △
慈溪、余姚、镇海、江北、北仑、鄞州、奉化、宁海、象山、市区

2177. 假还阳参 Crepidiastrum lanceolatum (Houtt.) Nakai
慈溪、镇海、北仑、鄞州、宁海、象山

2178. 芙蓉菊 Crossostephium chinense (A. Gray ex Linn.) Makino
宁海、象山

2179. 朝鲜蓟（菜蓟）Cynara scolymus Linn.*
慈溪

2180. 大丽菊 Dahlia pinnata Cav.*
慈溪、余姚、镇海、江北、北仑、鄞州、奉化、宁海、象山、市区

2181. 短冠东风菜 Doellingeria marchandii (Lévl.) Ling
鄞州

2182. 东风菜 Doellingeria scabra (Thunb.) Nees
余姚、北仑、鄞州、奉化、宁海、象山

2183. 松果菊 Echinacea purpurea (Linn.) Moen.*
鄞州

2184. 鳢肠 Eclipta prostrata (Linn.) Linn.
慈溪、余姚、镇海、江北、北仑、鄞州、奉化、宁海、象山、市区

2185. 小一点红 Emilia prenanthoidea DC.
奉化、宁海

2186. 一点红 Emilia sonchifolia (Linn.) DC.
慈溪、余姚、镇海、江北、北仑、鄞州、奉化、宁海、象山、市区

2187. 一年蓬 Erigeron annuus (Linn.) Pers. △
慈溪、余姚、镇海、江北、北仑、鄞州、奉化、宁海、象山、市区

2188. 费城飞蓬 Erigeron philadelphicus Linn. △
慈溪、余姚、镇海、江北、北仑、鄞州、奉化、宁海、象山、市区

2189. 粗糙飞蓬 Erigeron strigosus Muhl. ex Willd. △
余姚。浙江归化新记录

2190. 大麻叶泽兰 Eupatorium cannabinum Linn.
余姚、象山

2191. 华泽兰（多须公）Eupatorium chinense Linn.
慈溪、余姚、镇海、江北、北仑、鄞州、奉化、宁海、象山

2192. 佩兰 Eupatorium fortunei Turcz.*
宁海、象山

2193. 泽兰（白头婆）Eupatorium japonicum Thunb.
慈溪、余姚、镇海、江北、北仑、鄞州、奉化、宁海、象山

2194. 裂叶泽兰 Eupatorium japonicum Thunb. var. tripartitum Makino
余姚、北仑、鄞州、奉化、宁海、象山

2195. 林泽兰 Eupatorium lindleyanum DC.
余姚、鄞州、奉化、宁海、象山

2196. 梳黄菊 Euryops pectinatus Cass.*
江北、市区

2197. 黄金菊 Euryops pectinatus Cass. 'Viridis'*
慈溪、余姚、镇海、江北、北仑、鄞州、奉化、宁海、象山、市区

2198. 大吴风草 Farfugium japonicum (Linn.) Kitam.
慈溪、余姚 *、镇海、江北、北仑、鄞州、奉化、宁海、象山、市区 *

2199. 宿根天人菊 Gaillardia aristata Pursh*
慈溪、余姚、镇海、江北、北仑、鄞州、奉化、宁海、象山、市区

2200. 天人菊 Gaillardia pulchella Foug.*
慈溪、余姚、镇海、江北、北仑、鄞州、奉化、宁海、象山、市区

2201. 睫毛牛膝菊 Galinsoga quadriradiata Ruiz et Pavon △
慈溪、余姚、镇海、江北、北仑、鄞州、奉化、宁海、象山、市区

2202. 非洲菊（扶郎花）Gerbera jamesonii Bolus ex Hook. f.*
慈溪、镇海、鄞州、宁海、象山、市区

2203. 南茼蒿（蒿菜）Glebionis segetum (Linn.) Four.*
慈溪、余姚、镇海、江北、北仑、鄞州、奉化、宁海、象山、市区

2204. 宽叶鼠麴草 Gnaphalium adnatum (Wall. ex DC.) Kitam.
北仑、奉化、宁海、象山

2205. 鼠麹草 Gnaphalium affine D. Don
慈溪、余姚、镇海、江北、北仑、鄞州、奉化、宁海、象山、市区

2206. 秋鼠麹草 Gnaphalium hypoleucum DC.
慈溪、余姚、北仑、鄞州、奉化、宁海、象山

2207. 白背鼠麹草 Gnaphaliumjaponicum Thunb. ex Murr.
慈溪、余姚、镇海、江北、北仑、鄞州、奉化、宁海、象山

2208. 匙叶鼠麹草 Gnaphalium pensylvanicum Willd.
慈溪、余姚、北仑、鄞州、奉化、宁海、象山

2209. 多茎鼠麹草 Gnaphalium polycaulon Pers.
余姚、北仑、鄞州、奉化、宁海、象山

2210. 两色三七草（红凤菜）Gynura bicolor (Roxb. ex Willd.) DC.*
慈溪、余姚、镇海、江北、北仑、鄞州、奉化、宁海、象山、市区

2211. 白背三七草（白子菜）Gynura divaricata (Linn.) DC.*
慈溪、余姚、镇海、江北、北仑、鄞州、奉化、宁海、象山、市区

2212. 菊叶三七 Gynura japonica (Thunb.) Juel.*
余姚、鄞州、象山

2213. 向日葵 Helianthus annuus Linn.*
慈溪、余姚、镇海、江北、北仑、鄞州、奉化、宁海、象山、市区

2214. 菊芋 Helianthus tuberosus Linn.*
慈溪、余姚、镇海、江北、北仑、鄞州、奉化、宁海、象山、市区

2215. 泥胡菜 Hemisteptia lyrata (Bunge) Fisch. et Mey.
慈溪、余姚、镇海、江北、北仑、鄞州、奉化、宁海、象山、市区

2216. 普陀狗哇花 Heteropappus arenarius Kitam.
慈溪、余姚、镇海、江北、北仑、鄞州、奉化、宁海、象山

2217. 狗哇花 Heteropappus hispidus (Thunb.) Less.
北仑、奉化

2218. 三角叶须弥菊（三角叶风毛菊）Himalaiella deltoidea (DC.) Raab-Straube
北仑、鄞州、象山

2219. 土木香 Inula helenium Linn.*
宁海

2220. 旋覆花 Inula japonica Thunb.
慈溪、北仑、鄞州、奉化、宁海、象山

2221. 线叶旋覆花 Inula lineariifolia Turcz.
余姚、象山

2222. 中华小苦荬 Ixeridium chinense (Thunb.) Tzvel.
余姚、北仑、象山

2223. 小苦荬（齿缘苦荬菜）Ixeridium dentatum (Thunb.) Tzvel.
慈溪、余姚、镇海、江北、北仑、鄞州、奉化、宁海、象山

2224. 褐冠小苦荬（平滑苦荬菜）Ixeridium laevigatum (Bl.) Pak et Kawano
慈溪、余姚、北仑、鄞州、奉化、宁海、象山

2225. 抱茎小苦荬 Ixeridium sonchifolium (Maxim.) Shih
余姚、北仑、鄞州、奉化、宁海、象山

2226. 剪刀股 Ixeris japonica (Burm. f.) Nakai
慈溪、北仑、鄞州、奉化、宁海、象山

2227. 苦荬菜 Ixeris polycephala Cass.
慈溪、余姚、镇海、江北、北仑、鄞州、奉化、宁海、象山

2228. 圆叶苦荬菜（小剪刀股）Ixeris stolonifera A. Gray
余姚、奉化、宁海

2229. 马兰 Kalimeris indica (Linn.) Sch.-Bip.
慈溪、余姚、镇海、江北、北仑、鄞州、奉化、宁海、象山、市区

2230. 全缘叶马兰 Kalimeris integrifolia Turcz. ex DC.
余姚、江北、北仑、鄞州、奉化、象山

2231. 毡毛马兰 Kalimeris shimadai (Kitam.) Kitam.
北仑、象山

2232. 羽裂毡毛马兰 Kalimeris shimadai (Kitam.) Kitam. form. pinnatifida Kitam.
余姚、镇海、江北、北仑、鄞州、奉化、宁海、象山

2233. 莴苣 Lactuca sativa Linn.*
慈溪、余姚、镇海、江北、北仑、鄞州、奉化、宁海、象山

2234. 莴笋 Lactuca sativa Linn. var. angustata Irish ex Bremer*
慈溪、余姚、镇海、江北、北仑、鄞州、奉化、宁海、象山、市区

2235. 生菜 Lactuca sativa Linn. var. romana Hort.*
慈溪、余姚、镇海、江北、北仑、鄞州、奉化、宁海、象山

2236. 毒莴苣 Lactuca serriola Linn. △
慈溪、余姚、镇海、江北、北仑、鄞州、奉化、宁海、象山、市区

2237. 稻槎菜 Lapsanastrum apogonoides (Maxim.) Pak et Brem.
慈溪、余姚、镇海、江北、北仑、鄞州、奉化、宁海、象山、市区

2238. 矮小稻槎菜 Lapsanastrum humile (Thunb.) Pak et Brem.
宁海

2239. 大丁草 Leibnitzia anandria (Linn.) Turcz.
余姚、鄞州、宁海

2240. 大滨菊 Leucanthemum maximum (Ramood.) DC.*
北仑、鄞州

2241. 蛇鞭菊 Liatris spicata (Linn.) Willd.*
江北

2242. 蹄叶橐吾 Ligularia fischeri (Ledeb.) Turcz.
鄞州、奉化、宁海、象山

2243. 大头橐吾 Ligularia japonica (Thunb.) Less.
慈溪、北仑、鄞州、奉化、宁海、象山

2244. 窄头橐吾 Ligularia stenocephala (Maxim.) Matsum. et Koidz.

奉化

2245. 白晶菊 Mauranthemum paludosum (Poir.) Vogt et Oberpr.*
慈溪、余姚、镇海、江北、北仑、鄞州、奉化、宁海、象山、市区

2246. 皇帝菊 Melampodium divaricatum (Rich.) DC.*
慈溪、余姚、镇海、江北、北仑、鄞州、奉化、宁海、象山、市区

2247. 卤地菊 Melanthera prostrata (Hemsl.) W.L. Wagner et H. Robinson
象山

2248. 窄叶裸菀 Miyamayomena angustifolia (Ching) Y.L. Chen
余姚、北仑、宁海

2249. 蓝目菊（非洲万寿菊）Osteospermum ecklonis (DC.) Norl.*
慈溪、余姚、镇海、江北、北仑、鄞州、奉化、宁海、象山、市区

2250. 黄瓜菜 Paraixeris denticulata (Houtt.) Nakai
慈溪、余姚、镇海、江北、北仑、鄞州、奉化、宁海、象山

2251. 节毛假福王草 Paraprenanthes pilipes (Miq.) Shih
慈溪

2252. 假福王草 Paraprenanthes sororia (Miq.) Shih
余姚、北仑、鄞州、奉化、宁海、象山

2253. 黄山蟹甲草 Parasenecio hwangshanicus (Ling) C.I. Peng et S.W. Ching
宁海

2254. 天目山蟹甲草 Parasenecio matsudae (Kitam.) Y.L. Chen
余姚

2255. 银胶菊 Parthenium hysterophorus Linn. △
宁海

2256. 瓜叶菊 Pericallis hybrida B. Nord.*
慈溪、余姚、镇海、江北、北仑、鄞州、奉化、宁海、象山、市区

2257. 卵叶帚菊 Pertya scandens (Thunb.) Sch.-Bip.
宁海

2258. 蜂斗菜 Petasites japonicus (Sieb. et Zucc.) Maxim.
慈溪、余姚、北仑、鄞州、奉化、宁海、象山

2259. 高大翅果菊 Pterocypsela elata (Hemsl.) Shih
慈溪、余姚、鄞州、奉化、宁海、象山。模式产地

2260. 台湾翅果菊 Pterocypsela formosana (Maxim.) Shih
慈溪、余姚、镇海、江北、北仑、鄞州、奉化、宁海、象山

2261. 翅果菊 Pterocypsela indica (Linn.) Shih
慈溪、余姚、镇海、江北、北仑、鄞州、奉化、宁海、象山、市区

2262. 多裂翅果菊 Pterocypsela laciniata (Houtt.) Shih
慈溪、余姚、镇海、江北、北仑、鄞州、奉化、宁海、象山、市区

2263. 黑心菊 Rudbeckia hirta Linn.*
慈溪、余姚、镇海、江北、北仑、鄞州、奉化、宁海、

象山、市区

2264. 金光菊 Rudbeckia laciniata Linn.*
象山

2265. 银香菊 Santolina chamaecyparissus Linn.*
慈溪、余姚、北仑、鄞州、市区

2266. 庐山风毛菊 Saussurea bullockii Dunn
余姚、北仑、奉化、宁海、象山

2267. 心叶风毛菊（锈毛风毛菊）Saussurea cordifolia Hemsl.
奉化、宁海

2268. 黄山风毛菊 Saussurea hwangshanensis Ling
余姚、北仑、奉化、宁海

2269. 风毛菊 Saussurea japonica (Thunb.) DC.
宁海、象山

2270. 银叶菊 Senecio cineraria DC.*
慈溪、余姚、镇海、江北、北仑、鄞州、奉化、宁海、象山、市区

2271. 千里光 Senecio scandens Buch.-Ham. ex D. Don
慈溪、余姚、镇海、江北、北仑、鄞州、奉化、宁海、象山

2272. 裂叶千里光 Senecio scandens Buch.-Ham. ex D. Don var. incisus Franch.
余姚、北仑、鄞州、奉化、宁海、象山

2273. 欧洲千里光 Senecio vulgaris Linn. △
鄞州。浙江归化新记录

2274. 岩生千里光 Senecio wightii (DC. ex Wight) Benth. ex C.B. Clarke △
市区。华东归化新记录

2275. 毛梗豨莶 Sigesbeckia glabrescens (Makino) Makino
慈溪、余姚、镇海、江北、北仑、鄞州、奉化、宁海、象山、市区

2276. 豨莶 Sigesbeckia orientalis Linn.
慈溪、余姚、镇海、江北、北仑、鄞州、奉化、宁海、象山、市区

2277. 腺梗豨莶 Sigesbeckia pubescens (Makino) Makino
慈溪、余姚、镇海、江北、北仑、鄞州、奉化、宁海、象山、市区

2278. 无腺腺梗豨莶 Sigesbeckia pubescens (Makino) Makino form. eglandulosa Ling et Hwang
余姚、北仑、象山

2279. 串叶松香草 Silphium perfoliatum Linn.*
鄞州

2280. 蒲儿根 Sinosenecio oldhamianus (Maxim.) B. Nord.
慈溪、余姚、镇海、江北、北仑、鄞州、奉化、宁海、象山、市区。模式产地

2281. 雪莲果（菊薯）Smallanthus sonchifolius (Poepp. et Endl.) H. Robinson.*
慈溪、鄞州、宁海

2282. 加拿大一枝黄花 Solidago canadensis Linn. △
慈溪、余姚、镇海、江北、北仑、鄞州、奉化、宁海、象山、市区

2283. 一枝黄花 Solidago decurrens Lour.
慈溪、余姚、镇海、江北、北仑、鄞州、奉化、宁海、象山

2284. 裸柱菊 Soliva anthemifolia (Jass.) R. Br. △
慈溪、余姚、镇海、江北、北仑、鄞州、奉化、宁海、象山、市区

2285. 续断菊 Sonchus asper (Linn.) Hill
慈溪、余姚、镇海、江北、北仑、鄞州、奉化、宁海、象山、市区

2286. 匍茎苦菜 Sonchus brachyotus DC.
慈溪、余姚、镇海、江北、北仑、鄞州、奉化、宁海、象山、市区

2287. 羽裂续断菊（新拟）Sonchus oleraceo-asper Makino △
宁海。中国归化新记录

2288. 苦苣菜 Sonchus oleraceus Linn.
慈溪、余姚、镇海、江北、北仑、鄞州、奉化、宁海、象山、市区

2289. 苣荬菜 Sonchus wightianus DC.
慈溪、余姚、镇海、江北、北仑、鄞州、奉化、宁海、象山、市区

2290. 蟛蜞菊 Sphagneticola calendulacea (Linn.) Pruski
象山

2291. 夏威夷紫菀 Symphyotrichum squamatum (Spreng.) G.L. Nesom △
奉化、象山、市区

2292. 钻形紫菀 Symphyotrichum subulatum (Michx.) G.L. Nesom △
慈溪、余姚、镇海、江北、北仑、鄞州、奉化、宁海、象山、市区

2293. 南方兔儿伞 Syneilesis australis Ling
余姚、北仑、鄞州、奉化、宁海、象山

2294. 山牛蒡 Synurus deltoides (Ait.) Nakai
余姚、北仑、鄞州、奉化、宁海、象山

2295. 万寿菊 Tagetes erecta Linn.*
慈溪、余姚、镇海、江北、北仑、鄞州、奉化、宁海、象山、市区

2296. 孔雀草 Tagetes patula Linn.*
慈溪、余姚、镇海、江北、北仑、鄞州、奉化、宁海、象山、市区

2297. 蒲公英 Taraxacum mongolicum Hand.-Mazz.
慈溪、余姚、镇海、江北、北仑、鄞州、奉化、宁海、象山、市区

2298. 西洋蒲公英（药用蒲公英）Taraxacum officinale F.H. Wigg. △
余姚、象山、市区。浙江归化新记录

2299. 碱菀 Tripolium pannonicum (Jacq.) Dobrocz.
慈溪、余姚、镇海、江北、北仑、鄞州、奉化、宁海、象山

2300. 夜香牛 Vernonia cinerea (Linn.) Less.
北仑、鄞州、奉化、宁海、象山

2301. 苍耳 Xanthium strumarium Linn.
慈溪、余姚、镇海、江北、北仑、鄞州、奉化、宁海、象山、市区

2302. 红果黄鹌菜 Youngia erythrocarpa (Vant.) Babc. et Stebb.
余姚、北仑、鄞州、奉化、象山

2303. 异叶黄鹌菜 Youngia heterophylla (Hemsl.) Babc. et Stebb.
鄞州

2304. 黄鹌菜 Youngia japonica (Linn.) DC.
慈溪、余姚、镇海、江北、北仑、鄞州、奉化、宁海、象山、市区

2305. 百日菊 Zinnia elegans Jacq.*
慈溪、余姚、镇海、江北、北仑、鄞州、奉化、宁海、象山、市区

2306. 多花百日菊 Zinnia peruviana Linn. △
鄞州

单子叶植物纲 Monocotyledoneae

一四〇、香蒲科 Typhaceae

2307. 水烛 Typha angustifolia Linn.
慈溪、余姚、镇海、江北、北仑、鄞州、奉化、宁海、象山、市区 *

2308. 花叶香蒲 Typha latifolia Linn. 'Variegatus'*
市区

2309. 小香蒲 Typha minima Funk.*
鄞州、市区

2310. 香蒲 Typha orientalis Presl
慈溪、余姚、镇海、江北、北仑、鄞州、奉化、宁海、象山、市区

一四一、黑三棱科 Sparganiaceae

2311. 曲轴黑三棱 Sparganium fallax Graebn.
余姚、鄞州。浙江省重点保护野生植物

2312. 黑三棱 Sparganium stoloniferum (Buch.-Ham. ex Graebn.) Buch.-Ham. ex Juzep.
宁海

一四二、眼子菜科 Potamogetonaceae

2313. 菹草 Potamogeton crispus Linn.
慈溪、余姚、镇海、江北、北仑、鄞州、奉化、宁海、象山、市区

2314. 鸡冠眼子菜（小叶眼子菜）Potamogeton cristatus Regel et Maack
慈溪、余姚、镇海、江北、北仑、鄞州、奉化、宁海、象山

2315. 眼子菜 Potamogeton distinctus A. Benn.
慈溪、余姚、镇海、江北、北仑、鄞州、奉化、宁海、象山

2316. 南方眼子菜（钝脊眼子菜）Potamogeton octandrus Poir.
慈溪、余姚、鄞州、奉化、宁海、象山

2317. 尖叶眼子菜 Potamogeton oxyphyllus Miq.
慈溪、余姚、北仑、鄞州、奉化、宁海、象山

2318. 小眼子菜 Potamogeton pusillus Linn.

余姚、奉化、宁海、象山

2319. 竹叶眼子菜 Potamogeton wrightii Morong
鄞州、宁海、象山

2320. 川蔓藻 Ruppia maritima Linn.
慈溪、镇海、北仑、象山

2321. 篦齿眼子菜 Stuckenia pectinata (Linn.) Börner
慈溪、余姚、镇海、象山

一四三、茨藻科 Najadaceae

2322. 纤细茨藻 Najas gracillima (A. Br. ex Engelm.) Magnus
鄞州、奉化

2323. 小茨藻 Najas minor All.
北仑、鄞州、奉化、宁海、象山

2324. 角果藻 Zannichellia palustris Linn.
慈溪、鄞州、奉化

一四四、泽泻科 Alismataceae

2325. 窄叶泽泻 Alisma canaliculatum A. Br. et Bouche
北仑、鄞州、奉化、宁海、象山

2326. 东方泽泻 Alisma orientale (Sam.) Juzep. ex Komarov*
慈溪、余姚

2327. 象耳草 Echinodorus cordifolius (Linn.) Griseb.*
慈溪、余姚、镇海、江北、北仑、鄞州、奉化、宁海、象山、市区

2328. 大叶皇冠草 Echinodorus macrophyllus (Kunth) Micheli*
镇海

2329. 利川慈姑 Sagittaria lichuanensis J.K. Chen，S.C. Sun et H.Q. Wang
奉化

2330. 矮慈姑 Sagittaria pygmaea Miq.
慈溪、余姚、镇海、江北、北仑、鄞州、奉化、宁海、象山

2331. 欧洲大慈姑 Sagittaria sagittifolia Linn.*
镇海

2332. 野慈姑 Sagittaria trifolia Linn.
慈溪、余姚、镇海、江北、北仑、鄞州、奉化、宁海、象山

2333. 慈 姑 Sagittaria trifolia Linn. subsp. leucopetala (Miq.) Q.F. Wang*
慈溪、余姚、镇海、江北、北仑、鄞州、奉化、宁海、象山、市区

一四五、花蔺科 Butomaceae

2334. 水金英 Hydrocleys nymphoides (Humb. et Bonpl. ex Willd.) Buchenau.*
镇海

一四六、水鳖科 Hydrocharitaceae

2335. 无尾水筛 Blyxa aubertii Rich.
鄞州、奉化、宁海

2336. 有尾水筛 Blyxa echinosperma (C.B. Clarke) Hook. f.
鄞州、宁海、象山

2337. 水筛 Blyxa japonica (Miq.) Maxim. ex Aschers et Gurke
慈溪、鄞州、宁海、象山

2338. 水蕴草（埃格草）Egeria densa Planch. △
奉化。华东属、种归化新记录

2339. 黑藻 Hydrilla verticillata (Linn. f.) Royle
慈溪、余姚、镇海、江北、北仑、鄞州、奉化、宁海、象山

2340. 水鳖 Hydrocharis dubia (Bl.) Backer
慈溪、余姚、镇海、江北、北仑、鄞州、奉化、宁海、象山

2341. 水车前（龙舌草）Ottelia alismoides (Linn.) Pers.
北仑、鄞州、奉化、宁海、象山。浙江省重点保护野生植物

2342. 密齿苦草 Vallisneria denseserrulata (Makino) Makino
慈溪、北仑、鄞州、奉化

2343. 苦草 Vallisneria natans (Lour.) Hara
北仑、鄞州、奉化、象山

一四七、禾本科 Gramineae

A. 竹亚科 Bambusoideae

2344. 黄甜竹 Acidosasa edulis (Wen) Wen*
余姚、宁海

2345. 黎竹 Acidosasa venusta (McCl.) Z.P. Wang et G.H. Ye ex C.S. Chao et C.D. Chu*
鄞州

2346. 粉箪竹 Bambusa chungii McCl.*
余姚、象山

2347. 孝顺竹 Bambusa multiplex (Lour.) Raeuschel ex J.A. et J.H. Schult.*
慈溪、余姚、镇海、江北、北仑、鄞州、奉化、宁海、象山、市区

2348. 桃枝竹 Bambusa multiplex (Lour.) Raeuschel ex J.A. et J.H. Schult. var. shimadai (Hayata) Sasaki
慈溪、鄞州、宁海

2349. 花孝顺竹（小琴丝竹）Bambusa multiplex (Lour.) Raeuschel ex J.A. et J.H. Schult. 'Alphonse-karrii'*
鄞州、宁海

2350. 凤尾竹 Bambusa multiplex (Lour.) Raeuschel ex J.A. et J.H. Schult. 'Fernleaf'*
慈溪、余姚、镇海、江北、北仑、鄞州、奉化、宁海、象山、市区

2351. 绿竹 Bambusa oldhamii Munro*
鄞州、象山

2352. 撑篙竹 Bambusa pervariabilis McCl.*
象山

2353. 信宜石竹 Bambusa subtruncata L.C. Chia et H.L. Fung*
鄞州

2354. 青皮竹 Bambusa textilis McCl.*
慈溪、余姚、奉化、宁海、象山

2355. 毛方竹 Chimonobambusa armata (Gamble) Hsueh et T.P. Yi*
余姚、鄞州、奉化、宁海、象山

2356. 寒竹 Chimonobambusa marmorea (Mitf.) Makino

鄞州。浙江省重点保护野生植物

2357. 方竹 Chimonobambusa quadrangularis (Franceschi) Makino
鄞州 *、宁海、象山 *。浙江省重点保护野生植物

2358. 月月竹 Chimonobambusa sichuanensis (T.P. Yi) T.H. Wen*
鄞州

2359. 金佛山方竹 Chimonobambusa utilis (Keng) Keng f.*
余姚

2360. 阔叶箬竹 Indocalamus latifolius (Keng) McCl.
余姚、北仑、鄞州、奉化、宁海、象山

2361. 箬竹 Indocalamus tessellatus (Munro) Keng f.
慈溪、余姚、镇海、江北、北仑、鄞州、奉化、宁海、象山

2362. 中华大节竹 Indosasa sinica C.D. Chu et C.S. Chao*
鄞州

2363. 四季竹 Oligostachyum lubricum (Wen) Keng f.
慈溪、余姚、北仑、鄞州、奉化、宁海、象山

2364. 斗竹（井冈唐竹）Oligostachyum spongiosum (C.D. Chu et C.S. Chao) G.H. Ye et Z.P. Wang*
鄞州

2365. 黄古竹 Phyllostachys angusta McCl.
余姚

2366. 乌芽竹 Phyllostachys atrovaginata C.S. Chao et H.Y. Chou
余姚

2367. 罗汉竹 Phyllostachys aurea Carr. ex A. et C. Riv.*
鄞州、奉化、宁海、市区

2368. 黄秆京竹 Phyllostachys aureosulcata McCl. form. aureocaulis C.P. Wang et N.X. Ma*
鄞州

2369. 栟竹 Phyllostachys aureosulcata McCl. form. pekinensis J.L. Lu
余姚。模式产地

2370. 金镶玉竹 Phyllostachys aureosulcata McCl. form. spectabilis C.D. Chu et C.S. Chao*
鄞州、市区

2371. 桂竹 Phyllostachys bambusoides Sieb. et Zucc.
余姚、北仑、象山

2372. 斑竹 Phyllostachys bambusoides Sieb. et Zucc. form. lacrima-deae Keng f. et Wen*
慈溪、余姚、鄞州、宁海、象山、市区

2373. 毛壳花哺鸡竹 Phyllostachys circumpilis C.Y. Yao et S.Y. Chen
象山

2374. 白哺鸡竹 Phyllostachys dulcis McCl.*
慈溪、余姚、北仑、鄞州、奉化、宁海

2375. 奉化水竹（鳗竹）Phyllostachys funhuaensis (X.G. Wang et Z.M. Lu) N.X. Ma et G.H. Lai
余姚、北仑、鄞州、奉化、宁海、象山。模式产地

2376. 淡竹 Phyllostachys glauca McCl.
慈溪、余姚、鄞州、奉化、象山

2377. 水竹 Phyllostachys heteroclada Oliv.
慈溪、余姚、镇海、江北、北仑、鄞州、奉化、宁海、象山

2378. 木竹（实心竹）Phyllostachys heteroclada Oliv. form. solida (S.L. Chen) C.P. Wang et Z.H. Yu*
鄞州

2379. 红哺鸡竹 Phyllostachys iridescens C.Y. Yao et S.Y. Chen
北仑、鄞州、宁海、象山

2380. 美竹 Phyllostachys mannii Gamble
奉化

2381. 毛环竹 Phyllostachys meyeri McCl.
鄞州、奉化、宁海、象山

2382. 篌竹 Phyllostachys nidularia Munro
余姚、北仑、鄞州、奉化、宁海、象山

2383. 枪刀竹 Phyllostachys nidularia Munro form. glabrovagina Wen
慈溪、余姚、北仑、鄞州、奉化、宁海、象山

2384. 蝶竹 Phyllostachys nidularia Munro form. yexillaris Wen
余姚。模式产地

2385. 富阳乌哺鸡竹 Phyllostachys nigella Wen
余姚

2386. 紫竹 Phyllostachys nigra (Lodd. ex Lindl.) Munro
慈溪 *、余姚 *、镇海 *、江北 *、北仑 *、鄞州 *、奉化、宁海、象山、市区 *

2387. 毛金竹 Phyllostachys nigra (Lodd. ex Lindl.) Munro var. henonis (Mitf.) Stapf ex Rend.
慈溪、余姚、北仑、鄞州、奉化、宁海、象山

2388. 石竹 Phyllostachys nuda McCl.
余姚、北仑、鄞州、奉化、宁海、象山

2389. 浙江金竹 Phyllostachys parvifolia C.D. Chu et H.Y. Chou
余姚

2390. 早竹 Phyllostachys praecox C.D. Chu et C.S. Chao
余姚、北仑、鄞州、奉化、宁海、象山

2391. 雷竹 Phyllostachys praecox C.D. Chu et C.S. Chao form. prevernalis S.Y. Chan et C.Y. Yao*
慈溪、余姚、镇海、江北、北仑、鄞州、奉化、宁海、象山、市区

2392. 高节竹 Phyllostachys prominens W.Y. Xiong ex C.P. Wang et al.*
慈溪、余姚、镇海、江北、北仑、鄞州、奉化、宁海、象山、市区

2393. 早园竹 Phyllostachys propinqua McCl.
北仑

2394. 毛竹 Phyllostachys pubescens Mazel ex H. de Lehaie
慈溪、余姚、镇海、江北、北仑、鄞州、奉化、宁海、象山

2395. 龟甲竹 Phyllostachys pubescens Mazel ex H. de Lehaie form. heterocycla (Carr.) H. de Lehaie
慈溪、余姚、鄞州 *、奉化、宁海、象山

2396. 黄皮花毛竹 Phyllostachys pubescensMazel ex H. de Lehaie form. huamozhu Wen

慈溪、余姚

2397. 绿皮花毛竹 Phyllostachys pubescens Mazel ex H. de Lehaie form. nabeshimana (Muroi) Wen
慈溪

2398. 红后竹（水胖竹）Phyllostachys rubicunda Wen
余姚、北仑、鄞州、象山

2399. 舒城刚竹（红边竹）Phyllostachys shuchengensis S.C. Li et S.H. Wu
象山

2400. 漫竹 Phyllostachys stimulosa H.R. Zhao et A.T. Liu
余姚、北仑、鄞州、奉化、宁海、象山

2401. 金竹 Phyllostachys sulphurea (Carr.) A. et C. Riv.
慈溪、余姚、北仑、鄞州、奉化、宁海

2402. 刚竹 Phyllostachys sulphurea (Carr.) A. et C. Riv. var. viridis R.A. Young
慈溪、余姚、北仑、鄞州、奉化、宁海、象山

2403. 绿皮黄筋竹 Phyllostachys sulphurea (Carr.) A. et C. Riv. form. houzeauana (C.D. Chu et C.S. Chao) Chao et Renv.
慈溪、余姚、奉化、宁海、象山

2404. 黄皮绿筋竹 Phyllostachys sulphurea (Carr.) A. et C. Riv. form. youngii C.D. Chu et C.S. Chao
余姚、鄞州、宁海

2405. 粉绿竹 Phyllostachys viridiglaucescens (Carr.) A. et C. Riv.
余姚、北仑、鄞州、奉化、宁海

2406. 乌哺鸡竹 Phyllostachys vivax McCl.
鄞州 *、宁海 *、象山

2407. 黄秆乌哺鸡竹 Phyllostachys vivax McCl. form. aureocaulis N.X. Ma*
江北、鄞州、市区

2408. 苦竹 Pleioblastus amarus (Keng) Keng f.
慈溪、余姚、北仑、鄞州、奉化、宁海、象山

2409. 狭叶青苦竹 Pleioblastus chino (Franch. et Sav.) Makino var. hisauchii Makino*
鄞州

2410. 大明竹 Pleioblastus gramineus (Bean) Nakai*
鄞州

2411. 华丝竹 Pleioblastus intermedius S.Y. Chen*
余姚、鄞州、奉化、宁海、象山

2412. 箭子竹 Pleioblastus truncatus Wen
奉化、象山

2413. 矢竹 Pseudosasa japonica (Sieb. et Zucc. ex Steud.) Makino ex Nakai*
鄞州

2414. 菲黄竹 Sasa auricoma E.G. Camus*
鄞州

2415. 菲白竹 Sasa fortunei (VanHoutte) Nakai*
慈溪、余姚、镇海、江北、北仑、鄞州、奉化、宁海、象山、市区

2416. 华箬竹 Sasa sinica Keng
余姚、北仑

2417. 靓竹 Sasaella glabra (Nakai) Nakai ex Koidz. form. albo-striata Muroi*
鄞州

2418. 短穗竹 Semiarundinaria densiflora (Rend.) Wen
余姚、北仑、鄞州、奉化、宁海、象山

2419. 鹅毛竹 Shibataea chinensis Nakai
慈溪、北仑、鄞州、奉化、象山

2420. 狭叶倭竹 Shibataea lancifolia C.H. Hu*
鄞州

2421. 肾耳唐竹 Sinobambusa nephroaurita C.D. Chu et C.S. Chao*
鄞州

B. 禾亚科 Agrostidoideae

2422. 华北剪股颖 Agrostis clavata Trin.
慈溪、余姚、镇海、江北、北仑、鄞州、奉化、宁海、象山

2423. 台湾剪股颖 Agrostis sozanensis Hayata
奉化、象山

2424. 看麦娘 Alopecurus aequalis Sobol.
慈溪、余姚、镇海、江北、北仑、鄞州、奉化、宁海、象山、市区

2425. 日本看麦娘 Alopecurus japonicus Steud.
慈溪、余姚、北仑、鄞州、奉化、象山

2426. 荩草 Arthraxon hispidus (Thunb.) Makino
慈溪、余姚、镇海、江北、北仑、鄞州、奉化、宁海、象山

2427. 匿芒荩草 Arthraxon hispidus (Thunb.) Makino var. cryptatherus (Hack.) Honda
余姚、北仑、鄞州、奉化、宁海、象山

2428. 矛叶荩草 Arthraxon prionodes (Steud.) Dandy ex Andr.
宁海

2429. 野古草 Arundinella hirta (Thunb.) Tanaka
慈溪、余姚、镇海、江北、北仑、鄞州、奉化、宁海、象山

2430. 刺芒野古草 Arundinella setosa Trin.
余姚、奉化

2431. 芦竹 Arundo donax Linn.
慈溪、余姚、镇海、江北、北仑、鄞州、奉化、宁海、象山、市区

2432. 花叶芦竹 Arundo donax Linn. var. versicolor Stokes*
慈溪、余姚、镇海、江北、北仑、鄞州、奉化、宁海、象山、市区

2433. 野燕麦 Avena fatua Linn.
慈溪、余姚、镇海、江北、北仑、鄞州、奉化、宁海、象山、市区

2434. 菵草 Beckmannia syzigachne (Steud.) Fern.
慈溪、余姚、镇海、江北、北仑、鄞州、奉化、宁海、象山、市区

2435. 毛臂形草 Brachiaria villosa (Lam.) A. Camus
慈溪、余姚、镇海、江北、北仑、鄞州、奉化、宁海、象山

2436. 日本短颖草 Brachyelytrum japonicum (Hack.) Matsum. ex Honda
　　　余姚

2437. 银鳞茅 Briza minor Linn. △
　　　余姚、鄞州、象山

2438. 雀麦 Bromus japonicus Thunb.
　　　慈溪、余姚、镇海、江北、北仑、鄞州、奉化、宁海、象山

2439. 疏花雀麦 Bromus remotiflorus (Steud.) Ohwi
　　　慈溪、余姚、镇海、江北、北仑、鄞州、奉化、宁海、象山

2440. 拂子茅 Calamagrostis epigeios (Linn.) Roth
　　　慈溪、余姚、镇海、江北、北仑、鄞州、奉化、宁海、象山

2441. 密花拂子茅 Calamagrostis epigejos (Linn.) Roth var. densiflora Griseb.
　　　慈溪、余姚、镇海、江北、北仑、鄞州、奉化、宁海、象山

2442. 细柄草 Capillipedium parviflorum (R. Br.) Stapf ex Prain
　　　慈溪、余姚、镇海、北仑、鄞州、奉化、宁海、象山

2443. 小盼草 Chasmanthium latifolium (Michx.) Yates*
　　　江北、鄞州、市区

2444. 虎尾草 Chloris virgata Sw.
　　　宁海、象山

2445. 朝阳青茅 Cleistogenes hackelii (Honda) Honda
　　　慈溪、余姚、镇海、江北、北仑、鄞州、奉化、宁海、象山

2446. 北京隐子草 Cleistogenes hancei Keng
　　　象山

2447. 菩提子（薏苡）Coix lacryma-jobi Linn.
　　　慈溪、余姚、镇海、江北、北仑、鄞州、奉化、宁海、象山、市区 *。浙江省重点保护野生植物

2448. 薏米 Coix lacryma-jobi Linn. var. ma-yuen (Roman.) Stapf*
　　　鄞州、宁海

2449. 蒲苇 Cortaderia selloana (Schult. et J.H. Schult.) Aschers et Graebn.*
　　　慈溪、余姚、镇海、江北、北仑、鄞州、奉化、宁海、象山、市区

2450. 矮蒲苇 Cortaderia selloana (Schult. et J.H. Schult.) Aschers et Graebn. ‘Pumila’*
　　　江北、北仑、鄞州、市区

2451. 橘草 Cymbopogon goeringii (Steud.) A. Camus
　　　慈溪、余姚、镇海、江北、北仑、鄞州、奉化、宁海、象山

2452. 狗牙根 Cynodon dactylon (Linn.) Pers.
　　　慈溪、余姚、镇海、江北、北仑、鄞州、奉化、宁海、象山、市区 *

2453. 双花狗牙根 Cynodon dactylon (Linn.) Pers. var. biflorum Merino
　　　北仑、鄞州、奉化、宁海、象山

2454. 龙爪茅 Dactyloctenium aegyptium (Linn.) Willd.
　　　奉化、象山

2455. 疏花野青茅 Deyeuxia effusiflora Rend.
　　　慈溪、余姚、镇海、江北、北仑、鄞州、奉化、宁海、象山

2456. 野青茅 Deyeuxia pyramidalis (Host) Veld.
　　　余姚、北仑、鄞州

2457. 升马唐 Digitaria ciliaris (Retz.) Koel.
　　　慈溪、余姚、镇海、江北、北仑、鄞州、奉化、宁海、象山、市区

2458. 毛马唐 Digitaria ciliaris (Retz.) Koel. var. chrysoblephara (Figari et De Notaris) R.R. Stewart
　　　慈溪、余姚、镇海、江北、北仑、鄞州、奉化、宁海、象山、市区

2459. 短叶马唐 Digitaria radicosa (Presl) Miq.
　　　慈溪、余姚、镇海、江北、北仑、鄞州、奉化、宁海、象山、市区

2460. 紫马唐 Digitaria violascens Link
　　　慈溪、余姚、镇海、江北、北仑、鄞州、奉化、宁海、象山、市区

2461. 觿茅 Dimeria ornithopoda Trin.
　　　余姚、北仑、奉化、象山

2462. 油芒 Eccoilopus cotulifer (Thunb.) A. Camus
　　　慈溪、余姚、北仑、鄞州、奉化、宁海、象山

2463. 长芒稗 Echinochloa caudate Roshevitz ex Komarov
　　　慈溪、余姚、镇海、江北、北仑、鄞州、奉化、宁海、象山、市区

2464. 光头稗 Echinochloa colona (Linn.) Link
　　　慈溪、余姚、镇海、江北、北仑、鄞州、奉化、宁海、象山、市区

2465. 小旱稗 Echinochloa crusgalli (Linn.) Beauv. var. austrojaponensis Ohwi
　　　慈溪、余姚、镇海、江北、北仑、鄞州、奉化、宁海、象山、市区

2466. 稗 Echinochloa crusgalli (Linn.) Beauv.
　　　慈溪、余姚、镇海、江北、北仑、鄞州、奉化、宁海、象山、市区

2467. 旱稗 Echinochloa crusgalli (Linn.) Beauv. var. hispidula (Retz.) Honda
　　　慈溪、余姚、镇海、江北、北仑、鄞州、奉化、宁海、象山、市区

2468. 无芒稗 Echinochloa crusgalli (Linn.) Beauv. var. mitis (Pursh) Peterm.
　　　慈溪、余姚、镇海、江北、北仑、鄞州、奉化、宁海、象山、市区

2469. 西来稗 Echinochloa crusgalli (Linn.) Beauv. var. zelayensis (Kunth) Hitchc.
　　　慈溪、余姚、镇海、奉化、宁海、象山

2470. 牛筋草 Eleusine indica (Linn.) Gaertn.
　　　慈溪、余姚、镇海、江北、北仑、鄞州、奉化、宁海、

象山、市区

2471. 秋画眉草 Eragrostis autumnalis Keng
余姚、北仑、鄞州、象山

2472. 大画眉草 Eragrostis cilianensis (All.) Vignolo-Lutati
余姚、北仑、象山

2473. 珠芽画眉草 Eragrostis cumingii Steud.
余姚、北仑、象山

2474. 知风草 Eragrostis ferruginea (Thunb.) Beauv.
慈溪、余姚、镇海、江北、北仑、鄞州、奉化、宁海、象山、市区

2475. 乱草 Eragrostis japonica (Thunb.) Trin.
慈溪、余姚、镇海、江北、北仑、鄞州、奉化、宁海、象山、市区

2476. 小画眉草 Eragrostis minor Host
北仑

2477. 画眉草 Eragrostis pilosa (Linn.) Beauv.
北仑

2478. 假俭草 Eremochloa ophiuroides (Munro) Hack.
慈溪、余姚、镇海、江北、北仑、鄞州、奉化、宁海、象山、市区

2479. 野黍 Eriochloa villosa (Thunb.) Kunth
余姚、北仑、鄞州、宁海、象山

2480. 四脉金茅 Eulalia quadrinervis (Hack.) Kuntze
余姚、北仑、象山

2481. 金茅 Eulalia speciosa (Debeaux) Kuntze
余姚、镇海、北仑、鄞州、奉化、宁海、象山

2482. 苇状羊茅（高羊茅）Festuca arundinacea Schreb.*
慈溪、余姚、镇海、江北、北仑、鄞州、奉化、宁海、象山、市区

2483. 小颖羊茅 Festuca parvigluma Steud.
慈溪、余姚、北仑、宁海、象山

2484. 牛鞭草 Hemarthria sibirica (Gandoger) Ohwi
奉化

2485. 大麦 Hordeum vulgare Linn.*
慈溪、余姚、镇海、江北、北仑、鄞州、奉化、宁海、象山

2486. 水禾 Hygroryza aristata (Retz.) Nees ex Wight et Arn.
余姚

2487. 猬草 Hystrix duthiei (Stapf ex Hook. f.) Bor
余姚

2488. 白茅 Imperata cylindrica (Linn.) Raeuschel var. major (Nees) C.E. Hubb.
慈溪、余姚、镇海、江北、北仑、鄞州、奉化、宁海、象山、市区

2489. 血草 Imperata cylindrica (Linn.) Raeuschel 'Red Baron'*
慈溪、北仑、鄞州、市区

2490. 柳叶箬 Isachne globosa (Thunb.) Kuntze
慈溪、余姚、镇海、江北、北仑、鄞州、奉化、宁海、象山

2491. 日本柳叶箬 Isachne nipponensis Ohwi
奉化

2492. 平颖柳叶箬 Isachne truncata A. Camus
北仑、宁海、象山

2493. 有芒鸭嘴草 Ischaemum aristatum Linn.
奉化、宁海、象山

2494. 鸭嘴草 Ischaemum aristatum Linn. var. glaucum (Honda) T. Koyama
余姚、奉化、宁海、象山

2495. 细毛鸭嘴草 Ischaemum ciliare Retz.
慈溪、象山

2496. 假稻 Leersia japonica Makino
慈溪、余姚、镇海、江北、北仑、鄞州、奉化、宁海、象山、市区

2497. 秕壳草 Leersia sayanuka Ohwi
慈溪、余姚、镇海、江北、北仑、鄞州、奉化、宁海、象山

2498. 千金子 Leptochloa chinensis (Linn.) Nees
慈溪、余姚、镇海、江北、北仑、鄞州、奉化、宁海、象山

2499. 虮子草 Leptochloa panicea (Retz.) Ohwi
慈溪、余姚、镇海、江北、北仑、鄞州、奉化、宁海、象山

2500. 黑麦草 Lolium perenne Linn.*
慈溪、余姚、镇海、江北、北仑、鄞州、奉化、宁海、象山、市区

2501. 淡竹叶 Lophatherum gracile Brongn.
慈溪、余姚、镇海、江北、北仑、鄞州、奉化、宁海、象山

2502. 中华淡竹叶 Lophatherum sinense Rend.
北仑

2503. 大花臭草 Melica grandiflora (Hack.) Koidz.
余姚、奉化

2504. 广序臭草 Melica onoei Franch. et Sav.
慈溪、宁海

2505. 日本莠竹 Microstegium japonicum (Miq.) Koidz.
象山

2506. 竹叶茅 Microstegium nudum (Trin.) A. Camus
余姚、宁海、象山

2507. 柔枝莠竹 Microstegium vimineum (Trin.) A. Camus
慈溪、余姚、镇海、江北、北仑、鄞州、奉化、宁海、象山、市区

2508. 莠竹 Microstegium vimineum (Trin.) A. Camus var. imberbe (Nees ex Steud.) Honda
余姚、江北、北仑、鄞州、奉化、宁海、象山

2509. 粟草 Milium effusum Linn.
宁海、象山

2510. 五节芒 Miscanthus floridulus (Labill.) Warb. ex K. Schumann et Lauterbach
慈溪、余姚、镇海、江北、北仑、鄞州、奉化、宁海、象山、市区

2511. 荻 Miscanthus sacchariflorus (Maxim.) Hack.
慈溪、余姚、镇海、江北、北仑、鄞州、奉化、宁海、象山、市区

2512. 芒 Miscanthus sinensis Anderss.
慈溪、余姚、镇海、江北、北仑、鄞州、奉化、宁海、象山、市区

2513. 细叶芒 Miscanthus sinensis Anderss. 'Gracillimus'*
慈溪、余姚、镇海、江北、北仑、鄞州、奉化、宁海、象山、市区

2514. 花叶芒 Miscanthus sinensis Anderss. 'Variegata'*
慈溪、余姚、镇海、江北、北仑、鄞州、奉化、宁海、象山、市区

2515. 斑叶芒 Miscanthus sinensis Anderss. 'Zebrinus'*
慈溪、余姚、镇海、江北、北仑、鄞州、奉化、宁海、象山、市区

2516. 沼原草（拟麦氏草）Molinia japonica Hack.
余姚、宁海

2517. 粉黛乱子草 Muhlenbergia capillaris (Lam.) Trin.*
市区

2518. 乱子草 Muhlenbergia huegelii Trin.
余姚、鄞州、奉化

2519. 山类芦 Neyraudia montana Keng
慈溪、余姚、镇海、北仑、鄞州、奉化、宁海、象山

2520. 类芦 Neyraudia reynaudiana (Kunth) Keng ex Hitchc.
余姚、北仑、鄞州、奉化、宁海、象山

2521. 求米草 Oplismenus undulatifolius (Arduino) Roem. et Schult.
慈溪、余姚、镇海、江北、北仑、鄞州、奉化、宁海、象山

2522. 稻 Oryza sativa Linn.*
慈溪、余姚、镇海、江北、北仑、鄞州、奉化、宁海、象山

2523. 糯稻 Oryza sativa Linn. var. glutinosa Matsum.*
慈溪、余姚、镇海、江北、北仑、鄞州、奉化、宁海、象山

2524. 糠稷 Panicum bisulcatum Thunb.
慈溪、余姚、镇海、江北、北仑、鄞州、奉化、宁海、象山、市区

2525. 铺地黍 Panicum repens Linn.
象山

2526. 细柄黍 Panicum sumatrense Roth ex Roem. et Schult.
奉化

2527. 柳枝稷 Panicum virgatum Linn.*
江北

2528. 假牛鞭草 Parapholis incurva (Linn.) C.E. Hubb.
慈溪、奉化、象山

2529. 双穗雀稗 Paspalum distichum Linn.
慈溪、余姚、镇海、江北、北仑、鄞州、奉化、宁海、象山、市区

2530. 长叶雀稗 Paspalum longifolium Roxb.
象山

2531. 圆果雀稗 Paspalum scrobiculatum Linn. var. orbiculare (Forst.) Hack.
慈溪、余姚、镇海、江北、北仑、鄞州、奉化、宁海、象山

2532. 雀稗 Paspalum thunbergii Kunth ex Steud.
慈溪、余姚、镇海、江北、北仑、鄞州、奉化、宁海、象山

2533. 海雀稗 Paspalum vaginatum Sw.*
慈溪

2534. 狼尾草 Pennisetum alopecuroides (Linn.) Spreng.
慈溪、余姚、镇海、江北、北仑、鄞州、奉化、宁海、象山、市区

2535. 御谷 Pennisetum glaucum (Linn.) R. Br.*
慈溪、奉化

2536. 束尾草 Phacelurus latifolius (Steud.) Ohwi
慈溪、镇海、北仑、鄞州、奉化、宁海、象山

2537. 狭叶束尾草 Phacelurus latifolius (Steud.) Ohwi var. angustifolius (Debeaux) Kitag.
奉化、象山

2538. 显子草 Phaenosperma globosa Munro ex Oliv.
慈溪、余姚、镇海、江北、北仑、鄞州、奉化、宁海、象山

2539. 虉草 Phalaris arundinacea Linn.
余姚、北仑、奉化

2540. 花叶虉草 Phalaris arundinacea Linn. var. picta Linn.*
慈溪、市区

2541. 鬼蜡烛 Phleum paniculatum Huds.
鄞州、奉化、宁海、象山

2542. 芦苇 Phragmites australis (Cav.) Trin. ex Steud.
慈溪、余姚、镇海、江北、北仑、鄞州、奉化、宁海、象山、市区

2543. 金叶芦苇 Phragmites australis (Cav.) Trin. ex Steud. 'Variegata'*
鄞州、市区

2544. 日本苇 Phragmites japonicus Steud.
鄞州、奉化、宁海。华东新记录

2545. 卡开芦 Phragmites karka (Retz.) Trin. ex Steud.
宁海、象山

2546. 白顶早熟禾 Poa acroleuca Steud.
慈溪、余姚、镇海、江北、北仑、鄞州、奉化、宁海、象山

2547. 早熟禾 Poa annua Linn.
慈溪、余姚、镇海、江北、北仑、鄞州、奉化、宁海、象山、市区

2548. 华东早熟禾 Poa faberi Rend.
慈溪、余姚、北仑、鄞州、奉化、宁海、象山

2549. 棒头草 Polypogon fugax Nees ex Steud.
慈溪、余姚、镇海、江北、北仑、鄞州、奉化、宁海、象山、市区

2550. 长芒棒头草 Polypogon monspeliensis (Linn.) Desf.
慈溪、余姚、镇海、江北、北仑、鄞州、奉化、宁海、

象山

2551. 纤毛鹅观草 Roegneria ciliaris (Trin. ex Bunge) Nevski
慈溪、余姚、北仑、鄞州

2552. 细叶鹅观草 Roegneria japonensis (Honda) Keng var. hackeliana (Honda) Keng
慈溪、余姚、镇海、江北、北仑、鄞州、奉化、宁海、象山

2553. 鹅观草 Roegneria tsukushiensis (Honda) B.R. Lu et al. var. transiens (Hack.) B.R. Lu et al.
慈溪、余姚、镇海、江北、北仑、鄞州、奉化、宁海、象山、市区

2554. 斑茅 Saccharum arundinaceum Retz.
慈溪、余姚、镇海、江北、北仑、鄞州、奉化、宁海、象山

2555. 甘蔗（竹蔗）Saccharum sinense Roxb.*
慈溪、余姚、镇海、江北、北仑、鄞州、奉化、宁海、象山

2556. 沙滩甜根子草 Saccharum spontaneum Linn. var. arenicola (Ohwi) Ohwi
象山。中国新记录

2557. 囊颖草 Sacciolepis indica (Linn.) Chase
慈溪、余姚、北仑、鄞州、宁海、象山

2558. 裂稃草 Schizachyrium brevifolium (Swartz) Nees
慈溪、余姚、镇海、北仑、鄞州、奉化、宁海、象山

2559. 莩草 Setaria chondrachne (Steud.) Honda
奉化、象山

2560. 大狗尾草 Setaria faberi Herrm.
慈溪、余姚、镇海、江北、北仑、鄞州、奉化、宁海、象山、市区

2561. 粟 Setaria italica (Linn.) Beauv. var. germanica (Mill.) Schred.*
余姚、鄞州、奉化、宁海、象山

2562. 棕叶狗尾草 Setaria palmifolia (J. König) Stapf
慈溪、余姚、镇海、江北、北仑、鄞州、奉化、宁海、象山

2563. 皱叶狗尾草 Setaria plicata (Lamk.) T. Cooke
慈溪、余姚、北仑、奉化、象山

2564. 金色狗尾草 Setaria pumila (Poir.) Roem. et Schult.
慈溪、余姚、镇海、江北、北仑、鄞州、奉化、宁海、象山、市区

2565. 狗尾草 Setaria viridis (Linn.) Beauv.
慈溪、余姚、镇海、江北、北仑、鄞州、奉化、宁海、象山、市区

2566. 高粱 Sorghum bicolor (Linn.) Moen.*
慈溪、余姚、镇海、江北、北仑、鄞州、奉化、宁海、象山

2567. 假高粱 Sorghum halepense (Linn.) Pers. △
象山

2568. 匿芒假高粱 Sorghum halepense (Linn.) Pers. form. muticum Hubb. △

2569. 光高粱 Sorghum nitidum (Vahl) Pers.
北仑、象山

2570. 苏丹草 Sorghum sudanense (Piper) Stapf △
象山

2571. 互花米草 Spartina alterniflora Loisel. △
慈溪、余姚、镇海、江北、北仑、鄞州、奉化、宁海、象山、市区

2572. 大米草 Spartina anglica C.E. Hubb. △
奉化、宁海

2573. 大油芒 Spodiopogon sibiricus Trin.
慈溪、余姚、镇海、北仑、鄞州、奉化、宁海、象山

2574. 鼠尾粟 Sporobolus fertilis (Steud.) W.D. Clayt.
慈溪、余姚、镇海、江北、北仑、鄞州、奉化、宁海、市区

2575. 盐地鼠尾粟 Sporobolus virginicus (Linn.) Kunth
慈溪、余姚、镇海、北仑、鄞州、奉化、宁海、象山

2576. 细茎针茅 Stipa tenuissima Trin.*
北仑、鄞州、市区

2577. 黄背草 Themeda triandra Forssk.
慈溪、余姚、镇海、江北、北仑、鄞州、奉化、宁海、象山

2578. 三毛草 Trisetum bifidum (Thunb.) Ohwi
余姚、北仑、奉化、宁海、象山

2579. 小麦 Triticum aestivum Linn.*
慈溪、余姚、镇海、江北、北仑、鄞州、奉化、宁海、象山

2580. 玉米（玉蜀黍）Zea mays Linn.*
慈溪、余姚、镇海、江北、北仑、鄞州、奉化、宁海、象山、市区

2581. 菰 Zizania caduciflora (Turcz.) Hand.-Mazz.*
慈溪、余姚、镇海、江北、北仑、鄞州、奉化、宁海、象山、市区

2582. 结缕草 Zoysia japonica Steud.
慈溪、余姚、镇海、江北、北仑、鄞州、奉化、宁海、象山、市区 *

2583. 沟叶结缕草 Zoysia matrella (Linn.) Merr.
宁海、象山

2584. 细叶结缕草 Zoysia pacifica (Goudswaard) M. Hotta et S. Kuroki*
慈溪、余姚、镇海、江北、北仑、鄞州、奉化、宁海、象山、市区

2585. 中华结缕草 Zoysia sinica Hance
鄞州、奉化、宁海、象山。国家Ⅱ级重点保护野生植物

一四八、莎草科 Cyperaceae

2586. 海三棱藨草 Bolboschoenoplectus × mariqueter (Tang et Wang) Tatanov
慈溪、余姚、镇海、江北、北仑、鄞州、奉化、宁海、象山

2587. 扁秆荆三棱 Bolboschoenus planiculmis (F. Schmidt) T.V. Egorova
慈溪、镇海、鄞州

2588. 球柱草 Bulbostylis barbata (Rottb.) C.B. Clarke
北仑、宁海、象山

2589. 丝叶球柱草 Bulbostylis densa (Wall.) Hand.-Mazz.
慈溪、余姚、北仑、宁海、象山

2590. 宜昌薹草 Carex ascotreta C.B. Clarke ex Franch.
象山

2591. 独穗薹草 Carex biwensis Franch.
北仑

2592. 锈点薹草 Carex bodinieri Franch.
余姚、北仑、奉化

2593. 青绿薹草 Carex breviculmis R. Br.
余姚、北仑、鄞州、奉化、宁海、象山

2594. 短尖薹草 Carex brevicuspis C.B. Clarke
北仑、鄞州、宁海、象山。模式产地

2595. 栗褐薹草 Carex brunnea Thunb.
慈溪、余姚、镇海、江北、北仑、鄞州、奉化、宁海、象山

2596. 中华薹草 Carex chinensis Retz.
北仑、象山

2597. 皱苞薹草 Carex chungii C.P. Wang
象山

2598. 密花薹草 Carex confertiflora Boott
奉化

2699. 垂穗薹草 Carex dimorpholepis Steud.
余姚、北仑、鄞州、奉化、宁海、象山

2600. 长穗薹草 Carex dolichostachya Hayata
鄞州

2601. 签草（芒尖薹草）Carex doniana Spreng.
余姚、镇海、北仑、鄞州、奉化、宁海、象山

2602. 丝柄薹草 Carex filipes Franch. et Sav.
象山

2603. 穿孔薹草 Carex foraminata C.B. Clarke
鄞州。模式产地

2604. 玄界萌黄薹草 Carex genkaiensis Ohwi
镇海

2605. 穹隆薹草 Carex gibba Wahlenb.
余姚、北仑、鄞州、奉化、宁海、象山

2606. 湖北薹草（亨氏薹草）Carex henryi (C.B. Clarke) L.K. Dai
余姚、宁海

2607. 狭穗薹草 Carex ischnostachya Steud.
慈溪、余姚、北仑、奉化、宁海、象山

2608. 砂钻薹草 Carex kobomugi Ohwi
象山

2609. 披针薹草 Carex lanceolata Boott
余姚、鄞州

2610. 舌叶薹草 Carex ligulata Nees
慈溪、余姚、镇海、北仑、鄞州、奉化、宁海、象山

2611. 斑点薹草 Carex maculata Boott
北仑、象山

2612. 密叶薹草 Carex maubertiana Boott
余姚、北仑、鄞州、奉化、宁海、象山

2613. 锈果薹草 Carex metallica Lévl.
宁海

2614. 线穗薹草 Carex nemostachys Steud.
余姚、北仑、鄞州、宁海

2615. 翼果薹草 Carex neurocarpa Maxim.
余姚、象山

2616. 金心薹草 Carex oshimensis Nakai 'Evergold'*
余姚、奉化、市区

2617. 镜子薹草 Carex phacota Spreng.
慈溪、余姚

2618. 粉被薹草 Carex pruinosa Boott
余姚、北仑、奉化、象山

2619. 矮生薹草 Carex pumila Thunb.
象山

2620. 反折果薹草 Carex retrofracta Kükenth.
鄞州

2621. 书带薹草 Carex rochebrunii Franch. et Sav.
余姚、北仑、鄞州、奉化、宁海、象山

2622. 大理薹草 Carex rubrobrunnea C.B. Clarke var. taliensis (Franch.) Kükenth.
余姚、北仑、鄞州、宁海、象山

2623. 糙叶薹草 Carex scabrifolia Steud.
慈溪、余姚、镇海、北仑、鄞州、奉化、宁海、象山

2624. 硬果薹草 Carex sclerocarpa Franch.
北仑、鄞州

2625. 锈鳞薹草 Carex sendaica Franch.
北仑

2626. 相仿薹草 Carex simulans C.B. Clarke
北仑。模式产地

2627. 柄果薹草（褐绿薹草）Carex stipitinux C.B. Clarke ex Franch.
北仑、象山

2628. 细梗薹草 Carex teinogyna Boott
北仑、象山

2629. 天目山薹草 Carex tianmushanica C.Z. Zheng et X.F. Jin
余姚、鄞州、象山

2630. 横果薹草（柔菅）Carex transversa Boott
奉化、宁海、象山

2631. 三穗薹草 Carex tristachya Thunb.
慈溪、余姚、北仑、奉化、象山

2632. 截鳞薹草 Carex truncatigluma C.B. Clarke
余姚、北仑。模式产地

2633. 滨海薹草 Carex wahuensis C.A. Mey. subsp. robusta (Franch. et Sav.) T. Koyama
镇海、宁海、象山

2634. 华克拉莎 Cladium jamaicence Crantz subsp. chinense (Nees) T. Koyama ex Hara
奉化、宁海、象山

2635. 阿穆尔莎草 Cyperus amuricus Maxim.
余姚、镇海、北仑

2636. 扁穗莎草 Cyperus compressus Linn.
余姚、鄞州、奉化、宁海、象山

2637. 长尖莎草 Cyperus cuspidatus Kunth ex Humboldt et al.
慈溪、余姚、镇海、江北、北仑、鄞州、奉化、宁海、象山

2638. 异型莎草 Cyperus difformis Linn.
慈溪、余姚、镇海、江北、北仑、鄞州、奉化、宁海、象山

2639. 长穗高秆莎草 Cyperus exaltatus Retz. var. megalanthus Kükenth.
宁海、象山

2640. 畦畔莎草 Cyperus haspan Linn.
余姚、北仑、鄞州、宁海、象山

2641. 风车草（旱伞草）Cyperus involucratus Rottb.*
慈溪、余姚、镇海、江北、北仑、鄞州、奉化、宁海、象山、市区

2642. 碎米莎草 Cyperus iria Linn.
慈溪、余姚、镇海、江北、北仑、鄞州、奉化、宁海、象山

2643. 旋鳞莎草 Cyperus michelianus (Linn.) Link
奉化、宁海、象山

2644. 具芒碎米莎草 Cyperus microiria Steud.
余姚、北仑、鄞州、奉化、宁海、象山

2645. 白鳞莎草 Cyperus nipponicus Franch. et Sav.
慈溪

2646. 断节莎 Cyperus odoratus Linn.
慈溪

2647. 纸莎草 Cyperus papyrus Linn.*
鄞州、市区

2648. 毛轴莎草 Cyperus pilosus Vahl
慈溪、奉化、宁海、象山

2649. 埃及莎草（细叶莎草）Cyperus prolifer Lam.*
慈溪

2650. 香附子 Cyperus rotundus Linn.
慈溪、余姚、镇海、江北、北仑、鄞州、奉化、宁海、象山、市区

2651. 荸荠 Eleocharis dulcis (Burm. f.) Trin. ex Henschel
慈溪 *、余姚 *、镇海 *、江北 *、北仑 *、鄞州、奉化 *、宁海 *、象山 *

2652. 透明鳞荸荠 Eleocharis pellucida J. Presl et C. Presl
北仑、宁海、象山

2653. 稻田荸荠 Eleocharis pellucida J. Presl et C. Presl var. japonica (Miq.) Tang et Wang
北仑、奉化、宁海、象山

2654. 龙师草 Eleocharis tetraquetra Nees
慈溪、余姚、鄞州、奉化、宁海、象山

2655. 羽毛鳞荸荠 Eleocharis wichurae Böeckl.
北仑、象山

2656. 牛毛毡 Eleocharis yokoscensis (Franch. et Sav.) Tang et Wang
慈溪、余姚、镇海、江北、北仑、鄞州、奉化、宁海、象山

2657. 夏飘拂草 Fimbristylis aestivalis (Retz.) Vahl
北仑、奉化、象山

2658. 复序飘拂草 Fimbristylis bisumbellata (Forssk.) Bubani
奉化

2659. 扁鞘飘拂草 Fimbristylis complanata (Retz.) Link
鄞州、奉化、象山

2660. 两歧飘拂草 Fimbristylis dichotoma (Linn.) Vahl
余姚、北仑、鄞州、奉化、宁海、象山

2661. 面条草（拟二叶飘拂草）Fimbristylis diphylloides Makino
余姚、鄞州、奉化、象山

2662. 宜昌飘拂草 Fimbristylis henryi C.B. Clarke
慈溪、余姚、鄞州、奉化、宁海、象山

2663. 日照飘拂草 Fimbristylis littoralis Gaudichaud
慈溪、余姚、镇海、江北、北仑、鄞州、奉化、宁海、象山、市区

2664. 长穗飘拂草 Fimbristylis longispica Steud.
奉化

2665. 独穗飘拂草 Fimbristylis ovata (Burm. f.) Kern
宁海、象山

2666. 东南飘拂草 Fimbristylis pierotii Miq.
宁海、象山

2667. 少穗飘拂草 Fimbristylis schoenoides (Retz.) Vahl
北仑、象山

2668. 绢毛飘拂草 Fimbristylis sericea (Poir.) R. Br.
象山

2669. 弱锈鳞飘拂草 Fimbristylis sieboldii Miq. ex Franch. et Sav.
慈溪、余姚、镇海、北仑、鄞州、奉化、宁海、象山

2670. 短尖飘拂草 Fimbristylis squarrosa Vahl var. esquarrosa Makino
鄞州

2671. 烟台飘拂草 Fimbristylis stauntoni Debeaux et Franch.
象山

2672. 匍匐茎飘拂草 Fimbristylis stolonifera C.B. Clarke
余姚、北仑

2673. 双穗飘拂草 Fimbristylis subbispicata Nees et Mey.
奉化、宁海、象山

2674. 水莎草 Juncellus serotinus (Rottb.) C.B. Clarke
北仑、奉化、象山

2675. 水蜈蚣 Kyllinga brevifolia Rottb.
慈溪、余姚、镇海、江北、北仑、鄞州、奉化、宁海、象山、市区

2676. 光鳞水蜈蚣 Kyllinga brevifolia Rottb. var. leiolepis (Franch.

et Sav.) Hara
　慈溪、余姚、镇海、江北、北仑、鄞州、奉化、宁海、象山

2677. 湖瓜草 Lipocarpha microcephala (R. Br.) Kunth
　北仑、宁海

2678. 砖子苗 Mariscus umbellatus Vahl
　慈溪、余姚、镇海、江北、北仑、鄞州、奉化、宁海、象山

2679. 球穗扁莎 Pycreus flavidus (Retz.) T. Koyama
　余姚、北仑、象山

2680. 多穗扁莎 Pycreus polystachyus (Rottb.) Beauv.
　奉化

2681. 红鳞扁莎 Pycreus sanguinolentus (Vahl) Nees
　慈溪、余姚、北仑、宁海、象山

2682. 华刺子莞 Rhynchospora chinensis Nees et Mey. ex Nees
　北仑、奉化、宁海、象山

2683. 刺子莞 Rhynchospora rubra (Lour.) Makino
　慈溪、余姚、镇海、江北、北仑、鄞州、奉化、宁海、象山

2684. 萤蔺 Schoenoplectus juncoides (Roxb.) Palla
　慈溪、余姚、北仑、宁海、象山

2685. 水 毛 花 Schoenoplectus mucronatus (Linn.) Palla subsp. robustus (Miq.) T. Koyama
　余姚、北仑、鄞州、奉化、宁海、象山

2686. 水葱 Schoenoplectus tabernaemontani (Gmel.) Palla*
　慈溪、余姚、镇海、江北、北仑、鄞州、奉化、宁海、象山、市区

2687. 金线水葱 Schoenoplectus tabernaemontani (Gmel.) Palla 'Albescens'*
　鄞州、市区

2688. 花叶水葱 Schoenoplectus tabernaemontani (Gmel.) Palla 'Zebrinus'*
　镇海、市区

2689. 海南藨草 Scirpushainanensis S.M. Hwang
　奉化。浙江新记录

2690. 华东藨草 Scirpus karuizawensis Makino
　余姚、北仑、奉化、象山

2691. 茸球藨草 Scirpus lushanensis Ohwi
　北仑、宁海

2692. 毛果珍珠茅 Scleria levis Retz.
　鄞州、奉化、宁海、象山

2693. 小型珍珠茅 Scleria parvula Steud.
　北仑、宁海、象山

2694. 玉山针蔺（类头状花序藨草）Trichophorum subcapitatum (Thwaites et Hook.) D.A. Simpson
　余姚、北仑、鄞州、奉化、宁海、象山

一四九、棕榈科 Palmae

2695. 布迪椰子 Butia capitata (Mart.) Becc.*
　余姚、镇海、江北、北仑、鄞州、奉化、宁海、象山、市区

2696. 鱼尾葵 Caryota maxima Bl. ex Mart.*
　慈溪、余姚、镇海、江北、北仑、鄞州、奉化、宁海、象山、市区

2697. 散尾葵 Chrysalidocarpus lutescens H. Wendl*
　慈溪、余姚、镇海、江北、北仑、鄞州、奉化、宁海、象山、市区

2698. 蒲葵 Livistona chinensis (Jacq.) R. Br. ex Mart.*
　慈溪、余姚、镇海、江北、北仑、鄞州、奉化、宁海、象山、市区

2699. 加拿利海枣 Phoenix canariensis Chab.*
　慈溪、余姚、镇海、江北、北仑、鄞州、奉化、宁海、象山、市区

2700. 软叶刺葵 Phoenix roebelenii O'Brien*
　象山、市区

2701. 银海枣 Phoenix sylvestris (Linn.) Roxb.*
　慈溪、镇海、江北、北仑、鄞州、奉化、宁海、象山、市区

2702. 棕竹 Rhapis excelsa (Thunb.) Henry ex Rehd.*
　慈溪、余姚、镇海、江北、北仑、鄞州、奉化、宁海、象山、市区

2703. 棕榈 Trachycarpus fortunei (Hook.) H. Wendl.
　慈溪 *、余姚、镇海 *、江北 *、北仑 *、鄞州、奉化、宁海、象山 *、市区 *

2704. 丝葵 Washingtonia filifera (Lind. ex André) H. Wendl.*
　慈溪、余姚、镇海、江北、北仑、鄞州、奉化、宁海、象山、市区

一五〇、天南星科 Araceae

2705. 菖蒲 Acorus calamus Linn.
　慈溪、余姚、镇海、江北、北仑、鄞州、奉化、宁海、象山、市区 *

2706. 花叶菖蒲 Acorus calamus Linn. 'Variegatus'*
　市区

2707. 金钱蒲 Acorus gramineus Soland.
　余姚、北仑、鄞州、奉化、宁海、象山

2708. 花叶金钱蒲 Acorus gramineus Soland. 'Variegatus'*
　奉化、市区

2709. 石菖蒲 Acorus tatarinowii Schott
　慈溪、余姚、镇海、江北、北仑、鄞州、奉化、宁海、象山、市区 *

2710. 金边石菖蒲 Acorus tatarinowii Schott 'Ogon'*
　市区

2711. 尖尾芋 Alocasia cucullata (Lour.) G. Don*
　慈溪、余姚、镇海、江北、北仑、鄞州、奉化、宁海、象山、市区

2712. 海芋 Alocasia odora (Linn.) Schott*
　慈溪、余姚、镇海、江北、北仑、鄞州、奉化、宁海、象山、市区

2713. 华东魔芋（东亚魔芋）Amorphophallus kiusianus (Makino) Makino
　慈溪、余姚、北仑、鄞州、奉化、宁海、象山

2714. 一把伞南星 Arisaema erubescens (Wall.) Schott
余姚、北仑、鄞州、奉化、宁海、象山

2715. 天南星 Arisaema heterophyllum Bl.
慈溪、余姚、镇海、江北、北仑、鄞州、奉化、宁海、象山

2716. 普陀南星 Arisaema ringens (Thunb.) Schott
象山

2717. 全缘灯台莲 Arisaema sikokianum Franch. et Sav.
慈溪、余姚、北仑、鄞州、奉化、宁海、象山

2718. 灯台莲 Arisaema sikokianum Franch. et Sav. var. serratum (Makino) Hand.-Mazz.
慈溪、余姚、北仑、鄞州、奉化、宁海、象山

2719. 绿苞灯台莲 Arisaema sikokianum Franch. et Sav. var. viridescens D.D. Ma
北仑、象山

2720. 云台南星 Arisaema silvestrii Pamp.
北仑、鄞州、宁海

2721. 芋 Colocasia esculenta (Linn.) Schott
慈溪 *、余姚△、镇海 *、江北 *、北仑△、鄞州△、奉化△、宁海△、象山 *、市区 *

2722. 大野芋 Colocasia gigantea (Bl.) Hook. f.*
余姚、北仑、鄞州、奉化、宁海、象山、市区

2723. 紫芋 Colocasia tonoimo Nakai*
慈溪、余姚、镇海、江北、北仑、鄞州、奉化、宁海、象山、市区

2724. 滴水珠 Pinellia cordata N.E. Br.
余姚、北仑、鄞州、奉化、宁海、象山

2725. 掌叶半夏 Pinellia pedatisecta Schott*
慈溪、奉化

2726. 半夏 Pinellia ternata (Thunb.) Tenore ex Breit.
慈溪、余姚、镇海、江北、北仑、鄞州、奉化、宁海、象山、市区

2727. 狭叶半夏 Pinellia ternata (Thunb.) Tenore ex Breit. form. angustata (Schott) Makino
余姚、鄞州、奉化

2728. 大薸 Pistia stratiotes Linn. △
慈溪、余姚、镇海、江北、北仑、鄞州、奉化、宁海、象山、市区

2729. 马蹄莲 Zantedeschia aethiopica (Linn.) Spreng.*
象山

一五一、浮萍科 Lemnaceae

2730. 稀脉萍 Lemna aequinoctialis Welwitsch
北仑、宁海、象山

2731. 浮萍 Lemna minor Linn.
慈溪、余姚、镇海、江北、北仑、鄞州、奉化、宁海、象山、市区

2732. 紫萍 Spirodela polyrhiza (Linn.) Schleid.
慈溪、余姚、镇海、江北、北仑、鄞州、奉化、宁海、象山、市区

2733. 无根萍 Wolffia globosa (Roxb.) Hart. et Plas
慈溪、余姚、镇海、江北、北仑、鄞州、奉化、宁海、象山、市区

一五二、谷精草科 Eriocaulaceae

2734. 谷精草 Eriocaulon buergerianum Koern.
慈溪、余姚、镇海、江北、北仑、鄞州、奉化、宁海、象山、市区

2735. 白药谷精草 Eriocaulon cinereum R. Br.
宁海

2736. 长苞谷精草 Eriocaulon decemflorum Maxim.
北仑、鄞州、奉化、宁海、象山

2737. 江南谷精草 Eriocaulon faberi Ruhl.
鄞州、奉化、宁海、象山。模式产地

2738. 四国谷精草 Eriocaulon miquelianum Körnicke
余姚、宁海、象山

2739. 华南谷精草 Eriocaulon sexangulare Linn.
宁海

一五三、鸭跖草科 Commelinaceae

2740. 饭包草 Commelina benghalensis Linn.
慈溪、余姚、镇海、江北、北仑、鄞州、奉化、宁海、象山、市区

2741. 鸭跖草 Commelina communis Linn.
慈溪、余姚、镇海、江北、北仑、鄞州、奉化、宁海、象山、市区

2742. 露水草（蛛丝毛蓝耳草）Cyanotis arachnoidea C.B. Clarke
宁海

2743. 疣草 Murdannia keisak (Hassk.) Hand.-Mazz.
余姚、北仑、鄞州、奉化、宁海、象山、市区

2744. 牛轭草 Murdannia loriformis (Hassk.) R.S. Rao et Kammathy
宁海、象山

2745. 裸花水竹叶 Murdannia nudiflora (Linn.) Brenan
慈溪、余姚、镇海、江北、北仑、鄞州、奉化、宁海、象山、市区

2746. 水竹叶 Murdannia triquetra (Wall. ex C.B. Clarke) Brückn.
慈溪、余姚、镇海、江北、北仑、鄞州、奉化、宁海、象山、市区

2747. 杜若 Pollia japonica Thunb.
余姚、北仑、鄞州、奉化、宁海

2748. 紫竹梅 Setcreasea pallida Rose*
慈溪、余姚、镇海、江北、北仑、鄞州、奉化、宁海、象山、市区

2749. 紫露草 Tradescantia ohiensis Raf.*
余姚、鄞州、象山、市区

2750. 毛萼紫露草 Tradescantia virginiana Linn.*
奉化、市区

2751. 吊竹梅 Zebrina pendula Schnizl.*
慈溪、余姚、镇海、江北、北仑、鄞州、奉化、宁海、象山、市区

一五四、雨久花科 Pontederiaceae

2752. 凤眼莲 Eichhornia crassipes (Mart.) Solms △
慈溪、余姚、镇海、江北、北仑、鄞州、奉化、宁海、

象山、市区

2753. 鸭舌草 Monochoria vaginalis (Burm. f.) Presl ex Kunth
慈溪、余姚、镇海、江北、北仑、鄞州、奉化、宁海、象山

2754. 梭鱼草（海寿花）Pontederia cordata Linn.*
慈溪、余姚、镇海、江北、北仑、鄞州、奉化、宁海、象山、市区

2755. 白花梭鱼草 Pontederia cordata Linn. 'Alba'*
北仑、鄞州、市区

2756. 箭叶梭鱼草 Pontederia lanceolata Nutt.*
市区

一五五、田葱科 Philydraceae

2757. 田葱 Philydrum lanuginosum Banks et Sol. ex Gaertn.
象山。浙江科、属、种新记录

一五六、灯心草科 Juncaceae

2758. 翅茎灯心草 Juncus alatus Franch. et Sav.
余姚、北仑、鄞州、奉化、宁海、象山

2759. 星花灯心草 Juncus diastrophanthus Buch.
慈溪、余姚、北仑、鄞州、奉化、宁海、象山

2760. 灯心草（席草）Juncus effusus Linn.
慈溪、余姚、镇海、江北、北仑、鄞州、奉化、宁海、象山、市区 *

2761. 扁茎灯心草 Juncus gracillimus (Buch.) V. Krecz. et Gontsch.
鄞州、奉化、象山

2762. 江南灯心草 Juncus prismatocarpus R. Br.
慈溪、余姚、镇海、江北、北仑、鄞州、奉化、宁海、象山、市区

2763. 野灯心草 Juncus setchuensis Buch.
慈溪、余姚、镇海、江北、北仑、鄞州、奉化、宁海、象山、市区

2764. 多花地杨梅 Luzula multiflora (Ehrhart) Lej.
慈溪、余姚、北仑

一五七、百部科 Stemonaceae

2765. 金刚大（黄精叶钩吻）Croomia japonica Miq.
余姚、宁海。浙江省重点保护野生植物

2766. 百部 Stemona japonica (Bl.) Miq.
余姚、北仑、奉化

一五八、百合科 Liliaceae

2767. 短柄粉条儿菜 Aletris scopulorum Dunn
余姚、象山

2768. 粉条儿菜 Aletris spicata (Thunb.) Franch.
余姚、北仑、鄞州、奉化、宁海、象山

2769. 洋葱 Allium cepa Linn.*
慈溪、余姚、镇海、江北、北仑、鄞州、奉化、宁海、象山、市区

2770. 火葱 Allium cepa Linn. var. aggregatum G. Don*
慈溪、余姚、镇海、江北、北仑、鄞州、奉化、宁海、象山、市区

2771. 香葱 Allium ccpiforme G. Don*
慈溪、余姚、镇海、江北、北仑、鄞州、奉化、宁海、

象山、市区

2772. 薤头 Allium chinense G. Don
慈溪、余姚、镇海、江北、北仑、鄞州、奉化、宁海、象山、市区

2773. 葱 Allium fistulosum Linn.*
慈溪、余姚、镇海、江北、北仑、鄞州、奉化、宁海、象山、市区

2774. 宽叶韭 Allium hookeri Thwaites
鄞州 *、宁海△、象山△

2775. 薤白（小根蒜）Allium macrostemon Bunge
慈溪、余姚、镇海、江北、北仑、鄞州、奉化、宁海、象山、市区

2776. 朝鲜韭 Allium sacculiferum Maxim.
象山。华东新记录

2777. 蒜 Allium sativum Linn.*
慈溪、余姚、镇海、江北、北仑、鄞州、奉化、宁海、象山、市区

2778. 细叶韭 Allium tenuissimum Linn.
鄞州、奉化

2779. 韭 Allium tuberosum Rottl. ex Spreng.
慈溪 *、余姚 *、镇海 *、江北 *、北仑 *、鄞州 *、奉化 *、宁海△、象山△、市区 *

2780. 茖葱 Allium victorialis Linn.
余姚、鄞州、宁海、市区 *

2781. 对叶韭 Allium victorialis Linn. var. 1istera (Steam) J.M. Xu
余姚

2782. 木立芦荟 Aloe arborescens Mill.*
慈溪、余姚、镇海、江北、北仑、鄞州、奉化、宁海、象山、市区

2783. 库拉索芦荟 Aloe vera (Linn.) Burm. f.*
慈溪、余姚、镇海、江北、北仑、鄞州、奉化、宁海、象山、市区

2784. 芦荟 Aloe vera (Linn.) Burm. f. var. chinensis (Haw.) Berg.*
慈溪、余姚、镇海、江北、北仑、鄞州、奉化、宁海、象山、市区

2785. 老鸦瓣 Amana edulis (Miq.) Honda
慈溪、余姚、镇海、江北、北仑、鄞州、奉化、宁海、象山、市区

2786. 宽叶老鸦瓣 Amana erythronioides (Baker) D.Y. Tan et Hong
余姚、北仑、鄞州、奉化、宁海、象山。模式产地

2787. 知母 Anemarrhena asphodeloides Bunge*
鄞州

2788. 天门冬 Asparagus cochinchinensis (Lour.) Merr.
慈溪、余姚、镇海、江北、北仑、鄞州、奉化、宁海、象山

2789. 非洲天门冬 Asparagus densiflorus (Kunth) Jessop*
鄞州、市区

2790. 狐尾天门冬 Asparagus densiflorus (Kunth) Jessop 'Myers'*

慈溪、余姚、市区

2791. 石刁柏 Asparagus officinalis Linn.*
慈溪、余姚、镇海、江北、北仑、鄞州、奉化、宁海、象山

2792. 蜘蛛抱蛋 Aspidistra elatior Bl.*
慈溪、余姚、镇海、江北、北仑、鄞州、奉化、宁海、象山、市区

2793. 洒金蜘蛛抱蛋 Aspidistra elatior Bl. 'Punctata'*
慈溪、市区

2794. 绵枣儿 Barnardia japonica (Thunb.) Schult. et J.H. Schult.
慈溪、余姚、镇海、江北、北仑、鄞州、奉化、宁海、象山

2795. 鳞芹 Bulbine frutescens (Linn.) Willd.*
宁海

2796. 开口箭 Campylandra chinensis (Baker) M.N. Tamura et al.
余姚、奉化、宁海

2797. 荞麦叶大百合 Cardiocrinum cathayanum (Wils.) Stearn
慈溪、余姚、江北、北仑、鄞州、奉化、宁海、象山

2798. 宽叶吊兰 Chlorophytum capense (Linn.) Voss*
慈溪、余姚、镇海、江北、北仑、鄞州、奉化、宁海、象山、市区

2799. 金心吊兰 Chlorophytum capense (Linn.) Voss. 'Mandaianum'*
慈溪、余姚、镇海、江北、北仑、鄞州、奉化、宁海、象山、市区

2800. 金边吊兰 Chlorophytum capense (Linn.) Voss. 'Marginatum'*
慈溪、余姚、镇海、江北、北仑、鄞州、奉化、宁海、象山、市区

2801. 银心吊兰 Chlorophytum capense (Linn.) Voss. 'Medipictum'*
慈溪、余姚、镇海、江北、北仑、鄞州、奉化、宁海、象山、市区

2802. 吊兰 Chlorophytum comosum (Thunb.) Jacq.*
慈溪、余姚、镇海、江北、北仑、鄞州、奉化、宁海、象山、市区

2803. 银边吊兰 Chlorophytum comosum (Thunb.) Jacq. 'Varigatum'*
慈溪、余姚、镇海、江北、北仑、鄞州、奉化、宁海、象山、市区

2804. 朱蕉 Cordyline fruticosa (Linn.) A. Cheval.*
慈溪、余姚、镇海、江北、北仑、鄞州、奉化、宁海、象山、市区

2805. 山菅 Dianella ensifolia (Linn.) Redouté
慈溪、镇海、北仑、鄞州、奉化、宁海、象山

2806. 银边山菅 Dianella ensifolia (Linn.) Redouté 'White Variegated'*
江北、市区

2807. 少花万寿竹 Disporum uniflorum Baker ex S. Moore
余姚、北仑、鄞州、奉化、宁海、象山

2808. 浙贝母 Fritillaria thunbergii Miq.
慈溪*、余姚*、北仑*、鄞州*、奉化*、宁海、象山*

2809. 黄花菜 Hemerocallis citrina Baroni
余姚*、北仑*、鄞州*、奉化*、宁海*、象山*

2810. 萱草 Hemerocallis fulva (Linn.) Linn.
慈溪、余姚、镇海、江北*、北仑、鄞州、奉化、宁海、象山、市区*

2811. 大花萱草 Hemerocallis × hybrida Hort.*
慈溪、余姚、镇海、江北、北仑、鄞州、奉化、宁海、象山、市区

2812. 金娃娃萱草 Hemerocallis 'Stella de Oro'*
慈溪、鄞州、市区

2813. 肖菝葜 Heterosmilax japonica Kunth
余姚

2814. 玉簪 Hosta plantaginea (Lam.) Aschers.*
慈溪、余姚、镇海、江北、北仑、鄞州、奉化、宁海、象山、市区

2815. 花叶玉簪 Hosta plantaginea (Lam.) Aschers. 'Fairy Variegata'*
慈溪、余姚、镇海、江北、北仑、鄞州、奉化、宁海、象山、市区

2816. 紫玉簪 Hosta sieboldii (Paxt.) J. Ingram*
鄞州

2817. 紫萼 Hosta ventricosa (Salisb.) Stearn
慈溪、余姚、北仑、鄞州、奉化、宁海、象山

2818. 风信子 Hyacinthus orientalis Linn.*
慈溪、余姚、镇海、江北、北仑、鄞州、奉化、宁海、象山、市区

2819. 火炬花 Kniphofia uvaria (Linn.) Oken*
慈溪、余姚、镇海、江北、北仑、鄞州、奉化、宁海、市区

2820. 野百合 Lilium brownii F.E. Br. ex Miellez
慈溪、余姚、镇海、江北、北仑、鄞州、奉化、宁海、象山

2821. 黄花百合（巨球百合）Lilium brownii F.E. Br. ex Miellez var. giganteum G.Y. Li et Z.H. Chen
奉化、象山

2822. 百合 Lilium brownii F.E. Br. ex Miellez var. viridulum Baker
余姚、北仑、鄞州、奉化、宁海、象山、市区*

2823. 药百合 Lilium speciosum Thunb. var. gloriosoides Baker
北仑、奉化、宁海

2824. 卷丹 Lilium tigrinum Ker-Gawl.
慈溪、余姚、北仑、鄞州、奉化、宁海、象山

2825. 禾叶山麦冬 Liriope graminifolia (Linn.) Baker
慈溪、余姚、北仑、鄞州、奉化、宁海、象山

2826. 长梗山麦冬 Liriope longipedicellata Wang et Tang
奉化

2827. 矮小山麦冬 Liriope minor (Maxim.) Makino
余姚

2828. 阔叶山麦冬 Liriope muscari (Decne.) Bailey
慈溪、余姚、镇海、江北、北仑、鄞州、奉化、宁海、象山、市区*

2829. 金边阔叶山麦冬 Liriope muscari (Decne.) Bailey 'Varietata'*
慈溪、余姚、镇海、江北、北仑、鄞州、奉化、宁海、象山、市区

2830. 山麦冬 Liriope spicata (Thunb.) Lour.
慈溪、余姚、镇海、江北、北仑、鄞州、奉化、宁海、象山、市区 *

2831. 葡萄风信子 Muscari botryoides Mill.*
慈溪

2832. 银纹沿阶草 Ophiopogon intermedius D. Don 'Argenteo-marginatus'*
慈溪、余姚、镇海、江北、北仑、鄞州、奉化、宁海、象山、市区

2833. 阔叶沿阶草 Ophiopogon jaburan (Kunth) Lodd.
象山。浙江省重点保护野生植物

2834. 麦冬 Ophiopogon japonicus (Linn. f.) Ker-Gawl.
慈溪、余姚、镇海、江北、北仑、鄞州、奉化、宁海、象山、市区 *

2835. 矮麦冬 Ophiopogon japonicus (Linn. f.) Ker-Gawl. 'Nana'*
慈溪、余姚、镇海、江北、北仑、鄞州、奉化、宁海、象山、市区

2836. 华重楼（七叶一枝花）Paris polyphylla Smith var. chinensis (Franch.) Hara
慈溪、余姚、北仑、鄞州、奉化、宁海、象山。浙江省重点保护野生植物

2837. 多花黄精 Polygonatum cyrtonema Hua
慈溪、余姚、北仑、鄞州、奉化、宁海、象山

2838. 长梗黄精 Polygonatum filipes Merr. ex C. Jeffrey et McEwan
余姚、北仑、鄞州、奉化、宁海、象山

2839. 玉竹 Polygonatum odoratum (Mill.) Druce
余姚、江北、北仑、鄞州、奉化、宁海

2840. 湖北黄精 Polygonatum zanlanscianense Pamp.
余姚、鄞州

2841. 吉祥草 Reineckea carnea (Andr.) Kunth
慈溪 *、余姚 *、镇海 *、江北 *、北仑、鄞州、奉化 *、宁海、象山 *、市区 *

2842. 万年青 Rohdea japonica (Thunb.) Roth*
慈溪、余姚、镇海、江北、北仑、鄞州、奉化、宁海、象山、市区

2843. 银边万年青 Rohdea japonica (Thunb.) Roth 'Variegata'*
慈溪、鄞州、宁海、象山

2844. 虎尾兰 Sansevieria trifasciata Prain*
鄞州、奉化、市区

2845. 金边虎尾兰 Sansevieria trifasciata Prain 'Laurentii'*
慈溪

2846. 尖叶菝葜 Smilax arisanensis Hayata
余姚、镇海、北仑、鄞州、奉化、宁海、象山

2847. 菝葜 Smilax china Linn.
慈溪、余姚、镇海、江北、北仑、鄞州、奉化、宁海、象山

2848. 小果菝葜 Smilax davidiana A. DC.
慈溪、余姚、镇海、江北、北仑、鄞州、奉化、宁海、象山

2849. 土茯苓（光叶菝葜）Smilax glabra Roxb.
慈溪、余姚、镇海、江北、北仑、鄞州、奉化、宁海、象山

2850. 黑果菝葜 Smilax glauco-china Warb.
余姚、北仑、鄞州、奉化、宁海、象山

2851. 折枝菝葜 Smilax lanceifolia Roxb. var. elongata (Warb.) Wang et Tang
余姚、鄞州、奉化、宁海、象山

2852. 暗色菝葜 Smilax lanceifolia Roxb. var. opaca A. DC.
余姚、鄞州

2853. 缘脉菝葜 Smilax nervo-marginata Hayata
余姚、镇海、北仑、鄞州、奉化、宁海、象山

2854. 白背牛尾菜 Smilax nipponica Miq.
余姚、北仑、鄞州、奉化、宁海

2855. 牛尾菜 Smilax riparia A. DC.
慈溪、余姚、镇海、江北、北仑、鄞州、奉化、宁海、象山

2856. 华东菝葜 Smilax sieboldii Miq.
余姚、北仑、鄞州、奉化、宁海、象山

2857. 油点草 Tricyrtis chinensis Hr. Takahashi
慈溪、余姚、镇海、江北、北仑、鄞州、奉化、宁海、象山

2858. 紫娇花 Tulbaghia violacea Harv.*
慈溪、余姚、镇海、江北、北仑、鄞州、奉化、宁海、象山、市区

2859. 郁金香 Tulipa gesneriana Linn.*
慈溪、余姚、镇海、江北、北仑、鄞州、奉化、宁海、象山、市区

2860. 黑紫藜芦 Veratrum japonicum (Baker) Loes. f.
余姚、鄞州、奉化、宁海、象山

2861. 牯岭藜芦 Veratrum schindleri Loes. f.
慈溪 *、余姚、北仑、鄞州、奉化

2862. 凤尾兰 Yucca gloriosa Linn.*
慈溪、余姚、镇海、江北、北仑、鄞州、奉化、宁海、象山、市区

2863. 金边凤尾兰 Yucca gloriosa Linn. 'Varietata'*
江北、市区

一五九、石蒜科 Amaryllidaceae

2864. 百子莲 Agapanthus africanus Hoffmgg.*
慈溪、镇海、江北、鄞州、市区

2865. 龙舌兰 Agave americana Linn.*
慈溪、余姚、奉化、宁海、象山

2866. 金边龙舌兰 Agave americana Linn. 'Variegata'*
慈溪、奉化、宁海、象山

2867. 银边龙舌兰 Agave angustifolia Haw. 'Marginata'*
象山

2868. 大花君子兰 Clivia miniata Regel*
慈溪、余姚、镇海、江北、鄞州、奉化、宁海、象山、市区

2869. 文殊兰 Crinum asiaticum Linn. var. sinicum (Roxb. ex Herb.) Baker*

慈溪、北仑、鄞州、奉化、宁海、象山

2870. 仙茅 Curculigo orchioides Gaertn.
慈溪、余姚、北仑、奉化、宁海

2871. 花朱顶红 Hippeastrum vittatum (L'Hér.) Herb.*
慈溪、余姚、镇海、江北、北仑、鄞州、奉化、宁海、象山、市区

2872. 水鬼蕉（蜘蛛兰）Hymenocallis littoralis (Jacq.) Salisb.*
慈溪、余姚、镇海、江北、北仑、鄞州、奉化、宁海、象山、市区

2873. 乳白石蒜 Lycoris albiflora Koidz.
鄞州。浙江新记录

2874. 短蕊石蒜 Lycoris caldwellii Traub
北仑、鄞州

2875. 中国石蒜 Lycoris chinensis Traub
慈溪、余姚、北仑、鄞州、奉化、宁海、象山

2876. 红蓝石蒜 Lycoris haywardii Traub
北仑。浙江新记录

2877. 江苏石蒜 Lycoris houdyshelii Traub
慈溪、鄞州、奉化、宁海

2878. 石蒜 Lycoris radiata (L'Hér.) Herb.
慈溪、余姚、镇海、江北、北仑、鄞州、奉化、宁海、象山、市区 *

2879. 玫瑰石蒜 Lycoris rosea Traub et Moldenke
余姚、鄞州、奉化、宁海

2880. 换锦花 Lycoris sprengeri Comes ex Baker
慈溪、余姚、镇海、江北、北仑、鄞州、奉化、宁海、象山

2881. 稻草石蒜 Lycoris straminea Lindl.
鄞州、宁海

2882. 红口水仙 Narcissus poeticus Linn.*
慈溪、余姚、镇海、江北、北仑、鄞州、奉化、宁海、象山、市区

2883. 喇叭水仙 Narcissus pseudo-narcissus Linn.*
慈溪、余姚、镇海、江北、北仑、鄞州、奉化、宁海、象山、市区

2884. 水仙 Narcissus tazetta Linn. var. chinensis Roem.
慈溪 *、余姚 *、镇海 *、江北 *、北仑 *、鄞州 *、奉化 *、宁海 *、象山、市区 *

2885. 晚香玉 Polianthes tuberosa Linn.*
市区

2886. 葱莲 Zephyranthes candida (Lindl.) Herb.*
慈溪、余姚、镇海、江北、北仑、鄞州、奉化、宁海、象山、市区

2887. 韭莲 Zephyranthes carinata Herb.*
慈溪、余姚、镇海、江北、北仑、鄞州、奉化、宁海、象山、市区

一六〇、薯蓣科 Dioscoreaceae

2888. 参薯 Dioscorea alata Linn.*
鄞州

2889. 黄独 Dioscorea bulbifera Linn.
慈溪、余姚、镇海、北仑、鄞州、奉化、宁海、象山

2890. 薯莨 Dioscorea cirrhosa Lour.
慈溪、余姚、镇海、江北、北仑、鄞州、奉化、宁海、象山

2891. 粉草薢 Dioscorea collettii Hook. f. var. hypoglauca (Palib.) Pei et Ting
余姚、北仑、鄞州、奉化、宁海、象山

2892. 白草薢 Dioscorea gracillima Miq.
余姚、北仑、鄞州、奉化、宁海、象山

2893. 尖叶薯蓣 Dioscorea japonica Thunb.
慈溪、余姚、镇海、江北、北仑、鄞州、奉化、宁海、象山

2894. 龙草薢 Dioscorea nipponica Makino
北仑、鄞州、宁海、象山

2895. 薯蓣 Dioscorea polystachya Turcz.
慈溪、余姚、镇海、江北、北仑、鄞州、奉化、宁海、象山

2896. 细草薢 Dioscorea tenuipes Franch. et Sav.
慈溪、余姚、镇海、北仑、鄞州、奉化、宁海、象山

一六一、鸢尾科 Iridaceae

2897. 射干 Belamcanda chinensis (Linn.) Redouté
慈溪、余姚、镇海、江北 *、北仑、鄞州、奉化、宁海、象山、市区 *

2898. 火星花（雄黄兰）Crocosmia crocosmiflora N.E. Br.*
鄞州、市区

2899. 番红花 Crocus sativus Linn.*
慈溪、鄞州、象山

2900. 唐菖蒲 Gladiolus gandavensis Van Houtte*
慈溪、余姚、象山

2901. 花菖蒲 Iris ensata Thunb. var. hortensis Makino et Nemoto*
余姚

2902. 露易丝安娜鸢尾 Iris hybrids 'Louisiana'*
慈溪、余姚、镇海、江北、北仑、鄞州、奉化、宁海、象山、市区

2903. 蝴蝶花 Iris japonica Thunb.*
慈溪、余姚、镇海、江北、北仑、鄞州、奉化、宁海、象山、市区

2904. 白蝴蝶花 Iris japonica Thunb. form. pallescens P.L. Chiu et Y.T. Zhao ex Y.T. Zhao
慈溪 *、余姚、镇海 *、江北 *、北仑、鄞州、奉化、宁海、象山、市区 *

2905. 黄菖蒲 Iris pseudacorus Linn.*
慈溪、余姚、镇海、江北、北仑、鄞州、奉化、宁海、象山、市区

2906. 溪荪 Iris sanguinea Donn ex Horn.*
余姚、鄞州、市区

2907. 小花鸢尾 Iris speculatrix Hance
宁海

2908. 鸢尾 Iris tectorum Maxim.*
慈溪、余姚、镇海、江北、北仑、鄞州、奉化、宁海、

象山、市区

2909. 银边鸢尾 Iris tectorum Maxim. 'Variegata'*
　　江北、奉化

一六二、芭蕉科 Musaceae

2910. 芭蕉 Musa basjoo Sieb. et Zucc.*
　　慈溪、余姚、镇海、江北、北仑、鄞州、奉化、宁海、象山、市区

2911. 地涌金莲 Musella lasiocarpa (Franch.) C.Y. Wu ex H.W. Li*
　　江北、鄞州

一六三、姜科 Zingiberaceae

2912. 山姜 Alpinia japonica (Thunb.) Miq.
　　余姚、北仑、鄞州、奉化、宁海、象山

2913. 姜花 Hedychium coronarium König ex Retz.*
　　慈溪、余姚、镇海、江北、北仑、鄞州、奉化、宁海、象山、市区

2914. 蘘荷 Zingiber mioga (Thunb.) Rosc.
　　慈溪、余姚、北仑、鄞州、奉化、宁海、象山

2915. 姜 Zingiber officinale Rosc.*
　　慈溪、余姚、镇海、江北、北仑、鄞州、奉化、宁海、象山、市区

2916. 绿苞蘘荷 Zingiber viridescens Z.H. Chen，G.Y. Li et W.J. Chen
　　宁海。新种，模式产地

一六四、美人蕉科 Cannaceae

2917. 蕉芋 Canna edulis Ker-Gawl.*
　　慈溪、余姚、镇海、江北、北仑、鄞州、奉化、宁海、象山

2918. 大花美人蕉 Canna × generalis L.H. Bailey et E.Z. Bailey*
　　慈溪、余姚、镇海、江北、北仑、鄞州、奉化、宁海、象山、市区

2919. 金线美人蕉 Canna × generalis L.H. Bailey et E.Z. Bailey 'Striata'*
　　慈溪、余姚、镇海、江北、北仑、鄞州、奉化、宁海、象山、市区

2920. 粉美人蕉（水生美人蕉）Canna glauca Linn.*
　　慈溪、余姚、镇海、江北、北仑、鄞州、奉化、宁海、象山、市区

2921. 美人蕉 Canna indica Linn.*
　　慈溪、余姚、镇海、江北、北仑、鄞州、奉化、宁海、象山、市区

2922. 黄花美人蕉 Canna indica Linn. var. flava Roxb.*
　　慈溪、余姚、镇海、江北、北仑、鄞州、奉化、宁海、象山、市区

2923. 紫叶美人蕉 Canna warszewiczii A. Dietr.*
　　慈溪、余姚、镇海、江北、北仑、鄞州、奉化、宁海、象山、市区

一六五、竹芋科 Marantaceae

2924. 再力花 Thalia dealbata Fras.*
　　慈溪、余姚、镇海、江北、北仑、鄞州、奉化、宁海、

象山、市区

一六六、兰科 Orchidaceae

2925. 细葶无柱兰 Amitostigma gracile (Bl.) Schltr.
　　余姚、北仑、鄞州

2926. 大花无柱兰 Amitostigma pinguicula (Rchb. f. et S. Moore) Schltr.
　　余姚、北仑、鄞州、奉化、宁海、象山。模式产地

2927. 金线兰（花叶开唇兰）Anoectochilus roxburghii (Wall.) Lindl.
　　慈溪 *、余姚 *、镇海 *、江北 *、北仑 *、鄞州 *、奉化、宁海、象山、市区 *

2928. 浙江金线兰（浙江开唇兰）Anoectochilus zhejiangensis Z. Wei et Y.B. Chang
　　奉化、宁海

2929. 白芨 Bletilla striata (Thunb.) Rchb. f.
　　慈溪 *、余姚、北仑、鄞州、奉化、宁海、象山

2930. 广东石豆兰 Bulbophyllum kwangtungense Schltr.
　　北仑、鄞州、奉化、宁海、象山

2931. 齿瓣石豆兰 Bulbophyllum levinei Schltr.
　　宁海

2932. 宁波石豆兰 Bulbophyllum ningboense G.Y. Li ex H.L. Lin et X.P. Li
　　余姚、奉化。新种，模式产地

2933. 毛药卷瓣兰 Bulbophyllum omerandrum Hayata
　　鄞州、奉化

2934. 虾脊兰 Calanthe discolor Lindl.
　　慈溪、余姚、北仑、宁海、象山

2935. 钩距虾脊兰 Calanthe graciliflora Hayata
　　慈溪、余姚、北仑、鄞州、奉化、宁海、象山

2936. 银兰 Cephalanthera erecta (Thunb.) Bl.
　　余姚

2937. 金兰 Cephalanthera falcata (Thunb.) Bl.
　　慈溪、余姚、鄞州、奉化、宁海、象山

2938. 独花兰 Changnienia amoena Chien
　　奉化、宁海

2939. 高山蛤兰（连珠毛兰）Conchidium japonicum (Maxim.) S.C. Chen et J.J. Wood
　　象山

2940. 翅柱杜鹃兰 Cremastra appendiculata (D. Don) Makino var. variabilis (Bl.) I.D. Lund
　　鄞州

2941. 建兰 Cymbidium ensifolium (Linn.) Sw.
　　慈溪 *、余姚、镇海 *、江北 *、北仑 *、鄞州、奉化 *、宁海、象山 *、市区 *

2942. 蕙兰 Cymbidium faberi Rolfe
　　慈溪、余姚、镇海、江北、北仑、鄞州、奉化、宁海、象山、市区 *

2943. 多花兰 Cymbidium floribundum Lindl.
　　余姚、鄞州、奉化、宁海、象山

2944. 春兰 Cymbidium goeringii (Rchb. f.) Rchb. f.

慈溪、余姚、镇海、江北、北仑、鄞州、奉化、宁海、象山、市区 *

2945. 寒兰 Cymbidium kanran Makino
慈溪 *、余姚、镇海 *、江北 *、北仑 *、鄞州、奉化 *、宁海 *、象山 *、市区 *

2946. 墨兰 Cymbidium sinense (Jackson ex Andr.) Willd.*
慈溪、余姚、镇海、江北、北仑、鄞州、奉化、宁海、象山、市区

2947. 细茎石斛 Dendrobium moniliforme (Linn.) Sw.
鄞州、宁海、象山

2948. 铁皮石斛 Dendrobium officinale Kimura et Migo
慈溪 *、余姚、镇海 *、江北 *、北仑、鄞州、奉化、宁海、象山、市区 *。模式产地

2949. 单叶厚唇兰 Epigeneium fargesii (Finet) Gagnep.*
象山

2950. 中华盆距兰 Gastrochilus sinensis Tsi
余姚

2951. 斑叶兰 Goodyera schlechtendaliana Rchb. f.
余姚、北仑、鄞州、奉化、宁海、象山

2952. 绿花斑叶兰 Goodyera viridiflora (Bl.) Lindl. ex D. Dietr.
鄞州、象山

2953. 鹅毛玉凤花 Habenaria dentata (Sw.) Schltr.
余姚、北仑

2954. 湿地玉凤花 Habenaria humidicola Rolfe
北仑。模式产地

2955. 线叶玉凤花 Habenaria linearifolia Maxim.
北仑

2956. 裂瓣玉凤花 Habenaria petelotii Gagnep.
宁海

2957. 十字兰 Habenaria schindleri Schltr.
余姚、宁海

2958. 叉唇角盘兰 Herminium lanceum (Thunb.) Vuijk
宁海

2959. 见血清 Liparis nervosa (Thunb.) Lindl.
象山

2960. 香花羊耳蒜 Liparis odorata (Willd.) Lindl.

余姚

2961. 长唇羊耳蒜 Liparis pauliana Hand.-Mazz.
余姚、北仑、奉化、宁海、象山

2962. 纤叶钗子股 Luisia hancockii Rolfe
慈溪、余姚、镇海、江北、北仑、鄞州、奉化、宁海、象山。模式产地

2963. 风兰 Neofinetia falcata (Thunb.) Hu
鄞州、奉化、宁海、象山

2964. 象鼻兰 Nothodoritis zhejiangensis Tsi
鄞州

2965. 密花鸢尾兰 Oberonia seidenfadenii (H.J. Su) Ormerod
鄞州、奉化、宁海、象山。华东新记录

2966. 小沼兰 Oberonioides microtatantha (Schltr.) Szlachetko
余姚、北仑、鄞州、奉化、宁海

2967. 蜈蚣兰 Pelatantheria scolopendrifolia (Makino) Averyanov
余姚、北仑、鄞州、奉化、宁海、象山

2968. 长须阔蕊兰 Peristylus calcaratus (Rolfe) S.Y. Hu
北仑、鄞州、奉化、宁海

2969. 狭穗阔蕊兰 Peristylus densus (Lindl.) Santop. et Kapad.
奉化

2970. 细叶石仙桃 Pholidota cantonensis Rolfe
宁海、象山

2971. 舌唇兰 Platanthera japonica (Thunb.) Lindl.
余姚、北仑、鄞州、象山

2972. 小舌唇兰 Platanthera minor (Miq.) Rchb. f.
余姚、鄞州、奉化、宁海、象山

2973. 东亚舌唇兰（小花蜻蜓兰）Platanthera ussuriensis (Regel) Maxim.
余姚、北仑、鄞州、奉化、宁海、象山

2974. 香港绶草 Spiranthes hongkongensis S.Y. Hu et Barretto
余姚、宁海

2975. 绶草 Spiranthes sinensis (Pers.) Ames
慈溪、余姚、北仑、鄞州、奉化、宁海、象山

2976. 带唇兰 Tainia dunnii Rolfe
余姚、北仑、鄞州、奉化、宁海、象山

附录 2　采自宁波的植物模式标本名录

　　本名录科的排列按照下列分类系统：蕨类植物按照秦仁昌系统（1978 年），裸子植物按照郑万钧系统（1978 年），被子植物按照恩格勒系统（1964 年）。

　　属、种及种以下分类单位的排列，按照拉丁学名首字母顺序排列。

　　各模式标本按中文名、学名、发表文献、采集地、采集年份、采集人及采集号、模式标本类别、保存单位代码及馆藏号等内容记述，其后参考 *Flora of China* 等资料，附以学名变动情况，其中学名未变动者，中名与学名均加粗；已更改者，注明"已替代为"，中文名与学名加粗；已归并者，注明"已归并为"，中文名与学名均不加粗。采集地"鄞县"现为鄞州，"镇海"现为北仑。模式标本类别置于保存单位代码前，各种模式类型如下：主模式（Holotype）、合模式（Syntype）、同号模式（等模式，Isotype）、后选模式（Lectotype）、同号合模式（等合模式，Isosyntype）；同举模式（副模式，Paratype）不予收录。

　　截至 2018 年 12 月，共收录模式标本采自宁波的植物 95 种 1 亚种 27 变种 5 变型。其中蕨类植物 4 科 10 种 2 变种，裸子植物 4 科 4 种，被子植物 46 科 81 种 1 亚种 25 变种 5 变型。合计维管植物 54 科 128 种（含种下等级，下同），其中 45 种已被归并成为异名，22 种学名已被更改。

　　在《浙江植物志（总论）》（1993 年）的基础上（收录模式标本截至 1991 年），本名录增加了 1991 年及之前漏收录的宁波模式标本植物 44 种，1991 年之后发表的 6 种，修订了 1991 年收录信息有问题的 28 种，剔除了文献中模式产地误记为宁波的 8 种（文后单列）。

　　按采集时间划分，1843 ～ 1949 年采集 106 种，1950 ～ 2018 年采集 22 种。按发表时间划分，1843 ～ 1949 年发表 103 种，1950 ～ 2018 年发表 25 种。

　　按标本采集数量统计，采集较多的人是：E. Faber（40 号，含 32 种 7 变种），R. Fortune（20 号，含 17 种），W. Hancock（10 号，含 9 种），张朝芳（7 号，含 7 种），C.W. Everard（6 号，含 6 种），张之铭（5 号，含 3 种 2 变种），H.W. Limpricht（5 号，含 3 种 1 亚种 1 变种）。

　　采自宁波的植物模式标本被珍藏于国内外 19 个标本馆中；国外有英国、美国、德国、法国、俄罗斯、意大利、奥地利、日本等 8 个国家的 11 个著名植物标本馆，其中绝大多数模式标本均珍藏于英国皇家植物园邱园标本馆（代码 K）中；国内有北京、浙江、江苏、广西 4 个省（自治区、直辖市）共 8 个植物标本馆保存有采自宁波的模式标本，其中以北京的中国科学院植物研究所（代码 PE）保存较多。参考纽约植物园（NYBG）的 *Index Herbariorum* 和中国国家标本资源平台（NSII）的"中国标本馆索引"，列出了宁波植物模式标本的保存单位代码（见本附录末之"附：文中所涉标本馆代码及所属机构"）。

蕨类植物门 Pteridophyta

一、卷柏科Selaginellaceae

江南卷柏Selaginella moellendorffii Hieron. in Hedwigia 41: 178. 1902. 宁波, 1886年采集, E. Faber 无号(Syntype: ?)。新增加, 《浙江植物志(总论)》(1993年)未记录。

二、膜蕨科Hymenophyllaceae

天童假脉蕨Crepidomanes tiendongense Ching et C.F. Zhang in Bull. Bot. Res., Harbin 3(3): 39. 1983. 鄞县(天童), 1981-08-11采集, 张朝芳 6842(Holotype: PE-01863720)。已归并为长柄假脉蕨C. racemulosum (Bosch) Ching。

三、鳞毛蕨科Dryopteridaceae

华夏复叶耳蕨 Arachniodes rhomboidea (Schott) Ching var. sinica Ching in Acta Phytotax. Sin. 9(4): 384. 1964. 宁波, 1958-07-20采集, 贺贤育 995(Isotype: NAS)。已归并为假斜方复叶耳蕨A. hekiana Sa. Kurata。新增加, 《浙江植物志(总论)》(1993年)未记录。

天童复叶耳蕨Arachniodes tiendongensis Ching et C.F. Zhang in Bull. Bot. Res., Harbin 3(3): 9. 1983. 鄞县(天童), 1979-11-04采集, 邢公侠、张朝芳和林尤兴 550(Holotype: PE-00984546)。已归并为假斜方复叶耳蕨A. hekiana Sa. Kurata。

中华狭顶鳞毛蕨Dryopteris lacera (Thunb.) Kuntze var. **chinensis** Ching in Bull. Fan Mem. Inst. Biol., Bot. 8(6): 439. 1938. 宁波, 1903年采集, C.G. Matthew 708 (Syntype: ?)。新增加, 《浙江植物志(总论)》(1993年)未记录。

后生黑足鳞毛蕨Dryopteris metafuscipes Ching et C.F. Zhang in Bull. Bot. Res., Harbin 3(3): 19. 1983. 鄞县(天童), 1981-08-11采集, 张朝芳 6845(Holotype: PE-01138849)。已归并为深裂异盖鳞毛蕨D. decipiens (Hook.) Kuntze var. diplazioides (Christ) Ching。

多羽鳞毛蕨Dryopteris multijugata Ching et Shing in Bull. Bot. Res., Harbin 3(3): 12. 1983. 宁海, 1979-11-10采集, 邢公侠、张朝芳和林尤兴 66(Holotype: PE-01863876)。已归并为黑足鳞毛蕨D. fuscipes C. Chr.。

远羽鳞毛蕨Dryopteris remotipinnula Ching et C.F. Zhang in Bull. Bot. Res., Harbin 3(3): 15. 1983. 鄞县(天童), 1979-11-04采集, 邢公侠、张朝芳和林尤兴 544(Holotype: PE-01895930)。已归并为红盖鳞毛蕨D. erythrosora (D.C. Eaton) Kuntze。

光柄鳞毛蕨Dryopteris zhangii Ching in Bull. Bot. Res., Harbin 3(3): 26. 1983. 鄞县(天童), 1981-08-11采集, 张朝芳6830(Holotype: PE-01895975)。已归并为华南鳞毛蕨D. tenuicula Math. et Christ。

普陀鞭叶蕨Nephrodium faberi Baker in Ann. Bot. (Oxford) 5(19): 316. 1891. 宁波, 1885-08采集, E. Faber 205 (Holotype: K-001080991)。已替代为**Cyrtomidictyum faberi** (Baker) Ching。《浙江植物志(总论)》(1993年)采集地记为普陀, 系秦仁昌发表新组合时人为添加。

四、水龙骨科Polypodiaceae

Polypodium cyclophyllum Baker in Ann. Bot. (Oxford) 5(20): 473. 1891. 宁波, 1877年采集, W. Hancock 32 (Holotype: K, Isotype: GH-00518672)。已归并为抱石莲Lepidogrammitis drymoglossoides (Baker) Ching。新增加, 《浙江植物志(总论)》(1993年)未记录。

Polypodium ningpoense Baker in Ann. Bot. (Oxford)5(20): 474. 1891.宁波, 1877-05-01采集, W. Hancock 24 (Holotype: K-000959709)。已归并为攀援星蕨Microsorum brachylepis (Baker) Nakaike。新增加, 《浙江植物志(总论)》(1993年) 未记录。

裸子植物门 Gymnospermae

一、松科Pinaceae

金钱松Pseudolarix kaempferi Gordon in Pinetum 292. 1858. 英国栽培, R. Fortune 1853～1855年从宁波引入, G. Gordon无号(Holotype: K-000287582)。已替代为**P. amabilis**(J. Nelson)Rehder。新增加, 《浙江植物志(总论)》(1993年)未记录。

二、柏科Cupressaceae

Juniperus sphaerica Lindl. in Paxt. Fl. Gard. 1: 58, f. 35. 1851. 宁波?, 采集时间不详, R. Fortune 48 (Holotype: P-00748998)。已归并为圆柏Sabina chinensis (Linn.) Ant.。新增加, 《浙江植物志(总论)》(1993年)未记录。

三、三尖杉科Cephalotaxaceae

三尖杉Cephalotaxus fortunei Hook. in Bot. Mag. 76: pl. 4499. 1850. 宁波, 1848年采集?, R. Fortune无号(Holotype: K-000287676)。

四、红豆杉科Taxaceae

榧树Torreya grandis Fort. ex Lindl. in Gard. Chron. 1857: 788. 1857. 宁波, 1855年采集年, R. Fortune无号(Holotype: P-00748877)。

被子植物门 Angiospermae

一、杨柳科Salicaceae

钟氏柳*Salix tsoongii* Cheng in Contr. Biol. Lab. Sci. Soc. China, Bot. Ser. 10(1): 68. 1935. 奉化(四明山), 1935-04-20采集, 钟补勤142(Holotype: PE-00023865)。已替代为***S. mesnyi*** Hance var. ***tsoongii*** (Cheng) Z.H. Chen, W.Y. Xie et S.Q. Xu。《浙江植物志(总论)》(1993年)误记采集人为钟补求。

二、胡桃科Juglandaceae

Fortunaea chinensis Lindl. in J. Hort. Soc. London 1: 150. 1846. 宁波, 1845年采集?, R. Fortune无号(Holotype: ?)。已归并为化香树 *Platycarya strobilacea* Sieb. et Zucc.。

青钱柳*Pterocarya paliurus* Batal. in Trudy Imp. S.-Peterburgsk. Bot. Sada 13(1): 101. 1893. 宁波, 采集时间不详, E. Faber无号(Syntype: LE?)。已替代为***Cyclocarya paliurus*** (Batal.) Iljinsk.。《浙江植物志(总论)》(1993年)误记采集人为Feber。

三、桦木科Betulaceae

宽叶鹅耳枥*Carpinus londoniana* H. Winkl. var. ***latifolius*** P.C. Li in Acta Phytotax. Sin. 17(1): 87. 1979. 宁波, 采集时间不详, 采集人不详1018(Holotype: PE)。

剑苞鹅耳枥*Carpinus londoniana* H. Winkl. var. ***xiphobracteata*** P.C. Li in Acta Phytotax. Sin. 17(1): 87. 1979. 鄞县, 1958年采集, 陈根荣 2289(Holotype: PE-01954672)。文献误作陈根容。

四、桑科Moraceae

Ficus hanceana Maxim. in Bull. Acad. Imp. Sci. Saint-Petersbourg 27: 553. 1881. 宁波, 1861年采集, R. Oldham无号(Syntype: LE)。已归并为薜荔*F. pumila* L.。新增加,《浙江植物志(总论)》(1993年)未记录。

条叶榕*Ficus pandurata* Hance var. ***angustifolia*** Cheng in Contr. Biol. Lab. Sci. Soc. China, Bot. Ser. 9(3): 256. 1934. 镇海(现属北仑, 瑞岩寺), 1934-10-09采集, 陈诗 4334(Syntype: NAS-00070398)。

五、荨麻科Urticaceae

冷水花*Pilea notata* C.H. Wright in J. Linn. Soc., Bot. 26(178): 476. 1899. 宁波, 采集时间不详, E. Faber 1749(Syntype: BM)。《浙江植物志(总论)》(1993年)误记保存单位为MB。

Pilea henryana C.H. Wright in L.H. Bailey, Gentes Herbarum 1: 20. 1920. 宁波, 采集时间不详, E. Faber 312(Syntype: ?)。已归并为三角叶冷水花*P. swinglei* Merr.。新增加,《浙江植物志(总论)》(1993年)未记录。

六、马兜铃科Aristolochiaceae

Aristolochia recurvilabra Hance in London J. Bot. 11: 75. 1873. 宁波, 1868年采集?, E.C. Bowra无号(Holotype: ?)。已归并为马兜铃 *A. debilis* Sieb. et Zucc.。新增加,《浙江植物志(总论)》(1993年)未记录。

七、蓼科Polygonaceae

稀花蓼*Polygonum dissitiflorum* Hemsl. in J. Linn. Soc., Bot. 26(176): 338. 1891. 宁波, 采集时间不详, E. Faber 1731[Lectotype: K-000830482, designated by C.W. Park in Brittonia 38(4): 402. 1986]。新增加,《浙江植物志(总论)》(1993年)未记录。

Reynoutria henryi Nakai ex Migo in Journ. Shanghai Sci. Inst. Sect. III 3: 92. 1935. 宁波, 采集时间不详, E. Faber无号(Syntype: P)。已归并为虎杖*R. japonica* Houtt.。新增加,《浙江植物志(总论)》(1993年)未记录。

八、石竹科Caryophyllaceae

Stellaria alsine Grimm var. ***phaenopetala*** Hand.-Mazz. in Symb. Sin. 7(1): 192. 1929. 宁波, 采集时间不详, E. Faber 1644(Syntype: ?)。已归并为雀舌草*S. alsine* Grimm。新增加,《浙江植物志(总论)》(1993年)未记录。

九、毛茛科Ranunculaceae

毛萼铁线莲*Clematis hancockiana* Maxim. in Bull. Soc. Imp. Naturalistes Moscou 54(1): 1. 1879. 宁波, 1877-05-13采集, W. Hancock 10(Holotype: LE)。《浙江植物志(总论)》(1993年)未记录采集号。

毛叶铁线莲*Clematis lanuginosa* Lindl. in Paxt. Fl. Gard. 3: 107, pl. 94. 1853。宁波(天童), 1850年采集, R. Fortune 62(Isotype: FI-005563)。《浙江植物志(总论)》(1993年)误记采集地为镇海, 所列W. Hancock合模式标本也为误记。

大叶唐松草*Thalictrum faberi* Ulbr. in Notizbl. Bot. Gart. Berlin-Dahlem 9(84): 222. 1925. 宁波, 1888年采集, E. Faber 942 (Isotype: K-000694188)。《浙江植物志(总论)》(1993年)未记录采集号。

华东唐松草*Thalictrum fortunei* S. Moore in J. Bot. 16(185): 130. 1878. 宁波, 采集时间不详, C.W. Everard无号(Syntype: K), 1845-04采集, R. Fortune 28 (Syntype: BM-000559555)。

一〇、樟科Lauraceae

檫木*Lindera tzumu* Hemsl. in J. Linn. Soc., Bot. 26(176): 392. 1891. 宁波, 1887年采集, E. Faber 356(Syntype: K-000778956)。已替

代为***Sassafras tzumu*** (Hemsl.) Hemsl.。《浙江植物志(总论)》(1993年)未记录采集号。

紫楠*Machilus sheareri* Hemsl. in J. Linn. Soc., Bot. 26(176): 377. 1891. 宁波, 1888年采集, E. Faber 45 (Syntype: K-000778857)。已替代为***Phoebe sheareri*** (Hemsl.) Gamble。新增加, 《浙江植物志(总论)》(1993年)未记录。

一一、罂粟科Papaveraceae

Corydalis incisa (Thunb.) Pers. var. *tschekiangensis* Fedde in Repert. Spec. Nov. Regni Veg. 17(486-491): 197. 1921. 宁波(雪窦山), 1911-04采集, H.W. Limpricht 19a (Syntype: ?); 宁波(天童), 1909-04采集, A.K. Schindler 446(Syntype: GH-00383115)。已归并为刻叶紫堇*C. incisa* (Thunb.) Pers.。《浙江植物志(总论)》(1993年)漏记宁波。

一二、十字花科Cruciferae

雪里蕻*Brassica juncea* (Linn.) Czern. et Coss. var. ***multiceps*** Tsen et Lee in Hortus Sinicus 2: 20. 1942. 宁波, 1935-01-20采集, C.F. Liu 147(Syntype: ?)。《浙江植物志(总论)》(1993年)记为模式标本待查。

心叶碎米荠*Cardamine limprichtiana* Pax in Jahresber. Schles. Ges. Vaterl. Cult. 89(Abt. 2): 27. 1911. 宁波, 1911-04-18采集, H.W. Limpricht 18(Holotype: WRSL)。

浙江岩荠*Cochlearia warburgii* O.E. Schulz in Notizbl. Bot. Gart. Berlin-Dahlem 8(77): 545. 1923. 宁波, 1887-05采集, O. Warburg 6340(Holotype: B-10-0249812)。已替代为**浙江泡果荠***Hilliella warburgii* (O.E. Schulz) Y.H. Zhang et H.W. Li。

一三、景天科Crassulaceae

藓状景天*Sedum polytrichoides* Hemsl. in J. Linn. Soc., Bot. 23(155): 286. 1887. 宁波, 1887年采集, E. Faber 210(Holotype: K-000838651)。《浙江植物志(总论)》(1993年)未记录采集号。

一四、虎耳草科Saxifragaceae

大果落新妇*Astilbe macrocarpa* Knoll in Sitzungsber. Kaiserl. Akad. Wiss., Math.-Naturwiss. Cl., Abt 1118: 73. 1909. 宁波, 采集时间不详, E. Faber无号(Holotype: B)。

Cardiandra sinensis Hemsl. in Gard. Chron. Ser. 333: 82. 1903. 宁波, 1888年采集, E. Faber无号(Syntype: K, Isosyntype: A-00112230)。已归并为草绣球*C. moellendorffi* (Hance) Migo。

宁波溲疏*Deutzia ningpoensis* Rehd. in Pl. Wilson. 1: 17. 1911. 宁波, 采集时间不详, E. Faber无号(Holotype: A-00042687)。

疏花山梅花*Philadelphus pekinensis* Rupr. var. *laxiflorus* Cheng in Contr. Biol. Lab. Sci. Soc. China, Bot. Ser. 10: 113. 1936. 奉化, 1932-07-10采集, 贺贤育1383(Syntype: ?)。已替代为**浙江山梅花***Ph. zhejiangensis* S.M. Hwang。《浙江植物志(总论)》(1993年)漏记奉化。

一五、蔷薇科Rosaceae

浙闽樱*Prunus schneideriana* Koehne in Pl. Wilson. 1(2): 242. 1912. 宁波, 1871年采集, E. Faber无号(Syntype: ?); 宁波, 1908年采集, D. Macgragor无号(Syntype: ?)。已替代为***Cerasus schneideriana*** (Koehne) T.T. Yu et C.L. Li。

大花白木香*Rosa* × *fortuniana* Lindl. et Paxton in Paxt. Fl. Gard. 2: 71. 1851. 宁波, 1848年采集, R. Fortune无号(Holotype: ?)。新增加, 《浙江植物志(总论)》(1993年)未记录。

Rubus pacificus Hance var. *ningpoensis* Focke in Biblioth. Bot. 17[Heft 72(1)]: 117. 1910. 宁波, 采集时间不详, E. Faber无号(Holotype: ?)。新增加, 《浙江植物志(总论)》(1993年)未记录。

宁波三花莓*Rubus trianthus* Focke form. *pleiopetalus* Z.H. Chen, G.Y. Li et D.D. Ma in J. Zhejiang Forset. Sci & Tech. 32(4): 84. 2012. 余姚(四明山), 2012-05-15采集, 陈征海、李根有、马丹丹等 YY201205014(Holotype: ZJFC)。新增加。

宽瓣绣球绣线菊*Spiraea blumei* G. Don var. *latipetala* Hemsl. in J. Linn. Soc., Bot. 23(154): 224. 1887. 宁波, 采集时间不详, W.M. Cooper无号(Holotype: K)。

毛果绣球绣线菊*Spiraea blumei* G. Don var. *pubicarpa* Cheng in Contr. Biol. Lab. Sci. Soc. China, Bot. Ser. 10: 130. 1936. 奉化, 1935-04-23采集, 钟补勤 97(Syntype: ?)。《浙江植物志(总论)》(1993年)漏记奉化。

中华绣线菊*Spiraea chinensis* Maxim. in Trudy Imp. S.-Peterburgsk. Bot. Sada 6(1): 193. 1879. 宁波, 1877-04-15采集, W. Hancock无号(Lectotype: LE, designated by V.I. Grubov in Новости систематики высших растений (Novosti Sistematiki Vysshikh Rastenii) Т. 36. СПб. 235. 2004)。

一六、豆科Leguminosae

光叶马鞍树*Euchresta tenuifolia* Hemsl. in J. Linn. Soc., Bot. 23(154): 200. 1887. 宁波, 采集时间不详, W.M. Cooper无号(Holotype: K)。已替代为***Maackia tenuifolia*** (Hemsl.) Hand.-Mazz.。

宁波木蓝*Indigofera cooperi* Craib in Notes Roy. Bot. Gard. Edinburgh 8(36): 50. 1913. 宁波, 采集时间不详, W.M. Cooper无号(Holotype: K)。已替代为***I. decora*** Lindl. var. ***cooperi*** (Craib) Y.Y. Fang et C.Z. Zheng。

长总梗木蓝*Indigofera longipedunculata* Y.Y. Fang et C.Z. Zheng in Acta Phytotax. Sin. 21(3): 331. 1983. 鄞县(四明山), 1978-05-17采集, 张朝芳 3891(Holotype: HZU)。《浙江植物志(总论)》(1993年)未记采集日期。文献误记采集号为38911。

霍州油菜*Thermopsis chinensis* Benth. ex S. Moore in J. Bot. 16: 131. 1878. 宁波, 采集时间不详, C.W. Everard无号(Syntype:

K-000642393)。新增加,《浙江植物志(总论)》(1993年)未记录。

Vicia nipponica Matsum. var. *normalis* Matsuda in Bot. Mag. (Tokyo) 27(322): 208. 1913. 宁波, 采集时间不详, 张之铭无号 (Holotype: TI)。已归并为牯岭野豌豆*V. kulingana* L.H. Bailey。《浙江植物志(总论)》(1993年)未记录采集人。

一七、大戟科Euphorbiaceae

油桐*Aleurites fordii* Hemsl. in Hook. Ic. Pl. tt. 2801-2802. 1906. 宁波, C.W. Everard无号(Syntype: K-000959365); W. Hancock无号 (Syntype: K)。已替代为***Vernicia fordii*** (Hemsl.) Airy Shaw。

一八、冬青科Aquifoliaceae

皱柄冬青*Ilex kengii* S.Y. Hu in J. Arnold Arbor. 31(3): 244. 1950. 宁波(天童), 1927-08-27采集, 耿以礼1175(Holotype: A-00049479)。

Ilex microcarpa Lindl. ex Paxton in Paxt. Fl. Gard. 1: 43. 1850. 宁波(天童), 采集时间不详, R. Fortune无号(Holotype: ?)。已归并为 铁冬青*I. rotunda* Thunb.。新增加,《浙江植物志(总论)》(1993年)未记录。

一九、槭树科Aceraceae

天童锐角槭*Acer acutum* Fang var. *tientungense* Fang et Fang f. in Acta Phytotax. Sin. 11(2): 146. 1966. 鄞县(天童), 1957-07-20采集, 贺贤育 27067(Holotype: PE-00022861)。

Acer laxiflorum Pax var. *ningpoense* Pax in Pflanzenr. IV 163(Heft 8): 36. 1902. 宁波, 采集时间不详, E. Faber无号(Isotype: A-00135299)。已归并为青榨槭*A. davidii* Franch.。

细果毛脉槭*Acer pubinerve* Rehd. var. *apiferum* Fang et P.L. Chiu in Acta Phytotax. Sin. 17(1): 74. 1979. 镇海, 1957-07-29采集, 贺贤 育 27537(Holotype: HHBG-HZ004799)。

Acer trifidum Thunb. var. *ningpoense* Hance in J. Bot. 11: 168. 1873. 宁波, 1872年采集, R. Swinhoe 17693(Isotype: K-000640917)。 已替代为宁波三角枫***A. buergerianum*** Miq. var. ***ningpoense*** (Hance) Rehd.。

二〇、葡萄科Vitaceae

菱叶葡萄*Vitis hancockii* Hance in J. Bot. 20(229): 4. 1882. 宁波, 1877-05-06采集, W. Hancock无号(Holotype: BM-000838452)。

二一、猕猴桃科Actinidiaceae

中华猕猴桃*Actinidia chinensis* Planch. in London J. Bot. 6: 303. 1847. 宁波, 1845年采集, R. Fortune 39 (Holotype: K-000229484)。 《浙江植物志(总论)》(1993年)记载为模式标本待查。

长柄对萼猕猴桃*Actinidia valvata* Dunn var. *longipedicellata* L.L. Yu in Guihaia 8(2): 132. 1988. 宁波(天童), 1960-05-31采集, 於玲 珑 8163(Holotype: IBK-00190599)。已归并为对萼猕猴桃*A. valvata* Dunn。

二二、堇菜科Violaceae

Viola philippica Cav. subsp. *malesica* W. Becker in Bot. Jahrb. Syst. 54(5, Beibl. 120): 178. 1917. 宁波, 采集时间不详, H.W. Limpricht 38 (Syntype: B)。已归并为长萼堇菜*V. inconspicua* Bl.。新增加,《浙江植物志(总论)》(1993年)未记录。

二三、瑞香科Themelaeaceae

Daphne fortunei Lindl. in J. Hort. Soc. London 1: 147-148. 1846. 宁波, 1844年采集, R. Fortune 8(Syntype: BM-000951158), R. Fortune 161 (Syntype: BM-000951157), R. Fortune A15 (Syntype: BM-000951156)。已归并为芫花*D. genkwa* Sieb. et Zucc.。新 增加,《浙江植物志(总论)》(1993年)未记录。

二四、五加科Araliaeeae

毛梗糙叶五加*Acanthopanax henryi* Oliv. var. *faberi* Harms in Mitt. Deutsch. Dendrol. Ges. 27: 12. 1918. 宁波, 1888年采集, E. Faber 4832(Holotype: ?)。已替代为***Eleutherococcus henryi*** (Oliv.) Harms var. ***faberi*** (Harms) S.Y. Hu。新增加,《浙江植物志 (总论)》(1993年)未记录。

Acanthopanax hondae Matsuda in Bot. Mag. (Tokyo) 31: 333. 1917. 宁波, 采集时间不详, 张之铭无号(Syntype: TI)。已归并为细柱 五加*Eleutherococcus nodiflorus* (Dunn) S.Y. Hu。新增加,《浙江植物志(总论)》(1993年)未记录。

Acanthopanax hondae Matsuda var. *armatus* Nakai in J. Arnold Arbor. 5: 4. 1924. 宁波, 采集时间不详, 张之铭无号(Syntype: ?); 宁波, 1908年采集, D. Macgregor (Syntype: A-00247894)。已归并为细柱五加*Eleutherococcus nodiflorus* (Dunn) S.Y. Hu。新增加, 《浙江植物志(总论)》(1993年)未记录。

匍匐五加*Acanthopanax scandens* G. Hoo in Acta Phytotax. Sin., Addit. 1: 158. 1965. 余姚(四明山), 1958-07-10采集, 四明山调查队0833(Holotype: PE-00025720)。已替代为***Eleutherococcus scandens*** (G. Hoo) H. Ohashi。

Kalopanax ricinifolius Harms et Rehder var. *chinense* Nakai in J. Arnold Arbor. 5(1): 13. 1924. 宁波, 采集时间不详, E. Faber44 (Syntype: ?)。已归并为刺楸*K. septemlobus* (Thunb.) Koidz.。新增加,《浙江植物志(总论)》(1993年)未记录。

二五、伞形科Umbelliferae

紫花山芹*Ostericum atropurpureum* G.Y. Li, G.H. Xia et W.Y. Xie in Nordic J. Bot. 1(4): 414. 2013. 余姚(四明山), 2010-10-11采集, 谢文远、李根有、夏国华 0128(Holotype: ZJFC)。新增加。

Sanicula orthacantha S. Moore var. *longispina* Wolff in Engler, Pflanzenr. 61(IV. 228): 55. 1913. 宁波, 采集时间不详, A.K. Schindler 456a (Syntype: B)。已归并为薄片变豆菜*S. lamelligera* Hance。新增加,《浙江植物志(总论)》(1993年)未记录。

二六、杜鹃花科Ericaceae

云锦杜鹃*Rhododendron fortunei* Lindl. in Gard. Chron. 1859: 868. 1859. 宁波, 1855年采集, R. Fortune无号(Holotype: ?)。

二七、紫金牛科Myrsinaceae

Myrsine marginata Mez, in Pflanzenr. 236(Heft. 9): 339. 1902. 宁波, 采集时间不详, E. Faber 96 (Syntype: ?), E. Faber 657(Isosyntype: US-00116388)。已归并为光叶铁仔*M. stolonifera* (Koidz.) E. Walker。

二八、报春花科Primulaceae

过路黄*Lysimachia christinae* Hance in J. Bot. 11(126): 167. 1873. 宁波, 1872年采集, R. Swinhoe无号(Holotype: BM-000996964, Herb. Hance n. 17673)。《浙江植物志(总论)》(1993年)记载为模式标本待查。

长梗过路黄*Lysimachia longipes* Hemsl. in J. Linn. Soc., Bot. 29(202): 316. 1892. 宁波, 采集时间不详, E. Faber 1638 (Holotype: K-000750642)。《浙江植物志(总论)》(1993年)未记录采集号。

小叶珍珠菜*Lysimachia parvifolia* Franch. in J. Linn. Soc., Bot. 26(173): 55. 1889. 宁波, 1863年采集, P.A.L. Savatier无号(Holotype: P-00649732)。

二九、柿科Ebenaceae

老鸦柿*Diospyros rhombifolia* Hemsl. in J. Linn. Soc., Bot. 26 (173): 70. 1889. 宁波, 1885-08采集, E. Faber 259(Holotype: K-000792331)。《浙江植物志(总论)》(1993年)未记录采集号。

三〇、山矾科Symplocaceae

老鼠矢*Symplocos stellaris* Brand in Bot. Jahrb. Syst. 29(3-4): 528. 1900. 宁波, 采集时间不详, E. Faber无号(Syntype: ?)。《浙江植物志(总论)》(1993年)可能将其误作四川山矾。

三一、安息香科Styracaceae

Styrax philadelphoides Perkins in Pflanzenr. 30(IV. 241): 32. 1907. 宁波, 1887年采集, O. Warburg 6634 (Isosyntype: A-00018439)。已归并为赛山梅*S. confuses* Hemsl.。新增加,《浙江植物志(总论)》(1993年)未记录。

三二、木犀科Oleaceae

宁波木犀*Osmanthus cooperi* Hemsl. in Bull. Misc. Inform. Kew (109): 18. 1896. 宁波, 1895年采集, G.M.H. Playfair无号(Holotype: K-000978699)。《浙江植物志(总论)》(1993年)记载为模式标本待查。

三三、龙胆科Gentianaceae

Gentiana fortunei Hook. in Bot. Mag. 80: pl. 4776. 1854. 宁波(雪窦山), 采集时间不详, R. Fortune无号(Holotype: K-000843553)。已归并为龙胆*G. scabra* Bunge。新增加,《浙江植物志(总论)》(1993年)未记录。

三四、萝藦科Asclepiadaceae

毛白前*Cynanchum mooreanum* Hemsl. in J. Linn. Soc., Bot. 26(173): 108. 1889. 宁波, 采集时间不详, E. Faber无号(Syntype: K)。

三五、马鞭草科Verbenaceae

Callicarpa ningpoensis Matsuda in Bot. Mag. (Tokyo) 27: 273. 1913. 宁波, 采集时间不详, 张之铭103(Holotype: TI)。已归并为杜虹花*C. formosana* Rolfe。

Cordia venosa Hemsl. (Boraginaceae) in J. Linn. Soc., Bot. 26(174): 143. 1890. 宁波, 1887年采集, E. Faber 183(Holotype: K-000910220)。已归并为大青*Clerodendrum cyrtophyllum* Turcz.。文献中#1887应为采集年, 而不是采集号。

豆腐柴*Premna microphylla* Turcz. in Bull. Soc. Imp. Naturalistes Moscou 36(3): 217. 1863. 宁波, 采集时间不详, R. Fortune 23A[Lectotype: LE, designated by T.V. Krestovskaya in Cat. Type Spec. East-Asian Vascular Plants Herb. Komarov Bot. Inst. (LE). Pt. 2(China). 2010]。《浙江植物志(总论)》(1993年)误记载为Swinhoe无号。

Premna microphylla Turcz. var. *glabra* Nakai in Bot. Mag. (Tokyo) 40(477): 487. 1926. 宁波, 1908年采集, D. Macgregor无号(Syntype: A)。已归并为豆腐柴*P. microphylla* Turcz.。新增加,《浙江植物志(总论)》(1993年)未收录。

单花莸*Teucrium nepetifolium* Benth. (Labiatae) in Prodr. 12: 580. 1848. 宁波, 1845年采集, R. Fortune A73(Holotype: K-000509064)。同号标本台纸上有: 1891年采集, E. Faber 1659。已替代为*Caryopteris nepetifolia* (Benth.) Maxim.。《浙江植物志(总论)》(1993年)误记载为Everard无号。

三六、唇形科Labiatae

绵穗苏*Caryopteris ningpoensis* Hemsl. in J. Linn. Soc., Bot. 26(175): 264. 1890. 宁波, 1888年采集, E. Faber 65 (Holotype: K-000928075)。已替代为*Comanthosphace ningpoensis* (Hemsl.) Hand.-Mazz.。

浙荆芥*Nepeta everardi* S. Moore in J. Bot. 16(185): 135. 1878. 宁波, 采集时间不详, C.W. Everard无号(Holotype: K-000911223)。

宁波香科科*Teucrium ningpoense* Hemsl. in J. Linn. Soc., Bot. 26(175): 313. 1890. 宁波, 采集时间不详, E. Faber无号(Holotype: K)。已归并为庐山香科科*T. pernyi* Franch.。

三七、玄参科Scrophulariaceae

绵毛鹿茸草*Monochasma savatieri* Franch. ex Maxim. in Mém. Acad. Imp. Sci. Saint Pétersbourg, Sér. 7(29): 58. 1881. 宁波, 1877-04-15采集, W. Hancock 25[Lectotype: LE, designated by L.M. Raenko in Cat. Type Spec. East-Asian Vascular Plants Herb. Komarov Bot. Inst. (LE). Pt. 2(China). 2010]。新增加, 《浙江植物志(总论)》(1993年)未记录。

浙玄参*Scrophularia ningpoensis* Hemsl. in J. Linn. Soc., Bot. 26: 178. 1890. 宁波, 采集时间不详, E. Faber 1615(Holotype: NY-00050007)。《浙江植物志(总论)》(1993年)未记录采集号。

三八、狸藻科Lentibulariaceae

钩突挖耳草*Utricularia warburgii* K.I. Goebel in Ann. Jard. Bot. Buitenzorg 9: 64. 1891. 宁波, 采集时间不详, O. Warburg无号 (Holotype: ?)。新增加, 《浙江植物志(总论)》(1993年)未记录。

三九、茜草科Rubiaceae

浙江拉拉藤*Galium chekiangense* Ehrend. in Novon 20(3): 270. 2010. 浙江(Xi ming shan, 四明山?), 采集时间不详, 采集人不详 0830(Holotype: PE)。新增加。

四〇、忍冬科Caprifoliaceae

浙江七子花*Heptacodium jasminoides* Airy Shaw in Kew Bull. 7(2): 245. 1952. 宁波, 1877-09-13采集, W. Hancock 22(Syntype: K-000797647), W. Hancock 98(Syntype: K-000797646)。已归并为七子花*H. miconioides* Rehd.。

绣球荚蒾*Viburnum macrocephalum* Fort. in J. Hort. Soc. London 2: 244. 1847. 宁波, 1844年采集, R. Fortune A50(Syntype: P-00644636)。已替代为***V. keteleeri*** Carr.'**Sterile**'。新增加, 《浙江植物志(总论)》(1993年)未记录。

四一、菊科Compositae

宁波兔儿风*Ainsliaea ningpoensis* Matsuda in Bot. Mag. (Tokyo) 27: 236. 1913. 宁波. 采集时间不详, 张之铭80(Holotype: TI)。已归并为杏香兔儿风*A. fragrans* Champ. ex Benth.。

陀螺紫菀*Aster turbinatus* S. Moore in J. Bot. 16: 132. 1878. 宁波, 采集时间不详, C.W. Everard无号(Syntype: K-000890442)。新增加, 《浙江植物志(总论)》(1993年)未记录。

Cirsium lineare (Thunb.) Sch.-Bip. var. *franchetii* Kiram. form. *pallidum* Kitam. in J. Jap. Bot. 20(4): 199. 1944. 宁波, 采集时间不详, C. Chang无号(Holotype: ?)。已归并为线叶蓟*C. lineare* (Thunb.) Sch.-Bip.。新增加, 《浙江植物志(总论)》(1993年)未记录。

高大翅果菊*Lactuca elata* Hemsl. in J. Linn. Soc., Bot. 23(157): 481. 1888. 宁波, 1887年采集, E. Faber 378(Holotype: K-000815120)。新增加, 《浙江植物志(总论)》(1993年)未记录采集号。

蒲儿根*Senecio oldhamianus* Maxim. in Bull. Acad. Imp. Sci. Saint-Petersbourg, Sér. 3, 16(3): 219. 1871. 宁波, 采集时间不详, R. Oldham 58(Syntype: LE), R. Oldham 62(Syntype: LE)。已替代为***Sinosenecio oldhamianus*** (Maxim.) B. Nord.。

Senecio savatieri Franch. in Nouv. Arch. Mus. Hist. Nat., Sér. 2, 6: 55, pl. 15. 1883. 宁波, 1861年采集, P.A.L. Savatier无号(Holotype: P)。已归并为蒲儿根*Sinosenecio oldhamianus* (Maxim.) B. Nord.。新增加, 《浙江植物志(总论)》(1993年)未记录。

四二、禾本科Gramineae

Lophatherum gracile Brongn. var. *hispidum* Camus in Bull. Mus. Hist. Nat. (Paris) 25: 495. 1919. 宁波, 采集时间不详, E. Faber无号(Holotype: ?)。已归并为淡竹叶*L. gracile* Brongn.。新增加, 《浙江植物志(总论)》(1993年)未记录。

楮竹*Phyllostachys aureosulcata* McClure form. *alata* T.H. Wen in J. Bamboo Res. 2(1): 72. 1983. 余姚(四明山), 采集时间不详, 余颂德 4(Holotype: ZJFI)。有文献归并为京竹*Ph. aureosulcata* McClure. form. *pekinensis* J.L. Lu。

Phyllostachys faberi Rendle in J. Linn. Soc., Bot. 36(254): 439. 1904. 宁波, 1888年采集, E. Faber无号(Holotype: BM-000959232)。已归并为刚竹*Ph. sulphurea* (Carr.) A. et C. Riv. var. *viridis* R.A. Young。

奉化水竹*Phyllostachys heteroclada* Oliv. var. *funhuaensis* X.G.Wang et Z.M. Lu in J. Bamboo Res. 16(4): 15. 1997. 奉化, 采集时间不详, 张文燕 96003(Holotype: AJBG)。已替代为***Ph. funhuaensis*** (X.G. Wang et Z.M. Lu) N.X. Ma et G.H. Lai。新增加。

蝶竹*Phyllostachys nidularia* Munro form. **vexillaris** T.H. Wen in Bull. Bot. Res., Harbin 2(1): 74. 1982. 余姚(四明山), 采集时间不详, 余颂德 Y80621 (Holotype: ZJFI)。

黄壳竹*Phyllostachys viridis* (Young) McCl. form. *laqueata* T.H. Wen in Bull. Bot. Res., Harbin 2(1): 77. 1982. 奉化, 采集时间不详, 温太辉 63402(Holotype: ZJFI)。已归并为毛环竹*Ph. meyeri* McCl.。

四三、莎草科Cyperaceae

短尖薹草*Carex brevicuspis* C.B. Clarke in J. Linn. Soc., Bot. 36(252): 277. 1903. 宁波, 1889年采集, E. Faber 62[Lectotype: K, designated by X.F. Jin et C.Z. Zheng in Taxonomy of Carex sect. Rhomboidales (Cyperaceae): 150. 2013]。新增加, 《浙江植物志(总论)》(1993年)未记录。

穿孔薹草*Carex foraminata* C.B. Clarke in J. Linn. Soc., Bot. 36(252): 285. 1903. 宁波, 采集时间不详, E. Faber 63(Syntype: K-000960856)。

亨氏薹草*Carex longicruris* Nees var. *henryi* C.B. Clarkein J. Linn. Soc., Bot. 36: 295. 1903. 宁波, 采集时间不详, E. Faber 10(Syntype: K)。已替代为*C. henryi* (C.B. Clarke) L.K. Dai。新增加,《浙江植物志(总论)》(1993年)未记录。

城湾薹草*Carex longirostrata* C.A. Mey. var. *hoi* K.L. Chü ex S.Yun Liang in Acta Phytotax. Sin. 36(6): 537. 1998. 镇海城湾, 1932-04-19采集, 贺贤育 943(Holotype: PE)。

相仿薹草*Carex simulans* C.B. Clarke in J. Linn. Soc., Bot. 36(253): 310. 1904. 宁波, 采集时间不详, E. Faber 1522[Lectotype: K-000710239, designated by X.F. Jin et C.Z. Zheng in Taxonomy of Carex sect. Rhomboidales (Cyperaceae): 205. 2013]。

截鳞薹草*Carex truncatigluma* C.B. Clarke in J. Linn. Soc., Bot. 36(253): 315. 1904. 宁波, 采集时间不详, E. Faber 1541(Holotype: K-000960799)。

四四、谷精草科Eriocaulaceae

江南谷精草*Eriocaulon faberi* Ruhl. in Pflanzenr. IV. 30(Heft 13): 95. 1903. 宁波, 采集时间不详, E. Faber 206 (Isotype: K-000873533)。《浙江植物志(总论)》(1993年)未记录采集号。

四五、百合科Liliaceae

Fritillaria collicola Hance in J. Bot. 8(88): 76. 1870. 宁波, 采集时间不详, W. Tarrant无号(Holotype: ?)。已归并为浙贝母 *F. thunbergii* Miq.。

二叶郁金香*Tulipa erythronioides* Baker in J. Bot. 13(154): 292. 1875. 宁波(雪窦山), 1873-03采集, J.F. Quekett无号(Holotype: K-000844380)。已替代为宽叶老鸦瓣*Amana erythronioides* (Baker) D.Y. Tan et D.Y. Hong。《浙江植物志(总论)》(1993年)误记采集人为Faber。

四六、兰科Orchidaceae

宁波石豆兰*Bulbophyllum ningboense* G.Y. Li ex H.L. Lin et X.P. Li in J. Zhejiang A&F Univ. 31(6): 847. 2014. 奉化溪口, 2013-05-10采集, 林海伦和李修鹏 FH20130510 (Holotype: ZJFC)。新增加。

Cephalanthera raymondiae Schltr. in Repert. Spec. Nov. Regni Veg. Beih. 12: 342. 1922. 宁波, 1911年采集, H.W. Limpricht 21(Holotype: ?)。已归并为金兰*C. falcate* (Thunb. ex A. Murray) Bl.。新增加,《浙江植物志(总论)》(1993年)未记录。

Cymbidium pseudovirens Schltr. in Repert. Spec. Nov. Regni Veg. Beih. 12: 351. 1922. 宁波, 1912-03-02采集, H.W. Limpricht 304(Isotype: WU-0041693)。已归并为春兰*C. goeringii* (Rchb. f.) Rchb. f.。新增加,《浙江植物志(总论)》(1993年)未记录。

铁皮石斛*Dendrobium officinale* Kimura et Migo in J. Shanghai Sci. Inst., Sect. III 3: 122. 1936. 购于上海药店(采自奉化), 采集时间不详, K. Kimura et H. Migo无号(Holotype: TI)。新增加,《浙江植物志(总论)》(1993年)未记录。

Gymnadenia pinguicula Rehb. f. et S. Moore in J. Bot. 16: 135. 1878. 宁波, 采集时间不详, C.W. Everard无号(Holotype: K-000796366)。已替代为大花无柱兰*Amitostigma pinguicula* (Rchb. f. ex S. Moore) Schltr.。

湿地玉凤花*Habenaria humidicola* Rolfe in Bull. Misc. Inform. Kew(119): 202. 1896. 宁波, 1885-09采集, E. Faber 200(Holotype: K-000796939)。

纤叶钗子股*Luisia hancockii* Rolfe in Bull. Misc. Inform. Kew 119: 199. 1896. 宁波, 1877-05-13采集, W. Hancock 22(Holotype: K-000891555)。

以下共有6科、5种、3变种的模式标本产地被误记为宁波, 特予纠正。

一、石竹科Caryophyllaceae

Silene oldhamiana Miq. in Ann. Mus. Bot. Lugd.-Bat. 3: 187. 1867.《中国植物志》记载模式标本采自宁波, 文献记载为In Archipelago Coreano detexit OLDHAM n. 78., 应为朝鲜半岛。

二、罂粟科Papaveraceae

Corydalis thalictrifolia Franch. in Bot. (Morot) 8: 291. 1894. 后改名为*Corydalis saxicola* Bunting in Baileya 13: 172. 1966.《中国植物志》记载模式标本采自宁波。文献记载: Ningpo(Faber, 1669 in herb. Kew.), 属于误记。

三、豆科Leguminosae

紫云英*Astragalus sinicus* Linn. in Mant. Pl. 1: 103. 1767.《中国植物志》记载模式标本采自宁波, 但Lectotype designated by Nguyên Van Thuân in Morat (ed.), *Fl. Cambodge Laos Viêtnam* 23: 176. 1987: LINN-926.39。

四、卫矛科Celastraceae

Euonymus chinensis Lindl. var. *hupehensis* Loes. in Bot. Jahrb. Syst. 29: 436. 1901. *Flora of China*已归并为*Eu. hupehensis* (Loes.) Loes.。文献记载: Ningpo (FB), 属于误记。

Euonymus chinensis Lindl. var. *microcarpa* Oliv. ex Loes in Bot. Jahrb. Syst. 30(5): 456. 1902. *Flora of China*已归并为*Eu. microcarpus* (Oliv. ex Loes.) Sprague。文献记载: Tshekiang ad Ningpo: FABER(!), 属于误记。

Euonymus hupehensis (Loes.) Loes. var. *longipedunculata* Loes. in Bot. Jahrb. Syst. 30(5): 454. 1902. *Flora of China*已归并为*Eu. hupehensis* (Loes.) Loes.。文献记载: Tshekiang, Ningpo: FABER(!), 属于误记。

五、山矾科Symplocaceae

四川山矾*Symplocos setchuensis* in Engler, Bot. Jahrb. 29: 528. 1900. 未列宁波标本; in Engler, Pflanzenr. 6(IV. 242): 31. 1901年列出的Ningpo (Warburg n. 6631; Herb. Berlin), 属于引证。

六、玄参科Scrophulariaceae

Calorhabdos venosa Hemsl. in J. Linn. Soc., Bot. 26: 197. 1890. *Flora of China*已归并为*Veronicastrum stenostachyum* (Hemsl.) T. Yamaz. subsp. *stenostachyum*, 并注明: *C. venosa* Hemsl. p.p. excluding syntype from Zhejiang。文献记载: CHEKIANG: Ningpo mountains (Faber!), 属于误记。

附　文中所涉标本馆代码及所属机构

标本馆代码	所属机构
A	美国哈佛大学 Harvard University, U. S. A.
AJBG	安吉竹种园 Anji Bamboo Garden
B	德国柏林 - 达勒姆植物园和植物博物馆 Botanischer Garten und Botanisches Museum Berlin-Dahlem, Berlin, Germany
BM	英国大英自然博物馆 The Natural History Museum, London, U.K.
FI	意大利佛罗伦萨自然博物馆 Natural History Museum, Firenze, Italy
GH	美国哈佛大学 Harvard University, U.S. A
HHBG	杭州植物园 Hangzhou Botanical Garden
HZU	浙江大学 Zhejiang University
IBK	中国科学院广西植物研究所 Guangxi Institute of Botany, Chinese Academy of Sciences
K	英国皇家植物园邱园 Royal Botanic Gardens, Kew, U.K.
LE	俄罗斯科学院柯马洛夫植物研究所 Komarov Botanical Institute, Russian Academy of Sciences, Russia
NAS	江苏省中国科学院植物研究所 Institute of Botany, Jiangsu Province and Chinese Academy of Sciences
NY	美国纽约植物园 The New York Botanical Garden, U. S. A.
P	法国巴黎国家自然博物馆 Muséum National d'Histoire Naturelle, Paris, France
PE	中国科学院植物研究所 Institute of Botany, Chinese Academy of Sciences
TI	日本东京大学 University of Tokyo, Japan
WRSL	波兰弗罗茨瓦夫大学 Wroclaw University, Poland
WU	奥地利维也纳大学 Universität Wien, Austria
ZJFC	浙江农林大学 Zhejiang A&F University（原浙江林学院 Zhejiang Forestry College）
ZJFI	浙江林业科学研究院 Zhejiang Academy of Forestry（原浙江省林业科学研究所 Zhejiang Forestry Institute）

附录 3　产自浙江宁波的若干植物新分类群

李根有[1]，李修鹏[2]，陈征海[3]，马丹丹[1]，林海伦[4]

（1. 浙江农林大学暨阳学院，浙江诸暨 311800；2. 浙江省宁波市林特科技推广中心，浙江宁波 315012；3. 浙江省森林资源监测中心，浙江杭州 310020；4. 浙江省宁波市药品检验所，浙江宁波 315049）

摘　要　本文报道了 8 个产自宁波的植物新分类群，其中宁波诸葛菜 *Orychophragmus ningboensis* G.Y. Li，H.L. Lin et X.P. Li、短梗海金子 *Pittosporum brachypodum* G.Y. Li，Z.H. Chen et X.P. Li、绿苞蘘荷 *Zingiber viridescens* Z.H. Chen，G.Y. Li et W.J. Chen 为新种；红花野柿 *Diospyros kaki* Thunb. var. *erythrantha* G.Y. Li，Z.H. Chen et X.P. Li 为新变种；红果山鸡椒 *Litsea cubeba* (Lour.) Pers. form. *rubra* G.Y. Li，Z.H. Chen et H.D. Li、白花香薷 *Elsholtzia argyi* Lévl. form. *alba* G.Y. Li et Z.H. Chen、红花温州长蒴苣苔 *Didymocarpus cortusifolius* (Hance) Lévl. form. *rubrus* W.Y. Xie，G.Y. Li et Z.H. Chen 和白花金腺荚蒾 *Viburnum chunii* Hsu form. *album* G.Y. Li et H.L. Lin 为新变型。

关键词　植物区系；新种；新变种；新变型；宁波；浙江

New Taxa of Seed Plants from Ningbo, Zhejiang Province

LI Genyou[1], LI Xiupeng[2], CHEN Zhenghai[3], MA Dandan[1], LIN Hailun[4]

(1. Jiyang College, Zhejiang A&F University, Zhuji 311800, Zhejiang Province, China; 2. Ningbo Technology Extension Center for Forestry and Specialty Forest Products, Ningbo 315012, Zhejiang Province, China; 3. Monitoring Centre of Forest Resources of Zhejiang, Hangzhou 310020, Zhejiang Province, China; 4. Ningbo Institute for Drug Control, Ningbo 315049, Zhejiang Province, China)

Abstract: Eight new taxa of seed plants from Ningbo of Zhejiang Province are reported in this paper. Among them, *Orychophragmus ningboensis* G.Y. Li, H.L. Lin et X.P. Li, *Pittosporum brachypodum* G.Y. Li, Z.H. Chen et X.P. Li, *Zingiber viridescens* Z.H. Chen, G.Y. Li et W.J. Chen are new species; *Diospyros kaki* Thunb. var. *erythrantha* G.Y. Li, Z.H. Chen et X.P. Li is a new variety; *Litsea cubeba* (Lour.) Pers. form. *rubra* G.Y. Li, Z.H. Chen et H.D. Li, *Elsholtzia argyi* Lévl. form. *alba* G.Y. Li et Z.H. Chen, *Didymocarpus cortusifolius* (Hance) Lévl. form. *rubrus* W.Y. Xie, G.Y. Li et Z.H. Chen and *Viburnum chunii* Hsu form. *album* G.Y. Li et H.L. Lin are new formae.

Key words: flora; new species; new variety; new forma; Ningbo; Zhejiang

　　近年来，笔者在承担宁波市植物资源调查项目和编撰《浙江植物志》（新编）的过程中，在浙江宁波市先后发现了若干植物新分类群。现予以整理报道如下。

1　新种

1.1　宁波诸葛菜（新种）（图 4-7）

Orychophragmus ningboensis G.Y. Li, H.L. Lin et X.P. Li, sp. nov.

This new species is similar to *O. violaceus* Linn. subsp. *homaeophyllus* (Hance) Z.H. Chen et X.F. Jin, the morphological differences from the latter are: all the parts glabrous (*vs.* leaf blade adaxially and pedicel pilose); terminal leaf lobes suborbicular, broadly rhombic or broadly triangular, base subtruncate (*vs.* terminal leaf lobes reniform or cordate, base cordate); lateral lobes 1pair (*vs.* 1~3 pairs); basal lobes small, amplexicaul, pseudostipuleform (*vs.* basal lobes large); racemes with 3~7 flowers (*vs.* 6~15 flowers); silique slender terete, 2.5~5cm long, style 5~8mm (*vs.* silique subtetragonous, 5~7cm long, style 8~10mm).

Type: China. Zhejiang（浙江）: Ningbo（宁波）, Fenghua（奉化）, XikouTown（溪口镇）, Zhuangyuan'ao Village（状元岙）, Quanshuiyanxia（泉水岩下）, in the roadside grass on the slope, alt. 50m, H.L. Lin（林海伦）LHL2014012 (Holotype: ZJFC).

一年生或二年生草本。茎细弱，披散。全体无毛。叶片全为大头状羽裂，连叶柄长 2 ～ 4cm，宽约 2cm，顶裂片近圆形、宽菱形或宽三角形，先端圆钝，具 5 ～ 11 个粗大圆齿，基部近截形，叶柄细长，中上部常有 1 对小裂片，基部具 2 片小型的抱茎假托叶状裂片。总状花序具花 3 ～ 7 朵；花淡紫色，下部有深紫色脉纹，径约 1.2cm；萼片 4，长约 5mm，靠合呈圆筒状，淡紫或紫绿色；花瓣 4，宽倒卵形，瓣柄与萼片近等长。长角果细长圆柱形，长 2.5 ～ 5cm，径约 2mm，喙长 5 ～ 8mm，种子间有时稍缢缩，不呈四棱形。花期 4 ～ 5 月，果期 5 ～ 6 月。

与铺散诸葛菜 *O. violaceus* Linn. subsp. *homaeophyllus* (Hance) Z.H. Chen et X.F. Jin 相近，不同在于后者叶片上面及花梗有毛；叶片的顶裂片为肾形或心形，基部心形；侧裂片 1 ～ 3 对，基部裂片大型；总状花序具花 6 ～ 15 朵；长角果近四棱形，长 5 ～ 7cm，喙长 8 ～ 10mm[1]。

Paratype: China. Zhejiang（浙江）: Ningbo（宁波）, Fenghua（奉化）, Xikou Town（溪口镇）, Zhuangyuan'ao Village（状元岙）, Quanshuiyanxia（泉水岩下）, in the grass beside the path of the slope, alt. 50m, 1 May 2019, X.P. Li（李修鹏）FH20190143 (ZJFC).

本种可作花境、观赏地被之素材。

1.2　短梗海金子（新种）（图 4-8）

Pittosporum brachypodum G.Y. Li, Z.H. Chen et X.P. Li, sp. nov.

This new species is similar to *P. illicioides* Makino and *P. parvicapsulare* H.T. Chang et S.Z. Yan. The morphological differences from the former are: fruiting pedicel stout, brown, 6~9mm long, erect or oblique (*vs.* pedicel slender, yellow-greenish, 2~4cm long, pendulous); capsule subglobose, non-triangular, without or near apex with 3 inconspicuous longitudinal folds (*vs.* capsule subglobose, nearly triangular or with 3 longitudinal folds). And the morphological differences from the latter are: lateral veins slightly convex adaxially (*vs.* lateral veins together with reticulate veins slightly concave adaxially); capsule larger, subglobose, 1~1.2cm in diam., glabrous, stipe 1.5~2mm long (*vs.* capsule smaller, ellipsoid, 6~8mm × 4~5mm, brown pubescent, stipe indistinct).

Type: China. Zhejiang（浙江）: Ningbo（宁波）, Ninghai（宁海）, Wushan Forest Farm（五山林场）, Shuangfeng Forest Zone（双峰林区）, under the forest on the slope, alt. 400m, 14 Aug. 2013, G.Y. Li（李根有）NH20130384 (Holotype: ZJFC).

常绿灌木，高 1 ～ 2m。嫩枝无毛；老枝灰褐色，有稀疏皮孔。叶常聚生于枝顶；叶片薄革质，狭倒卵状披针形或倒披针形，长 5 ～ 9cm，宽 1.5 ～ 2.5cm，先端渐尖或长渐尖，基部狭楔形，全缘，常呈微波状，上面深绿色，光亮，下面浅绿色，两面无毛，侧脉 7 ～ 10 对，在两面微隆起，网脉在下面明显，边缘略波皱；叶柄长 5 ～ 8mm。花未见。伞形状果序生去年生枝顶；蒴果近球形，直径 1 ～ 1.2cm，无毛，先端宿存的花柱呈喙状，长 2 ～ 3mm，基部子房柄长 1.5 ～ 2mm，3 瓣开裂，果瓣薄木质；果梗粗壮，褐色，长 6 ～

9mm，直立或斜伸；种子 8～15 粒，长约 3mm，种柄短而扁平，长 1.5mm。花期不详，果期 9～11 月。

与海金子 *P. illicioides* Makino 和小果海桐 *P. parvicapsulare* H.T. Chang et S.Z. Yan 相近，但海金子的果梗纤细[2, 3]，黄绿色，长 2～4cm，下垂；蒴果近球形，多少呈三角形或具 3 纵沟；小果海桐的侧脉和网脉在叶片上面稍下陷；蒴果小，椭圆形，6～8mm×4～5mm，被褐色柔毛，子房柄不明显。

1.3 绿苞蘘荷（新种）（图 4-9）

Zingiber viridescens Z.H. Chen, G.Y. Li et W.J. Chen, sp. nov.

This new species is similar to *Z. mioga* (Thunb.) Rosc. and the morphological differences from the latter are: relatively slender and weak, 0.4~1m tall (*vs.* strong shaped, 0.8~1.6m tall); unicaespitose (*vs.* diffuse); rhizome short necked, ginger-shaped, internodes shorter than 1cm, yellowish (*vs.* rhizome bamboo-shaped, thick and strong, horizontal, internodes longer than 1cm, purple); bracts narrowly elliptic or lanceolate, greenish, or rarely with purple striate (*vs.* bracts elliptic, purple); Corolla white or with yellowish in the middle of petal, rarely yellow (*vs.* yellow, rarely yellowish); labellum 3-lobed or undivided (*vs.* 3-lobbed).

Type: China. Zhejiang（浙江）: Ningbo（宁波），Ninghai（宁海），Chashan Forest Farm（茶山林场），Taohuaxi（桃花溪），under the forest in the valley, alt. 300m, 24 Aug. 2012, G.Y. Li（李根有）et Z.H. Chen（陈征海）NH20120285 (Holotype: ZJFC).

多年生草本，高 0.4～1m。根状茎短缩，姜状，节间长不逾 1cm，淡黄色；根末端膨大，近球状。地上部分呈丛生状。叶片披针状椭圆形或条状披针形，长 12～30cm，宽 3～5cm，顶端渐尖，基部楔形，两面无毛，或下面中脉基部被稀疏的长柔毛；叶柄长 0.5～1.5cm 或无柄；叶舌膜质，2 裂，下部的长 1.2cm，上部的长不超过 0.5cm。穗状花序狭椭圆形，长 5～7cm；总花梗无或长 1～5cm，被披针形鳞片状鞘；苞片覆瓦状排列，狭椭圆形或披针形，淡绿色，稀带紫纹；花萼长 2.5～3cm，一侧开裂；花冠管较萼为长，裂片披针形，后方一片稍宽，长约 3cm，宽约 8mm，白色或中央带淡黄色，稀黄色；侧生退化雄蕊较小，与唇瓣合生；唇瓣卵形，通常 3 裂，中裂片长 2.5cm，宽 1.8cm，先端圆钝或急尖，全缘或有时缺裂，白色或淡黄色，侧裂片远小，形状、大小多变，有时缺；花药、药隔附属体各长 1cm。蒴果倒卵形，熟时 3 瓣裂，果皮里面鲜红色。种子椭圆形，黑色，被白色假种皮。花期 7～8 月，果期 9～11 月。

与蘘荷 *Z. mioga*（Thunb.）Rosc. 相近，但后者植株粗壮，高 0.8～1.6m；地上部分呈散生状；根状茎竹鞭状，粗壮，横走，节间长 1cm 以上，紫色；苞片椭圆形，紫色；花冠黄色，稀淡黄色；唇瓣 3 裂[4,5]。

本种的根状茎姜状，节间缩短，故而地上部分表现为丛生状，这一特性与鄂川姜 *Z. echuanense* Y.K. Yang 近似[6]，但后者的植株比蘘荷还要粗大，高 0.9～1.8m；花序梗无或稀粗短，长 1～18mm，下部至中部的苞片卵形或卵状椭圆形，宽大，先端近圆形，呈对折状二列式排列；花黄色而显著不同。

本种在浙江山区分布广泛，比蘘荷更为常见，其芽苞也可作野菜食用，但适口性较蘘荷差。可供栽培观赏。

2 新变种

2.1 红花野柿（新变种）（图 4-10）

Diospyros kaki Thunb. var. **erythrantha** G.Y. Li, Z.H. Chen et X.P. Li, var. nov.

This new variety morphologically differs from var. *kaki* Makino in: branchlets and leaf blade sparsely trichomes when young, mature leaf glabrescent or abaxially sparsely trichomes along veins (*vs.* branchlets and leaf blade densely brown pubescent when young); corolla red (*vs.* yellowish white); bract and pedicel sparsely trichomes or subglabrous (*vs.* evident trichomes); staminate calyx glabrous except hairy on inner base of lobe (*vs.* hairy on both sides of calyx); pistillate calyx glabrous except sparsely hairy on inner side of tube (*vs.* outside of calyx with soft trichomes, inner side of calyx with sericeous trichomes); ovary glabrous (*vs*. densely pubescent); bark often tuberculate (*vs*. bark with longitudinally rectangular shaped cracks, but no tuberculate).

Type: China. Zhejiang（浙江）: Ninghai（宁海）, Chashan（茶山）, in the forest of the valley, alt. 500m, 27 Apr. 2018, Z.H. Chen（陈征海）, G.Y. Li（李根有）et X.P. Li（李修鹏）NH18042712（♀）(Holotype: ZM).

与野柿 *D. kaki* var. *silvestris* Makino 相近，区别在于：本变种小枝、幼叶疏被毛，老叶无毛或仅叶背沿脉有疏毛；花冠红色；苞片、花梗疏被毛或近无毛；雄花花萼除裂片内侧基部有毛外，余无毛；雌花花萼除萼筒内侧疏被毛外，余无毛；子房无毛；树皮常具瘤状突起。后者小枝、幼叶明显被毛；花冠黄白色；苞片、花梗明显被毛；雄花花萼两面有毛；雌花花萼外面伏生柔毛，内面有绢毛；子房密被柔毛；树皮长方块状纵裂，无瘤状突起 [7-9]。

Paratypes: China. Zhejiang（浙江）: Ninghai（宁海）, Chashan（茶山）, in the forest of the ridge, alt. 300m, 27 Apr. 2018, Z.H. Chen et al.（陈征海等）NH18042708（♂, ZM); the same locality and date, alt. 480m, Z.H. Chen et al.（陈征海等）NH18042714（♂, ZM). Xiangshan（象山）, Qiantou Town（墙头镇）, Zhoujialu Village（周家路村）, Cang'ao Reservoir（仓岙水库）, roadside, alt. 50m, 22 Apr. 2018, J.P. Wu（吴建平）et Y.F. Zhang（张幼发）XS18042201（♂, ZM); the same locality, 12 May. 2018, Y.F. Zhang（张幼发）et J.P. Wu（吴建平）XS18051201（♀, ZM); Cixi（慈溪）, Zhangqi Town（掌起镇）, Renjiaxi Village（任佳溪村）, in the sparse forest on the hillside, alt. 150m, 3 May 2014, S.Q. Xu（徐绍清）CX008 (ZJFR).

本变种目前仅知分布于浙江沿海地区。它与分布于琉球群岛、台湾中部与东部的红柿 *D. oldhamii* Maxim.[10] 的关系值得进一步研究。

3　新变型

3.1　红果山鸡椒（新变型）（图 4-11）

Litsea cubeba (Lour.) Pers. form. **rubra** G.Y. Li, Z.H. Chen et H.D. Li, form. nov.

This new forma is distinct from form. *cubeba* in its fruit in red color.

Type: China. Zhejiang（浙江）: Ningbo（宁波）,Yuyao（余姚）, Simingshan（四明山）, roadside of the forest margin on a slope, 11 Oct. 2012, H.D. Li（李华东）, G.Y. Li（李根有）et Z.H. Chen（陈征海）YY20120254 (Holotype: ZJFC).

与模式变型山鸡椒 form. *cubeba* 的区别在于果红色 [11, 12]。

3.2　白花香薷（新变型）（图 4-12）

Elsholtzia argyi Lévl. form. **alba** G.Y. Li et Z.H. Chen, form. nov.

This new forma is distinct from form. *argyi* in its flower in white color.

Type: China. Zhejiang（浙江）: Xiangshan（象山）, Banbianshan（半边山）, in the grass of the roadside by the coastal slope, alt. 50m, 6 Nov. 2013, Z.H. Chen（陈征海）et Y.F. Zhang（张幼法）XS20130626 (Holotype: ZJFC).

与模式变型紫花香薷 form. *argyi* 的区别在于花白色 [13,14]。

花色洁白，花期长，可作花境、观赏地被。

3.3　红花温州长蒴苣苔（新变型）（图 4-13）

Didymocarpus cortusifolius (Hance) Lévl. form. **rubrus** W.Y. Xie, G.Y. Li et Z.H. Chen, form. nov.

This new forma is distinct from form. *cortusifolius* in its flower in pink color.

Type: China. Zhejiang（浙江）: Ningbo（宁波）, Yinjiang（鄞江）, Qingyuan Village（清源村）, on the wet stone wall of the purple sand shale, alt. 60m, 23 May 2015, H.L Lin（林海伦）LHL2015013 (Holotype: ZJFC).

与模式变型温州长蒴苣苔 form. *cortusifolius* 的区别在于花粉红色[15,16]。

Paratype: China. Zhejiang（浙江）: Ningbo（宁波）, Fenghua（奉化）, Xiaowangmiao（萧王庙）, on the wet stone wall of the purple sand shale, alt. 40m, 26 May 2015, X.P. Li（李修鹏）H.L. Lin（林海伦）FH20150235 (ZJFC).

3.4 白花金腺荚蒾（新变型）（图 4-14）

Viburnum chunii Hsu form. **album** G.Y. Li et H.L. Lin, form. nov.

This new forma is distinct from form. *chunii* in its flower in white color.

Type: China. Zhejiang（浙江）: Ningbo（宁波）, Yinzhou（鄞州）, Zhangshui Town（章水镇）, Lijiakeng（李家坑）, alt. 300m, 6 Jul. 2014, H.L. Lin（林海伦）LHL2014032 (Holotype: ZJFC).

与模式变型金腺荚蒾 form. *chunii* 的区别在于花白色[17,18]。

参 考 文 献

[1] 陈珍慧, 鲁益飞, 胡江琴, 等. 中国特有植物诸葛菜属(十字花科)的分类研究[J]. 浙江大学学报(理学版), 2017, 44(2): 201-205.
CHEN Zhenhui, LU Yifei, HU Jiangqin, et al. Taxonomic study on *Orychophragmus* Bunge(Brassicaceae), a genus endemic to China[J]. Journal of Zhejiang Univesity(Science Edition), 2017, 44(2): 201-205.

[2] 张宏达. 中国植物志: 第35卷第2分册[M]. 北京: 科学出版社, 1979: 1-36.
ZHANG Hongda. Fl. Reipubl. Popularis Sin.: Vol.35(2)[M]. Beijing: Science Press, 1979: 1-36.

[3] WU Zhengyi, RAVEN Peter H, HONG Deyuan. Flora of China: Vol.9[M]. Beijing/St Louis: Science Press/Missouri Botanical Garden Press, 2003: 1-17.

[4] 吴德邻. 中国植物志: 第16卷第2分册[M]. 北京: 科学出版社, 1981: 139-148.
WU Delin. Fl. Reipubl. Popularis Sin.: Vol.16(2)[M]. Beijing: Science Press, 1981: 139-148.

[5] WU Zhengyi, RAVEN Peter H, HONG Deyuan. Flora of China: Vol.24[M]. Beijing/St Louis: Science Press/Missouri Botanical Garden Press, 2000: 322-333.

[6] 杨永康. 国产姜属一新种[J]. 植物分类学报, 1988, 26(2): 158-159.
YANG Yongkang. A new species of *Zingiber* Boehm. from China[J]. Act. Phytotaxonomica Sinica, 1988, 26(2): 158-159.

[7] 李树刚. 中国植物志: 第60卷第1分册[M]. 北京: 科学出版社, 1987: 86-154.
LI Shugang. Fl. Reipubl. Popularis Sin.: Vol.60(1)[M]. Beijing: Science Press, 1987: 86-154.

[8] WU Zhengyi, RAVEN Peter H, HONG Deyuan. Flora of China: Vol.15[M]. Beijing/St Louis: Science Press/Missouri Botanical Garden Press, 1996: 215-234.

[9] OHWI Jisaburo. Flora of Japan(in English)[M]. Washington DC: Smithsonian Institution, 1965: 724-725.

[10] HUANG Tsengchieng. Flora of Taiwan: Vol.4(2nd ed.)[M]. Taibei: Editorial Committ of the Flora of Taiwan, 1998: 88-94.

[11] 李锡文. 中国植物志: 第31卷[M]. 北京: 科学出版社, 1982: 261-336.
LI Xiwen. Fl. Reipubl. Popularis Sin.: Vol.31[M]. Beijing: Science Press, 1982: 261-336.

[12] WU Zhengyi, RAVEN Peter H, HONG Deyuan. Flora of China: Vol.7[M]. Beijing/St Louis: Science Press/Missouri Botanical Garden Press, 2008: 118-141.

[13] 吴征镒, 李锡文. 中国植物志: 第66卷[M]. 北京: 科学出版社, 1977: 304-348.
WU Zhengyi, LI Xiwen. Fl. Reipubl. Popularis Sin.: Vol. 66[M]. Beijing: Science Press, 1977: 304-348.

[14] WU Zhengyi, RAVEN Peter H, HONG Deyuan. Flora of China: Vol.17[M]. Beijing/St Louis: Science Press/Missouri Botanical Garden Press, 1994: 248-257.

[15] 王文采. 中国植物志: 第69卷[M]. 北京: 科学出版社, 1990: 420-451.
WANG Wencai. Fl. Reipubl. Popularis Sin.: Vol.69[M]. Beijing: Science Press, 1990: 420-451.

[16] WU Zhengyi, PETER H. Raven, HONG Deyuan. Flora of China: Vol.18[M]. Beijing/St Louis: Science Press/Missouri Botanical Garden Press, 1998: 349-358.

[17] 徐炳声. 中国植物志: 第72卷[M]. 北京: 科学出版社, 1988: 12-105.

XU Bingsheng. Fl. Reipubl. Popularis Sin.: Vol.72[M]. Beijing: Science Press, 1988: 12-105.

[18] WU Zhengyi, PETER H. Raven, HONG Deyuan. Flora of China: Vol. 19[M]. Beijing/St Louis: Science Press/Missouri Botanical Garden Press, 2011: 570-610.

附录 4　已发表论文及出版专著题录

一、论　文

1. 发现于浙江的 4 种归化植物新记录

作者：苗国丽，陈征海，谢文远，马凯，马丹丹（通讯作者）

原始文献出处：《浙江农林大学学报》，2012，29（3）：470-472

摘要：报道了发现于浙江的 4 种归化新记录植物，分别是细果草龙 *Ludwigia leptocarpa* (Nutt.) H. Hara，狭叶马鞭草 *Verbena brasiliensis* Vell.，加拿大柳蓝花 *Nuttallanthus Canadensis* (Linn.) D.A. Sutton 和梁子菜 *Erechtites hieracifolia* (Linn.) Raf. ex DC.。其中，柳蓝花属 *Nuttallanthus* D.A. Sutton 为中国归化新记录属，梁子菜为浙江归化新记录，狭叶马鞭草为中国大陆归化新记录，其余 2 种为中国归化新记录。

注：该文报道的加拿大柳蓝花为项目组在宁波作前期植物调查研究时发现的浙江归化新记录植物。

2. 浙江悬钩子属植物新变型及新记录

作者：毛美红，朱炜，陈开超，马丹丹（通讯作者）

原始文献出处：《浙江林业科技》，2012，32（4）：84-86

摘要：报道了浙江悬钩子属 (*Rubus* Linn.) 植物 4 个变型，其中重瓣蓬蘽 (*R. hirsutus* Thunb. form. *plenus* Z.H. Chen, G.Y. Li et M.H. Mao) 和宁波三花莓 (*R. trianthus* Focke form. *pleiopetalus* Z.H. Chen，G.Y. Li et D.D. Ma) 为新变型，多瓣蓬蘽 [*R. hirsutus* Thunb. form *harai* (Makino) Ohwi] 为中国分布新记录，重瓣山莓 (*R. corchorifolius* Linn. f. form *semiplenus* Z.X. Yu) 为浙江分布新记录。

注：该文报道的宁波三花莓为项目组在宁波作前期植物调查研究时发现的新类群。

3. *Ostericum atropurpureum* sp. nov.（Apiaceae）from Zhejiang, China（紫花山芹，采自中国浙江的伞形科一新种）

作者：Wen-Yuan Xie（谢文远），Fen-Yao Zhang（张芬耀），Zheng-Hai Chen（陈征海），Gen-You Li（李根有）and Guo-Hua Xia（夏国华）

原始文献出处：*Nordic Journal of Botany*（《北欧植物学杂志》），2013，31：414-418

Abstract: *Ostericum atropurpureum* G.Y. Li, G.H. Xia & W.Y. Xie (Apiaceae, Apioideae) from Zhejiang, China, is described and illustrated. It is closely related to *O. huadongense* Z.H. Pan & X.H. Li and *O. sieboldii* (Miquel) Nakai, but differs in having leaves with 1.5~9.0 cm long petiole, linear bracteoles 6~12 mm long, 5~9 rays, 7~14 flowered umbellules, dark purple petals, broadly winged dorsal and lateral fruit ribs, 1.0~1.5 mm broad, 3~6 vittae in each furrow and 4~8 on the commissure.

摘要：描述了一种采自中国浙江的伞形科植物——紫花山芹，并提供了照片。该种和华东山芹、大齿山芹接近，不同在于叶柄长仅 1.5～9.0cm，条形小苞片长 6～12mm，伞辐 5～9，具花 7～14 朵，深紫色；背棱和侧棱显著，宽 1.0～1.5mm，每棱槽具油管 3～6 条，合生面油管 4～8 条。

4. 慈溪市乡土树种资源调查研究（Ⅱ）——蓝果和黑果类绿化观赏树种资源与开发利用

作者：徐绍清，王立如，柴春燕，华建荣，高长达，房聪玲，谢国权，徐永江

原始文献出处：《湖北林业科技》，2013，180（2）：39-44

摘要：对浙江省慈溪市乡土树种进行了调查整理，得到65种（含变种）蓝果和黑果类绿化观赏树种名录，隶属25科39属，其中慈溪新记录16种，隶属9科13属。分析了树种的地理分布、果实颜色、果熟期和果实观赏性等，并以园林观赏、生态防护、滨海盐土造林、断面边坡覆绿、水湿地绿化和其他用途的分类方式，对各树种的用途进行归类研究。最后列举了4种树种的性状和利用价值。

5. 浙江慈溪野生半灌木植物资源与利用

作者：徐绍清，余正安，范国明，施承磊，黄士文

原始文献出处：《湖南林业科技》，2013，40（2）：44-46

摘要：文献记载和野外调查资料显示，浙江慈溪现有野生半灌木种质资源24种（含变种），归属13科16属，其中慈溪新记录8种。从观赏用、药用、食用、材用和其他用途等5方面开展了利用研究，并阐述了6种慈溪新记录植物的特性与利用价值。

6. 浙江南蛇藤属一新种——浙江南蛇藤

作者：马丹丹，陈征海，裘宝林，陈子林，李根有（通讯作者）

原始文献出处：《浙江林业科技》，2013，33（5）：100-103

摘要：报道了产于浙江的南蛇藤属（*Celastrus* Linn.）植物1新种——浙江南蛇藤（*C. zhejiangensis* P.L. Chiu，G.Y. Li et Z.H. Chen），该新种与灰叶南蛇藤（*C. glaucophyllus* Rehd. et Wils.）相近，区别在于前者小枝髓部实心；叶片较小，叶缘锯齿细密；仅雄株有顶生花序，总状聚伞花序长0.5～1.5cm，腋生者具1～3朵花，小花梗关节位于下部；花瓣长约2.5mm，宽约1.5mm；退化雌蕊长约1.2mm；果梗关节以下部分褐色，上部绿色。

7. 发现于宁波的浙江归化植物新记录

作者：叶喜阳，马丹丹，陈征海，金水虎，李根有（通讯作者）

原始文献出处：《浙江农林大学学报》，2014，31（5）：821-822

摘要：报道了发现于浙江宁波的3种浙江归化植物新记录，分别是匍匐大戟 *Euphorbia prostrata*（大戟科 Euphorbiaceae）、欧洲千里光 *Senecio vulgaris*（菊科 Compositae）、粗糙飞蓬 *Erigeron strigosus*（菊科）。

8. 中国兰科植物1新种——宁波石豆兰

作者：林海伦，李修鹏（通讯作者），章建红，沈波

原始文献出处：《浙江农林大学学报》，2014，31（6）：847-849

摘要：描述了发现于浙江省奉化市的兰科 Orchidaceae 石豆兰属 *Bulbophyllum* 植物1新种——宁波石豆兰 *B. ningboense*。该种与城口卷瓣兰 *B. chrondriophorum* 相近，区别在于：该种假鳞茎在根状茎上紧靠或分离着生；叶较短，长仅为12.0～15.0mm；花葶远长于叶片，花葶中部以下有1个关节，关节上生有1枚舟状膜质鞘；2枚侧萼片较短，长为8.0～9.0mm，中萼片卵状披针形，具3脉，中萼片与花瓣边缘均无毛；花瓣长约为2.0mm。

9. 中国大陆归化新记录植物——短舌花金钮扣

作者：张幼法，马丹丹，谢文远，李修鹏，杨紫峰

原始文献出处：《浙江林业科技》，2014，34（1）：75-76

摘要：报道了发现于浙江省象山县的1种中国大陆归化新记录植物——短舌花金钮扣（*Acmella brachyglossa*）为菊科金钮扣属植物，1年生草本，果期7～12月，生长旺盛，排挤其他草本植物，对本土植物具有一定的潜在威胁。

注：本种发表时因资料不足，属于误定。根据最新资料，应为白花金钮扣 *A. radicans* var. *debilis*。该变种原产于南美洲和西印度群岛，并已在安徽黟县发现有归化。属浙江归化新记录。

10. 发现于宁波的浙江省植物新记录科——田葱科

作者：张幼法，李修鹏，陈征海，马丹丹，杨紫峰，傅晓强，李根有（通讯作者）

原始文献出处：《浙江农林大学学报》，2014，31（6）：990-991

摘要：报道了发现于浙江省宁波市象山的 1 种浙江新记录植物——田葱 *Philydrum lanuginosum* Banks et Sol. ex Gaertn.，田葱属 *Philydrum* Banks et Sol. ex Gaertn. 及田葱科 Philydraceae 均为浙江省分布新记录；并对该种的来源进行了考证，描述了形态特征、生境、伴生植物及用途。凭证标本藏于浙江农林大学植物标本馆（ZJFC）。

11. 中国樟科植物一新记录种——圆头叶桂

作者：张幼法，李修鹏，陈征海，朱振贤，张芬耀，马丹丹，李根有（通讯作者）

原始文献出处：《热带亚热带植物学报》，2014，22（5）：453-455

摘要：报道了中国樟科（Lauraceae）樟属 1 新记录种——圆头叶桂（*Cinnamomum daphnoides* Sieb. et Zucc.），该种据记载特产于日本的九州近海岸地区至冲绳诸岛，在浙江省象山县南韭山岛发现有该种分布。对该种的主要形态特征与生境进行了描述，并提供了凭证标本和活植物照片。同时还列举并分析了中国东部沿海与日本间断分布的植物，说明两地之间植物区系有着密切的联系。

12. 浙江省玄参科归化新记录——凯氏草属

作者：徐绍清，徐永江，金水虎（通讯作者），陈征海，李修鹏

原始文献出处：《防护林科技》，2015，136（1）：50-51

摘要：报道了浙江省玄参科（Scrophulariaceae）一归化新记录属——凯氏草属（*Kickxia* Dumort.），及一新记录种——戟叶凯氏草 [*K. elatine*（Linn.）Dumort.]。凭证标本存放于浙江农林大学植物标本室（ZJFC）。

13. 浙江铁角蕨科一地理分布新记录属种

作者：马丹丹，陈征海，张芬耀，谢文远，陈锋

原始文献出处：《浙江农林大学学报》，2015，32（3）：488-489

摘要：报道了发现于浙江省四明山的铁角蕨科 Aspleniaceae 地理分布新记录属、种——过山蕨属 *Camptosorus* Link，过山蕨 *C. sibiricus* Rupr.，凭证标本存于浙江农林大学植物标本馆（ZJFC）。

14. 产于宁波的 2 种中国新记录植物

作者：傅晓强，张幼法，陈征海，李修鹏，杨紫峰，李根有（通讯作者）

原始文献出处：《浙江农林大学学报》，2015，32（6）：990-992

摘要：报道了发现于浙江省宁波市的 2 种中国新记录植物，分别为芸香科 Rutaceae 的日本花椒 *Zanthoxylum piperitum* (Linn.) DC. 和山茱萸科 Cornaceae 的东瀛四照花 *Cornus kousa* Buerg. ex Hance。

15. 中国大陆山茶科一新记录种——日本厚皮香

作者：张幼法，李修鹏，陈征海，李根有（通讯作者）

原始文献出处：《亚热带植物科学》，2015，44（3）：241-243

摘要：报道了发现于浙江省象山县的山茶科 Theaceae 厚皮香属 *Ternstroemia* 日本厚皮香 *T. japonica* (Thunb.) Thunb.，描述其主要形态特征、生境。该种为中国大陆新记录种。凭证标本存于浙江农林大学植物标本馆（ZJFC）。

16. 珍稀花卉普陀南星种子繁殖试验

作者：傅浙锋，叶丽青，叶昱硕，奚建伟，钱梦潇，李根有（通讯作者）

原始文献出处：《种子》，2015，34（11）：85-87

摘要：为了研究珍稀野生花卉普陀南星 *Arisaema ringens* 的生长习性，本试验运用三因素四水平设计的方法（3 种贮藏方式：干藏、沙藏、冷藏；4 种处理：温水处理、浓硫酸处理、复硝酚钠处理、赤霉素处理）对普陀南星进行了种子贮藏与播种试验。结果表明：不同贮藏及处理方式对普陀南星种子的发芽率有明显影响，平均发芽率为 32.89%，发芽势为 6.33%，发芽指数为 2.01，以沙藏＋浓硫酸的处理方式发芽率最高，平均发芽率、发芽势、发芽指数分别为 48.67%、9%、2.88。苗期观察发现：普陀南星一年生苗的叶片不分裂；夏季不耐强光、干旱和高温，栽培管理时应注意采取相应措施。

17. 浙江省 6 种新记录植物

作者：陈丽春、陈征海、马丹丹、林海伦、李修鹏、李根有（通讯作者）

原始文献出处：《浙江大学学报》（农业与生命科学版），2016，42（5）：551-555

摘要：报道了发现于浙江宁波的 6 种新记录植物，隶属 6 科 6 属，它们分别是心脏叶瓶尔小草（*Ophioglossum reticulatum* Linn.）（瓶尔小草科 Ophioglossaceae）、银花苋（*Gorephrena celosioides* Mart.）（苋科 Amaranthaceae）、中华萍蓬草（*Nuphar sinensis* Hand.-Mazz.）（睡莲科 Nymphaeaceae）、白花水八角（*Gratiola japonica* Miq.）（玄参科 Scrophulariaceae）、三叶绞股蓝 [*Gynostemma laxum* (Wallich) Cogniaux]（葫芦科 Cucurbitaceae）和乳白石蒜（*Lycoris albiflora* Koidz.）（石蒜科 Amaryllidaceae）；其中水八角属 *Gratiola* Linn. 为浙江新记录属。它们在浙江省的发现丰富了浙江省植物区系的内容，同时也为其在中国的地理分布研究提供了基础资料。

18. 发现于宁波的 7 种浙江新记录植物

作者：傅晓强，马丹丹，陈征海，李修鹏，李根有（通讯作者）

原始文献出处：《浙江农林大学学报》，2016，33（6）：1098-1102

摘要：报道了发现于宁波市的 7 种浙江新记录植物，隶属 7 科 7 属。分别是骨碎补科 Davalliaceae 的杯盖阴石蕨 *Humata griffithiana* (Hook.) C. Chr.；石竹科 Caryophyllaceae 的石竹 *Dianthus chinensis* Linn.；十字花科 Cruciferae 的大顶叶碎米荠 *Cardamine scutata* Thunb. var. *longiloba* P.Y. Fu；玄参科 Scrophulariaceae 的有腺泽番椒 *Deinostema adenocaula* (Maxim.) T. Yamazaki；禾本科 Gramineae 的日本苇 *Phragmites japonicus* Steud.；百合科 Liliaceae 的朝鲜韭 *Allium sacculiferum* Maxim.；兰科 Orchidaceae 的密花鸢尾兰 *Oberonia seidenfadenii* (H.J. Su) Ormerod。所有凭证标本均存放在浙江农林大学植物标本馆（ZJFC）。

19. 浙江水生植物新资料

作者：陈煜初，张帆，赵勋

原始文献出处：《杭州师范大学学报》（自然科学版），2017，16（1）：30-31

摘要：报道了发现于浙江的 2 种新记录植物，它们是柳叶菜科 Onagraceae 的匍匐丁香蓼 *Ludwigia repens* J.R. Forest.、水鳖科 Hydrocharitaceae 的埃格草 *Egeria densa* Planch.。其中，匍匐丁香蓼是中国归化植物新记录，埃格草是中国大陆归化植物新记录。

注：该文报道的埃格草（水蕴草）为项目组在宁波奉化调查时所发现。但在论文发表时因作者未查证 *Flora of China* 中的记载（广东有归化），实际应为华东属、种归化新记录。

20. 浙江慈溪可食野果树种资源调查

作者：周勤明，徐绍清，娄厚岳，马世龙

原始文献出处：《林业科技通讯》，2017，7：77-79

摘要：野外调查结果表明，慈溪市有可食野果树种资源 77 种。对分类地位、果实类型、生活型、果色、果期和果实大小等分类学特性及果实鲜食风味、特种药理作用等进行了阐述，为野果树种利用提供了科学依据。

21. 宁波滨海维管束植物区系分析

作者：应顺东，谢文远，陈锋，李修鹏，陈征海（通讯作者）

原始文献出处：《杭州师范大学学报》（自然科学版），2018，17（1）：26-33

摘要：根据 6 年的调查结果，对宁波滨海维管束植物的区系与地理分布特点进行了分析。结果表明：①宁波市共有滨海植物 66 科 126 属 163 种；②科属统计分析表明，物种主要集中于小型科、单种属；③植物生活型以草本植物占优势，其中又以多年生草本植物占优势；④地理成分复杂，科级、属级、种级地理分布区类型分别是 7 型、13 型、10 型；科、属、种三级 T/R 值（热带与温带比例）分别为 3.57、1.04、0.25，显示了强烈的热带区系亲缘及温带区系的后期影响；⑤种级分析表明，与日本、中国台湾、韩国联系紧密，与印度、澳大利亚、地中海 - 西亚至中亚植物区系存在一定联系，与美洲大陆、非洲大陆的联系较弱；区域特有性明显；⑥从地质、气候、化石三方面推测，宁波滨海现代植物区系最迟成形于中新世。

22. 慈溪樟科乡土树种资源与利用价值

作者：徐绍清，毛国尧，娄厚岳，周勤明，沈香帅

原始文献出处：《现代园艺》，2018，3：48-51

摘要：对浙江慈溪樟科树种进行调查后，收集到该科乡土树种 6 属 12 种（含变种），其中 5 种为慈溪新记录（隶属 3 属），同时给出了分种检索表，并对新记录种作了简介，对它们进行了园林观赏用、材用和其他用途等利用价值的研究，并对开发利用提出了几点建议。

23. 浙江种子植物新资料（Ⅵ）

作者：鲁益飞，张宏伟，陈子林，金孝锋（通讯作者）

原始文献出处：《杭州师范大学学报》（自然科学版），2019，18（1）：1-5，25

摘要：作为浙江种子植物区系资料的补充，文章描述发表了鼠李科 Rhamnaceae 一新种：浙江勾儿茶 *Berchemia zhejiangensis* Y.F. Lu et X.F. Jin，新种接近牯岭勾儿茶 *B. kulingensis*，区别主要在于其花序轴和小枝均密被短柔毛，叶柄长 3～5mm，花萼狭卵形，先端长渐尖，边缘无毛。在《浙江植物志》（第二版）编研过程中，根据属处理范畴的不同，将以往发表的 3 种进行了改隶新组合：昌化刺蓼 *Persicaria changhuaensis* 从刺蓼属转入广义蓼属 *Polygonum*，组合为 *Polygonum changhuaense*；穗芽水葱 *Schoenoplectus gemmifer* 从水葱属转入广义藨草属 *Scirpus*，组合为 *Scirpus gemmifer*；磐安樱 *Prunus pananensis* 从广义李属转入樱属 *Cerasus*，组合为 *Cerasus pananensis*。通过野外观察和标本研究，认为仙白草（变种）*Aster turbinatus* var. *chekiangensis* 与模式变种陀螺紫菀的区别甚为明显，提升为种级处理，并作了新组合。此外，报道了近年来在采集、整理和鉴定莎草科 Cyperaceae 标本过程中发现的一些浙江分布新记录：南亚薹草 *Carex fedia*、眉县薹草 *C. meihsienica*、东方薹草 *C. tungfangensis*、垂序珍珠茅 *Scleria rugosa*、海南藨草 *Scirpus hainanensis* 与矮两歧飘拂草 *Fimbristylis dichotoma* subsp. *depauperat*。

注：该文报道的海南藨草为项目组在宁波奉化发现的浙江分布新记录植物。仙白草在宁波也有分布。

24. 黄花变豆菜——浙江变豆菜属（伞形科）一新种

作者：谢文远，马丹丹，陈锋，王盼，陈江芳，陈征海（通讯作者）

原始文献出处：《杭州师范大学学报》（自然科学版），2019，18（1）：9-12

摘要：描述了浙江伞形科 Apiaceae 变豆菜属 *Sanicula* Linn. 一新种：黄花变豆菜 *S. flavovirens*，并附有墨线图。新种接近于瘤果变豆菜 *S. tuberculata*，但植株较高大，高达 30cm，小苞片 8～12 枚，条形，较小，长 3～7mm，全缘，雄花花梗较长，长 3～5mm，花黄色，分生果横剖面半球形而显著不同。

注：该文报道的黄花变豆菜为项目组成员在宁波余姚、金华磐安、台州临海发现的新物种。

25. 浙江唇形科植物拾零

作者：丁炳扬，陈征海，金孝锋，徐跃良，朱光权

原始文献出处：《杭州师范大学学报》（自然科学版），2019，18（1）：18-21，30

摘要：报道了发现于浙江省的唇形科植物新资料，包括分布新记录种3个：祁门鼠尾草 *Salvia qimenensis* S.W. Su et J.Q. He、鄂西香茶菜 *Isodon henryi* (Hemsl.) Kudô、甘露子 *Stachys sieboldes* Miq.；确认了荠苧 *Mosla grosseserrala* Maxim.；描述了1个新变型粉花出蕊四轮香 *Hanceola exserta* Sun form. subrosa B.Y. Ding et Y.L. Xu。

注：该文报道的鄂西香茶菜为项目组在宁波余姚四明山调查时发现的浙江分布新记录物种。

26. 浙江种子植物资料增补

作者：谢文远，陈锋，张芬耀，徐绍清，刘菊莲，陈征海（通讯作者）

原始文献出处：《浙江林业科技》，2019，39（1）：86-90

摘要：本文报道了浙江种子植物10个分布新记录和1个新异名，其中湖北枫杨 *Pterocarya hupehensis* Skan 为华东分布新记录；宝华鹅耳枥 *Carpinus oblongifolia* (Hu) Hu et Cheng、长梗星粟草 *Glinus oppositifolius* (Linn.) Aug. DC.、中华栝楼 *Trichosanthes rosthornii* Harms、毛果喙果藤 *Gynostemma yixingense* (Z.P. Wang et Q.Z. Xie) C.Y. Wu et S.K. Chen var. *trichocarpum* J.N. Ding、陕西荚蒾 *Viburnum schensianum* Maxim. 为浙江野生植物分布新记录；单刺仙人掌 *Opuntia monacantha* (Willd.) Haw.、缩刺仙人掌 *O. stricta* (Haw.) Haw.、长萼栝楼 *Trichosanthes laceribractea* Hayata 为浙江归化植物分布新记录；确认了毛芽椴 *Tilia tuan* Szysz. var. *chinensis* (Szysz.) Rehder et E.H. Wilson 在浙江的栽培分布；将黄山栝楼 *Trichosanthes rosthornii* Harms var. *huangshanensis* S.K. Chen 作为中华栝楼 *T. rosthornii* Harms 的新异名。

注：该文报道的中华栝楼、毛果喙果藤为项目组在宁波发现的浙江新记录植物；单刺仙人掌、缩刺仙人掌为项目组在宁波发现的浙江归化新记录植物。

27. 浙江种子植物资料增补（Ⅱ）

作者：陈征海，陈锋，谢文远，张芬耀，李根有（通讯作者）

原始文献出处：《浙江林业科技》，2019，39（2）：56-63

摘要：报道了19个浙江植物分布新记录，其中短果芥属 *Hirschfeldia* Moench、短果芥 *H. incana*、盘珠鹿药 *Maianthemum robustum* 和白花印度黄芩 *Scutellaria indica* form. *leucantha* 属中国分布新记录；黑种豇豆 *Vigna stipulata*、大花鬼针草 *Bidens alba* var. *radiata* 和光茎飞蓬 *Conyza canadensis* var. *pusillus* 属中国大陆分布新记录；狭叶黄檀 *Dalbergia stenophylla*、头序歪头菜 *Vicia ohwiana*、密花薹草 *Carex confertiflora* 和白花鸭跖草 *Commelina communis* form. *albiflora* 属华东分布新记录；山桑 *Morus mongolica* var. *diabolica*、福建小檗 *Berberis fujianensis*、少花桂 *Cinnamomum pauciflorum*、红花截叶铁扫帚 *Lespedeza lichiyuniae*、绒毛锐尖山香圆 *Turpinia arguta* var. *pubescens*、刺毛柳叶箬 *Isachne sylvestris*、多叶韭 *Allium plurifoliatum* 和小斑叶兰 *Goodyera repens* 属浙江分布新记录。

注：该文报道的头序歪头菜是项目组在宁波宁海发现的华东分布新记录植物。

28. 产自宁波的新记录植物

作者：马丹丹，陈征海，李修鹏，林海伦，李根有（通讯作者）

原始文献出处：《浙江林业科技》，2019，39（3）：67-70

摘要：本文报道了12个植物分布新记录，其中南泽兰属 *Austroeupatorium* R.M. King et H. Robinson（菊科 Asteraceae）、龙潭荇菜 *Nymphoides lungtanensis* S.P. Li，T.H. Hsieh et C.C. Lin（龙胆科 Gentianaceae）、南泽兰 *A. inulifolium* (Kunth) R.M. King et H. Rob. 等1属、2种为中国大陆分布新记录；三脉猪殃殃 *Galium kamtschaticum* Steller ex Schult. et J.H. Schult.（茜草科 Rubiaceae）、蒜芥茄 *Solanum sisymbriifolium* Lam.（茄科 Solanaceae）、岩生千里光 *Senecio wightii* (DC. ex Wight) Benth. ex C.B. Clarke（菊科 Asteraceae）等3种为华东分布新记录；芝麻菜属 *Eruca* Mill.（十字花科 Brassicaceae）、芝麻菜 *Eruca vesicaria* (Linn.) Cav.

subsp. *Sativa* (Mill.) Thell.、祁门过路黄 *Lysimachia qimenensis* X.H. Guo，X.P. Zhang et J.W. Shao（报春花科 Primulaceae）、小酸浆 *Physalis minima* Linn.（茄科 Solanaceae）、西洋蒲公英 *Taraxacum officinale* F.H. Wigg.（菊科 Asteraceae）等 1 属、4 种、1 亚种为浙江分布新记录。

29. 浙江植物区系新资料（Ⅱ）

作者：陈征海，陈锋，谢文远，张芬耀，李根有（通讯作者）

原始文献出处：《浙江大学学报》（理学版），2021，48（1）：93-99

摘要：报道了浙江种子植物分类研究过程中的若干新发现。①对 5 个分类群进行了修订：将钟氏柳 *Salix tsoongii* Cheng 改隶为粤柳的变种 *S. mesnyi* var. *tsoongii*（Cheng）Z.H. Chen, W.Y. Xie et S.Q. Xu；将白花八角莲 *Podophyllum pleianthum* Hance var. *album* Masam. 组合为 *Dysosma pleiantha* (Hance) Woodson form. *alba* (Masam.) W.Y. Xie et D.D. Ma；将短毛紫荆 *Cercis chinensis* Bunge form. *pubescens* C.F. Wei 提升为变种 *C. chinensis* Bunge var. *pubescens* (C.F. Wei) G.Y. Li et Z.H. Chen；恢复落叶女贞 *Ligustrum compactum* (Wall. ex G. Don) Hook. f. et Thomson ex Brandis var. *latifolium* Cheng 的变种地位，将 *L. lucidum* W.T. Aiton form. *latifolium* (Cheng) P.S. Hsu 作为其新异名；恢复钟氏蓟 *Cirsium tsoongianum* Ling 的种级地位，并将钟氏线叶蓟 *C. lineare* (Thunb.) Sch. Bip. var. *tsoongianum* (Ling) Ling 和杭蓟 *C. tianmushanicum* C. Shih 作为其新异名。②描述了 7 个新分类群：无毛黄山紫荆 *Cercis chingii* Chun var. *glabrata* G.Y. Li et Z.H. Chen 等 2 个为新变种；绿花三叶木通 *Akebia trifoliate* (Thunb.) Koidz. form. *dapanshanensis* G.Y. Li et Z.H. Chen 等 5 个为新变型。

注：该文报道的钟氏柳之模式标本产于宁波奉化；落叶女贞在宁波也有分布。

30. 浙江蓟属（菊科）二新种

作者：鲁益飞，陈征海，孙文燕，金孝锋（通讯作者）

原始文献出处：植物资源与环境学报，2021，30（1）:1-8

摘要：描述了产于浙江的菊科（Asteraceae）蓟属（*Cirsium* Mill.）2 个新种：浙江垂头蓟（*C. zhejiangense* Z.H. Chen et X.F. Jin）和沼生垂头蓟（*C. paludigenum* Y.F. Lu, Z.H. Chen et X.F.Jin），并给出了新种与近缘种的区别特征。浙江垂头蓟与 *C. yezoense* (Maxim.) Makino 最接近，区别主要在于本种总苞片 5 或 6 层，外层总苞片较内层总苞片短，叶片较小，长 15 ～ 32cm，宽 6 ～ 15cm，上面疏被长柔毛，下面疏被短柔毛。沼生垂头蓟与 *C. tashiroi* Kitam. 和 *C. sieboldii* Miq. 接近，与前者的区别在于本种总苞片 5 或 6 层，先端直立，茎中上部疏被白色长柔毛，基生叶披针形、椭圆状披针形或椭圆形，羽状中裂或不裂，与后者的区别在于本种总苞钟形，直径 2.0~3.5cm，总苞片 5 或 6 层，基生叶披针形、椭圆状披针形或椭圆形，羽状中裂或不裂。

注：该文章报道的浙江垂头蓟在宁波鄞州、奉化、宁海均有产，作者陈征海先生为本项目主要负责人之一，通讯作者金孝锋先生为本项目技术顾问之一。

31. 宁波市杜鹃属植物资源调查

作者：徐沁怡，何立平，谢晓鸿，李根有，李修鹏（通讯作者）

原始文献出处：福建林业科技，2021，48（1）（录用）

摘要：于 2012—2018 年采用典型地块、典型线路详查为主，全面踏查为辅的方式，对宁波市杜鹃属植物资源进行调查。结果表明，宁波市共有野生及习见栽培的杜鹃属植物 9 种 1 变种 1 变型，其中野生种 6 种 1 变种 1 变型，习见栽培种 4 种。从水平分布看，有广域种、区域种、局域种和微域种 4 种类型；从垂直分布看，只分布于海拔 700m 以上的有华顶杜鹃和白花满山红 2 种，分布于海拔 400 ～ 700m 的有云锦杜鹃和羊踯躅 2 种，分布于海拔 400m 以下的仅普陀杜鹃 1 种，而所有海拔均有分布的有映山红、满山红和马银花 3 种。与天目山、天台山、舟山群岛、浙江南部和大盘山等周邻区系相比，宁波的野生杜鹃物种资源多样性处于中等水平，相互之间既有共性，但也各具特色。建议开展杜鹃属植物资源的引种驯化，进一步丰富当地的景观植物资源，提高杜鹃属植物育种、资源利用和产业化水平。

二、著　作

1.《慈溪乡土树种彩色图谱》

主编：徐绍清、陈征海

出版社及出版时间：中国林业出版社（北京），2014.11

书号：ISBN 978-7-5038-7724-7

内容简介：本图谱选录了浙江慈溪野生和久经栽培的乡土树种 77 科 362 种（含种下分类单位），其中野生树种占 300 种；包括宁波新记录 13 种，慈溪新记录 83 种。每种树种有名称(部分种有别名及慈溪方言名)、学名、科名、形态、分布与生境、用途，部分种附有相近种名称或保护等级等。

本书集科学研究、生产应用和科普宣教价值于一体，适合相关科技工作者参考，也可供广大植物爱好者、苗圃经营户、绿化施工者、园林设计者、环保工作者、相关专业学生和野外健身"驴友"阅读。

2.《浙江野生色叶树 200 种精选图谱》

主编：李根有、陈征海、陈高坤、周和锋

出版社及出版时间：科学出版社（北京），2017.06

书号：ISBN 978-7-03-052634-2

内容简介：本书由长期从事野生植物资源调查与研究的专业人员历经 5 年编撰而成。从上百次野外考察调查到的浙江 537 种野生色叶树种中精选出 200 种（另有附种 56 种）向读者介绍，它们习性多样、色彩丰富、用途广泛，其中有的为浙江特产、珍稀或《浙江植物志》未记载的种类。每种野生色叶树种均配有作者亲自拍摄的精美图片，同时配以中文名、拉丁名、科名、别名及形态、地理分布、特性、园林用途、繁殖方式等文字内容。

本书图文并茂、内容全面、实用性强，可供园林、农林、自然保护区及旅游部门工作者，园林植物专业师生，花木种植经营者，花卉爱好者和户外运动爱好者参考。

注：本书部分内容与图片来自宁波调查项目。

3.《宁波珍稀植物》

编著者：李根有、李修鹏、张芬耀等

出版社及出版时间：科学出版社（北京），2017.01

书号：ISBN 978-7-03-050297-1

内容简介：本书共记载了产于宁波的珍稀植物 219 种（含种下等级），隶属 83 科 176 属，包括国家重点保护野生植物 23 种、浙江省重点保护野生植物 38 种、其他珍稀植物 158 种。书中收录了部分本次调查研究中的新发现，包括 3 个新种、2 个新变型、18 个省级以上分布新记录种、3 个浙江分布新记录属和 1 个浙江分布新记录科。

全书分总论和各论两部分。总论内容主要为宁波珍稀植物区系的组成与特征、水平与垂直分布、濒危程度、用途与利用概况及保护现状与对策。各论部分记述了每种珍稀植物的中文名、拉丁名、科名、形态特征、分布与生境、生物学与生态学特性、科研或经济价值、繁殖方式等，每种均附有彩色图片。

本书可供从事生物多样性保护、植物资源开发利用、林业、园林、生态、环保等工作的专业人员及植物爱好者参考。

4.《宁波滨海植物》

编著者：陈征海、谢文远、李修鹏等

出版社及出版时间：科学出版社（北京），2017.03

书号：ISBN 978-7-03-051851-4

内容简介：本书由长期从事植物研究的专家，根据多年实地调查的第一手资料编纂而成。收录了宁波市滨海植物 163 种（包括种下分类群），每种植物均配有精美的彩色照片，同时给出中文名、拉丁名、科名、保护等级及其形态特征、地理分布、生境、主要用途等文字描述，图文并茂，内容新颖，实用性强。

发现并收录了 12 种分布新记录植物，其中锐齿贯众、海岛桑、日本琉璃草、南方紫珠、日本荠苧、沙滩甜根子草 6 种为中国分布新记录；矮小天仙果、基隆蝇子草、琉球虎皮楠、密毛爵床 4 种为大陆分布新记录；白花石竹为华东分布新记录；柽柳科、柽柳属、柽柳为浙江科、属、种分布新记录。

本书可供林业、园林、环境保护等部门工作者，植物、园林、中医药、风景园林、生态旅游专业师生，自然科普工作者，花卉种植经营者，自然爱好者，户外运动爱好者参考。

5.《宁波植物图鉴》(第一卷)

编著者：马丹丹、吴家森等

出版社及出版时间：科学出版社（北京），2018.06

书号：ISBN 978-7-03-057580-7

内容简介：本卷记载了宁波地区野生和习见栽培的蕨类植物 39 科 77 属 160 种 8 变种，裸子植物 9 科 28 属 42 种 6 变种 1 杂交种 16 品种，被子植物（木麻黄科——苋科）20 科 73 属 203 种 3 亚种 29 变种 1 杂交种 5 变型 8 品种，每种植物均配有特征图片，同时有中文名、拉丁名、科名、形态特征、生境与分布、主要用途等文字说明。

本书可供从事生物多样性保护、植物资源开发利用、林业、园林、生态、环保等工作的专业人员及植物爱好者参考。

注：《宁波植物图鉴》共分五卷，其中第二卷（紫茉莉科—蔷薇科）、第三卷（酢浆草科—山茱萸科）、第四卷（山柳科—菊科）、第五卷（香蒲科—兰科）均在编写中，将由科学出版社陆续出版。

附录5 "宁波植物丛书"历次编委会议情况一览

第 一 次

一、会议时间：2013年6月2日。

二、会议地点：浙江农林大学林业与生物技术学院植物学科205室。

三、参加人员：李根有、陈征海、汤社平、李修鹏、江建平、章建红、金水虎、马丹丹、叶喜阳、夏国华、闫道良、钟泰林、吴家森、张芬耀、谢文远，共15人。

四、主要内容：①讨论编写大纲及编写细则；②落实各卷主编及专著主编；③确定各卷参编人员；④讨论编写、出版工作分工及进度；⑤布置下一步工作计划与要求；⑥领导讲话。

第 二 次

一、会议时间：2014年10月29日。

二、会议地点：宁波新金星宾馆会议室。

三、参加人员：李根有、陈征海、汤社平、皇甫伟国、张冠生、冯灼华、李修鹏、市科协领导（宁冰、朱建中）、倪穗、谢晓红、李金朝、陆志敏、王建军、钱皆兵、林海伦、章建红、张波、傅晓强，共19人。

四、主要内容：①李根有代表项目组汇报宁波植物调查工作总体进展情况、珍稀植物与新发现等；②专家讨论、评价、提出建议与期望；③领导讲话。

第 三 次

一、会议时间：2015年2月3日。

二、会议地点：浙江农林大学碳汇大楼314室。

三、参加人员：李根有、陈征海、汤社平、张冠生、冯灼华、李修鹏、刘强、张幼法、徐绍清、章建红、张芬耀、谢文远、陈煜初、金水虎、马丹丹、叶喜阳、夏国华、吴家森、闫道良、钟泰林、傅晓强、代英超、陈丽春，共23人。

四、主要内容：①三年工作总结及经费使用情况汇报；②各卷主编汇报编写进展情况（包括文字与图片）及今后工作进度，存在问题与解决办法等；③编写问题讨论；④讨论决定增编《宁波植物研究》卷，拟定编写内容，并作初步分工；⑤出版社选择与招标工作及丛书主编确定；⑥布置2015年工作进度与要求；⑦李根有作植物物候期确定及学名考证案例讲解；⑧汤社平讲话。

第 四 次

一、会议时间：2015 年 8 月 21 日。

二、会议地点：浙江农林大学林业与生物技术学院学六号楼 5 楼会议室。

三、参加人员：李根有、陈征海、皇甫伟国、汤社平、张冠生、陈亚丹、李修鹏、马丹丹、吴家森、闫道良、夏国华、金水虎、章建红、叶喜阳、钟泰林、张芬耀、谢文远、陈锋、陈煜初、张幼法、冯家浩、徐绍清、李今朝，共 23 人。

四、主要内容：①各卷主编汇报图鉴编写进展情况；②讨论《宁波植物研究》编写内容，各承担作者汇报编写进展情况；③问题讨论：编写内容、文稿审核、图片问题、出版问题、标本制作、数据库建设、各卷封面设计、序的撰写、总体进度要求、项目验收材料撰写分工；④皇甫伟国讲话。

第 五 次

一、会议时间：2017 年 12 月 24 日。

二、会议地点：浙江农林大学暨阳学院园林艺术系会议室（理工 3302 室）。

三、参加人员：李根有、陈征海、李修鹏、张芬耀、谢文远、马丹丹、叶喜阳、夏国华，特邀杭州师范大学金孝锋教授参加，共 9 人。

四、主要内容：①讨论《宁波植物名录》，进行种类增、删及学名审核；②名录修改分工。

第 六 次

一、会议时间：2018 年 10 月 21 日。

二、会议地点：暨阳学院园林艺术学院会议室（理工 3302 室）。

三、参加人员：李根有、陈征海、李修鹏、刘军、马丹丹、谢文远、张芬耀、吴家森、夏国华。共 9 人。请假：陈锋去北京开会；徐绍清有公务不能参加。

四、主要内容：①通报编委会关于邀请浙江大学刘军参与编写的决定；②有关人员汇报交流《宁波植物研究》编写进展情况及存在问题，讨论解决办法；③讨论书稿框架结构、主要内容、工作分工（含审稿程序）及进度要求；④讨论《宁波植物图鉴》有关编写问题，相互交流资料信息及图片。

附录6 宁波植物野外调查工作概况

本项目自 2012 年开始，至 2018 年底结束外业调查，前后历经 7 年，共组织大、中、小型调查 102 次，累计投入外业 160 天、621 人次、1965 个工作日（未包括林海伦、李修鹏、章建红、徐绍清、张幼法、何贤平、冯家浩等人自行开展的调查数据）。调查足迹遍及宁波的每个区域、各种生境，调查季节涉及一年四季；共采集标本 5000 余份，拍摄照片 15 万余张。

各调查区域调查次数一览表

调查区域	慈溪	余姚	镇海	江北	北仑	鄞州	奉化	宁海	象山	合计
调查次数	10	14	4	2	6	12	18	18	18	102

注：以上调查区域未包括市区（海曙区、江东区、宁波国家高新技术产业开发区）（行政区划按 2016 年调整前）

2012 年

1. 调查季节与天数

分别于 4 月、5 月、6 月、8 月、10 月、11 月组织进行了调查，累计 87 天。

2. 调查区域与次数

慈溪 2 次，北仑 2 次，余姚 3 次，江北 2 次，镇海 1 次，鄞州 4 次，奉化 7 次，宁海 4 次，象山 4 次。共 29 次。

3. 主要调查者与人次

李根有、陈征海、李修鹏、金水虎、马丹丹、叶喜阳、吴家森、闫道良、夏国华、钟泰林、傅晓强、章建红、林海伦、张幼法、杨紫峰、袁冬明、严春风、何贤平、冯家浩、周和锋、徐绍清、冯灼华、何立平、陈开超、苗国丽、张雷凡、陆志敏、杨淑贞、赵明水、毛美红、朱炜等。共投入 160 人次、648 个工作日。

4. 主要收获

（1）新类群：红果山鸡椒（新变型）、宁波三花莓（新变型）、浙江南蛇藤（新种）、紫花山芹（新种）、绿苞蘘荷（新种）。

（2）新记录：过山蕨（浙江）、矮小天仙果（中国大陆）、紫叶凹头苋（中国）、大顶叶碎米荠（华东）、芝麻菜（浙江属、种归化新记录）、日本花椒（中国）、头序歪头菜（华东）、柽柳（浙江科、属、种新记录）、单刺仙人掌（浙江归化）、缩刺仙人掌（浙江归化）、东瀛四照花（中国）、祁门过路黄（浙江）、日本豆腐柴（中国）、粗糙飞蓬（浙江归化）。

（3）保护植物：①国家级：金钱松、榧树、南方红豆杉、榉树、长序榆、金荞麦、浙江楠、舟山新木姜子、花榈木、野大豆、毛红椿、香果树、七子花。②省级：蛇足石杉、孩儿参、毛叶铁线莲、箭叶淫羊藿、天目木兰、山绿豆、野豇豆、小勾儿茶、三叶青、海滨木槿、红山茶、杨桐、柃木、尖萼紫茎、秋海棠、华顶杜鹃、方竹、金刚大、阔叶沿阶草、华重楼。

（4）宁波珍稀植物：阴地蕨、过山蕨、肾蕨、骨碎补、青钱柳、赤皮青冈、大叶青冈、水青冈、枹栎、台湾榕、黄山溲疏、尾花细辛、拟蠔猪刺、玉兰、乳源木莲、华南樟、浙江樟、细叶香桂、红果山鸡椒、黄山溲疏、台湾蚊母树、沼生矮樱、大叶桂樱、日本花椒、皱柄冬青、矮冬青、海岸卫矛、毛果槭、紫花山芹、淡红乌饭树、狭叶珍珠菜、百金花、浙荆芥、安徽黄芩、浙江黄芩、厚叶双花耳草、金腺荚蒾、芙蓉菊、卤地菊、无尾水筛、紫竹、龟甲竹、江苏石蒜、换锦花、稻草石蒜、大花无柱兰、长须阔蕊兰、带唇兰。

（5）其他稀有植物：草珊瑚、矮小天仙果、洞头水苎麻、槲寄生、长柱小檗、深山含笑、大顶叶碎米荠、白花浙江泡果荠、水榆花楸、大叶早樱、马鞍树、光叶马鞍树、长总梗木蓝、头序歪头菜、福建假卫矛、浙江南蛇藤、大籽猕猴桃、毛木半夏、大叶胡颓子、福建紫薇、耳基水苋、南方露珠草、华东山芹、碎叶山芹、东瀛四照花、祁门过路黄、罗浮柿、黑山山矾、鳝藤、假鬃尾草、长叶车前、滨蒿、小剪刀股、花毛竹、鹅毛竹、薯茛、绿苞襄荷、长唇羊耳蒜。

2013 年

1. 调查季节与天数

分别于 3 月、4 月、5 月、6 月、7 月、8 月、10 月、11 月组织进行了调查，累计 121 天。

2. 调查区域与次数

慈溪 3 次，北仑 2 次，余姚 1 次，镇海 2 次，鄞州 4 次、奉化 6 次，宁海 6 次，象山 7 次。共 31 次。

3. 主要调查者与人次

李根有、陈征海、李修鹏、金水虎、马丹丹、叶喜阳、张芬耀、谢文远、陈煜初、朱振贤、吴家森、闫道良、夏国华、傅晓强、林海伦、李华东、章建红、钟泰林、张幼法、杨紫峰、杨荣曦、洪丹丹、何贤平、冯家浩、袁冬明、周和锋、徐绍清、张冠生、陈亚丹、江建平、何立平、陈开超、李东宾、余敏芬、李宏辉、汪梅蓉、陈云奇、应富华、杨家强、李金朝、林乐静、江龙表、崔广元、徐军、宋晓等。共投入 180 人次、848 个工作日。

4. 主要收获

（1）新类群：短梗海金子（新种）、白花香薷（新变型）、浙江垂头菊（新种，待发表）。

（2）新记录：杯盖阴石蕨（华东）、海岛桑（中国）、石竹（华东）、白花石竹（华东）、基隆蝇子草（中国大陆）、圆头叶桂（中国）、匍匐大戟（浙江归化）、日本厚皮香（中国大陆）、南方紫珠（中国）、日本荞苧（中国）、小酸浆（华东归化）、密毛爵床（中国大陆）、有腺泽番椒（华东）、戟叶凯氏草（浙江归化）、三叶绞股蓝（浙江）、中华栝楼（浙江）、白花金钮扣（浙江归化）、欧洲千里光（浙江归化）、沙滩甜根子草（中国）、日本苇（华东）、海南蔍草（浙江）、田葱（浙江科、属、种新记录）、朝鲜韭（华东）。

（3）保护植物：①国家级：莲、凹叶厚朴、香樟、普陀樟、野菱、中华结缕草。②省级：圆柏、六角莲、八角莲、圆叶小石积、鸡麻、龙须藤、海滨香豌豆、全缘冬青、天目槭、堇叶紫金牛、日本女贞、水车前、寒竹、菩提子。

（4）宁波珍稀植物：杯盖阴石蕨、常春藤鳞果星蕨、爱玉子、曲毛赤车、尖头叶藜、石竹、獐耳细辛、圆头叶桂、滨海黄堇、异堇叶碎米荠、铺散诸葛菜、云南山蒮菜、海刀豆、闽槐、蒺藜、金豆、茵芋、山乌桕、马甲子、尼泊尔鼠李、猴欢喜、日本厚皮香、菱叶常春藤、短毛独活、朝鲜苗芹、百两金、南方紫珠、枇杷叶紫珠、毛药花、浙江铃子香、碎米桠、大花腺花黄芩、有腺泽番椒、三叶绞股蓝、沙苦荬、蟛蜞菊、利川慈姑、日本苇、华克拉莎、普陀南星、田葱、朝鲜韭、黄花百合、宽叶老鸦瓣、短蕊石蒜、水仙、翅柱杜鹃兰、铁皮石斛、细茎石斛、纤叶钗子股、风兰。

（5）其他稀有植物：团叶鳞始蕨、粤柳、华东野核桃、多脉鹅耳枥、海岛桑、白花石竹、桂北木姜子、粗糠柴、鸦椿卫矛、色木槭、毡毛泡花树、粉椴、南京椴、华东山柳、刺毛越桔、落叶女贞、龙胆、江浙獐牙菜、日本百金花、山白前、白花香薷、日本莩苧、密毛爵床、石龙尾、倒卵叶忍冬、中华栝楼、中华沙参、浙江垂头菊、小一点红、沙滩甜根子草、水筛、海南薹草、绿苞灯台莲、短柄粉条儿菜、荞麦叶大百合、玉竹、黑紫藜芦、白芨、齿瓣石豆兰、裂瓣玉凤花、金兰、连珠毛兰、细叶石仙桃。

2014 年

1. 调查季节与天数

分别于 3 月、4 月、8 月、10 月、11 月组织进行了调查，累计 32 天。

2. 调查区域与次数

慈溪 1 次，北仑 2 次，余姚 3 次，镇海 1 次，鄞州 4 次，奉化 3 次，宁海 4 次，象山 4 次。共 22 次。

3. 主要调查者与人次

李根有、陈征海、李修鹏、马丹丹、叶喜阳、张芬耀、谢文远、陈煜初、陈锋、傅晓强、代英超、林海伦、章建红、张幼法、杨紫峰、何贤平、冯家浩、袁冬明、周和锋、徐绍清、房聪玲、何立平、陈开超、李宏辉、汪梅蓉、赵琦、张雷凡、江峰等。共投入 150 人次、278 个工作日。

4. 主要收获

（1）新类群：宁波诸葛菜（新种）、黄花变豆菜（新种）、白花金腺荚蒾（新变型）、宁波石豆兰（新种）。

（2）新记录：心脏叶瓶尔小草（浙江）、锐齿贯众（中国）、银花苋（浙江）、中华萍蓬草（浙江）、龙潭荇菜（中国大陆）、日本琉璃草（中国）、白花水八角（浙江属、种新记录）、加拿大柳蓝花（中国归化）、岩生千里光（华东归化）、羽裂续断菊（中国归化）、西洋蒲公英（浙江归化）、水蕴草（华东归化）、乳白石蒜（浙江）、密花鸢尾兰（华东）。

（3）保护植物：①国家级：中华水韭、水蕨、珊瑚菜。②省级：松叶蕨、芡实、延胡索、曲轴黑三棱。

（4）宁波珍稀植物：心脏叶瓶尔小草、腺毛肿足蕨、骨碎补、常春藤鳞果星蕨、腺毛肿足蕨、肾蕨、华千金榆、肾叶细辛、支柱蓼、细穗藜、盐角草、无翅猪毛菜、刺沙蓬、萍蓬草、中华萍蓬草、鹅掌草、小升麻、黄山紫荆、三蕊沟繁缕、明党参、多枝紫金牛、中华补血草、小荠菜、金银莲花、鹅绒藤、水虎尾、水蜡烛、走茎龙头草、浙江琴柱草、虻眼、白花水八角、小果草、天目地黄、大花旋蒴苣苔、喙果绞股蓝、天目山蟹甲草、黑三棱、有尾水筛、龙爪茅、卡开芦、砂钻薹草、绢毛飘拂草、露水草、茖葱、乳白石蒜、玫瑰石蒜、金线兰、宁波石豆兰、毛药卷瓣兰、独花兰、建兰、多花兰、绿花斑叶兰、密花鸢尾兰、狭穗阔蕊兰。

（5）其他稀有植物：凤尾蕨、锐齿贯众、矩圆线蕨、川榛、黑弹树、锈毛桑寄生、细圆藤、狭叶山胡椒、宁波诸葛菜、天台溲疏、金缕梅、湖北海棠、黄杨、毛花猕猴桃、轮叶狐尾藻、黄花变豆菜、矮茎紫金牛、网脉酸藤子、笔龙胆、龙潭荇菜、麦家公、日本琉璃草、中华香简草、匍茎通泉草、茶菱、海南槽裂木、白花金腺荚蒾、黑果荚蒾、东方泽泻、虎尾草、鬼蜡烛、铺地黍、滨海薹草、斑唇卷瓣兰。

2015 年

1. 调查季节与天数

分别于 8 月、10 月、12 月进行了补充调查，累计 6 天。

2. 调查区域与次数

余姚 2 次，象山 1 次、慈溪 1 次。共 4 次。

3. 主要调查者与人次

李根有、陈征海、李修鹏、张方钢、吴棣飞、熊小萍、何立平、李东宾、余敏芬、张幼法、杨紫峰、江峰、徐绍清等。共投入 36 人次、54 个工作日。

4. 主要收获

（1）新类群：红花温州长蒴苣苔（新变型）。

（2）新记录：琉球虎皮楠（中国大陆）、鄂西香茶菜（华东）、三脉猪殃殃（华东）。

（3）宁波珍稀植物：琉球虎皮楠、球果假沙晶兰、红花温州长蒴苣苔、木鳖子、浙江金线兰。

（4）其他稀有植物：阔片乌蕨、光叶蔷薇、短叶胡枝子、岩大戟、牯岭凤仙花、白苞芹、鄂西香茶菜、三脉猪殃殃。

2016 年

1. 调查季节与天数

分别于 3 ～ 4 月、10 月进行了补充调查，共 4 天。

2. 调查区域与次数

余姚四明山 1 次，象山 1 次，慈溪 1 次。共 3 次。

3. 主要调查者与人次

李根有、陈征海、任玲华、李修鹏、马丹丹、何立平、陈开超、张幼法、杨紫峰等。共投入 21 人次、28 个工作日。

4. 主要收获

（1）新记录：红蓝石蒜（浙江）。

（2）保护植物：银缕梅（国家 I 级重点保护野生植物）。

（3）其他稀有植物：白鹃梅、单瓣李叶绣线菊、东亚唐棣、接骨木、合轴荚蒾、卵叶帚菊、红蓝石蒜。

（4）对一些重要植物进行了重点调查，发现了不少新分布点。

2017 年

1. 调查季节与天数

分别于 3 月、4 月、5 月、10 月进行了补充调查，共 7 天。

2. 调查区域与次数

宁海 3 次，奉化 2 次，余姚四明山 2 次，慈溪 1 次。共 8 次。

3. 主要调查者与人次

李根有、陈征海、李修鹏、陈锋、谢文远、何立平、陈开超、何贤平、冯家浩、徐绍清、胡绪海、陈志平、李东宾、蒋亚芳、江明喜、张光富、陈华新、张冠生、何贤平、葛民轩、王统超、许义平、黄流芳等。共投入 40 人次、58 个工作日。

4. 主要收获

（1）新记录：蒜芥茄（华东归化）。

（2）宁波稀有植物：光里白、钟氏柳、绿冬青、百齿卫矛、琉璃白檀、蹄叶橐吾。

（3）重点核查了部分新类群、新记录植物。

2018 年

1. 调查季节与天数

分别于 3 月、4 月、6 月、10 月进行了补充调查，共 7 天。

2. 调查区域与次数

慈溪 1 次，宁海 1 次，余姚四明山 2 次，象山 1 次。共 5 次。

3. 主要调查者与人次

李根有、陈征海、李修鹏、王健生、张幼法、何贤平、李东宾等。共投入 34 人次、51 个工作日。

4. 主要收获

（1）新类群：红花野柿（新变种）。

（2）重点考察了红花野柿、钟氏柳、浙荆芥、黄花变豆菜、田葱、松叶蕨、密花鸢尾兰等。

（3）新发现田葱 2 个分布点。

　　另外，宁波市药品检验所林海伦在 2012 ～ 2018 年，利用双休日或下班时间，跋山涉水、栉风沐雨，走遍了宁波的山山水水、角角落落，仔细搜寻各种微域生境中被遗漏的物种。先后在宁波境内发现了重要植物如心脏叶瓶尔小草、中华水韭、松叶蕨、中华萍蓬草、银缕梅、黄山紫荆、鸡麻、三蕊沟繁缕、小荠菜、水虎尾、虻眼、白花水八角、小果草、喙果绞股蓝、木鳖子、卵叶帚菊、曲轴黑三棱、水车前、无尾水筛、露水草、乳白石蒜、玫瑰石蒜、宁波石豆兰、密花鸢尾兰、金线兰、中华盆距兰等 60 余种。野外调查共计 253 次，投入约 350 个工作日。为本项目的圆满完成作出了重要的贡献。